"十四五"国家重点出版物
出版规划项目

 固体废物处理与资源化技术进展丛书

Technology and Application of
Hazardous Waste Treatment and Disposal

危险废物处理处置技术及应用

苏红玉　郭强　王雷　等编著

化学工业出版社
·北京·

内容简介

本书以危险废物相关内容为主线，内容包括危险废物的相关定义与特性，危险废物的管理要求、法律法规及技术标准，危险废物收集及转运、分析鉴别、贮存及运输的相关要求，危险废物焚烧、水泥窑协同、医废处置、综合处置、安全填埋及资源化，工程设计要点及运营管理要求，危险废物管理与平台建设以及相关案例分析。旨在积累危险废物处置技术的相关经验，提升对危险废物处置技术的认识，为工程设计及管理运营提供技术支持和案例借鉴。

本书内容较全面，具有较强的技术应用性和针对性，可供从事危险废物处理处置及污染管控等的工程技术人员、科研人员和管理人员参考，也可供高等学校环境科学与工程、市政工程及相关专业师生参阅。

图书在版编目（CIP）数据

危险废物处理处置技术及应用/苏红玉等编著. —北京：
化学工业出版社，2023.6
（固体废物处理与资源化技术进展丛书）
ISBN 978-7-122-42982-7

Ⅰ. ①危…　Ⅱ. ①苏…　Ⅲ. ①危险物品管理-废物处理
Ⅳ. ①X7

中国国家版本馆 CIP 数据核字（2023）第 028483 号

责任编辑：刘兴春　卢萌萌　　　　文字编辑：王云霞
责任校对：宋　夏　　　　　　　　装帧设计：王晓宇

出版发行：化学工业出版社
　　　　　（北京市东城区青年湖南街 13 号　邮政编码 100011）
印　　装：北京建宏印刷有限公司
787mm×1092mm　1/16　印张 23½　字数 536 千字
2023 年 11 月北京第 1 版第 1 次印刷

购书咨询：010-64518888
售后服务：010-64518899
网　　址：http://www.cip.com.cn
凡购买本书，如有缺损质量问题，本社销售中心负责调换。

定　　价：168.00 元

前言

　　危险废物是指具有毒性、腐蚀性、易燃性、反应性或者感染性中的一种或者几种危险特性的物质。危险废物处理处置不当会给生态环境带来严重的影响，对社会的经济发展也会造成不利的影响。随着社会的日益进步，经济的不断发展，我国危险废物的产生量呈现不断增多的趋势，危险废物的处理处置问题是未来一段时间环境保护和环境质量改善所面临的巨大挑战。加强危险废物的管理和污染防治，通过有效的技术方法处置，是改善生态环境、防范环境污染、维护人体健康的重要保障和根本途径。

　　由于危险废物带来的污染风险和潜在影响非常严重，我国对危险废物的管理和防治越来越重视，颁布了一系列相关的管理制度及规范。《十四五危险废物集中处置设施建设规划》中明确"十四五"期间我国危险废物环境污染防治发展需求应继续围绕完善危险废物环境治理体系和治理能力现代化建设开展，以改善环境质量为核心，以有效防范环境风险为目标，坚持危险废物减量化、资源化和无害化，加强危险废物全过程环境风险管控，切实降低环境风险和人体健康风险，实现危险废物安全处置。危险废物污染防治的科技发展也应支撑环境管理，按照问题导向、目标导向、结果导向的原则研发先进适用技术，支撑精准施策，着力提升危险废物环境监管能力、利用处置能力和环境风险防范能力。

　　本书是在梳理笔者及其团队多年科研成果的基础上，结合当前危险废物的管理体系、处理处置技术现状和规划提出的要求，收集并综合了危险废物方面的相关资料，汲取并总结了危险废物的相关经验，整理并编著而成。全书共分为 11 章，对当前危险废物管理和处置技术的相关知识进行了较系统的总结。其中，第 1 章概论，总结了危险废物的定义、来源、特征、分类、相关法律法规及技术标准；第 2 章危险废物收集及运输，总结了收集、分析鉴别、贮存及运输的要求；第 3 章危险废物焚烧处理技术，总结了炉型选择、烟气净化系统选择、工艺设计及流程说明；第 4 章危险废物水泥窑协同处置技术，总结了处理废物的类型和特点、基本原理和过程、系统组成及工艺设计；第 5 章医疗废物综合处理技术，总结了定义及分类，焚烧、高温蒸煮、化学消毒、微波消毒及等离子处理技术的原理、工艺流程及主要系统组成；第 6 章危险废物其他综合处理技术，总结了物化、固化、热解、等离子等处理处置技术的原理、工艺流程及系统组成等内容；第 7 章危险废物安全填埋技术，总结了入场要求、选址要求、柔性填埋场及刚性填埋场的技术要求及相关内容；第 8 章危险废物资源化技术，总结了废有机溶剂、含油污泥、废矿物油、废催化剂、废活性炭、废包装容器、废线路板、废电池及工业废盐的资源化处理技术；第 9 章生产辅助工程设计要点及运营管理要点，总结了生产废水处理、供配电及自动控制、消防工程、除臭工程的设计要点以及运营阶段危废鉴别工作程序及配伍的要点；第 10 章危险废物管理与平台建设，总结了危险废物的管理要求及平台建设要求；第 11 章危险废物处理处置项目应用案例及分析，总结了柔性填埋场及刚性填埋场的工程建设相关内容。本书具有较强的针对性和技术应用性,一方面是对当前国家关于危险废物处置相关政策的积极响应,另一方面可为危险废物处置行业从业人员提供相关知识,为处理处置技术的不断提升积累经验,为新技术的实施提供理论依据和案例借鉴。

　　本书的编著队伍由多年从事危险废物处置工程的咨询、设计、建设、设备安装等工作的人员组成,在危险废物的处置技术方面有着丰富的实践经验和理论素养。本书主要由中城院(北京)环境科技股份有限公司苏红玉、郭强、王雷等编著,参与编著的还有中城院(北京)环境科技有限公司的徐栋梁、毛俊、查罗男、于子豪、姜楠、张媛君、李丹阳、张靓、董学光、邢丽娜(排名不分先后)等。另外,徐工(邳州)环保科技有限公司的朱岩、王单和宗骞对本书的编著也提供了部分帮助;同时,北京美福莱环保工程有限公司、赛威隆机电设备河北有限公司及江苏丰溪环保科技有限公司也参与了本书部分章节的编著。本书在编著过程中,还参考引用了同行业技术人员的相关文献与标准内容。在此,谨向以上所有的参与本书编著的人员及单位表示衷心的感谢!

　　限于编著者水平和编著时间,书中不足和疏漏之处在所难免,敬请读者及行业专家给予批评指正!

编著者
2022 年 6 月

目录

第3章
危险废物焚烧处理技术　　　　　　　　　　024

第6章
危险废物其他综合处理技术 124

第 7 章
危险废物安全填埋技术

第 8 章
危险废物资源化技术

第 10 章
危险废物管理与平台建设 340

第 11 章
危险废物处理处置项目应用案例及分析 346

第1章
概论

随着工业革命的兴起，并在世界各地蔓延发展至今，工业革命带给人类的不仅是超过历史任何时期的物质文明发展，同时还带来了超过历史所有时期产生数量总和的危险废物。各种有毒有害的废弃物的数量和品种不断增多，如矿渣、废酸、废碱、合成农药、涂料、防腐剂、医疗废物等，这些废物在人类生活的环境中无处不有。换句话来说，随着工业的蓬勃发展，人类文明的进步，危险废物也在同步增加。而人们对一些危险废物危害性的认识往往需要一个过程，致使很难做到防患于未然。危险废物在世界各地造成了许多无法挽回的悲剧，这些教训十分惨痛。

随着我国经济的快速发展、产业结构的多元化，危险废物的产生量增长迅速，种类也变得越来越复杂。由于危险废物的危害性较一般固体废物更大，且具有污染后果难以预测和处置技术难度大等特点，因此一直是我国固体废物管理的重点和难点。

1.1 危险废物的定义

1.1.1 国际危险废物的定义

对危险废物的定义，不同的国家和组织各有不同的表述，联合国环境规划署（UNEP）把危险废物定义为："危险废物是指除放射性以外的废物（固体、污泥、液体和利用容器的气体），由于它的化学反应性、毒性、易爆性、腐蚀性和其他特性引起或可能引起对人体健康或环境的危害。"不管它是单独的或与其他废物混在一起，不管是产生的或是被处置的或正在运输中的，在法律上都称为危险废物。

世界卫生组织（WHO）的定义是："危险废物是一种具有物理、化学或生物特性的废物，需要特殊的管理与处置过程，以免引起健康危害或产生其他有害环境的作用。"

美国在其《资源保护和回收法》中将危险废物定义为："危险废物是固体废物，由于不适当的处理、贮存、运输、处置或其他管理方面，它能引起或明显地影响各种疾病和死亡，或对人体健康或环境造成显著的威胁。"

日本《废物处理法》将具有爆炸性、毒性或感染性及可能产生对人体健康或环境危害的物质定义为"特别管理废物"，相当于通称的"危险废物"。

1.1.2 国内危险废物的定义

根据《中华人民共和国固体废物污染环境防治法》和《危险废物经营许可证管理办法》，危险废物是指列入国家危险废物名录或者根据国家规定的危险废物鉴别标准和鉴别方法认定的具有腐蚀性、毒性、易燃性、反应性和感染性等一种或一种以上危险特性，以及不排除具有危险特性（可能对生态环境或者人体健康造成有害影响）的固体废物（包括液体废物）。

根据上述定义，危险废物的属性判别主要依据有两个：一是根据危险废物的定义，将纳入《国家危险废物名录》中的废物按照危险废物进行管理；二是对于属性不确定的固体废物，则根据《固体废物鉴别导则》以及《危险废物鉴别标准　通则》《危险废物鉴别标准　急性毒性初筛》《危险废物鉴别标准　浸出毒性鉴别》《危险废物鉴别标准　腐蚀性鉴别》

《危险废物鉴别标准　反应性鉴别》《危险废物鉴别标准　易燃性鉴别》《危险废物鉴别技术规范》等国家已出台的危险废物鉴别标准和方法进行属性鉴别。2017 年国家修订出台的《固体废物鉴别标准　通则》（GB 34330—2017），则上升为国家标准进行发布，在危险废物的属性判别方面，不仅具有强制效力，而且在管理层面上有了更强的可操作性。

危险废物的通常特性主要指毒害性、易燃性、腐蚀性、反应性、浸出毒性和传染疾病性等。因此，根据这些特性，世界各国都制定了各自的鉴别标准和危险废物名录。我国于 1998 年首次印发实施《国家危险废物名录》；2008 年，中华人民共和国环境保护部会同国家发展和改革委员会修订发布《国家危险废物名录》（中华人民共和国环境保护部、中华人民共和国国家发展和改革委员会令第 1 号）；2016 年，环境保护部联合国家发展和改革委员会、公安部再次修订发布《国家危险废物名录》（环境保护部令第 39 号）。2019 年，生态环境部启动 2016 年版《国家危险废物名录》的修订工作，并于 2020 年 11 月 25 日发布 2021 年版《国家危险废物名录》，自 2021 年 1 月 1 日起施行。

1.2　危险废物的来源

1.2.1　危险废物的主要来源

在我国，环境统计报表已成为国家环境管理的重要制度之一。环境统计工作以统计报表制度为基础，环境统计报表由企业、县、市、省、国家环保部门逐级审核、汇总，形成各级环保部门的环境统计年报。

据环境统计数据，危险废物的主要来源为工业危险废物，危险废物来自几乎国民经济的所有行业。其中化学原料及化学制品制造业、有色金属冶炼及压延加工业、有色金属矿采选业、造纸及纸制品业和电气机械及器材制造业 5 个行业所产生的危险废物占到危险废物总产量的 50% 以上。

工业生产产生量较大的危险废物种类主要为废碱、废酸、石棉废物、有色金属冶炼废物、无机氰化物废物、废矿物油，以上 6 类工业危险废物的产生量占全部工业危险废物的 65% 以上。

（1）废碱

从大类行业来讲，废碱主要来源于造纸和化工行业，按行业小类则主要来源于机制纸及纸板制造、有机化学原料制造、木竹浆制造、原油加工及石油制品制造业，这 4 类小行业的废碱产生量占总量的 90% 以上。绝大部分废碱得到了综合利用，只有少部分被处理处置或贮存。

（2）废酸

从大类行业来讲，废酸产生的主要行业为化工和钢铁行业，按小类行业则主要为颜料制造、磷肥制造、钢压延加工、其他基础化学原料制造、腈纶纤维制造、炼铁、有机化学原料制造，这 7 类小行业废酸产生量占全部废酸量的 70% 以上。绝大部分废酸得到了综合利用，只有少部分被处理处置或贮存。

（3）石棉废物

石棉废物产生的行业高度集中在石棉、云母矿采选业，其占比高达 99.87%。不同于废碱、废酸，石棉废物的综合利用率低，绝大多数大量长期累积贮存，成为潜在风险源。

（4）有色金属冶炼废物

主要来自普通有色金属矿开采、普通有色金属冶炼、稀土冶炼等工业。主要包括硫化铜、氧化铜矿石和其他铜矿石收集（除尘）厂除尘（除尘）；硫砷化合物（雄黄、砷铁矿等）或其他含砷金属矿石（除尘）设备收集（厂）尘和废水处理工艺（污泥生产）；锌废水污泥处理工艺；污泥产生（污泥）。

（5）无机氰化物废物

主要来源于贵金属矿采选、金属表面处理及热处理加工以及某些非特定行业，主要包括采用氰化物进行黄金选矿过程中产生的氰化尾渣和含氰废水处理污泥、使用氰化物进行浸洗过程中产生的废液、使用氰化物剥落金属镀层产生的废物、使用氰化物和双氧水进行化学抛光产生的废物等。

（6）废矿物油

是指从石油、煤炭、油页岩中提取和精炼，在开采、加工和使用过程中由于受杂质污染、氧化和热的作用等改变了原有的物理性能和化学性能，不能继续被使用的矿物油。其主要来自石油开采和炼制产生的油泥和油脚，矿物油类仓储过程中产生的沉淀物，机械、动力、运输等设备的更换油及再生过程中的油渣及过滤介质等，例如各种废机油、废汽油、废柴油、废原油、废真空泵油、废齿轮油、废液压油、废热处理油、废变压器油等。废矿物油主要是含碳原子数比较少的烃类物质，多数是不饱和烃，主要成分有$C_{15} \sim C_{36}$的烷烃、多环芳烃（PAHs）、烯烃、苯系物、酚类等。

根据环境统计数据，绝大部分废碱、废酸得到了综合利用，少部分被处置，只有极少量被贮存；石棉废物与之相反，仅少部分被综合利用，极少量被处置，绝大多数被贮存；有色金属冶炼废物、无机氰化物废物约 50% 被综合利用，33% 被贮存，其余被处置；废矿物油大部分被处置，少部分被综合利用，极少量被贮存。

1.2.2　危险废物的其他来源

虽然危险废物的主要来源还是工业，但其来源还包括居民生活、商业机构、农业生产及医疗行业等。

（1）居民生活产生的危险废物

主要包括生活用品中的合成物质和电子产品，如废弃的洗涤剂、护理用品、电池、电子垃圾等都是有毒的或者含有有毒有害物质，因而具有危险废物的危害特性，如果不妥善处理则会对人体健康和环境产生更大的危害。

（2）服务业产生的危险废物

服务业产生的危险废物与其提供的服务有关，如打印店的油墨、干洗店的溶剂、冲印店的药剂、汽车修理店的清洁剂及颜料商店的颜料和稀释剂等。

（3）农业产生的危险废物

农业产生的危险废物主要与农药相关，如杀虫剂、除草剂等农药，有些农药虽然对害虫、杂草有很强的杀灭作用，但在环境中积累后，同时会杀死昆虫、鱼类、鸟类、哺乳动物甚至人类。

（4）医疗行业产生的危险废物

由于医疗废物中带有大量病菌，传染性极大，如果处理不当不仅会对环境造成严重污染，还可能引起疾病流行，直接危害人民群众的身体健康。医疗废物具有空间污染、急性传染和潜伏性污染等特征，医疗废物主要包括手术过程中产生的人体组织器官、血制品残余物、动物试验与生物培养残余物、一次性医疗用品及敷料、废水处理的污泥、过期药品、废显（定）影液等，严格来说也包括病人用过的、与病人接触过的、来自病人身上的各种废物，以及医院办公室、医院食堂等地产生的生活垃圾。

1.3　危险废物的特征

危险废物的特征是指它所表现出来的对人、动植物可能造成致病性或致命性的，或对环境造成危害的性质。

危险废物的危害特性，有的表现为短期的急性危害，有的表现为长期的潜在性危害。短期的急性危害主要指急性中毒、火灾、爆炸等；长期的潜在性危害主要指慢性中毒、致癌、致畸形、致突变、污染地面水或地下水等。这些危害中与安全相关的性质有腐蚀性、爆炸性、可燃性、反应性；与健康相关的性质有致癌性、传染性、刺激性、突变性、毒性、放射性、致畸性。

这些危险特性在《国家危险废物名录》中以代码的形式来表示，相应的代码如表 1-1 所列。

表 1-1　危险特性代码含义

感染性	易燃性	腐蚀性	反应性	毒性
In	I	C	R	T

对危险废物的管理、处理与处置，首先要明确该种废物是否属于危险废物，其次要明确危险废物的性质与组成。明确危险废物的物理化学性质、组成是至关重要的，管理者可以根据废物的性质和组成确定其管理原则。

1.3.1　腐蚀性危险废物的规定

《危险废物鉴别标准　腐蚀性鉴别》（GB 5085.1—2007）规定，除了符合下列条件的危险废物，均不视为具有腐蚀性。

具有爆炸性质：

① 按照 GB/T 15555.12—1995 的规定制备的浸出液，pH≥12.5，或者 pH≤2.0。

② 在 55℃条件下，对 GB/T 699—2015 中规定的 20 号钢材的腐蚀速率≥6.35mm/a。

1.3.2 毒性危险废物的规定

危险废物的毒性表现为 3 类：

① 浸出毒性：用规定方法对废物进行浸取，在浸取液中若有一种或一种以上有害成分，其浓度超过规定标准，就可认定具有毒性。

② 急性毒性：指一次投给试验动物加大剂量的毒性物质，在短时间内所出现的毒性。通常用一群试验动物出现半数死亡的剂量即半致死剂量表示。按照摄毒的方式，急性毒性又可分口服毒性、吸入毒性和皮肤吸收毒性。

③ 其他毒性：包括生物富集性、刺激性、遗传变异性、水生生物毒性及传染性等。

《危险废物鉴别标准　浸出毒性鉴别》（GB 5085.3—2007）规定，符合下列条件的危险废物，为具有毒性。

① 经口摄取：固体 LD_{50}≤200mg/kg，液体 LD_{50}≤500mg/kg。

② 经皮肤接触：LD_{50}≤1000mg/kg。

③ 蒸气、烟雾或粉尘吸入：LC_{50}≤10mg/L。

④ 按照 HJ/T 299—2007 制备的固体废物浸出液中任何一种危害成分含量超过表 1-2 中所列的浓度限值，则判定该固体废物是具有浸出毒性特征的危险废物。

表 1-2　浸出毒性鉴别标准值

物质类型	序号	危害成分项目	浸出液中危害成分浓度限值/（mg/L）	分析方法
无机元素及化合物	1	铜（以总铜计）	100	附录 A、B、C、D
	2	锌（以总锌计）	100	附录 A、B、C、D
	3	镉（以总镉计）	1	附录 A、B、C、D
	4	铅（以总铅计）	5	附录 A、B、C、D
	5	总铬	15	附录 A、B、C、D
	6	铬（六价）	5	GB/T 15555.4—1995
	7	烷基汞	不得检出①	GB/T 14204—93
	8	汞（以总汞计）	0.1	附录 B
	9	铍（以总铍计）	0.02	附录 A、B、C、D
	10	钡（以总钡计）	100	附录 A、B、C、D
	11	镍（以总镍计）	5	附录 A、B、C、D
	12	总银	5	附录 A、B、C、D

物质类型	序号	危害成分项目	浸出液中危害成分浓度限值/（mg/L）	分析方法
无机元素及化合物	13	砷（以总砷计）	5	附录 C、E
	14	硒（以总硒计）	1	附录 B、C、E
	15	无机氟化物（不包括氟化钙）	100	附录 F
	16	氰化物（以 CN 计）	5	附录 G
有机农药类	17	滴滴涕	0.1	附录 H
	18	六六六	0.5	附录 H
	19	乐果	8	附录 I
	20	对硫磷	0.3	附录 I
	21	甲基对硫磷	0.2	附录 I
	22	马拉硫磷	5	附录 I
	23	氯丹	2	附录 H
	24	六氯苯	5	附录 H
	25	毒杀芬	3	附录 H
	26	灭蚁灵	0.05	附录 H
非挥发性有机化合物	27	硝基苯	20	附录 J
	28	二硝基苯	20	附录 K
	29	对硝基氯苯	5	附录 L
	30	2,4-二硝基氯苯	5	附录 L
	31	五氯酚及五氯酚钠（以五氯酚计）	50	附录 L
	32	苯酚	3	附录 K
	33	2,4-二氯苯酚	6	附录 K
	34	2,4,6-三氯苯酚	6	附录 K
	35	苯并[a]芘	0.0003	附录 K、M
	36	邻苯二甲酸二丁酯	2	附录 K
	37	邻苯二甲酸二辛酯	3	附录 L
	38	多氯联苯	0.002	附录 N
挥发性有机化合物	39	苯	1	附录 O、P、Q
	40	甲苯	1	附录 O、P、Q

续表

物质类型	序号	危害成分项目	浸出液中危害成分浓度限值/（mg/L）	分析方法
挥发性有机化合物	41	乙苯	4	附录 P
	42	二甲苯	4	附录 O、P
	43	氯苯	2	附录 O、P
	44	1,2-二氯苯	4	附录 K、O、P、R
	45	1,4-二氯苯	4	附录 K、O、P、R
	46	丙烯腈	20	附录 O
	47	三氯甲烷	3	附录 Q
	48	四氯化碳	0.3	附录 Q
	49	三氯乙烯	3	附录 Q
	50	四氯乙烯	1	附录 Q

① "不得检出"指甲基汞＜10ng/L，乙基汞＜20ng/L。

注：分析方法中所列附录均来自 GB 5085.3—2007。

1.3.3 易燃性危险废物的规定

《危险废物鉴别标准 易燃性鉴别》（GB 5085.4—2007）规定，除了符合下列条件的危险废物，均不视为具有易燃性。

（1）液态易燃性危险废物

闪点温度低于60℃（闭杯试验）的液体、液体混合物或含有固体物质的液体。

（2）固态易燃性危险废物

在标准温度和压力下因摩擦或自发性燃烧而起火，经点燃后能剧烈而持续地燃烧并产生危害的固态废物。

（3）气态易燃性危险废物

在20℃、101.3kPa状态下与空气的混合物中体积分数≤13%时可点燃的气体，或者在该状态下，不论易燃下限如何，与空气混合，易燃范围的易燃上限与易燃下限之差大于或等于12个百分点的气体。

1.3.4 反应性危险废物的规定

《危险废物鉴别标准 反应性鉴别》（GB 5085.5—2007）规定，除了符合下列条件的危险废物，均不视为具有反应性。

1）具有爆炸性质

① 常温常压下不稳定，在无引爆条件下易发生剧烈变化。

② 标准温度和压力下（25℃，101.3kPa），易发生爆轰或爆炸性分解反应。

③ 受强起爆剂作用或在封闭条件下加热，能发生爆轰或爆炸反应。

2）与水或酸接触产生易燃气体或有毒气体

① 与水混合发生剧烈化学反应，并放出大量易燃气体和热量。

② 与水混合能产生足以危害人体健康或环境的有毒气体、蒸气或烟雾。

③ 在酸性条件下，每千克含氰化物废物分解产生≥250mg 氰化氢气体，或者每千克含硫化物废物分解产生≥500mg 硫化氢气体。

3）废弃氧化剂或有机过氧化物

① 极易引起燃烧或爆炸的废弃氧化剂。

② 对热、震动或摩擦极为敏感的含过氧基的废弃有机过氧化物。

1.4　危险废物的分类

危险废物合理的分类，不仅有利于危险废物的统计，而且还可以为危险废物的识别、管理、运输、处置技术及未来规划提供依据。

危险废物种类繁多，其来源涉及各行各业，加上本身的物理、化学、生物毒性等性质又千变万化，导致对危险废物进行系统归类十分困难。

① 按行业来源分类，2021 年版《国家危险废物名录》将危废分为 46 大类别，共 467种，主要以行业来源来分类，其中编号为 HW01～HW18 的废物名称具有行业来源特征，是以来源命名的，主要有医疗废物，医药废物，废药物、药品，农药废物，木材防腐剂废物等 18 个大类。

② 按物理形态分类，危险废物可以分为固态危废、液态危废、气态危废、泥浆（污泥）状危废等。

③ 按燃烧热值分类，危险废物分为可燃废物和不可燃废物。不可燃废物是指没有辅助燃料就不能维持燃烧的危险废物，具体来说就是指热值低于 7000kJ/kg 的气态危险废物、热值低于 12800kJ/kg 的液态危险废物和热值低于 18600kJ/kg 的固态危险废物。可燃废物可以通过焚烧进行减量化处理。

④ 按化学元素分类，清洁的危险废物（仅含有碳、氢、氧这三种元素，燃烧之后的产物比较清洁）、含重金属的危险废物、产生气态污染物的危险废物（含有氯、硫、氟、氮等元素，燃烧之后会产生氯化氢、氟化氢、硫氧化物、氮氧化物等气态污染物）、含碱金属的危险废物（碱金属的熔点较低，会影响焚烧设备的操作温度）。

⑤ 按危险特性分类，可以将危险废物分为易燃性危险废物、腐蚀性危险废物、反应性危险废物、浸出毒性危险废物、急性毒性危险废物和毒性危险废物等多种类型。

1.5　危险废物相关法律法规

《中华人民共和国固体废物污染环境防治法》（简称《固废法》）修订版于 2020 年 9 月1 日起正式施行。此次新《固废法》共设 9 章 126 条，新增条文 41 条，被称为"史上最严固废法"。我国的危险废物管理已经基本形成了完善的法律法规体系,《固废法》的修订,表明我国在危险废物管理方面不断地发展进步。

1.5.1 危险废物相关法律

国家法律中与危险废物管理相关的内容如下:

① 《中华人民共和国刑法》第一百五十五条规定以走私罪论处逃监海关监管将境外固体废物运输进境的行为。第三百三十八条规定:违反国家规定,向土地、水体、大气排放、倾倒或者处置有放射性的废物、含传染病病原体的废物、有毒物质或者其他危险废物,造成重大环境污染事故,致使公私财产遭受重大损失或者人身伤亡的严重后果的,处三年以下有期徒刑或者拘役,并处或者单处罚金;后果特别严重的,处三年以上七年以下有期徒刑,并处罚金;第三百三十九条规定了将境外固体废物进境倾倒、堆放、处置的刑事处罚。

② 《中华人民共和国民法通则》一百二十四条规定:违反国家保护环境防止污染的规定,污染环境造成他人损害的,应当依法承担民事责任。

③ 《中华人民共和国环境保护法》对固体废物、水、大气、噪声等污染环境的问题提出了相应的规定。

④ 《中华人民共和国固体废物污染环境防治法》对固体废物污染环境的防治进行了比较详细的规定,适用于我国境内固体废物污染环境的防治,对危险废物污染环境防治做了特别规定,要求危险废物污染防治需遵循"减量化、资源化、无害化"原则,"全过程管理"原则,"3R"原则(减量化、再利用、再循环)以及循环经济理念。

1.5.2 危险废物管理制度

危险废物管理制度主要包括危险废物名录制度、危险废物标识制度、危险废物申报登记制度、危险废物转移联单管理制度、危险废物经营许可证管理制度、危险废物管理计划制度、危险废物应急预案制度、危险废物行政代处置制度。

(1)危险废物名录制度

《危险废物名录》是指由国家行政机关制定并公布的载有各种危险废物类别、废物来源,以及常见危害组分或危险废物名称和危险特性的文书。未列入国家危险废物目录的,应当做危险特性鉴别(如环境监测站、科研院所等)。根据国家规定的危险废物鉴别标准和鉴别方法认定的具有危险特性的固体废物或液态废物,属于危险废物。

(2)危险废物标识制度

是指对危险废物的容器和包装物以及收集、贮存、运输危险废物的设施、场所,必须设置危险废物识别标志。危险废物贮存、处置场的警告图形符号样式见《环境保护图形标志 固体废物贮存(处置)场》(GB 15562.2—1995)要求。

(3)危险废物申报登记制度

是指危险废物产生单位按照国家有关规定向环保部门履行有关登记手续,提供有关危险废物情况资料的制度。危险废物的申报登记是整个管理过程的源头和基础,能够起到非常重要的作用，因此必须保证申报登记数据的全面、真实、准确、及时。

（4）危险废物转移联单管理制度

危险废物转移联单制度，是指为防止危险废物转移时产生污染的环境管理制度。即凡转移危险废物的，必须按照有关规定填写危险废物转移联单。

（5）危险废物经营许可证管理制度

是指对从事危险废物经营活动的单位实行许可证管理制度，该制度对经营单位的要求是禁止无证或不按许可证规定的范围从事活动；对危险废物产生单位的规定是禁止将危险废物提供或委托给无证单位处置。

（6）危险废物管理计划制度

是指产生危险废物的单位必须按照国家有关规定制定危险废物管理计划，如实申报危险废物产生的种类、产生量、流向、贮存、处置等有关资料，并制定减少危险废物产生量和危害性的措施，以及危险废物贮存、利用、处置措施。

（7）危险废物应急预案制度

是指产生、收集、贮存、运输、利用、处置危险废物的单位，应当制定并申报意外事故的防范措施和应急预案。可参照《危险废物经营单位编制应急预案指南》（国家环境保护总局公告 2007 年第 48 号）执行。

（8）危险废物行政代处置制度

是指为使产生危险废物的单位承担处置所产生危险废物的责任，在其违反规定不处置或处置不符合规定时，由环保部门指定其他单位代为处置，处置费由产生危险废物的单位承担的一种间接的行政强制执行措施。产生危险废物的单位不承担处置费用时，由环保部门处以一定数额的罚款。

1.6　危险废物相关技术标准

1.6.1　危险废物技术标准的基础

《中华人民共和国固体废物污染环境防治法》（简称《固废法》）是我国固体废物管理的专门性法律，是固体废物污染防治的法律基础。《固废法》确立了固体废物管理的"减量化、资源化和无害化"原则，全面规定了固体废物环境管理制度和体系，提出对固体废物产生、收集、贮存、运输、利用和处置进行全过程管理。

1.6.2　危险废物管理的行政法规、部门规章及环境标准现状

我国关于危险废物管理的行政法规和部门规章及公告等主要有 16 项，危险废物管理相关的环境标准有 26 项（未计入专门针对医疗废物的环境标准），其中包括 14 项以"GB"或"GB/T"代号发布的国家标准和 12 项以"HJ"或"HJ/T"代号发布的环境保护行业标

准。除了国家层面发布的法规、标准外，一些地方政府部门也发布了地方性法规、规章作为危险废物管理的补充。

1.6.3 危险废物相关技术标准分类情况

（1）危险废物鉴别标准

  ① 《危险废物鉴别标准 腐蚀性鉴别》（GB 5085.1—2007）

  ② 《危险废物鉴别标准 急性毒性初筛》（GB 5085.2—2007）

  ③ 《危险废物鉴别标准 浸出毒性鉴别》（GB 5085.3—2007）

  ④ 《危险废物鉴别标准 易燃性鉴别》（GB 5085.4—2007）

  ⑤ 《危险废物鉴别标准 反应性鉴别》（GB 5085.5—2007）

  ⑥ 《危险废物鉴别标准 毒性物质含量鉴别》（GB 5085.6—2007）

  ⑦ 《危险废物鉴别标准 通则》（GB 5085.7—2019）

  ⑧ 《危险废物鉴别技术规范》（HJ 298—2019）

  ⑨ 《国家危险废物名录》（2021 年版）

（2）危险废物收集、贮存、运输标准

  ① 《危险废物转移联单管理办法》（国家环境保护总局令第 5 号）

  ② 《危险废物贮存污染控制标准》（GB 18597—2001）

  ③ 《危险废物收集、贮存、运输技术规范》（HJ 2025—2012）

  ④ 《危险化学品安全管理条例》（国务院令第 591 号）

（3）危险废物处置标准

  ① 《含多氯联苯废物污染控制标准》（GB 13015—2017）

  ② 《危险废物焚烧污染控制标准》（GB 18484—2020）

  ③ 《危险废物填埋污染控制标准》（GB 18598—2019）

  ④ 《水泥窑协同处置固体废物污染控制标准》（GB 30485—2013）

  ⑤ 《水泥窑协同处置固体废物技术规范》（GB 30760—2014）

  ⑥ 《危险废物集中焚烧处置设施运行监督管理技术规范（试行）》（HJ 515—2009）

  ⑦ 《危险废物（含医疗废物）焚烧处置设施性能测试技术规范》（HJ 561—2010）

  ⑧ 《水泥窑协同处置固体废物环境保护技术规范》（HJ 662—2013）

  ⑨ 《含多氯联苯废物焚烧处置工程技术规范》（HJ 2037—2013）

  ⑩ 《危险废物处置工程技术导则》（HJ 2042—2014）

  ⑪ 《危险废物集中焚烧处置工程建设技术规范》（HJ/T 176—2005）

  ⑫ 《危险废物（含医疗废物）焚烧处置设施二噁英排放监测技术规范》（HJ/T 365—2007）

  ⑬ 《全国危险废物和医疗废物处置设施建设规划》（环发〔2004〕16 号）

  ⑭ 《危险废物和医疗废物处置设施建设项目环境影响评价技术原则（试行）》（环发〔2004〕58 号）

  ⑮ 《危险废物安全填埋处置工程建设技术要求》（环发〔2004〕75 号）

（4）危险废物利用标准

　① 《废润滑油回收与再生利用技术导则》（GB/T 17145—1997）

　② 《废铅蓄电池处理污染控制技术规范》（HJ 519—2020）

　③ 《废矿物油回收利用污染控制技术规范》（HJ 607—2011）

　④ 《铬渣污染治理环境保护技术规范（暂行）》（HJ/T 301—2007）

（5）危险废物经营管理标准

　① 《危险废物经营许可证管理办法》（国务院令第 408 号）

　② 《危险废物经营单位记录和报告经营情况指南》（环境保护部公告 2009 年第 55 号）

　③ 《危险废物经营单位审查和许可指南》（环境保护部公告 2009 年第 65 号）

　④ 《关于危险废物经营许可证申请和审批有关事项的通告》（环函〔2005〕26 号）

（6）危险废物其他标准

　① 《危险废物经营单位编制应急预案指南》（国家环境保护总局公告 2007 年第 48 号）

　② 《危险废物出口核准管理办法》（国家环境保护总局令第 47 号）

第 2 章
危险废物收集及运输

2.1　危险废物的收集

2.1.1　危险废物收集的定义

危险废物的收集是指危险废物经营单位将分散的危险废物进行集中的活动。危险废物的收集有两种情况：一种是由产生者负责的危险废物产生源内的收集；另一种是由运输者负责的在一定区域内对危险废物产生源的收集。

危险废物的收集应制定详细的操作规程，内容至少应包括适用范围、操作程序和方法、专用设备和工具、转移和交接、安全保障和应急防护等。

收集不具备运输包装条件的危险废物时，且危险特性不会对环境和操作人员造成重大危害，可在临时包装后进行暂时贮存，但正式运输前应按相关标准要求进行包装。

2.1.2　危险废物收集的要求

危险废物收集时应根据危险废物的种类、数量、危险特性、物理形态、运输要求等因素确定包装形式，具体包装应符合如下要求：

① 包装材质要与危险废物相容（不相互反应），可根据废物特性选择钢、铝、塑料等材质。

② 性质类似的废物可收集到同一容器中，性质不相容的危险废物不应混合包装。

③ 危险废物包装应能有效隔断危险废物迁移扩散途径，并达到防渗、防漏要求。

④ 包装好的危险废物应设置相应的标签，标签信息应填写完整翔实。

⑤ 盛装过危险废物的包装袋或包装容器破损后应按危险废物进行管理和处置。

⑥ 危险废物还应根据《危险废物运输包装通用技术》（GB 12463—2009）的有关要求进行运输包装。

2.1.3　危险废物收集作业的要求

危险废物的收集作业应满足如下要求：

① 应根据收集设备、转运车辆以及现场人员等实际情况确定相应作业区域，同时要设置作业界限标志和警示牌。

② 作业区域内应设置危险废物收集专用通道和人员避险通道。

③ 收集时应配备必要的收集工具和包装物，以及必要的应急监测设备及应急装备。

④ 危险废物收集应参照《危险废物运输包装通用技术》（GB 12463—2009）附录 A 填写记录表，并将记录表作为危险废物管理的重要档案妥善保存。

⑤ 收集结束后应清理和恢复收集作业区域，确保作业区域环境整洁安全。

⑥ 收集过危险废物的容器、设备、设施、场所及其他物品转作他用时，应消除污染，确保其使用安全。

2.1.4　危险废物内部转运作业的要求

危险废物内部转运作业应满足如下要求：

① 危险废物内部转运应综合考虑厂区的实际情况确定转运路线,尽量避开办公区和生活区。

② 危险废物内部转运作业应采用专用的工具,危险废物内部转运应参照本标准附录 B 填写《危险废物厂内转运记录表》。

③ 危险废物内部转运结束后应对转运路线进行检查和清理,确保无危险废物遗失在转运路线上,并对转运工具进行清洗。

2.2 危险废物的分析鉴别

2.2.1 分析鉴别方法

我国采用名录加鉴别标准的方法对危险废物进行分析鉴别。《中华人民共和国固体废物污染环境防治法》(简称《固废法》)中定义:列入国家危险废物名录或者根据国家规定的危险废物鉴别标准和鉴别方法认定的具有危险特性的废物,属危险废物。据此,某类废物虽未列入《国家危险废物名录》,但若根据国家规定的危险废物鉴别标准和鉴别方法认定其具有危险特性,也属危险废物。用这种方法判断危险废物必须注意以下两点。

① 列入《国家危险废物名录》的废物分为两类:一类不需要鉴别;另一类需要依据标准进一步鉴别。对前一类不需要鉴别的废物,即按危险废物管理。对需要进一步鉴别的废物,如经鉴别其危险特性高于鉴别标准的应按危险废物管理;低于鉴别标准的,不按危险废物管理。

② 危险废物鉴别标准的制定和完善需要一个过程。对列入《国家危险废物名录》且需要进行鉴别,但其鉴别标准尚未颁布的废物,暂按危险废物登记。

2.2.2 分析鉴别程序

危险废物的分析鉴别应按照以下程序进行:

① 依据法律规定和《国家废物鉴别标准 通则》(GB 34330—2017),判断待鉴别的物品、物质是否属于固体废物,不属于固体废物的,则不属于危险废物。

② 经判断属于固体废物的,则首先依据《国家危险废物名录》鉴别。凡列入《国家危险废物名录》的固体废物,属于危险废物,不需要进行危险特性鉴别。

③ 未列入《国家危险废物名录》,但不排除具有腐蚀性、毒性、易燃性、反应性的固体废物,依据 GB 5085.1—2007、GB 5085.2—2007、GB 5085.3—2007、GB 5085.4—2007、GB 5085.5—2007 和 GB 5085.6—2007,以及 HJ 298—2019 进行鉴别。凡具有腐蚀性、毒性、易燃性、反应性中一种或一种以上危险特性的固体废物,属于危险废物。

④ 对未列入《国家危险废物名录》且根据危险废物鉴别标准无法鉴别,但可能对人体健康或生态环境造成有害影响的固体废物,由国务院生态环境主管部门组织专家认定。

2.2.3 分析鉴别系统

危险废物处置单位处置区应设置化验室,并配备危险废物特性鉴别及废水、废气、废渣等常规指标监测和分析的仪器设备。

化验室所用仪器的规格、数量及化验室的面积应根据危险废物处置设施的运行参数和规模等条件确定。

危险废物特性分析鉴别系统应根据危险废物类型及特征进行配置，且能满足 GB 5085 的基本要求。

2.2.4 分析鉴别主要工作任务

（1）分析化验室工作任务

① 对入场废弃物成分进行化验分析及分类，验证"废物转移联单"；

② 负责对各处理车间的原生物料、产物等进行取样和成分检测分析；

③ 检测分析各废物处理单元排放点、监测控制点的污染指标；

④ 对场区地下水、地表水、大气和土壤等环境指标进行取样和检测；

⑤ 配合工艺实验室进行必要的检测分析，如预处理工艺；

⑥ 负责对外进行分析、质检、环保监察等事务的衔接、沟通工作。

（2）工艺实验室工作任务

① 根据"废物转移联单"和化验室对入场废弃物成分的检测结果，提出对废物的运输、分类、贮存、调配和预处理等运行方案的合理化建议；

② 进行填埋废物预处理工艺的试验研究，检验预处理混合物料的抗压强度、抗折强度、稠度、流动度、凝结时间、渗透系数、水分等参数的测定，根据试验结果提出预处理的稳定剂品种、配方、消耗指标及工艺控制参数，指导预处理的工艺操作；

③ 配合处置中心职能部门制定危险废物处理事故应急预案和演练；

④ 收集、交流国内外有关危险废物综合利用、处理处置方面的科技信息和先进技术，进行技术资料准备。

2.2.5 分析鉴别仪器设备配置

为保证分析实验室的标准建设，应按有毒化学品分析实验室的规格建设，分析项目应满足填埋场运行要求，至少应具备 Cr、Zn、Hg、Cu、Pb、Ni 等重金属及氰化物等项目的检测能力，及进行废物间相容性实验的能力。超出中心分析实验室检测能力以外的分析项目，可采用社会化协作方式解决。

根据《危险废物安全填埋处置工程建设技术要求》（环发〔2004〕75 号）的相关规定，配备主要鉴别检验设备见表 2-1 及表 2-2。

表 2-1 分析实验室主要仪器设备

序号	名　称	用　途
1	原子吸收仪（AA）	金属分析
2	气相色谱仪（GC）	挥发性化合物分析

续表

序号	名　称	用　途
3	离子交换色谱仪（IC）	阴、阳离子分析
4	分光光度计	大气质量监测
5	紫外分光光度计（UV）	有机/无机化合物分析
6	COD 装置	化学需氧量（COD）分析
7	TOC 分析仪	总有机碳（TOC）分析
8	计算机	数据库维护及其他日常管理
9	打印机	打印输出
10	采样车	采样及材料运输

表 2-2　分析实验室普通仪器设备

序号	名　称	序号	名　称
1	pH 计	10	翻转振动器
2	电导仪	11	振动筛
3	溶氧仪	12	各种采样器
4	分析天平	13	蒸馏水设备
5	光电天平	14	真空泵
6	电炉/加热板	15	离心机
7	马弗炉	16	冰箱
8	消化设备	17	热电偶
9	磨碎机和研磨机	18	试剂和玻璃器皿

2.3　危险废物的贮存

2.3.1　危险废物贮存的定义

按照《固废法》对固体废物贮存的定义，危险废物贮存是指将危险废物临时置于特定设施或者场所中的活动。危险废物贮存可分为产生单位内部贮存、中转贮存及集中性贮存。所对应的贮存设施分别为：a. 产生危险废物的单位用于暂时贮存的设施；b. 拥有危险废物收集经营许可证的单位用于临时贮存废矿物油、废镍镉电池的设施；c. 危险废物经营单位所配置的贮存设施。

2.3.2　危险废物贮存原则

在通常情况下不可同库存放的危险废物一般按表 2-3 所列原则执行。

表 2-3　不可同库存放的危险废物一览表

不相容的废物		混合时会产生的危险
甲	乙	
氰化物	非氧化性酸类	产生氰化氢，吸入少量可能会致命
次氯酸盐	非氧化性酸类	产生氯气，吸入可能会致命
铜、铬及多种金属	氧化性酸类，如硝酸	产生二氧化氮、亚硝酸盐，导致刺激眼睛及灼伤皮肤
强酸	强碱	可能引起爆炸性的反应及产生热能
铵盐	强碱	产生氨气，吸入会刺激眼睛及呼吸道
氧化剂	还原剂	可能引起强烈、爆炸性的反应及产生热能

（1）危险废物分区分类贮存

① 根据《危险货物品名表》（GB 12268—2012）的分类原则，按贮存场地现有库房和设备条件的实际情况，对危险废物实行分区分库贮存。

② 性质不同或相抵触能引起燃烧、爆炸或灭火方法不同的物品不得同库贮存。

③ 性质不稳定，易受温度或外部其他因素影响可引起燃烧、爆炸等事故的应当单独存放。

④ 剧毒等特殊物品应专库专柜专人负责。

（2）氧化性危险废物库房贮存规定

① 入库前应将库房清扫干净，做好入库前准备。

② 清扫出的残渣按指定地点进行妥善处理，不得随意丢弃。

③ 包装桶之间与地面之间要加垫木板，木板上不得残留其他物品。

④ 装卸还原性物质时使用的手套不得在此库内使用。

⑤ 库内禁止内燃机铲车或内燃叉车操作。

（3）剧毒类物品库房贮存规定

① 剧毒库房严格执行公安局管理要害部位有关规定，明确安全负责人，物品专人管理，防范措施必须落实。

② 库房安装报警装置且装置灵敏有效。

③ 库房管理由保卫负责人建立档案，日常监督检查，记录在案。

④ 库房实行双人双锁，出入库双人同时操作，双人复核。

⑤ 库房钥匙由甲、乙保管员分开保管，双锁上为甲，下为乙，两名保管员分别保管甲、乙号钥匙。

⑥ 乙号钥匙每日下班前送至保卫部门保管，次日早八点半将钥匙取回，每次钥匙交取应登记。

⑦ 入库物品要再次检查包装、标签、数量，不符合入库标准的拒绝入库。

⑧ 发现物品洒落地面时，要仔细清扫，连同破损包装一同包装起来，严禁随意丢弃。

⑨ 库房窗户要加铁护栏，门窗随时关牢锁好，管理人员每日将检查情况和保管情况详细记录，发现特殊情况及时报告有关部门。

（4）腐蚀性物品库房贮存规定

① 贮存腐蚀性物品时要区分酸性、碱性，按性质分别存放。

② 经常检查包装是否完好，防止容器倾斜，危险废物漏出。

③ 操作时，库房要通风排毒，按规定戴好眼镜、防酸手套等防护用品。

④ 操作完毕要及时清理现场，残余物品要正确处理。

（5）危险废物在库检查规定

① 各专项贮存库房的管理人员要加强责任心，严格执行检查制度。

② 检查库房危险物品气体浓度。

③ 检查物品包装有无破碎。

④ 检查物品堆放有无倒塌、倾斜。

⑤ 检查库房门窗有无异动，是否关插牢固。

⑥ 检查库房温度、湿度是否符合各专项物品贮存要求。可分别采用密封、通风、降潮等不同或综合措施调控库房温度、湿度。

⑦ 特殊天气，检查库房防风、漏雨情况。

⑧ 检查具有毒性、腐蚀性、刺激性物品时，配备好防护用品，并且检查者须站在上风口。

（6）危险废物的码放规定

① 盛装危险废物的容器、箱、桶其标志一律朝外。堆叠高度视容器的强度而定。

② 标志、标牌应并排粘贴，并位于其容器、箱、桶的竖向的中部明显位置。

2.3.3　危险废物贮存设施的要求

① 危险废物贮存设施应配备通信设备、照明设施和消防设施。

② 贮存危险废物时应按危险废物的种类和特性进行分区贮存，每个贮存区域之间宜设置挡墙间隔，并应设置防雨、防火、防雷、防扬尘装置。

③ 贮存易燃易爆危险废物应配置有机气体报警装置、火灾报警装置和导出静电的接地装置。

④ 废弃危险化学品贮存应满足《常用化学危险品贮存通则》（GB 15603—1995）、《危险化学品安全管理条例》、《废弃危险化学品污染环境防治办法》的要求。贮存废弃剧毒化学品还应充分考虑防盗要求，采用双钥匙封闭式管理，且有专人 24 小时看管。

⑤ 危险废物贮存期限应符合《中华人民共和国固体废物污染环境防治法》的有关规定。

⑥ 危险废物贮存单位应建立危险废物贮存的台账制度以及危险废物出入库交接记录。

2.3.4　危险废物出库程序

① 出库负责人接到由主管领导签发的出库通知单时，将出库内容通知到仓库管理

人员。

② 库房管理人员穿戴好必要的防护用品，按操作要求，先在本库指定表格上登记后，再将危险废物提出库房送到指定地点。

③ 出库负责人复查通知单上已填写的、适当的处理处置方法，否则不予出库。

④ 按入库时的要求检查包装、标志、标签及数量。

⑤ 以上内容检验合格后，在出库通知单上签名并加盖单位出库专用章。

2.4　危险废物的运输

2.4.1　危险废物一般要求

生态环境部对全国的危险废物转移活动实施统一监督管理。县级以上地方人民政府环境保护行政主管部门对本行政区域内的危险废物转移活动实施监督管理。

① 危险废物运输应严格执行《危险废物转移联单管理办法》。

② 危险废物产生单位每转移一车、船（次）同类危险废物，应当填写一份联单。每车、船（次）有多类危险废物的，应按每一类危险废物填写一份联单。运输单位应持联单第一联正联及其余各联转移危险废物。

③ 危险废物运输单位应当如实填写联单的运输单位栏目，按照国家有关危险物品运输的规定，将危险废物安全运抵联单载明的接受地点，并将联单第一联、第二联副联、第三联、第四联、第五联随转移的危险废物交付危险废物接受单位。将废物送达后，还应存档接受单位交付的联单第三联。

④ 环境保护行政主管部门认为有必要延长联单保存期限的，运输单位应当按照要求延期保存联单。

2.4.2　危险废物的运输规定

危险废物运输应由持有危险废物经营许可证的单位按照其许可证的经营范围组织实施，承担危险废物运输的单位应获得交通运输部门颁发的危险货物运输资质。

危险废物公路运输应按照《道路危险货物运输管理规定》（交通部令 2005 年第 9 号）、JT/T 617.1～JT/T 617.7 等执行；危险废物铁路运输应按《铁路危险货物运输管理规则》（铁运〔2006〕79 号）规定执行；危险废物水路运输应按《水路危险货物运输规则》（交通部令 1996 年第 10 号）规定执行。

废弃危险化学品的运输应执行《危险化学品安全管理条例》有关规定。

运输单位承运危险废物时，应在危险废物包装上按照 GB 18597—2001 附录 A 设置标志，其中医疗废物包装容器上的标志应按 HJ 421—2008 要求设置。

危险废物公路运输时，运输车辆应按 GB 13392—2005 设置车辆标志。铁路运输和水路运输危险废物时应在集装箱外按 GB 190—2009 规定悬挂标志。

危险废物运输时的中转、装卸过程应遵守如下技术要求：

① 卸载区的工作人员应熟悉废物的危险特性，并配备适当的个人防护装备，装卸剧毒

废物应配备特殊的防护装备。

② 卸载区应配备必要的消防设备和设施，并设置明显的指示标志。

③ 危险废物装卸区应设置隔离设施，液态废物卸载区应设置收集槽和缓冲罐。

2.4.3 移出者责任

危险废物移出者应当承担以下责任。

① 包装责任：根据危险废物的性质、成分、形态及污染防治和安全防护要求，选择安全的包装材料并进行分类包装。

② 告知责任：向危险废物运输者和接受者说明危险废物转移过程中污染防治和安全防护的要求，应对突发事故的措施，以及应当配备的必要的应急处理器材和防护用品。

③ 标识责任：在所有待运危险废物的容器或储罐的醒目处清晰地粘贴符合国家有关标准规范的危险废物标识和标签。

④ 交付和装载责任：负责将包装完好的危险废物连同转移联单交付运输者，并负责装载待转移的危险废物，避免性质不相容的危险废物混装，避免因装载活动造成对环境的危害。

2.4.4 运输者责任

危险废物运输者应当承担以下责任。

① 资质责任：运输含废弃危险化学品的危险废物的，应持有《危险化学品安全管理条例》规定的车辆运输许可证和运输人员上岗资格证。

② 核对责任：确认拟转移的危险废物具有转移联单，并根据转移联单的内容，核对待运的危险废物包装、标识和标签与转移联单是否相符。

③ 配备责任：配备沙土、容器、灭火器、通信工具等必要的应急处理器材和人员急救防护用品。

④ 安全运输责任：运输者应当遵守国家有关危险货物运输管理的有关规定；防止危险废物丢失、包装破损、泄漏。

⑤ 应急处置和报告责任：制定意外事故的防范措施和应急预案，应急预案应当包括紧急污染清除措施；在运输过程中发生突发事故时，应立即向事故发生地县级以上地方环境保护行政主管部门及危险废物转移批准机关报告，通知危险废物移出者；并按照应急预案实施采取应急处置措施。

⑥ 交付责任：将托运的危险废物全部、完好地运抵指定地点并交付给转移联单上指定的接受者。

2.4.5 接受者责任

危险废物接受者应当承担以下责任。

① 核查和接受责任：对拟接受的危险废物与转移联单进行核对。拟接受的危险废物与转移联单所载内容相符时方可接受，并负责卸载及其无害化贮存、利用和处置。

② 报告责任：拟接受的危险废物的类型及形态、数量等与危险废物转移联单内容有重

大差异的，应当向接受地县级以上地方环境保护行政主管部门及危险废物转移批准机关报告，通知危险废物移出者。

③ 退运责任：危险废物接受者对拟接受的危险废物与转移联单核查后，发现有重大差异的，应当与危险废物移出者协商解决方案，解决方案应当报所在地区的市级以上环境保护局或批准转移的环境保护局裁定；危险废物接受者有能力利用或处置该危险废物的，可以裁定由该危险废物接受者进行处置或利用；被裁定退运的，由移出者承担该危险废物的退运及无害化处置责任。

第3章
危险废物焚烧处理技术

△ 焚烧炉设备比选
△ 焚烧系统烟气净化措施
△ 焚烧处理设施总体工艺设计

3.1　焚烧炉设备比选

3.1.1　焚烧处理系统要求

焚烧处理工艺必须满足如下主要条件：

① 废物必须经过高温燃烧以彻底焚毁有毒物质。

② 烟气中的含毒有机物也必须彻底在高温下燃尽（二次燃烧室焚烧温度应高于1100℃，停留时间不低于2s）。

③ 尾气、残渣、污水、飞灰的妥善处理和达标排放。

④ 处理全过程的无接触、无泄漏、无污染。

⑤ 焚烧设备保证气密性，防止有害物质的泄漏。

本技术处理对象为工业危险废物，废物状态包括固态、半固态和液态。因此，焚烧炉炉型应对需处理的物料有广泛的适用性和灵活性。

3.1.2　焚烧炉炉型概述

随着危险废物焚烧技术的发展，适宜危险废物焚烧的设备种类也越来越多，其炉型结构也越来越完善，各种炉型的使用范围和适用条件各不相同。下述是几种比较常用的炉型。

（1）炉排型焚烧炉

炉排型焚烧炉是使用最普遍的一种连续式焚烧炉，常用于处理规模较大的城市生活垃圾的焚烧厂中。炉排型焚烧炉的特点是废物在大面积的炉排上分布，厚薄较均匀，空气沿炉排片上升，供氧均匀。炉排炉的关键技术是炉排，一般可采用往复式、滚筒式、振动式等型式，运行方法和普通炉排燃煤炉相似。由于炉排型焚烧炉的焚烧原理是空气通过炉排的缝隙与废物混合助燃，故小颗粒（粒径＜5mm）的渣土、塑料等废物会堵塞炉排的透气孔，影响废物的燃烧效果。

（2）回转窑式焚烧炉

也称为回转炉、回转窑等。炉子主体部分为卧式的钢制圆筒，圆筒略倾斜于水平线安装，进料端略高于出料端，筒体可绕轴线转动。该炉型燃料种类适应性强，用途广泛，基本适用于各类气、液、固燃料。运行时，废物从较高一端进入回转炉，焚烧残渣从较低一端排出，液体废物可由固体废物夹带入炉焚烧，或通过喷嘴喷入炉中焚烧。该设施的优点是可连续运转，进料弹性大，能够处理各种类型的固体、半固体和可燃液体等危险废物，技术可行性指标较高，易于操作。与余热锅炉连同使用可以回收热分解过程中产生的大量热能，其能量额定值非常高，运行和维护方便。目前，采用回转窑式焚烧炉对危险废物进行处理在国内的比例较高。

（3）流化床焚烧炉

由一个耐火材料作衬里的垂直容器和装入其中的惰性颗粒物（一般可采用硅砂）组成，

空气由焚烧炉底部的通风装置送入炉内，垂直上升的气流吹动炉内颗粒物，使之处于流化状态。流化床的优点是：焚烧效率高，设计简单，运行过程开炉、停炉较为灵活，投资费用少。但绝大多数的流化床装置通常仅接收一些特定的、性质比较单一的废物，避免废物种类过多干扰操作或损坏设备；由于燃烧速度快，炉内温度控制比较困难，容易生成 CO。

（4）热解焚烧炉

热解焚烧炉是一种间断式焚烧炉，燃烧机理为静态缺氧、分级燃烧，经历热解、气化、燃尽三个阶段，即通过控制温度和炉内空气量，过量空气系数小于 1，废物缺氧燃烧，在此条件下，废物被干燥、加热、分解，其中的有机物、水分和可以分解的组分被释放，热解过程中有机物可被热解转化成可燃气体（H_2、CO 等）；不可分解的可燃部分在一燃室燃烧，为一燃室提供热量直至成为灰烬。一燃室中释放的可燃气体通过紊流混合区进入二燃室，在氧气充足的条件下完全氧化燃烧，高温分解。热解炉工艺技术成熟、可靠，操作方便（一次性进料、一次性出渣），烟气含尘量低。其缺点是热解时间长；非连续运行，波动大；热解温度恰好是二噁英生成的温度区间；只适用于小规模以及小尺寸物料的焚烧。

除了上述常用的炉型外，用于工业废物处理与处置的焚烧炉型还有多膛式炉、液体喷射炉、烟雾炉、多燃烧室炉、旋风炉、螺旋燃烧炉、船用焚烧炉等小型焚烧炉。各种炉型处理固体废物的适用性见表 3-1。

表 3-1　各种焚烧炉的适用范围

序号	炉型	适用废物						
		生活废物	工业固废	污泥	泥浆	液体	烟雾	包装废物
1	炉排型炉	√	—	√	—	—	—	—
2	回转炉（回转窑）	√	√	√	√	√	√	√
3	流化床炉	√	轻质	√	√	√	—	—
4	多膛炉	—	√	√	√	√	—	—
5	液体喷射炉	—	—	—	√	√	√	—
6	热解炉	√	√	—	—	—	√	—
7	多燃烧室炉	√	√	—	—	√	√	√
8	旋风炉	—	—	√	√	—	√	—
9	螺旋燃烧炉	—	√	√	√	√	—	—
10	船用焚烧炉	—	—	√	—	√	—	—

目前国内外工业危险废物焚烧炉应用较多的炉型是机械炉排焚烧炉、回转窑焚烧炉和热解气化焚烧炉三种，主要性能比较见表 3-2。

表 3-2　国内外危险废物焚烧主流炉型比较

序号	项目	机械炉排焚烧炉	回转窑焚烧炉	热解气化焚烧炉
1	运行历史	数十年运行经验，技术成熟，应用较为广泛	发展时间长，在工业废物焚烧领域多有应用	20世纪70年代开始发展，在发达国家有成熟经验
2	焚烧方式	层燃方式	回转窑内燃烧，通过炉体的旋转对垃圾进行一定的扰动，以利于垃圾充分燃烧	分级燃烧，通过控制空气量控制炉膛燃烧工况，合理分配化学能的释放，以达到焚尽效果
3	燃烧机理	通过炉排运动将垃圾不断推进，经过水分干燥、挥发分析出、燃料燃烧、残炭燃尽四个阶段，炉内未形成明显的温度布层，不易控制	在回转窑内供给充分的助燃气，形成高温氧化环境，可以对病菌等有害物质进行充分燃烧	先将垃圾干燥后在还原性气氛中热解为可燃气体以及碳为主的固体残渣，可燃气体进入二燃室完全燃烧，残渣熔融后排出
4	燃烧工况	无强烈辐射，容易局部断火形成夹生，甚至造成熄火，垃圾热值过高时可能出现结焦	炉内热强度大，窑体旋转，物料的碰撞、翻动、混合作用可保证充分燃烧	炉型相对紧凑，热强度较大，炉温分层，富氧燃烧层可保证病菌等有害物质的去除，燃烧较容易控制
5	燃料适应性	垃圾基本不需要预处理。炉膛燃烧温度在900℃左右，当垃圾热值合适时燃烧较充分，灰渣灼烧减量在3%～5%之间	垃圾性状保证的情况下，无须预处理。炉膛内热容量很大，对垃圾成分、热值波动不敏感，适应性较广，灰渣灼烧减量<3%	垃圾基本不需要预处理。一燃室热解温度为550℃以下，二燃室温度控制在1000℃以上，可燃成分分解完全，燃烧充分，灰渣灼烧减量<3%
6	燃烧控制	缓慢焚烧，条件较复杂，自动控制较难	温度波动不大，温度控制较易实现	燃烧稳定，温度控制容易实现
7	设备结构	焚烧炉外形较大，需多层钢平台供操作维护用。设备设计模块化，但维修较复杂，成本高	由于炉子紧凑，对炉膛负荷大，对炉体材料要求高。回转窑体传动机构在炉外，不易损坏，设备故障率低	总体分为一燃室、二燃室，结构紧凑，设备维护量小，焚烧与汽水系统分离，传动零件少，费用省
8	炉排状况	炉排长期处于高温环境，易烧灼，对炉排材料和处理工艺要求较高	不需炉排，但炉内磨损严重，并且容易烧灼	炉排处于较低温度环境，寿命长，炉排部分投资和运行成本低
9	结构气密性	气密性不好，需要焚烧保护	气密性好	结构紧凑，气密性佳
10	能耗状况	较低	较高	较低
11	故障率	较高	较低	较低
12	排渣粒径	较大，80～150mm	较小，20～50mm	较大，50～120mm
13	排放物	粉尘排放较少，炉膛温度在850～1100℃，燃烧较充分，酸性物质排放相对较多	回转室温度约800℃，二燃室温度约1100℃，有毒物质分解完全，出口粉尘量较少	一燃室温度低于1000℃，二燃室温度在1100℃以上，有毒物质分解完全，燃烧充分

序号	项目	机械炉排焚烧炉	回转窑焚烧炉	热解气化焚烧炉
14	二噁英控制	燃烧较完全，CO较少，粉尘中二噁英生成催化剂的含量相对适中，不易产生二噁英	燃烧时停留在高温时间较长，并且有强烈的湍流燃烧，生成率高，去除率较高，可以大量去除二噁英	二燃室温度高，燃烧完全，停留时间长，二噁英生成量少，且燃烧烟气排放温度处于二噁英合成区时间很短

3.2 焚烧系统烟气净化措施

危险废物经焚烧炉处理后产生的烟气，其热能经余热锅炉回收利用，烟气经净化装置处理后通过烟囱排放。若烟气经余热锅炉后温度过低（200~500℃），易导致二噁英等再生成，危险废物焚烧为防止二噁英等再生成要求余热锅炉出口烟气温度要控制在500℃以上，并且经过急冷塔处理后迅速降低到200℃以下。另外，烟气中含一定量的粉尘、有毒气体（一氧化碳、氮氧化物、二氧化硫、氯化氢等）、二噁英和重金属（汞、镉、铅）等，为防止焚烧产生的烟气对环境空气造成二次污染，必须对烟气进行净化处理。针对不同烟气成分，选用不同的烟气净化工艺。

3.2.1 烟气处理标准

危险废物焚烧炉大气污染物排放可执行的标准有《危险废物焚烧污染控制标准》（GB 18484—2020）和欧盟标准，新建危险废物焚烧设施排放烟气中污染物浓度限值详见表3-3。

表3-3 危险废物焚烧设施排放烟气中污染物浓度限值

序号	污染物	GB 18484—2020	欧盟标准
1	烟气黑度	林格曼I级	林格曼I级
2	烟尘	20	10
3	一氧化碳（CO）	80	50
4	二氧化硫（SO₂）	80	50
5	氟化氢（HF）	2	1
6	氯化氢（HCl）	50	10
7	氮氧化物（以NO₂计）	250	200
8	汞及其化合物（以Hg计）	0.05	0.05
9	铊、镉及其化合物（以Tl+Cd计）	0.05	0.05
10	砷及其化合物（以As计）	0.5	0.5
11	铅及其化合物（以Pb计）	0.5	0.05

续表

序号	污染物	GB 18484—2020	欧盟标准
12	锡、锑、铜、锰、镍及其化合物（以 Cr+Sn+Sb+Cu+Mn+Ni 计）	2.0	0.5
13	二噁英类	0.5ng TEQ/m³	0.5ng TEQ/m³

注：1. 本表规定各项标准限值，均以标准状态下含 11%O_2 的干烟气为参考值换算。

2. 烟气最高黑度时间，在任何 1h 内累计不得超过 5min。

3. 表中第 2 项～第 7 项排放值为日均值，其余排放值为测定均值。

4. TEQ 为毒性当量。

5. 表中除标注外，其余项单位均为 mg/m³。

3.2.2　烟气处理方案比较

去除烟气中各类污染物的常用设备有干式洗涤塔、半干式洗涤塔、湿式洗涤塔、静电除尘器和布袋除尘器，烟气中有些污染物选用单一处理方法即可达标排放，有些污染物则需要多种方法组合使用方能达标排放。

（1）粉尘

国内常用的除尘方法包括湿式除尘、电除尘、布袋除尘、旋风除尘等。结合危险废物焚烧项目，若采用单一除尘方法处理通常效果一般，故在工程应用中常结合数种除尘方法以达到高效的除尘效果。电除尘器具有运行费用低、运行管理方便、维修保养费用低等特点；实际运行时其对粒径＜1μm 的微小颗粒物脱除效率更低，而重金属及二噁英等污染物一般多凝聚于粒径＜1μm 的微颗粒上，因而电除尘器对重金属及二噁英的脱除效率低。布袋除尘器的造价比电除尘略低，其对粒径＜1μm 的微小颗粒物脱除效率在 98%以上，其对重金属和二噁英的脱除效率高；另外，布袋除尘器对烟气中的 HCl、SO_2 具有一定的脱除作用。但布袋除尘器对操作工艺条件的要求较高，维修较困难，对高温化学腐蚀较敏感。

（2）酸性气体

采用湿法、干法和半干法洗涤塔，这三种方法都要使用酸性气体吸收剂，常用吸收剂为氧化钙、碳酸钙、氧化镁和碳酸镁等，选用其中一种方法即可。

（3）重金属、二噁英等污染物

二噁英等污染物的控制一般采取预防、治理相结合的方法，首先控制焚烧炉二燃室的"3T"，即停留时间（燃烧室内停留时间≥2s）、温度（焚烧温度＞850℃）和空气搅拌。其次，在烟气降温过程中极易再度合成二噁英（200～500℃），所以采用强制急冷喷淋降温方法，缩短降温时间，减少二噁英的重新聚合。

在重金属及二噁英的处理上，国内外危险废物处置项目常用活性炭粉喷射吸附的方法，有些则单独设置活性炭吸附塔；采用活性炭吸附法投资高，运行成本高，但在操作得当的前提下，其脱除效率高。本方案采用在布袋除尘器前喷入活性炭粉的方法脱除重金属及二噁英等污染物。

重金属熔点低于 1200℃，大部分进入烟气中，在烟气降温的过程中被吸附在烟尘上，在除酸性气体和除尘的过程中被除去部分；在布袋除尘器前喷入活性炭粉脱除重金属及二噁英，并在布袋除尘器中去除，从而使烟气达标排放。

（4）NO$_x$的脱除

NO$_x$的生成机理：一是废物中所含氮成分在燃烧时生成NO$_x$，二是空气中所含氮气在高温下氧化生成NO$_2$。因此，去除NO$_x$的根本方法是抑制NO$_x$的生成，由于氧气浓度越高，产生的NO$_x$浓度就越高。因此，一般通过低氧燃烧法来控制NO$_x$的产生，即通过限制一次助燃空气量以控制燃烧中的NO$_x$量，实践已证明，这是行之有效的方法。具体措施主要如下。

1）烟气充分混合

采用高压一次空气、二次空气助燃风机，并使空气均匀布风，使烟气在炉内高温区域充分混合和搅拌。

2）低空气比

通过降低过量空气系数，采用低氧方式运行，降低氧浓度，抑制NO$_x$的产生。

3）控制炉膛温度不高于950℃（在满足850℃以上的前提下）

危险废物焚烧烟气处理的脱NO$_x$工艺，工程上采用较多的有选择性非催化还原（SNCR）工艺和选择性催化还原（SCR）工艺两种。

① 选择性催化还原去除NO$_x$工艺 选择性催化还原（SCR）法是在催化剂存在的条件下，NO$_x$被还原成N$_2$和H$_2$O。SCR系统设置在烟气处理系统布袋除尘器的下游段，在催化脱硝反应塔内喷入氨气。氨气是将尿素或氨水溶液进行热解而制备的。为了达到SCR法还原反应所需的200~300℃的温度，烟气在进入催化脱氮器之前需要加热，试验证明SCR法可以将NO$_x$排放浓度（标准状况）控制在50mg/m³以下。SCR的脱硝效率为80%~90%。

② 选择性非催化还原去除NO$_x$工艺 选择性非催化还原（SNCR）法是在高温（800~1000℃）条件下，利用还原剂将NO$_x$还原成N$_2$，SNCR不需要催化剂，但其还原反应所需的温度比SCR法高得多，因此SNCR需要在焚烧炉膛内完成。SNCR的脱硝效率为30%~50%。

综上，SNCR工艺可保证NO$_x$的排放指标达到200mg/m³。如果上述指标仍不满足要求，为了使NO$_x$日均排放指标保证值低于100mg/m³，因此需进一步脱除NO$_x$或者改用其他更高脱硝效率的方法。此时，如果仅通过SCR脱硝将NO$_x$从300mg/m³降到100mg/m³，需要催化剂的量将非常多。因此，从300mg/m³到200mg/m³使用SNCR进行脱硝，从200mg/m³到100mg/m³使用SCR进行脱硝，可将需要使用的催化剂量降下来，从而降低工程的运行费用。

（5）CO去除

在回转窑焚烧炉中由于没有充分完全燃烧，还有很少量的CO，本方案在二燃室炉膛中设置两个组合式燃烧器，其燃烧火焰使烟气形成漩流，使CO及其他还原性气体（NH$_3$、H$_2$、HCN等）在高温下进一步氧化，最终生成N$_2$、O$_2$、CO$_2$、H$_2$O和NO$_x$。

烟气中各种成分的去除方法见表3-4。

表 3-4 烟气中各种成分的去除方法

序号	成分	方法
1	粉尘	湿式除尘、静电除尘、布袋除尘、旋风除尘
2	酸性气体	湿式法、干式法、半干式法
3	二噁英等污染物	燃烧过程控制（3T）、缩短降温时间、活性炭吸附及布袋除尘
4	重金属	控制温度，湿式法、干式法、半干式法、活性炭吸附及布袋除尘

湿法、干法、半干法均能去除粉尘和酸性气体、重金属，三种净化方法特点比较见表 3-5。

表 3-5 三种净化方法特点比较

序号	项目		干法	半干法	湿法
1	需要中和剂（CaO）		高	中等	小
2	CaO 的利用率		低	中等	高
3	效率/%	脱 SO_2	70	80	>90
		脱 HCl	<90	<95	>95
4	工艺复杂程度		简单	中等	复杂
5	占地		小	中等	大
6	投资		小	中等	大
7	烟气是否要再热		否	否	要
8	运行费		低	高，约为干法的123%	较高，略高于干法
9	排尘/（mg/m^3）		约 30	30~50	约 30
10	排 HCl/（mg/m^3）		200	约 50	约 20
11	排 SO_2/（mg/m^3）		约 50	约 30	约 10
12	重金属等		好	好	好

危险废物焚烧系统烟气净化工艺及设备在近几十年来得到很大发展，尤其进入 20 世纪 80 年代后，随着各国对环境质量提出更高要求，危险废物焚烧厂空气污染防治工艺技术及设备日趋成熟，并针对不同的环境质量控制要求，形成了不同的工艺路线及设备组合。现行的工艺组合大致有 4 种形式，见表 3-6。

表 3-6　烟气净化工艺比较表

序号	比较项目	湿法 急冷塔+布袋除尘器尘器+湿式洗涤塔	半干法+湿法 急冷塔+半干式喷淋塔+布袋除尘器+湿式洗涤塔	半干法 急冷塔+半干式喷淋塔+布袋除尘器	干法+湿法 急冷塔+干式塔+布袋除尘器+湿式洗涤塔
1	粒状污染物排放浓度/（mg/m³）	＜25	＜10	＜50	＜30
2	SOₓ/（mg/m³）	＜200	＜200	＜250	＜200
3	HCl/（mg/m³）	＜30	＜30	＜60	＜30
4	重金属及二噁英去除效果	一般	佳	差	较佳
5	污泥及废水	多	中	多	少
6	飞灰	少	少	中	多
7	初次投资	中	中	中	较低
8	运行费用	高	中	高	少

在危险废物焚烧烟气净化工艺中，就世界范围而言，湿法工艺应用最多，其次为半干法工艺。湿法工艺对污染物去除率高，但水耗较大，产生废水量大。半干法工艺二次产物很少，易于处理，但其酸性气体去除率较湿法工艺低。

3.3　焚烧处理设施总体工艺设计

3.3.1　焚烧系统功能组成

危险废物焚烧工艺主要包括以下单元：

① 进料系统（含固体、半固体、废液进料系统）；

② 焚烧系统（炉窑系统、助燃空气系统、辅助燃烧系统、废液喷烧系统）；

③ 余热利用系统（余热锅炉及附属水处理设施、蒸汽冷凝系统）；

④ 烟气净化系统（含急冷、除尘、脱酸等系统）；

⑤ 辅助系统（如水、压缩空气等）；

⑥ 电气和自动控制系统（含在线监测）。

焚烧生产线系统功能汇总见表 3-7。

表 3-7　焚烧生产线系统功能汇总表

贮存、预处理、进料系统	（1）抓斗进料：危险废物贮仓→抓斗起重机→进料斗→板喂机→计量料仓→推料机→回转窑焚烧炉；散装物料通过桶装提升机进料。

续表

贮存、预处理、进料系统	（2）废液进料：废液通过泵输送，经废液喷射燃烧。 （3）辅助燃料：储罐→油泵→日用油箱→液体过滤及计量→组合式燃烧器（含油泵及助燃风机）→回转窑或二燃室
灰、渣输送系统	（1）焚烧渣输送系统：回转窑→排渣机→运输车→固化车间→固化→厂外填埋。 （2）飞灰→密封灰桶→运输车→固化车间→固化→厂外填埋
回转窑焚烧炉系统	（1）回转窑：气流模式为顺流式，即窑内物料运动方向同烟气流向相同，固体、半固体和助燃空气均从筒体头部进入，燃烧生成的烟气及残渣由尾部经冷却后排出；回转窑为齿轮转动，变频调速；窑头和窑尾采用复合端面密封装置密封。 （2）二燃室：配备燃烧器、废液喷枪和高刚度湍流的二次风，保证二燃室室内温度高于 1100℃，烟气停留时间大于 2s。 （3）紧急烟囱：烟囱顶部设气动阀门，炉内爆燃或停电时自动打开，紧急状况结束后，可自动复位
余热锅炉系统	（1）锅炉结构：由锅炉本体、钢结构、耐火保温材料及附件组成。本余热锅炉为自然循环单锅筒纵置式锅炉。全部采用模式水冷壁辐射换热避免飞灰结焦；整个锅炉由钢结构组成，支撑架固定在锅炉通道的膜式水冷壁上。 （2）炉膛：分为烟气沉降室和辐射换热室，进口烟气温度约 1180℃，出口烟气温度约 550℃。 （3）蒸汽性质：饱和蒸汽压力 1.6MPa、蒸汽温度 204℃、额定蒸汽量 12t/h
急冷塔系统	急冷塔：烟气温度在 0.8s 内从 550℃降至 195℃
干法脱酸系统	（1）石灰计量后加入脱酸塔，去除主要酸性污染物。 （2）活性炭于脱酸塔末端、布袋除尘器前端管道喷入，用于吸附重金属和二噁英
除尘系统	布袋除尘器：去除烟气中的飞灰，烟气温度 170℃
湿法脱酸系统	（1）湿法洗涤塔：焚烧烟气污染物成分存在一定波动性，在线监测烟气中 SO₂、HCl 浓度和碱液浓度，通过调整 NaOH 投加量达到控制烟气浓度的效果。 （2）湿法吸附塔：利用碱液对 SO₂、HCl 进行充分吸收，确保污染物达标排放；烟气温度降至 70℃左右
湿式电除尘器系统	湿式电除尘器：用于烟气中粉尘及水分的收集去除，实现烟气的达标排放，烟气出口温度 70℃
烟气加热系统	（1）蒸汽-烟气换热器（SGH）：烟气温度从 70℃升至 130℃左右。 （2）烟气-烟气换热器（GGH）：烟气温度从 130℃升至 150℃左右
脱硝系统	（1）SNCR 脱硝系统：脱硝工艺采用尿素溶液作为还原剂，脱硝系统负荷响应能力满足锅炉负荷变化率（60%～120%），烟气温度在±50℃范围内波动。 （2）SCR 脱硝系统：低温 SCR 技术采用低温专用催化剂，催化作用使反应活化能降低，使反应可在更低的温度（180～220℃）条件下进行
引风排烟系统	由耐腐蚀引风机、烟道和烟囱组成的引风排烟系统：将 150℃的达标烟气排入大气；烟囱上安装在线烟气监测设备

3.3.2 焚烧系统工艺流程

焚烧系统工艺流程示意详见图 3-1。

危险废物处理处置技术及应用

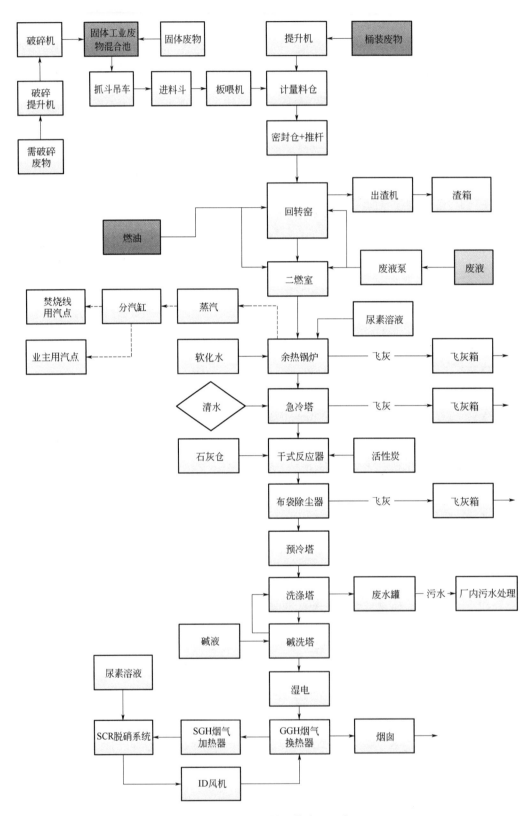

图 3-1　焚烧系统工艺流程示意

034

3.3.2.1　预处理及进料系统

（1）预/进料及计量

危险废物喂料整个过程在集散式控制系统（DCS）控制下自动进行，避免人员与废物直接接触。进料量根据回转窑温度和一次风风量大小来控制，同时也可以通过人工设定进料量和每次进料的时间间隔来进行控制。

焚烧炉进料系统是整个回转窑焚烧中容易出问题的地方。进料系统按照合理布局、结构紧凑、操作简单、安全可靠以及连续有效运行的要求进行布置，并与焚烧处理系统工艺设备相对隔离。由于危险废物的多样性，进料系统必须具备较强的适应性，因此针对不同种类的物料，废物预/进料及计量方式见表 3-8。

表 3-8　废物预/进料及计量方式

废物种类	固体废物	散装废物	桶装大块废物	液体废物
输送方式	分拣或破碎的废物直接入贮池	车送入池	提升机、破碎机	泵送
计量方法	通过板喂机入计量料斗	入计量料斗或计件		流量计

第一部分为桥式抓斗起重机提升固态、半固态废料，送入进料斗，经板喂机、计量料斗后由液压进料推杆经斜溜槽均匀送入窑内，液压活塞推料器的作用是控制进炉的废物量。破碎机破碎后的废物进入废物贮存池，也通过抓斗送至进料斗中。第二部分桶装废物，用垂直提升机，经进料斗通过液压推杆将废物推入回转窑窑体。下料槽中设置双层闸板阀，设置液压推杆，防止物料堵塞。设置有清理检修口和防止落料措施。

正常运行时，首先将固态、半固态废物投料，在其焚烧过程中喷入液态废料。液态废物贮存罐的出口设置过滤器用来清洁废液，以防止废液中的固体颗粒物堵塞喷嘴，设置流量计用来计量废液的处理量。

以上计量均由流量计或者计量斗实时在线计量，进入 DCS 后实现累计计量。

预处理系统设置分拣、剪切预处理工段，设置全自动液压剪切机 1 台、液压压块机 1 台、全自动打包机 1 台及酸碱中和系统 1 套，对部分可焚烧废物在贮存或处理前进行预处理，可以有效提高劳动效率，便于贮存、转运及处理。

1）全自动液压剪切机

全自动液压剪切机即柔性物料剪切式破碎机，是以剪切柔性危险废物为主的破碎机，通过固定刀和可动刀之间的啮合作用，将固体废物破碎成适宜的形状和尺寸。剪切式破碎机主要破碎的是一些没有挥发性气体产生的散装有机树脂或塑料的下脚料等柔性危险废物。

主要结构包括液压动力部分、机构控制部分、工作油缸部分和油管部分。

① 液压动力部分　由油和电机及辅助零件等组成，它是机器动力的来源，由轴向柱塞泵和三项电动机用弹性联轴器连接，并和油箱连接，油箱是机器的储油装置，要及时进行

清理。

  ② 机构控制部分　全机各部位由换向阀和按钮开关控制，前进或复位。

  ③ 工作油缸部分　由剪切油缸和压料油缸组成。

  ④ 油管部分　油管有金属无缝钢管和橡胶软管两类。

  2）液压压块机

压块机主要用于将一些堆密度很小、不方便贮存的金属空桶、滤芯等废物及金属片进行压缩，以方便贮存或送入回转窑处理。

压块机采用目前广泛应用的立式机型，采用液压驱动方式，配套独立的液压及电控装置，实现自动操作。

压块机工作压力能达到 20MPa，单次工作循环时间≤5min，压缩后的包块尺寸为 500mm×500mm。

  3）全自动打包机

打包机主要用于将散状柔性危险废物进行打包，便于通过提升机送至回转窑处理。

聚丙烯（PP）带：宽度 9～18mm，厚度 0.5～1.0mm。

打包速度：5s/次。

打包尺寸：800mm×600mm。

打包力度：最大 80kg。

  4）酸碱中和系统

酸碱中和系统主要设置一个体积 2m³ 的中和罐，罐体材质选用钢结构内衬聚乙烯（PE）的防腐材料，带搅拌器、液位计、检修孔、支座等。

（2）贮料坑

贮料坑位于焚烧车间的前段，主要用于贮存入回转窑的危险废物，贮存时间一般要求＞7d，贮料坑多采用全地下形式，池体外侧设置有高密度聚乙烯（HDPE）膜，同时池壁均考虑设置性能好的防腐材料，避免池体内部的渗滤液进入厂区地下水。贮料坑区域的电气设备应采用防爆型，内部设置有可燃气体检测仪、有毒气体检测仪、红外热成像装置、消防炮等辅助设施，此外设有鼓风机抽负压保证仓内空气不外排。

（3）柴油罐及输送系统

柴油罐及输送系统燃料采用 0 号轻质柴油，用作回转窑及二燃室的辅助燃料。

柴油罐有效容积 30m³，选用卧式储罐，半地下或全地下布置。

柴油罐按照 NB/T 47042—2014 设计标准执行；柴油罐包括温度检测、液位显示、检修人孔、安全阀、呼吸阀、蒸汽消防、排污口、爬梯等附属结构。

柴油罐设置外保温，采用岩棉和镀锌钢板，罐体外部设置蒸汽伴热管道，保证冬季生产时罐内温度稳定。

柴油罐设置两台柴油卸车泵及两台柴油输送泵（均一用一备），输出流量 Q=5m³/h，扬程 H=50m，电机选用防爆型，柴油输送管路采用不锈钢材质，设置相关的阀门及检测仪表，管道如走室外需考虑保温，正常生产寿命应不少于 5 年。

（4）废物进料系统

废物进料系统主要包括固体废物、半固体废物和液体废物以及包装物的进料。危险废物处置场一般性固体废物和半固体废物进料系统主要由废物抓斗起重机抓入焚烧炉的进料斗中；桶装废物主要是通过专用提升机提升至溜槽入口。液体废物进料系统主要将桶装废液由废液泵送至燃烧器喷入回转窑和二燃室进行焚烧。贮料坑废气正常工况下由一次或二次引风机引入回转窑和二燃室焚烧炉系统焚烧处理，停炉期间引入臭气处理系统处理。

焚烧车间物料进料方式如图 3-2 所示。

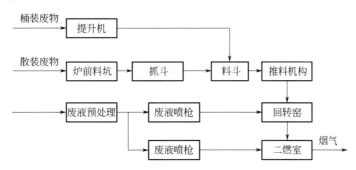

图 3-2　焚烧车间物料进料方式

1）固体、半固体进料装置

危险废物贮料坑上方设置一台桥式抓斗起重机，废物抓斗起重机安装在废物贮料坑上部的轨道上，由垃圾抓斗、卷起装置、行走装置、配电装置、称重装置以及相应的控制设备组成。垃圾抓斗通过横向、纵向移动可以顺利地到达废物贮料坑的任意角落。

废物通过抓斗提升至进料平台的回转窑进料斗，并经存料门暂存，需要进料时开启存料门，通过溜槽落至翻板，翻板翻转后废物落至推料机前端的空腔，由液压推杆推动落至空腔内的废物，通过该废物将进料通道前端的废物送至回转窑焚烧处理。

利用存储在进料通道内的废物将焚烧炉与进料装置隔离，起到密封的作用。进料通道内部四周以及推头部位均浇筑耐火隔热材料。

全部机架组件安装于支撑支墩上。支墩适宜支撑所有部件，如执行器、导轨、安全罩、检修平台等附件。

2）废液及柴油进料系统

液态废物处置必须配置有相应的废液输送泵、自动控制阀组及相应输送管道，液态应能根据焚烧炉的焚烧状态实现进料的流量自动调节，同时具有手动调节功能。

废液通过输送系统进入燃烧器或者喷枪中，回转窑窑头设置 1 台组合式燃烧器，含 2 支喷枪（低热值废液和柴油），窑面罩设置废液喷枪 1 支、备用喷枪 1 支。二燃室设置 2 台组合式废液燃烧器，每台燃烧器设 1 支高热值废液喷枪、1 支柴油喷枪。输送废液的管道上设置调节阀，可以实现自动调节控制。

焚烧系统燃烧器结构紧凑、燃烧稳定、调节比大、噪声低、可内设火焰检测报警系统；火焰铺展性好、燃烧完全、燃烧易于控制；废液喷枪采用特制的喷嘴，采用压缩空气或蒸汽雾化方式；系统包括废液喷枪、气体喷枪、风门调节器、助燃风机、自动点火装置、火焰检测装置、燃料及雾化介质控制阀组、操作控制柜等。该系统可根据需要自行切换燃料供应，并根据锅炉运行状况自动调节燃料及配风比例，调节火焰长度及直径，控制雾化效果，确保废液完全充分燃烧，二噁英等有毒有害物质在高温和足够的停留时间下充分焚毁，尽量减少燃烧过程中颗粒物、炭黑和 NO_x 的生成。

燃烧器用来燃烧高热值的废液，辅助燃料为柴油。液体燃料使用压缩空气雾化的方式喷入炉内。

燃烧过程中柴油为辅助燃料，柴油供给压力为 0.3～0.5MPa，设置有压力表和调节阀，确保满足焚烧系统要求。

3）桶装废物进料系统

桶装废物采用斗式提升机上料。提升机采用竖式、提斗式提升机，布置在回转窑前进料斗的侧面。提斗设有卡位装置，将周转箱装入后将桶卡住。操作人员手动按下提升按钮后，整个提升过程由程序自动控制完成。

3.3.2.2 焚烧系统

进入回转窑的废物在顺流烟气作用下，快速进行热量交换，并很快达到焚烧温度。在回转窑的旋转运动下，废物沿窑的倾斜方向缓慢翻转移动。燃烧时，从窑头送入一次风和助燃燃料，窑内温度控制在 900℃以上，当废物燃烧具有足够的热值时，回转窑也可以不加辅助燃料保持高温燃烧，焚烧炉渣进入出渣机水槽冷却后排出。

焚烧烟气进入二燃室进一步燃烧，为达到 1100℃以上的温度，二燃室需启动燃烧器，添加辅助燃料。焚烧线二燃室内设置两个燃烧器，交叉喷射燃烧，形成紊流，促进烟气的搅动。二燃室出口烟气温度为 1103℃，停留时间在 2s 以上，使烟气中的微量有机物和二噁英等得以充分燃烧分解，分解率超过 99.9%，确保进入焚烧系统的危险废物燃烧完全。烟气（干烟气）含氧量 6%～10%，进入余热锅炉。

焚烧系统由回转窑、二燃室、除渣装置和辅助燃烧系统、空气配给系统及管配件等组成。焚烧系统工艺流程如图 3-3 所示。

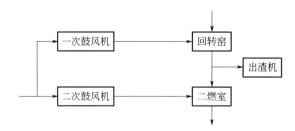

图 3-3　焚烧系统工艺流程

（1）回转窑

危险废物通过进料系统，进入回转窑中。回转窑焚烧炉应能够适应不同尺寸、不同危险程度的固体废物、液体废物和半固体废物，对危险废物成分复杂性和不可预测性具有较强的适应能力，可以同时焚烧多种废物。

送入回转窑本体内，进行高温焚烧，窑体呈一定的倾斜角度，在转动过程中废物之间扰动混合，与空气充分接触，经过 60~120min 的高温焚烧，物料被彻底焚烧成高温烟气和残渣，其操作温度应控制在 850℃以上，高温烟气从窑尾进入二燃室，焚烧残渣从窑尾进入水封刮板捞渣机外排。窑尾出口烟气温度控制在 850℃以上。

窑头的主要作用是完成物料的顺畅进料。窑头窑面罩布置一套多功能燃烧器和柴油燃烧器以及助燃空气输送器，本焚烧炉窑头、窑尾密封装置采用双层不锈钢鱼鳞板，中间夹层为碳硅铝纤维，钢丝牵引配重密封，密封效果良好。废物通过窑头处的伸长节直接进入窑内，避免窑头进料口形成死角。

回转窑的窑面罩用耐火材料进行保护，在窑面罩下部设置一个废料收集器收集废物漏料。

回转窑的本体钢板厚度不低于 30mm，支撑及传动部位加强后厚度不低于 40mm。炉体外表面涂耐高温漆，耐温 500℃。窑头：窑面罩外表面温度为 50℃，耐火保温层厚度≥300mm。本体：窑壳外表面温度为 180~200℃，耐火保温层厚度≥550mm。

在本体上面还有两个小齿轮和一个大齿圈，传动机构通过小齿轮带动本体上的大齿圈，然后通过大齿圈带动回转窑本体转动。回转窑主传动采用齿轮传动，设置变频调速，调整废物在窑内的停留时间。窑体外表设置有隔热装置。

窑尾是连接回转窑本体以及二燃室的过渡体，它的主要作用是保证窑尾的密封以及烟气和焚烧残渣的输送通道畅通。窑尾窑口铁的材质选用至关重要。窑尾设计有冷却风机，分成 6~8 个入口均布在窑尾，冷却窑口护铁。

为确保焚烧的控制和设备的安全运行，配备炉壁高温工业电视监视窑内燃烧器火焰和废物焚烧状况；配备窑体下滑止推装置，保证回转窑运行过程上下窜动在合理的安全范围。回转窑窑头温度、负压及窑尾温度设置有监测点位，确定废物在稳定工艺下进行焚烧，确保炉渣热灼减率小于 5%。由于危险废物成分复杂，在随着回转窑转动焚烧过程中，危险废物在高温下会进行分解，分解后的元素在高温下会重新组合，形成一部分低熔点盐类。这些低熔点盐类在高温下非常黏稠，可以自身黏结并黏附其他物质而在回转窑内结焦。回转窑的单向旋转运行方式会导致低熔点盐类在回转窑的中下部集结而结焦。随着回转窑的旋转运行，结焦部位会有部分时间出现在高温烟气辐射之下，使部分结焦体熔化而有所缓解，但是由于时间有限，不能达到清除结焦的目的。久而久之，回转窑内的结焦将越来越多，导致回转窑内部容积逐渐缩小，并且当回转窑尾部的结焦增多到一定的厚度，设计有一定倾角的回转窑使物料沿回转窑头部向回转窑尾部流动的动力也会消失，影响危险废物的处理量和处置效果。这类结焦不易清除，主要办法是控制废物的进料和控制焚烧炉的燃烧温度。具体措施有：

① 进料时将含有钠、钾等成分的废物与卤素含量高的废物安排在不同的时间段进行焚烧；

② 对于含盐量较高的废物采取与其他废物搭配的方式，例如掺入熔点高的物质如石灰等，再进行焚烧；

③ 控制焚烧温度，合理供风；

④ 窑头设置结焦抑制剂的投加装置，通过向窑内加入适量的结焦抑制剂可以有效控制

窑内结焦。

如果窑内已经出现较严重的低熔点结焦时，可以适当降低回转窑的燃烧温度，待低熔点盐类顺利进入出渣系统后再将窑内温度调整到正常运行的温度。

回转窑三维模型图、装配图及实物图分别如图 3-4～图 3-6 所示。

图 3-4　回转窑三维模型图

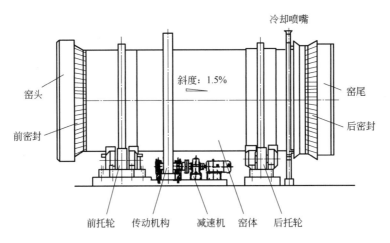

图 3-5　回转窑装配图

图 3-6　回转窑实物图

（2）二燃室

从回转窑燃烧生成的烟气及残渣由回转窑窑尾排出，烟气引入二燃室进一步燃烧，为充分分解前期产生的微量二噁英，遵守国际上通用的"3T+1E"原则，采取以下措施：

① 二燃室出口烟气温度控制在 1100℃以上，通过二燃室的停留时间≥2s；

② 对二燃室烟气的充分搅动（燃烧器带旋流器并在二燃室本体装设闭环风管）；

③ 余热锅炉出口安装氧分析仪，在线检测 O_2 含量，保证出口 O_2 含量在 6%～10%；

④ 自动燃烧系统保证稳定燃烧；

⑤ 采用容积相对比较大的设计，使得燃烧更充分，烟气中的飞灰也得到部分沉降。

经过回转窑焚烧和以上环节，二噁英保证得到彻底分解和摧毁。

二燃室燃烧所需空气由 2 台燃烧风机提供并配置 1 台闭环风机。燃烧风风量由变频调节进行控制，调整二燃室的供氧量，确保废物充分燃烧。燃烧风机对称布置，使燃烧风充分扰动。

在二燃室的顶部设有紧急排放阀。主要作用是当焚烧炉内出现爆燃、停电等意外情况时，紧急开启旁通阀门，避免设备爆炸、后续设备损害等恶性事故发生。当炉内正压超过 500Pa 时机构会自动开启排放烟气，紧急烟囱的密封开启门平时维持气密，防止烟气直接逸散。

在二燃室底部设有捞渣机。炉渣采用水冷方式冷却，捞渣机可自动排渣、补水，出渣温度<60℃。捞渣机底部贴防磨蚀铸石衬底，提高衬底寿命，并能承受 500kg 重的大焦块落下时的冲击。捞渣机抢修时可横向移出，并能在线更换刮板。

二燃室装配图及实物图分别如图 3-7 和图 3-8 所示。

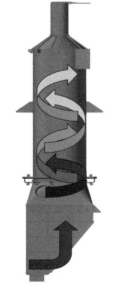

图 3-7 二燃室装配示意

图 3-8 二燃室实物图

（3）助燃系统

辅助燃料采用柴油。为保证燃烧温度，回转窑设置油气两用燃烧器 1 套，二燃室设置油气两用燃烧器 2 套，辅助燃料通过燃烧器喷入回转窑和二燃室焚烧炉内，达到控制温度和辅助焚烧作用。

回转窑窑头燃烧器的主要功能是快速提高入窑废物的温度，使其迅速达到分解焚毁的条件。在焚烧炉启动前期，焚烧炉的预热和升温所需热能全部由回转窑窑头燃烧器承担。窑尾设置清焦喷枪用于熔化窑尾结渣。

二燃室选用 2 台燃烧器，对角布置在二燃室下部的燃烧室段上。燃烧器沿切向对角布置，能产生充分的扰动，强化烟气中有害气体的分解。此外，强烈的扰动涡流能改变气体的行进路线，延长停留时间。

燃烧器可实现自动点火和熄火，燃烧器前设过滤器。燃烧器通过可编程逻辑控制器（PLC）提供燃烧器的操作、燃烧器故障/失效报警、熄火报警、顺序控制（如清洗程序）、燃烧器自动启动操作、燃烧器自动进行手动/自动操作切换等控制。

（4）助燃空气系统

回转窑在窑头设置单独的一次助燃风机，二燃室设置二次助燃风机，用于补充燃烧所需的空气。回转窑一次风机、二燃室二次风机均采用定频和变频风机各 1 台。其中，二次风通过空气预热器升温后进入二燃室助燃。

二次助燃风机的变频可以根据炉内含氧量设定。当物料运行平稳时可以连续、自动地调节风量。二次助燃风机产生的空气沿着二燃室环向布置风管进入二燃室，风管旋向布置，风速为 30～50m/s，在风的带动下，烟气呈螺旋上升，加强了烟气与空气的混合，延长了烟气在炉内的停留时间。

（5）助燃空气管路系统

风管系统包括从废物贮料坑设置微负压吸风口（一次风机）开始，经过过滤网、风机后到达焚烧炉调风门的所有风管及其附件。

风管中的风速不超过 20m/s，关键部位的钢板厚度不小于 4.0mm。风管与风机之间采用柔性连接。

助燃空气管道因需要考虑从焚烧料坑区抽取臭气用于燃烧器助燃，臭气具有一定的腐蚀性，因此可考虑采用不锈钢管道材质进行防腐。

（6）耐火、隔热材料

回转窑本体和二燃室钢板是炉窑结构，它由耐火、保温材料组成。

由于窑内气体温度比物料温度高得多，窑每旋转一圈，窑衬表面受到周期性的热冲击，在窑衬 10～20mm 表层范围内产生热应力。窑衬还承受由于窑的旋转而产生的砖砌体交替变化的径向和轴向机械应力，以及煅烧物料的冲刷磨损。由于同时产生硅酸盐熔体，在高温环境下很容易与窑衬耐火砖表面相互作用形成初始层，并同时沿耐火砖的空隙渗入耐火砖的内部，与耐火砖黏结在一起，使耐火砖表层 10～20mm 范围内的化学成分和相组成发生变化，降低耐火砖的技术性能。当物料的烧结范围较窄或者形成短焰急烧产生局部高温时会使窑皮表面的最低温度高于物料液相凝固温度，窑皮表面层即从固态变为液态而脱落，并且由表及里深入窑皮的初始层后又形成新的窑皮初始层。当这种情况反复出现时，烧成带的窑衬就逐渐由厚变薄，甚至完全脱落，导致局部露出窑筒体而红窑。实际上烧成带的窑衬损坏情况正是如此，在高温区域残砖厚度大体上呈曲率半径较大的弧线分布，有时弧底就落在窑筒体的内表面。

因此，窑内砌筑耐火材料，防止高温下烧蚀。回转窑选用的耐火材料除需具有承受物料运动造成的机械冲击、磨损、耐高温，以及温度变化造成的热震冲击特性外，还必须具有耐酸性物质侵蚀以及避免玻璃等低熔点物质粘窑的特性，耐火砖采用特殊设计以降低热传导，降低窑表面温度，节约能耗。耐火材料材质好坏是直接关系到工程能否顺利运营的关键。

耐火材料选择的标准主要如下：

① 从环保问题出发，要求实现无铬化，不选用含有氧化铬的耐火材料，而优先选用与含氧化铬同样具有耐烟气侵蚀、抗剥落、长寿命性能的含锆型高铝砖作为耐火材料。

② 焚烧烟气中含氯高，为减轻 Cl_2 与耐火材料中的 Fe_2O_3 发生反应，生成气相 $FeCl_3$ 挥发失去平衡，损害耐火材料，要求耐火材料中 Fe_2O_3 含量尽可能低。

③ 焚烧烟气中含氯高，为减轻 Cl_2 与耐火材料中的 CaO 发生反应，生成液相 $CaCl_2$，降低耐火材料的耐热性，要求耐火材料中 CaO 含量尽可能低。

④ 由于危险废物焚烧回转窑在高温下旋转，发生窑本体变形，内衬耐火材料受到较大的机械应力，导致裂纹、剥落；另外，有时把废液直接投入回转窑，窑内处于激烈的冲击中，因此回转窑内选用强度高、耐磨性和抗冲击性好的耐火材料。施工浇筑料时，在圆周方向进行分割施工，增加接缝，抑制机械应力的产生。

⑤ 危险废物中碱含量也同样高，在二燃室内碱与高铝质耐火材料生成 β-Al_2O_3，因其膨胀反应致使组织破坏，而黏土质耐火材料与碱生成霞石等低熔点化合物，促使耐火材料熔损，因此处于二者之间的莫来石质耐火材料有较为良好的耐腐蚀性，可优先采用。

⑥ 回转窑耐火材料采用刚玉莫来石耐火砖。耐火材料化学成分 Al_2O_3＞70%，密度＞2.7g/cm³，水冷热震稳定性＞30 次，显气孔率 15%左右，冷压强度 100MPa，最高使用温度 1560℃。

（7）其他附属设施

① 进料通道　滑槽包括两部分：一部分是垂直段；另一部分是倾斜段。在垂直滑槽中设置 2 道气密翻转门，分别开启，密闭门采用两段式，向下打开，用于控制每次进料的重量，并避免炉内烟气在进料时发生泄漏，确保回转窑的密封。

② 推料机构　滑槽下设置有液压推料机构，将通过垂直通道送来的废物均匀地定期送入回转窑。保证了废物输送量与回转窑燃烧量的物料平衡。

3.3.2.3　余热锅炉系统

高温烟气离开二燃室后，进入余热锅炉，此时温度为 1100℃以上，为了降低温度保证后续设备的使用以及回收部分能源，回转窑焚烧炉设置相匹配的余热锅炉 1 台。二燃室出口与余热锅炉入口采用膨胀节连接，具有多方向热胀补偿，外表进行高温保温防腐处理。

（1）余热锅炉

余热锅炉烟气出口设计排烟温度为 500～550℃，烟气从余热锅炉出来后进入急冷塔。余热锅炉采用了膜式水冷壁+对流层结构。锅炉的额定出力为 12～14t/h，设计饱和蒸汽压力为 1.6MPa，饱和蒸汽温度为 204℃。

项目余热锅炉属于立式自然循环余热锅炉。余热锅炉由锅炉本体、钢结构、耐火保温材料及附件组成。本余热锅炉为自然循环单锅筒纵置式锅炉，包括膜式水冷壁形成的辐射通道，锅炉的侧壁设计成膜式水冷壁结构。膜式水冷壁的导管从低集水塔流向高集水塔。辐射通道下部由膜式水冷壁组成灰斗，用来收集锅炉的余灰。在灰斗的出口，由锁风喂料机和螺旋运输机组成输灰系统进行排灰。整个锅炉由钢结构组成，支撑架固定在锅炉通道的膜式水冷壁上，排灰温度低于 100℃。

在锅炉汽包上设置有加药口，加入磷酸钠（Na_3PO_4），降低锅炉汽包炉水的硬度，防止内部结垢。汽包设置液位就地显示，并设置有视频监控，反馈至中控室。锅炉汽包给水管设置有调节阀，与汽包液位联锁，实现汽包液位自动控制。锅炉给水泵一用一备，供电负荷为二级，一旦停电可启动备用电源。

锅炉汽包设置有连续排污接口、定期排污接口和紧急排污接口，排污水进入排污扩容器中。

锅炉汽包蒸汽出口设置分汽缸，蒸汽压力 1.6MPa，送至焚烧系统，充分利用系统产生的热能，部分外用，外用点预留两个蒸汽接口。分汽缸设置有安全阀和排汽口，排汽处装有消声器。

余热锅炉的降温效果与锅炉内表面的污染情况密切相关。由于废物焚烧的粉尘黏性较大，通常都会在炉膛管壁上附着较大粉尘，且不容易清理。这样一来，将会大大降低锅炉的冷却功效。所以，锅炉的受热面积必须足够大，这是锅炉规格选型大的主要原因。

余热锅炉清灰方式有多种。针对危废行业，余热锅炉清灰方式主要有激波吹灰和机械振打清灰，炉膛膜式壁、水冷壁多采用机械振打方式，对流层的对流管束多采用激波吹灰方式。

由于废物焚烧系统的烟气及炉灰腐蚀性强，冲刷严重，会严重缩短余热锅炉的使用寿命。为此，除设计时炉管的厚度要考虑足够腐蚀裕量外，炉管外表面积聚的灰渣反而成了保护层，有延长锅炉使用寿命的正面作用。所以，废物焚烧余热锅炉与热利用率要求高的锅炉（如火力发电厂）不同，废物焚烧锅炉的清灰要求不需要过高，只要能满足降温要求即可，一般清灰频次不高。

本锅炉采用膜式壁+对流管束结构设计：

① 前段高温区采用膜式壁结构，炉膛烟气流速控制在＜2.5m/s，低流速烟气能有效沉降烟气中的粉尘，通过排灰口外排，避免后续炉膛和管束结垢，减少炉管磨损；采用大容量、低烟气流速，提高降温吸热效果，利于灰尘沉降，降低下游烟气处理系统的压力；重金属随灰尘排出。

② 后段低温区采用对流管束结构，当温度低于 650℃时（因膜式壁主要靠辐射传热），采用对流管束传热效率较膜式壁高，这样便于对余热锅炉烟气出口温度的准确控制；因经

过两段膜式壁区域沉降，烟气的飞灰粒度已经很小，从而对炉管的磨损较小。

③ 锅炉补水直接由锅筒进行补水，温度为 104℃，这样水冷壁的表面温度将超过 180℃，可以避开腐蚀敏感温度区。

由于水冷壁管内工质温度相对对流管内工质温度高，壁温能高出 40℃左右，避开了 HCl 气体对对流受热面高温腐蚀的最敏感温度区间，HCl 腐蚀相对减轻。

危险废物焚烧炉烟气及飞灰特点与普通锅炉相差很大，在设计思路上也有很多区别，其主要区别在于烟气的腐蚀性和不稳定性以及飞灰的低熔点。由于本余热锅炉为饱和蒸汽锅炉，蒸汽压力为 1.6MPa，温度为 204℃，管壁温度在 200℃左右，处于 HCl 的腐蚀低限（见图 3-9），材质无需特殊考虑。

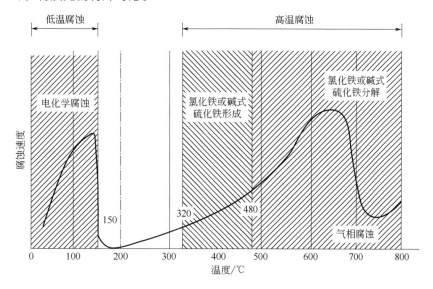

图 3-9　HCl 对金属腐蚀的温度曲线

锅炉采用 DCS 控制，具有水位报警、蒸汽压力、汽包水位三冲量调节和记录，蒸汽压力调节和记录，烟气进出口温度和压力显示及报警等控制手段。锅炉设置有两台锅炉给水泵，一旦一台故障，另外一台立即启动，二级负荷，确保锅炉液位在正常范围。锅炉液位过高或过低，可以通过锅炉给水调节阀或者锅炉排污来控制。锅炉设置有液位监控，包括平衡容器、双色液位计、电接点液位计，还有双色液位计的视频监控信号均上传至 DCS 主控制系统。

锅炉长时间运行时，考虑高温区膜式壁上的积灰、集灰斗挂壁可能性，当出灰不正常时便会结大块，最后从灰斗落入出灰机，极有可能损坏出灰机。因此，该出灰机的设计除考虑富余负荷外，还要将出灰机设计为具有一定破碎功能，尽可能减少停炉检修的时间。

余热锅炉三维模型图如图 3-10 所示。

图 3-10　余热锅炉三维模型图

（2）锅炉水处理及进水系统

余热回收系统软化水来自自来水主管道。前处理配置有砂滤罐、炭滤罐和保安过滤器，然后经过反渗透（RO）装置以减小水中的盐浓度，软化水水质要求满足《工业锅炉水质》（GB/T 1576—2018）要求。锅炉进水软化水水质主要指标满足表3-9中要求。

表3-9　锅炉进水软化水水质主要指标

序号	指标	限值
1	电导率（25℃）/（μS/cm）	≤80
2	硬度/（mmol/L）	≤5.0×10⁻³
3	浊度/FTU	≤2.0
4	pH值（25℃）	8.0～9.5
5	溶解氧/（mg/L）	≤0.050
6	油/（mg/L）	≤2.0
7	全铁/（mg/L）	≤0.10

主管道软化水进入焚烧线软化水罐，通过软化水泵（一用一备）送入除氧器中，降低软水中氧浓度，再由锅炉给水泵泵送至锅炉汽包，系统自动控制供给软水。

（3）蒸汽冷凝器系统

余热锅炉产生的饱和蒸汽，一部分用来预热燃烧空气（不宜直接排入大气），经过预热的燃烧空气通过鼓风机送往炉窑助燃；另一部分用于除氧器的加热除氧及烟气加热。锅炉还配置分汽缸，分汽缸预留蒸汽外接管口，多余的蒸汽分配给业主用于其他用汽点，主要用于污水处理站的三效蒸发。富余的蒸汽通过配套的蒸汽冷凝器冷却为冷凝水，冷凝水需要定期化验分析，如果达不到标准，则可将冷凝水排入锅炉原水箱，蒸汽冷凝器布置在焚烧车间的二层辅房屋顶。

蒸汽冷凝器是节约工业用水、避免环境污染的有效措施。冷凝器的冷却介质——空气，可以免费取得，不需各种辅助费用，不受厂址限制。空气腐蚀性小，不需采取任何清垢措施，对空气侧材质不作防腐蚀要求。冷凝器空气侧压力降在200Pa左右，所需风机功率小，运行费用低。

由于空气比热容小，密度小，传热系数小，导致冷凝器体积庞大。为此冷凝器一般都采用扩张表面的翅片管。

3.3.2.4　急冷塔系统

高温烟气经过余热锅炉温度降至500～550℃，经烟道从上方进入急冷塔，塔上部设置3支冷却水喷枪，在压缩空气的作用下，在喷头的内部压缩空气与水被雾化后的水滴同高温烟气充分换热，在短时间内迅速蒸发，带走热量。使得烟气温度急速冷却。由于烟气在

200～500℃之间停留时间小于 1s，因此防止了二噁英的再合成（见图 3-11）。

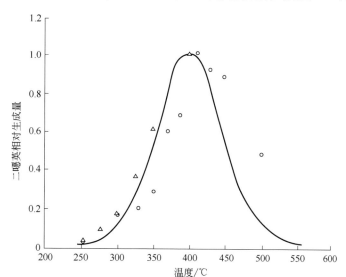

图 3-11　二噁英再合成温度区间

急冷塔设置有紧急给水罐。当急冷塔出口烟气温度超过设定值时，系统自动开启紧急给水罐开关阀，喷水降低吸收塔烟气温度。

急冷塔上部及顶部采用热震稳定性好、化学稳定性好、耐磨的浇注材料，具有高的抗酸腐蚀性能，外表设置保温层。

烟气由急冷塔顶部进入塔内，在塔内与冷却水进行传质与传热，此后烟气由塔底部离开进入干式反应器。

急冷塔锥部配备有高位报警装置、气动振打装置、电加热装置及双道气动锁风卸灰阀。

急冷塔出口烟气温度与喷淋水量形成控制回路，根据温度的变化实现水量的自动调节。水量控制通过调节比例调节阀来实现，以确保出口烟气温度控制在 185℃左右。

由于喷雾系统能使得水的雾化颗粒非常细小，液滴总蒸发表面积增加数倍，蒸发时间更短，确保 100% 蒸发，保证不湿底。喷头材质碳化钨/哈氏合金，耐酸碱腐蚀，耐磨损；喷枪通过双流体雾化喷嘴可将急冷水雾化到 80μm 以下的微小液滴，可在 1s 内将烟气温度从 500℃降低到 200℃以下，有效抵制二噁英的再生成。喷头还具有抗堵性好、使用维护量小、喷头耐腐蚀、使用寿命长等优点。喷雾系统采用烟气冷却系统电脑计算出喷水量和喷嘴选型。烟气冷却系统是设计用于将一定进口温度范围和进口流量范围的烟气冷却到期望的一个出口温度范围内。进口温度和出口温度由热电偶检测，可以在最大最小条件间调节，系统是按照在最大最小条件之间运行来设计的。

3.3.2.5　除尘系统

（1）除尘系统功能描述

布袋除尘器由灰斗、进风道、排风道、过滤室（中、下箱体）、净烟气室、滤袋及袋笼

(笼骨)、手动进风阀、气动排气蝶阀、脉冲清灰机构、灰斗电加热装置、回转卸灰阀、螺旋输送机、压缩空气管道及栏杆、平台扶梯、电控箱等组成。

其工作原理为：含尘气体由进风总管经导流板使进风量均匀后通过进风阀进入各室灰斗，粗尘粒沉降至灰斗底部，细尘粒随气流转折向上进入过滤室，粉尘被阻留在滤袋表面，净化后的气体经滤袋口（花板孔上）进入清洁室，由出风口经排气阀送至出风总管排出，而后进入预冷塔。

随着除尘器的运行，过滤烟气中所含粉尘等微粒因惯性冲击、直接截流、扩散及静电引力等在滤袋外侧表面形成滤饼。当某个室进出口压差大于仪表设定值（1500Pa）时则自动关闭排气阀，进行离线脉冲喷吹清灰。由 PLC 或 DCS 按设定压差控制程序进行控制，清落的粉尘集于灰斗，由回转卸灰阀卸入下面的输灰系统，由贮灰斗收集。当该室滤袋清灰完后，开启排气阀，恢复该室的过滤状态。

为避免烟气结露而影响布袋除尘器的正常工作，除尘器设有灰斗电伴热器和完善的整体保温设施，维持除尘器灰斗内温度在 120～150℃之间。灰斗为圆弧形，灰斗斜壁与水平面的夹角不应小于 60°。

（2）除尘器主要技术特点

① 采用离线或在线切换的清灰方式，清灰效果良好、节能；可以不停机对除尘器内部进行检修和维护、换袋，不漏入外部空气，操作安全，对除尘器没有影响。

② 除尘器进口设有合理的进风均流装置和灰斗导流装置，解决了各室气流分布不均现象，各室气流分布不均匀率在 5% 以下。

③ 根据危险废物焚烧炉烟气酸性气体腐蚀性强、飞灰密度小、烟气含水率高的特点，应选用国际流行的耐酸碱聚四氟乙烯（PTFE）滤料，具有耐酸碱性能好、清灰再生能力强、过滤效率高、运行持久、阻力小和憎水性好等特点，使用寿命在 3 年以上。

④ 脉冲阀选用知名品牌，使用寿命达 100 万次，保障设备正常运转。

布袋除尘器电控设计采用的控制程序，具有定时、定阻、手动三种控制功能。控制主要采用压差控制，同时也可定时及手动控制。

3.3.2.6 脱酸系统

脱酸系统常采用半干法+干法+湿法脱酸工艺。

（1）干式反应器脱酸

急冷塔出口温度约为 185℃ 的烟气，进入干式反应器，喷入消石灰粉，脱除酸性气体，烟气在干式反应器内与活性炭的混合粉充分接触，吸附二噁英和重金属等有害物质。含尘烟气经过干式反应器后进入布袋除尘器。

干式反应器配置一套消石灰加药装置，带称重计量装置，并通过风送系统将消石灰粉送到反应装置里面，消石灰用量与烟气在线监测数据联锁，也可人工设定烟气上限值，根据烟气监测数据，由变频器实时调整消石灰用量，进行自动控制，达到进一步脱除烟气中 SO_2 和 HCl 等酸性气体的目的。

（2）湿法洗涤脱酸系统

湿法脱酸采用预冷+二级碱洗工艺设计。

出布袋后的烟气进入湿法洗涤系统中。首先进入预冷塔，通过循环碱液，降低烟气温度；然后经过一级碱洗塔，脱除烟气中的酸性物质；再经过二级碱洗塔进一步脱除烟气中的酸性物质，确保出口烟气有害元素低于标准要求。一级、二级碱洗塔碱液循环洗涤，加入 30%氢氧化钠溶液。

两级洗涤塔材质为耐温纤维增强复合材料（FRP），预冷塔放置在两级碱洗塔之前，其作用是将烟气（约 175℃）通过喷碱液的方式降温到水的饱和湿度下的温度（正常在 70～75℃之间，具体因烟气的含水量而定），达到酸碱反应的最佳温度段后，进入碱液洗涤塔。预冷塔内可以脱除一部分酸性气体，减小了后续二级洗涤塔负荷，减小洗涤塔内盐水浓度，缓解洗涤塔结盐现象，延长洗涤塔连续运行时间。

预冷塔的降温循环液来自碱洗塔的循环泵供应的碱性循环水，给水分两支管分别供往喷枪入口和降膜水入口。在预冷塔的各分支进水口前分别设置相应的软接头、转子流量计、隔膜阀、压力表，在主水管道上设有一电磁流量计，以监视洗酸塔给水量，并提供联锁保护。为防止设备超温，在预冷塔内的上部布置一个应急喷枪，供给紧急用水，在超温时打开给水开关阀（自动控制）。

两级碱洗塔为填料塔，填料均采用散装填料，材质为 PP。碱洗塔本身（含所有法兰及内件）的材质为 FRP。碱洗塔底部 FRP 的厚度不小于 10mm，顶部的厚度不小于 8mm。外部需做防紫外线保护。

碱洗塔填料托盘处和填料上方设人孔，人孔带有钢化玻璃视镜，以此可以方便地装卸填料，并可以巡视填料的状况。碱液洗涤塔出口设除雾器，通过除雾器的折流作用，从烟气流中去除液滴。除雾器带有冲洗喷头，可间歇自动地喷入高压清洁水清洗除雾器。

碱洗塔喷淋管线上设有一电磁流量计监视循环液流量。碱洗塔的补水由碱洗塔液位调节给水调节阀来控制。碱洗塔中碱液的添加根据 pH 值调节碱液阀来控制，当洗涤水 pH 值达到 6 时系统报警。如 pH 值没有得到有效提高，系统将程序强制停止进料系统工作，强制投加碱液，待洗涤水恢复到碱性后重新上料。同时考虑系统抗冲击负荷能力，避免由于配伍不均导致瞬间酸性物质过多的"假报警"，宜选择大流量的碱液输送泵，提高系统抗波动能力。设置有碱液卸液泵、碱液储罐以及碱液输送泵，根据循环碱液 pH 值调节输送碱液量。

碱洗塔的排污总盐浓度（TDS）、电导率调节和流量控制通过循环管旁路的排污管线上的比例控制阀来实现。碱洗塔内的废液 TDS 控制在 2%～3%以内，以防盐的析出，堵塞管道。排污一方面是排除盐分，另一方面要换新水来维持循环水的温度不超过 65～70℃。循环泵、碱液输送泵以及排污泵充分考虑废液的腐蚀性和磨损性，选择耐腐蚀、耐磨损和可靠性高的泵。

3.3.2.7　湿式静电除雾器系统

由于通过湿法洗涤后烟气中含水率较高且气溶胶类颗粒物浓度难以达到项目标准要

求，为保证烟气达标排放，利用静电除雾器分离烟气中的水雾、液滴及气溶胶颗粒物。

（1）技术要求

① 供电电压 380V。

② 静电除雾器进口夹带细微粉尘以及气溶胶颗粒浓度不高于 $100mg/m^3$ 情况下，电除雾器出口细微粉尘及气溶胶颗粒不高于 $10mg/m^3$。

③ 在设计烟气量工况下，静电除雾器进口雾滴浓度不高于 $75mg/m^3$ 情况下，静电除雾器出口雾滴浓度不高于 $30mg/m^3$。

④ 由于烟气中携带的粉尘、雾滴能得到有效去除，烟囱出口直观视觉无明显白雾（冬季因温差原因或气压较低情况下，会有部分白烟，此情况除外）。

⑤ 设计烟气流速小于 1m/s。正常工况下，压降≤450Pa。

⑥ 系统排水 4.8t/d，直接排入洗涤水池，进入湿法洗涤塔循环利用。

静电除雾器温度在 90℃时，能运行 60min 而无损坏，无永久性变形。在含尘量 200～300mg/m³ 时静电除雾器系统能连续运行。

（2）湿式静电除雾器本体

湿式静电除雾器本体采用方形结构，于脱硫塔后单独安装，分为进口烟箱、出口烟箱、中气室；内部设有气体分布板、烟气导流装置、急冷管、阴极框架等；进出口烟箱为 FRP 材质。

（3）湿式静电除雾器阳极装置

阳极装置包括沉淀极、支撑梁、急冷系统。

阳极（也称沉淀极）采用先进的碳纤维导电阻燃玻璃钢材质，具有导电性能好、易冲洗等优点。沉淀极采用正六边形蜂窝管式结构，内切圆长径比为 15～20。

阳极管采用机械缠绕工艺制作。

（4）湿式静电除雾器阴极装置

阴极装置包括阴极线、阴极吊杆、阴极吊挂框架、下部固定框架、绝缘箱、拉紧箱。

每个阳极孔中心布置有一条阴极线，采用高效龙骨柔性锯齿线、2205 材质，阴极线固定在上框架上。绝缘箱内吊杆采用绝缘瓷套支撑，通过向绝缘箱内通入热风及绝缘箱内部电加热装置使阴极装置时刻与阳极及塔体保持干燥绝缘状态。

每台湿式静电除雾器设置 1 个电场，电源采用高压恒流直流电源。

除尘器的上方布置有一套冲洗水装置，对阴极线进行周期性冲洗。

（5）湿式静电除雾器气流分布装置

主要包括导流装置和均流装置，材质选用改性聚氯乙烯（PVC）。

3.3.2.8　灰渣及飞灰收集输送系统

回转窑焚烧系统会产生少量的炉渣和飞灰，需要收集起来，送灰渣暂存场地贮存，定期用专用车辆拉走，送往危险废物填埋场填埋。炉渣和飞灰主要是在回转窑、余热锅炉底部、急冷塔、布袋除尘器等飞灰排放点收集。布袋除尘器每个集灰斗采用自动输灰方式并配置加热装置。飞灰用叉车转运至固化车间后用泵送至飞灰仓系统。

废物在焚烧炉经高温焚烧后发生物理和化学变化，成为废物残渣。残渣通过料斗接口进入水封刮板捞渣机。水封刮板捞渣机槽内灌满冷却水，料斗接口插入水中 150mm，自动补水，保持水位恒定。这样焚烧产生的烟气和残渣都不直接和外部接触，达到密封的要求。

残渣进入水中后迅速冷却，由水封捞渣机连续排出，系统自动控制。焚烧残渣经水急速冷却后形成 3～10mm 的类玻璃状颗粒物，通过捞渣机输送到炉渣接料斗收集，排渣温度低于 100℃。

捞渣机采用按严重冲击载荷加强设计的特殊形体。槽体两侧及底面均有横竖槽钢作加强筋，槽底有两层钢板，中间有横竖加强筋，可适应大块炉渣落下时巨大冲击力，而不产生永久变形。为保持各导轮与驱动链轮、张紧链轮之间相对位置尺寸的稳定创造了坚实的条件。驱动链轮采用凹型阴齿链轮，它比国内外普遍采用的凸型阳齿链轮对圆环链有更强的适应性，链条严重磨损而周节加大很多后仍不掉链，从而大大延长了链条的更换周期。捞渣机底部镶贴铸石板，起到耐磨耐腐蚀的作用，大大延长捞渣机使用寿命。

利于大焦（大渣）粒化（裂化）的大宽箱体和充足的容水量，为保证大焦（渣）粒化（裂化）提供了充分的物质（水）条件，以利于渣块尽快排出。上槽体内两侧和箱体上沿加一次性和两次性防溅减爆装置，配合关断门，保证落渣充分粒化，具有防爆、防溅水性能，对人、机均安全可靠。

捞渣机具有完善的、可靠的过电流、过载、掉（断）链、超水温、低水位补偿等安全保护功能，遇到上述故障，可自动发出声光报警提示和必要的自动停车信号。

捞渣机头部设有排大渣口，如遇特大渣块而又不能及时破碎排出时可由此口人工排出。

捞渣机刮板可以在线更换。捞渣机设有导轨，可以横向移出，如遇捞渣机需要抢修，可将其横向移出。移出机构有手动和电动两种驱动方式。

3.3.2.9　烟气加热系统

（1）蒸汽-烟气换热器（SGH）

SGH 采用内外筒+翅片管设计，原烟气出口的烟气从上向下进入 SGH 外筒，来自饱和蒸汽分汽缸的蒸汽进入内筒，通过翅片管与烟气进行换热，将烟气温度加热至 130℃以上。

加热管采用 SUS304，加热器内筒（材质：Q345R）、外壁、外筒（材质：Q235），内壁、加热管等，与烟气接触的部位敷设防腐涂料，防腐涂料耐温达到 400℃。采用聚四氟乙烯、重晶石、鳞片状石墨烯等材料高温钝化螯合而成，涂层高致密、惰性高、耐酸碱、抗氧化性腐蚀；涂料表层光滑，避免结垢黏结粉尘，加热器顶部预留清灰口方便清理，整机正常使用寿命在 3 年以上，烟气经加热后进入 SCR 脱硝系统，然后经主引风机和烟囱排放。

（2）烟气-烟气换热器（GGH）

GGH 一方面用于将 SGH 出口的 130℃烟气加热至 190℃，另一方面通过该 GGH 将 SCR

脱硝装置出口 215℃的烟气降温至 150℃。

GGH 材质选择应考虑防腐。选用改性 PTFE 材质管式换热器。GGH 壳程的最低点设置凝结水收集和排放管。系统内各处冲洗水收集至废水收集池，不随意排放。使用寿命应不低于 15 年。总压降≤1000Pa，烟气泄漏率≤0.1%。

3.3.2.10 脱硝系统

（1）SNCR 脱硝系统

焚烧烟气脱硝主要通过 SNCR 脱硝。

余热锅炉炉膛烟气采用 SNCR 进行脱硝，SNCR 脱硝是一种较成熟的去除烟气中 NO_x 的方法，最佳反应温度区域 850～1050℃。本工程采取在余热锅炉的烟气入口侧喷入 10%～20%尿素溶液，喷枪安装位置烟气温度处于 850～1050℃，10%～20%尿素溶液在压缩空气的作用下雾化成细小的液滴，与烟气中的 NO_x 作用，将 NO_x 还原成 N_2。

SNCR 系统具有较好的脱硝效率，同时设备简单，占地面积小，直接喷入余热锅炉里，无需另外安装反应器。烟囱出口设置有 NO_x 监测点，可以通过监测烟囱出口烟气 NO_x 的浓度，调节尿素喷入量，系统自动进行调节控制。SNCR 系统 10%～20%尿素溶液来自溶液罐，焚烧线配置有尿素贮存搅拌罐和泵送计量控制装置。

（2）SCR 脱硝系统

采用低温 SCR 技术进行脱硝，脱硝反应器采用立式布置，脱硝工艺采用 10%～30%的尿素溶液作为还原剂，处理后的烟气中 NO_x 的浓度可小于 $100mg/m^3$。

低温 SCR 技术采用低温专用催化剂，催化作用使反应活化能降低，使反应可在更低的温度条件（180～220℃）下进行。选择性还原是指在催化剂和氧气存在条件下，NH_3 先与 NO_x 反应，生成 N_2 和 H_2O，而不和烟气中的 O_2 进行氧化反应。

SCR 脱硝系统宜考虑布置在 SGH 与引风机之间。

1）工艺流程

SCR 脱硝系统主要由尿素溶液贮存输送系统（SNCR 与 SCR 共用一套）、SCR 反应器、控制系统、尿素溶液热解喷射系统、GGH 系统等组成。工艺流程如下：

来自湿法脱硫后烟气加热器的 130℃烟气，由 GGH 加热至 190℃混合高温烟气至 220℃后进入 SCR 反应装置进行脱硝反应，同时脱硝后的烟气通过 GGH 由 215℃冷却到 150℃，经引风机排入烟囱。

尿素溶液由计量泵从储罐中抽出，计量、加压后送到双流体雾化喷枪，从现场仪表用空气管接一路压缩空气经减压阀调压后也送到计量喷枪，在压缩空气的引射作用下喷出，和压缩空气混合后经喷嘴雾化后喷入热解烟道，采用柴油燃烧器加热，在热解烟道中提供稳定的 600℃高温烟气，尿素溶液在其中迅速分解成氨、水的烟气混合物，与通过喷氨格栅喷入 GGH 后的 190℃烟气混合后烟气温度变为 220℃。当混合烟气经过低温 SCR 反应室的催化层时，发生选择性催化还原反应。根据烟气流量和 NO_x 浓度精确计算出所需的尿素溶液喷射量，发出相应的信号给计量系统，对尿素溶液进行调节，从而保证时刻精确的尿素溶液喷射到排气管道。

2）脱硝还原剂及副产物

脱硝剂采用 10%～30%的尿素溶液，从 SNCR 脱硝区域送至反应器区域，脱硝产物为 N_2 和 H_2O，均不会造成二次污染，可直接排放。

尿素溶液贮存输送系统考虑与 SNCR 及 SCR 脱硝系统共用一套，以减少生产运行成本。

3.3.2.11　工艺系统自动控制

（1）自动化控制

焚烧处理系统尽可能实现全自动化控制，尽量减少危废与操作人员的接触。自控系统采用先进的现场集散式控制系统（DCS），整个系统分为三级，包括中央控制室、各个分控终端及现场在线测量仪表。现场各种数据通过 PLC 采集，并通过现场高速数据总线传送到焚烧车间中控室集中监视和管理。同样，中控室主机的控制命令也通过上述高速数据总线传送到现场 PLC 的测控终端，实施各单元的分散控制。

（2）电视监视

因危险废物焚烧技术较复杂、生产自动化程度高，为加强生产过程的科学管理与准确操作，将设置一套监视电视系统。主要监视内容包括：在焚烧车间进料与焚烧炉等处设置全天候、防尘、防潮和耐高温腐蚀的各种摄像头，信号送到焚烧车间的监控室内的监视器显示，以便更好更清晰直观地了解各工艺流程中生产和安全情况，及时处理和记录事故问题，提高科学管理水平。

控制系统主要包括以下几部分内容。

① 进料系统控制　包括进料量、进料设备启停控制。

② 焚烧系统控制　包括助燃空气、辅助燃料天然气的控制，用以控制炉膛温度及燃烧效率。

③ 烟气净化系统控制　包括消石灰量、活性炭量、液位、烟气温度的控制以及除尘器运行程控，以保证各污染物达标排放。

④ 设 1 套烟气在线监测系统　实时监测烟尘、二氧化硫、氮氧化物、氯化氢、含氧率、一氧化碳、二氧化碳、烟气流速、压力、温度等。

第4章
危险废物水泥窑协同
处置技术

4.1　水泥窑协同处置危险废物概述

水泥窑焚烧处理危险废物在发达国家已经得到了广泛的认可和应用。随着水泥窑焚烧危险废物的理论与实践的发展、各国相关环保法规的健全，该项技术在经济和环保方面显示出了巨大优势，形成了产业规模，在发达国家危险废物处理中发挥着重要作用。

中国是水泥生产和消费大国，受资源、能源与环境因素的制约，水泥工业必须走可持续发展之路；同时中国各类废物产生量巨大，无害化处置率低，尤其是危险废物，由于其处理难度大，处理设施投资与处理成本高，是中国固体废物管理中的薄弱环节。

因此，水泥窑协同处置固体废物在中国有着广阔的发展前景。

水泥窑协同处置是一种新的废物处置手段，它是指将满足或经过预处理后满足入窑要求的固体废物投入水泥窑，在进行水泥热料生产的同时实现对固体废物的无害化处置。现代各类工程建设的发展对水泥需求量较大，水泥企业在水泥生产过程中需要大量的原料，其中以煤炭为主，煤炭是一种不可再生能源，随着使用量的增加出现了一定的能源危机。水泥窑协同处置是水泥企业进行废物处置的一种新型方法，将预处理后满足入窑要求的固体废物投入水泥窑，同步实现了水泥熟料生产期间对固体废物的无害化处置。

在固体废物处置方式中，水泥窑协同处置近期得到行业内人士的广泛关注，它是一种新的废弃物处置手段，适用范围广，可处理危险废物、生活垃圾、工业固废、污泥、污染土壤等。水泥窑协同处置发展趋势迅猛，可以作为一般城市固体废物处置、一般工业固体废物处置和危险固体废物处置的重要补充。

4.1.1　适于水泥窑处置的废物种类及处理方式

水泥窑可以处理的废物包括生活垃圾、各种污泥（下水道污泥、造纸厂污泥、河道污泥、污水处理厂污泥等）、工业固体废物（粉煤灰、高炉炉渣、煤矸石、硅藻土、废石膏等）、工业危险废物、各种有机废物（废轮胎、废橡胶、废塑料、废油等）等。

水泥窑之所以能够成为废物的处理方式，主要是因为废物能够为水泥生产所用，可以以二次原料和二次燃料的形式参与水泥熟料的煅烧过程，二次燃料通过燃烧放热把热量供给水泥煅烧过程，而燃烧残渣则作为原料通过煅烧时的固、液相反应进入熟料主要矿物，燃烧产生的废气和粉尘通过高效收尘设备净化后排入大气，收集到的粉尘则循环利用达到既生产了熟料又处理了废弃物，同时减小环境负荷的良好效果。

4.1.2　水泥窑处置危险废物的发展历程

4.1.2.1　水泥窑协同处置发展历程

国外水泥窑协同处置危险废物经历了起步、发展、广泛应用三个阶段。在《控制危险废物越境转移及其处置巴塞尔公约》中，水泥窑生产过程中协同处置危险废物的方法已经被认为是对环境无害的处理方法，即最佳可行性技术。

（1）起步阶段

水泥窑协同处置技术历史悠久，起源于 20 世纪 70 年代。1974 年，加拿大 Lawrence 水泥厂首先将聚氯苯基等化工废料投入回转窑中进行最终处置并获得成功，拉开了水泥窑协同处置危险废物的序幕。

（2）发展阶段

由于水泥窑协同处置不仅可以实现危险废物处理的减量化、无害化和稳定化，而且可以将危险废物作为燃料利用，实现危险废物处理的资源化，所以此项技术逐渐在先进发达国家得到推广应用。到 20 世纪 80 年代，水泥窑协同处置危险废物技术在欧洲的德国、法国、比利时、瑞士等，美洲的美国和加拿大，亚洲的日本等国家得到有效推广。例如，1994 年，美国共 37 家水泥厂用危险废物作为水泥窑的替代燃料，处理了近 300 万吨危险废物。20 世纪 80～90 年代，日本水泥工业已从其他产业接收大量废弃物和副产品。

（3）广泛应用阶段

2000 年后，Holcim、Lafarge、CE.MEX、Heidelberg 等著名国际水泥企业大规模开展废弃物处置利用工作。美国水泥厂一年焚烧的工业危险废物是焚烧炉处理的 4 倍之多，全美国液态危险废物的 90%在水泥窑进行焚烧处理；2000 年后，挪威协同处置危险废物的水泥厂覆盖率为 100%；2001 年，日本水泥厂的废物利用量已达到 355kg/t；2003 年，欧洲共250 多个水泥厂参与协同处置固体废物业务。

4.1.2.2 发达国家水泥窑协同处置现状

经过 40 多年的发展，水泥窑协同处置技术相对比较成熟，早已成为发达国家普遍采用的处置技术，为水泥工业可持续发展和固废处置提供了广阔的市场空间。

（1）欧洲部分国家

瑞士、法国、英国、意大利、挪威、瑞典等国家利用水泥窑焚烧废物都有 20 多年的历史。瑞士赫尔辛姆（Holcim）公司是强大的水泥生产跨国公司，Holcim 公司从 20 世纪 80 年代起开始利用废物作为水泥生产的替代燃料，该公司在世界各大洲水泥厂的燃料替代率都在迅速增长，设在欧洲的水泥厂燃料替代率最高，1999 年已经达 28%；设在亚洲和大洋洲的水泥厂燃料替代率最低，1999 年仅为 2%；1999 年该公司设在比利时的某个世界上最大的湿法水泥厂中，燃料替代率已达到 80%，其余约 20%的燃料为回收的石油焦，目前该厂的燃料成本已降为 2%左右。2000 年，Holcim 公司设在欧洲的 35 个水泥厂处理和利用的废物总量就达 150 万吨。法国 Lafarge 公司从 20 世纪 70 年代开始研究推进废物代替自然资源的工作。经过近 40 年的研究和发展，危险废物处置量稳步增长。Lafarge 公司在法国处置的废物类型主要有水相、溶剂、固体、油、乳化剂和原材料等。目前该公司设在法国的水泥厂焚烧处置的危险废物量占全法国焚烧处置的危险废物量的 50%，燃料替代率达到 50%左右。2001 年，Lafarge 公司由于处置废物而实现了以下目标：节约 200 万吨矿物质燃料；降低燃料成本 33%左右；收回了约 400 万吨的废料；减少了全社会 500 万吨 CO_2 气体的排放。

2018 年，欧洲各国水泥厂燃料替代率如图 4-1 所示。

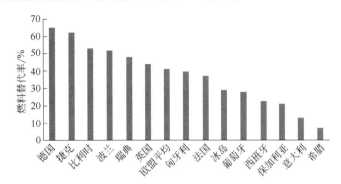

图 4-1　欧洲各国国家（或地区）水泥厂燃料替代率

欧洲国家不同类别燃料所占比例如图 4-2 所示。

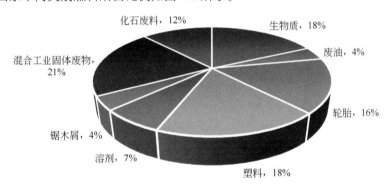

图 4-2　欧洲国家不同类别燃料所占比例

1）德国

德国水泥生产始于 1877 年，20 世纪的前 50 年受第二次世界大战及战后重建的影响，水泥产量快速增长。德国水泥行业有 34 个综合水泥厂，综合水泥产能总计 3200 万吨/年。

在德国水泥工业历史的前 100 年，煤炭是水泥厂的首选燃料。20 世纪 70 年代的石油危机对德国水泥工业产生重大影响，导致了行业的两次重大转变：第一次是生产线转变为更大、更高热效率的干法生产线，水泥产量从 350t/d 提高至 2400t/d；第二次是水泥生产替代燃料的初步研究，现在研究成果显著。

德国拥有全世界现代化程度最高、高效及环保意识最高的水泥工业，也是世界上较早进行水泥厂废物处理和利用的国家。自 20 世纪 70 年代煤炭逐渐被石油焦和替代燃料所取代，90 年代替代燃料的应用得到蓬勃发展。由于相对较早地应用替代燃料，德国成为全球水泥窑燃料替代率最高的国家。

1987～2017 年德国水泥窑燃料替代率变化如图 4-3 所示。

表 4-1 为德国水泥工厂联合会（VDZ）在其年度环境报告中向全社会公布的 2016 年水泥工业利用替代燃料的统计。可以看出，共利用了 12 大类的废弃物，总计热量替代率（TSR）为 64.9%，其中城市生活垃圾在总替代燃料提供热量中占 10% 左右，在熟料总热耗中占 6.2%。

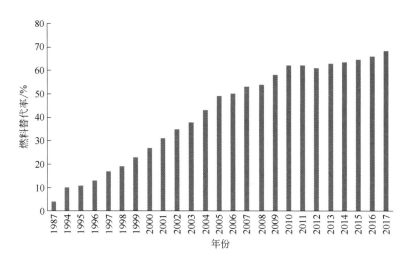

图 4-3　1987~2017 年德国水泥窑燃料替代率

表 4-1　2016 年德国水泥工业使用各种替代燃料和天然化石燃料统计表

序号	废弃物名称	耗用量/×10⁴t	热值/（MJ/kg）	提供热量/GJ	熟料热耗中占比/%
1	废轮胎	20.1	38	8.0	8.8
2	废机油	6.6	29	2.2	2.4
3	城市生活垃圾	28.3	16	5.6	6.2
4	动物脂骨肉	14.5	18	2.7	3.0
5	废溶剂	12.6	23	3.0	3.3
6	废塑料	64.0	23	10.9	11.9
7	市政污泥	46.3	4	1.5	1.6
8	工业油污	15.8	6	1.0	1.1
9	废纸、纸板	18.1	4	0.5	0.6
10	废纺织物	2.7	18	0.4	0.4
11	木质废料	3.1	14	0.4	0.4
12	其他	116.3	19	23	25.2
1~12 总计①		348.4	平均 17	59.2	64.9
13	化石燃料			32.1	35.1
14	水泥窑总耗热量②			91.3	100

① 所有废弃物均已制成 SRF（固体回收燃料，水分少、粒度细、热值高）或 RDF（垃圾衍生燃料，水分多、粒度粗、热值低）。

② 2016 年熟料产量为 2.34×10⁷t。

　　德国水泥工业推行协同处置废弃物用作替代燃料的全过程是在政府的引导、激励和策划，以及水泥协会的组织协调下逐步实施的。每一家水泥企业拟烧废弃物都必须事先通过论证和政府的环保审批，投产后随即进入严格严密的监管程序。政府的担当和公信力足以使公众放心、信赖、信服。

2）意大利

意大利水泥厂燃料替代率逐年增加。2015～2017 年，燃料替代率分别为 13.3%、12.7% 和 13.1%。2015～2017 年，意大利水泥厂不同替代燃料种类用量如图 4-4 所示。

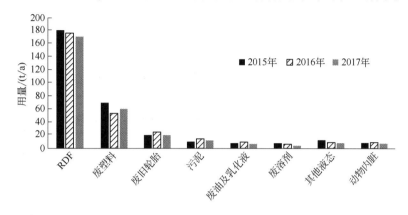

图 4-4　意大利水泥厂不同替代燃料种类用量

3）法国

法国 Lafarge 公司是水泥产量位居世界第一位的跨国公司，活跃在世界上 75 个国家。该公司从 20 世纪 70 年代便开始研究利用废物代替自然资源的工作。经过近 30 年的研究和发展，危险废物处置量稳步增长。目前该公司设在法国的水泥厂焚烧处置的危险废物量占全法国焚烧处置的危险废物量的 50%，燃料替代率也达到 50% 左右。Lafarge 公司 2030 年减碳计划：熟料系数降至 68%；替代燃料用量提高至 37%；使用脱碳原料替代原材料。

（2）日本

日本拥有水泥生产企业 20 家，计 36 家工厂，拥有 64 台窑体，全部为新型干法预热回转窑，熟料生产能力为 $8.03×10^7$t。

日本产生大量的废弃物与副产物，而水泥制造的工艺过程就是利用和处理废弃物的过程。

日本资源匮乏，而水泥生产技术先进，日本水泥企业在废物利用和处理方面处于世界前列，水泥企业的废物利用量持续增长。替代原料中高炉炉渣最多，占全日本高炉炉渣总量的 50%，其次是粉煤灰，占全日本粉煤灰总量的 60%；副产石膏利用量相当于全日本水泥企业所需石膏用量的 90%。替代燃料中，废旧轮胎最多，相当于日本废旧轮胎总量的 35%，2010 年日本水泥行业每生产 1t 水泥利用废物量达 400kg。总体而言，日本水泥企业原料替代率较高，燃料替代率仅为 5%，尚有较大的上升空间。2012～2017 年日本水泥企业产量和废弃物使用量如图 4-5 所示。

2011～2017 年日本国内水泥行业废弃物使用量变化见表 4-2。

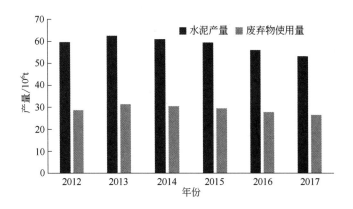

图 4-5　2012～2017 年日本水泥企业产量和废弃物使用量

表 4-2　2011～2017 年日本国内水泥行业废弃物使用量变化表　　　　单位：10^6t

种类	用途	2011 年	2012 年	2013 年	2014 年	2015 年	2016 年	2017 年
炉渣	原料、混合剂	8.082	8.485	8.398	8.412	8.23	8.08	8.49
污泥	原料	2.673	2.987	3.021	2.987	2.89	2.67	2.99
化学石膏	原料（添加剂）	2.158	2.286	2.168	2.142	2.26	2.16	2.29
废土	原料	1.946	2.011	1.984	1.991	1.85	1.95	2.01
煤灰	原料、混合剂	6.703	6.87	6.823	6.786	6.85	6.87	6.89
焚烧残渣、除尘灰、飞灰	原料、热能	1.394	1.505	1.492	1.512	1.56	1.60	1.63
铁渣等	原料	0.675	0.724	0.715	0.709	0.73	0.74	0.75
木屑	原料、热能	0.586	0.633	0.621	0.615	0.63	0.64	0.65
铸造型砂	原料	0.526	0.492	0.512	0.489	0.48	0.47	0.46
废塑料	热能	0.438	0.432	0.425	0.43	0.42	0.42	0.42
制钢废渣	原料	0.446	0.41	0.435	0.425	0.42	0.42	0.41
废油	热能	0.264	0.273	0.265	0.257	0.26	0.25	0.25
再生油	热能	0.249	0.273	0.268	0.258	0.27	0.27	0.27
废轮胎	原料、热能	0.073	0.071	0.072	0.082	0.08	0.08	0.09
肉骨粉	热能	0.064	0.065	0.062	0.063	0.06	0.06	0.06
煤矸石	原料、热能	0	0	0	0	0.00	0.00	0.00
其他	—	0.606	0.835	0.785	0.695	0.78	0.81	0.83
合计	—	26.883	28.352	28.046	27.853	27.7795	27.4838	28.4721
每吨水泥的使用量/kg	—	471	481	494	495	494	497	500

日本一般对危险废物采用先焚烧处理，然后通过生料配比计算，将其焚烧灰按比例加到水泥原料中，在水泥回转窑中烧制。

（3）美国

美国拥有庞大且非常完善的水泥产业，2020 年其水泥产量为 0.90 亿吨。美国地质调查局公布的数据显示，美国 2020 年的熟料产能为 7900 万吨。该国庞大的水泥产能主要由本土 34 个州的 96 家工厂及波多黎各自由邦的 2 家水泥厂生产。

美国水泥市场上有着众多的跨国水泥生产商，例如拉法基豪瑞、西麦斯、CRH 和 Buzzi，部分公司通过美国品牌来运行当地的水泥公司，例如海德堡水泥的 Essroc。美国自身掌控的水泥企业已经逐渐减少，很可能很快就全部消失。

美国环保署（EPA）大力提倡水泥窑焚烧处理废物。20 世纪 80 年代中期以来，随着美国联邦法规对废物管理，尤其是危险废物处理要求的加强，废物焚烧处理量迅速增加，由于具有诸多优点，水泥窑处理危险废物发展迅速。1994 年美国共有 37 家水泥厂或轻骨料厂得到授权用危险废物作为替代燃料烧制水泥，处理了近 300 万吨危险废物，占全美国 500 万吨危险废物的 60%。全美国液态危险废物的 90% 在水泥窑进行焚烧处理。

4.1.2.3　我国水泥窑协同处置现状

我国水泥窑协同处置危废发展相对缓慢，其原因为：水泥企业自身效益良好，协同处置危废经济效益不明显，另外，国家政策方面缺乏技术和引导，水泥企业跨界经营存在风险，但在 2014 年以后，随着政策法规、水泥限产方面的原因，水泥窑协同处置危废进入快速发展期。

近年来，雾霾天气频发，限制水泥窑生产，特别是华北冬季供暖期，原则上水泥厂不能生产，但不包括协同处置的水泥窑，这个政策对水泥企业吸引力巨大，在长达 3 个月的供暖期，水泥窑协同处置企业可以继续生产，不受政策限制，在水泥窑协同处置蓬勃发展的同时，其管理越来越规范，行业发展进入平稳期。

长期以来，我国大量利用各种工业固体废物作为替代原料用于生产水泥产品，如电厂粉煤灰、烟气脱硫石膏、磷石膏、煤矸石、钢渣、高炉矿渣等，这些工业废渣的化学成分与传统水泥生产原料近似，品质相对均匀、稳定，通常作为替代原料加入生料或作为混合材料加入熟料中，其处置易于操作，环境和安全风险小，已被水泥企业广泛采用以节约原料成本。除了常规处置利用各种固体废物，我国水泥生产企业在应急处置各种事故产生的危险废物方面也发挥了重要作用，如在各种专项整治活动中收缴的违禁化学品（如毒鼠强等剧毒农药）、不合格产品（如含三聚氰胺奶粉、伪劣日化产品等）以及事故污染土壤等废物的处置等。

迄今为止中国水泥厂对废物的利用主要局限于原料替代方面。目前国内绝大部分的粉煤灰、矿渣、硫铁渣等都在水泥厂得到了利用和处理。全国水泥原料的 20% 来源于冶金、电力、化工、石化等行业产生的各种工业废物，减少了天然矿物资源的使用量。根据中国水泥行业的生产技术水平，一般生产 1t 水泥需原料 1.6t，按中国水泥产量 25 亿吨/年计，每年利用的各种工业废物即达 8 亿吨，既节省了宝贵的资源，又解决了工业废物环境污染问题，同时也为水泥工业带来了一定的经济效益。

采用水泥回转窑协同处置危险废物，根据其在水泥生产中的作用可分为以下 3 类。

① 用作二次燃料。对于具有一定热值的有机废物，包括固体、液体和半固体状污泥，可作为水泥窑的"二次燃料"。

② 用作水泥生产原料。对于主要含重金属的各种废弃渣，尽管其不含或少含可燃物质，但可作为水泥生产原料来处理利用；而对于卤素含量高的有机化合物和含镁、碱、硫、磷等的废物，由于其对水泥烧成工艺或水泥性能有一定影响，应严格控制其焚烧喂入量。

③ 对如含汞废弃料等，则不宜入窑焚烧。

1998 年，北京水泥厂开始利用 1 条日产 2000t 水泥熟料窑进行废弃物处置，主要针对北京的石油、化工等单位产生的 30 类危废进行处置。

2005 年，北京水泥厂首次实现了水泥窑大规模协同处置固体废弃物，建成了年处理 10 万吨工业废弃物的示范线。

2009 年，广州越堡建成国内最大的水泥污泥处置项目，日处理污泥 600t；北京水泥厂内建成设计处置 500t/d（含水 80%～85%）污泥热干化预处理线。

2010 年，海螺集团与日本川崎公司联合开发了水泥窑和气化炉相结合的处置城市垃圾技术，建成了日处理生活垃圾 300t 的生产线。

2011 年，华新水泥（武穴）环境工程有限公司借鉴欧洲 RDF 处理技术，日处理生活垃圾 300t。

20 世纪 90 年代中期以来，随着中国经济的快速增长和可持续发展战略在中国的贯彻实施，上海、北京、广州等特大型中心城市的政府和水泥企业，开始关于"水泥工业处置和利用可燃性工业废物"问题的研究和工业实践，引起了国家有关部委和水泥行业的重视。

2013 年至今，在企业加速布局、标准逐步出台、政策鼓励等要素加持之下，特别是"十三五"时期，环保税法的实施、清废行动的开展将加速水泥窑协同处置危险废物的发展进度。此外，水泥窑协同处置环保法规及标准体系正在逐步完善，制度体系已基本建立。近年来，随着环保法规的陆续施行、危险废物政策的不断完善以及环保督察和环保执法的常态化，促使我国危险废物产生量高速增长。根据《中国统计年鉴 2018》，2017 年全国危险废物产生量 6936.89 万吨，较 2016 年增加 1589.59 万吨。我国传统的危险废物处置工艺——焚烧和安全填埋，因其各自的局限性已无法完全满足日益凸显的危险废物处置产能缺口。近年来，水泥窑协同处置危险废物工艺以建设周期短、投资少、运营成本低及不产生飞灰和炉渣等优势，已引起众多水泥和环保企业的关注，在危险废物处置领域发展迅速，已成为传统危险废物处置工艺的重要补充。

截至 2020 年 7 月底，水泥窑协同处置资质能力已达 600 万吨，涉及水泥生产线 111 条，占生产线数量的 6.5%，覆盖了全国 27 个省（自治区、直辖市），其中，浙江、陕西、广西水泥窑协同处置危险废物资质已经超过 50 万吨。北京、天津、浙江、陕西、福建、吉林、广西、海南占生产线数量比例在 10% 以上。

近 20 年来国内水泥窑协同处置资质能力统计如图 4-6 所示。

目前，行业三甲分别是海螺创业控股有限公司、红狮控股集团有限公司和金隅冀东水泥（唐山）有限责任公司，三家企业总产能已超过整个行业产能的 50%。随着环保政策的引导和危险废物行业的火热，中国建材、台泥、葛洲坝、华新、华润、山水等大型水泥企业集团已进入或正在进入协同处置危险废物废领域，未来行业三甲的排名将面临后来者的不断挑战和冲击。

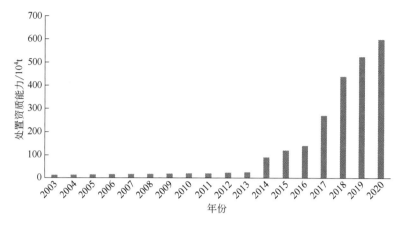

图 4-6　国内水泥窑协同处置资质能力

截至 2019 年年底，全国累计投产水泥窑协同处置危险废物产能 95 个，合计产能规模 576 万吨/年。若剔除经营许可中仅有 HW33/HW18 的单一型产能后，综合性水泥窑协同处置产能合计 81 个，合计产能规模 464 万吨/年。从逐年新增产能规模角度，2019 年新增产能 26 个，合计产能规模 139 万吨/年，同比下降 38%。

水泥窑协同处置项目分布于 25 个省（自治区、直辖市），核准规模 462.52 万吨，占全国核准规模（2019 年 1 月 31 日统计数据 8696.2 万吨）的 5.32%，平均处置能力 6.17 万吨/个，具体项目分布情况见表 4-3。

表 4-3　水泥窑协同处置危险废物项目地区分布及排名统计表

排名	省（自治区、直辖市）	项目数量/个	经营能力/（t/a）
1	陕西	10	953600
2	浙江	9	770261
3	广西	4	325000
4	福建	6	299500
5	河南	3	296000
6	山西	8	246000
7	江苏	3	221600
8	江西	2	185000
9	北京	2	171000
10	安徽	3	155000
11	河北	5	118000

续表

排名	省（自治区、直辖市）	项目数量/个	经营能力/（t/a）
12	重庆	4	108150
13	青海	1	100000
14	新疆	1	100000
15	云南	1	100000
16	贵州	1	84000
17	吉林	2	82500
18	内蒙古	2	80000
19	湖北	2	71500
20	辽宁	1	60000
21	山东	1	36700
22	海南	1	29200
23	天津	1	17000
24	四川	1	8700
25	湖南	1	7500
合计		75	4626211

　　根据表 4-3 可知，核准规模前五的省（自治区）分别为陕西、浙江、广西、福建和河南，合计核准规模占全国水泥窑协同处置危险废物总核准规模的 57.17%。目前，广东、上海、黑龙江、宁夏、甘肃和西藏 6 个省（自治区、直辖市）仍无已投运的水泥窑协同处置危险废物项目。暂无协同处置危险废物能力的广东、甘肃和青海三省，已有多个在批、在建项目。随着这些地区不断发展，协同处置危险废物项目陆续投产，我国水泥窑协同处置危险废物产能的分布将更加均衡。

　　目前拟建在建危险废物处置项目依然很多，总危险废物处置能力超 1200 万吨。随着拟建在建项目的投放，"十四五"水泥窑协同处置危险废物能力有望突破 1500 万吨，占据 1/3 以上第三方处置市场，并逐步挤压传统焚烧炉、填埋的市场。未来危险废物处置价格将继续回落，告别暴利时代，区域性差异将明显显现。

　　随着国内水泥窑协同处置危险废物项目的陆续实施，其在经济性、适应性、安全性等方面已显现出比现有的高温焚烧和安全填埋等传统方式更为明显的优势。目前我国 4000t/d 及以上的新型干法水泥窑已实现全国布局，在国家大力推进生态文明建设大背景下，环保和生态环境治理成为当前供给侧结构性改革"补短板"的重要内容，水泥窑协同处置危险废物作为一种新兴的危险废物无害化处置方式，今后将得到国家进一步的政策鼓励和支持，一批相对落后的传统处置方式或将逐步被这一新兴处置方式替代。

从未来趋势分析，随着产业进一步发展，我国已经有很成熟的模式，有利于水泥窑协同处置危废快速铺开，经营模式分为三种，分别为分散联合经营模式、分散独立经营模式和集中经营模式（表4-4）。

表4-4　水泥窑协同处置危险废物运营模式

类型	模式特点	颁布危险废物经营许可证要求
分散联合经营模式	水泥生产企业和危险废物预处理中心分属不同的法人主体，危险废物在预处理中心经预处理满足入窑要求后，运送至水泥生产企业直接入窑协同处置	危险废物经营许可证中应注明危险废物预处理中心的法人名称、法定代表人、住所、危险废物预处理设施地址、核准经营危险废物类别和规模，以及接收该预处理中心所生产预处理产物的所有水泥生产企业的法人名称、法定代表人、住所、水泥窑协同处置设施地址、核准接收预处理产物形态(固态、半固态和液态)和规模等信息
分散独立经营模式	水泥生产企业和危险废物预处理中心于同一法人主体，危险废物在预处理中心经预处理满足入窑要求后，运送至水泥生产企业直接入窑协同处置	危险废物经营许可证的申请和颁发程序与常规危险废物经营单位一致，只是危险废物经营许可证中应注明法人名称、法定代表人、住所、危险废物预处理设施和水泥窑协同处置设施地址、核准经营危险废物类别和规模等信息
集中经营模式	在水泥生产企业厂区内对危险废物进行预处理和协同处置，危险废物预处理和水泥窑协同处置设施或运营属于同一法人或分属不同法人主体	危险废物经营许可证中应注明各法人的法人名称、法定代表人、住所，以及水泥窑协同处置设施地址、核准经营危险废物类别和规模等信息

现阶段，水泥窑协同处置都由水泥厂主导，属于集中经营模式，但在未来，掌握技术和运营经验的企业有望在产业中充当核心角色，将会以分散联合经营模式与分散独立经营模式铺开，从而快速提高产能。

4.1.3　水泥窑协同处置危险废物的途径

根据固体废物的成分与性质，不同的废物在水泥生产过程中的处置途径不同，主要包括以下4种。

① 替代燃料　主要为高热值有机废物。
② 替代原料　主要为无机矿物材料废物。
③ 混合材料　适宜在水泥粉磨阶段添加的成分单一的废物。
④ 工艺材料　可作为水泥生产某些环节(如火焰冷却、尾气处理)的工艺材料的废物。
下面只介绍前两种途径。

4.1.3.1　替代燃料

（1）替代燃料定义

替代燃料，也称作二次燃料、辅助燃料，是使用可燃废物生产水泥窑熟料，替代天然化石燃料。可燃废物在水泥工业中的应用不仅可以节约一次能源，同时有助于环境保护，具有显著的经济效益、环境效益和社会效益。发达国家自20世纪70年代开始使用替代燃料以来，替代燃料的数量和种类不断扩大，而水泥工业成为利用废物的首选行业。根据欧盟的统计，欧洲18%的可燃废物被工业领域利用，其中有将近一半是水泥行业，水泥行业的利用量是电力、钢铁、制砖、玻璃等行业的总和。发达国家政府已经认识到替代燃料对节能、减排和环保的重要作用，都在积极推动。

（2）替代燃料使用原则

1）最低热值要求

使用废弃物作替代燃料时应有最低热值要求。因为水泥窑是一个敏感的热工系统，不论是热流、气流还是物料流稍有变化都会破坏原有的系统平衡，使用替代燃料时系统应免受过大的干扰。一些欧洲国家从能量替换比上考虑将11MJ/kg的热值作为替代燃料的最低允许热值。同时需要考虑使用替代燃料时，达到部分取代常规燃料后所节省的燃料费用足以支付废料的收集、分类、加工、储运的成本。

2）必须适应水泥窑的工艺流程需要

可燃废料的形态、水分含量、燃点等都会决定使用过程的工艺流程设计，而这个设计必须与原有水泥窑的工艺流程很好地配合。另外，新型干法窑需严格控制钾、钠、氯这类有害成分的含量，应以不影响工艺技术要求为准。

3）符合环保的原则

废弃物中含有的有害物质通常比常规原燃料高，水泥回转窑在利用和焚烧废弃物（包括危险废物）时，除应控制有害物质排放量不会有明显提高外，更主要的是应注意所生产水泥的生态质量。因为水泥是用来配制混凝土胶凝材料的，而混凝土建筑物，如公路、房屋建筑、水处理设施、水坝及饮用水管道等，必须确保对土壤、地下水以及人的健康不会产生危害，对废弃物带入的有害物质必须根据混凝土所能接受的最大量加以限定。

（3）常规替代燃料种类

含有一定热量的危险废物可用作水泥熟料生产过程中的燃料。水泥窑替代燃料种类繁多，数量及适用情况各异，常见的替代燃料种类可分为以下几种。

① 废轮胎。

② 使用过的各种润滑油、矿物油、液压油、机油、洗涤用柴油或汽油、各种含油残渣等。

③ 木炭渣、化纤、棉织物、医疗废物等。这类废物比较特殊，可能含各种病菌，在喂水泥窑之前应由废料回收公司进行预处理，如消毒、杀菌、封装、打包等。

④ 纸板、塑料、木屑、稻壳、玉米秆等。这些废料热值较低，密度小，体积大，必须采用专门的称量喂料装置将其喂入水泥窑内燃烧。

⑤ 废涂料、石蜡、树脂等。

⑥ 石油渣、煤矸石、油页岩、城市下水道污泥等。

（4）危险废物替代燃料种类

① 液态危险废物：醇类、酯类、废化学试剂、废溶剂类、废油、废油墨、废涂料等。

② 半固态危险废物：使用过的各种废润滑油、各种含油残渣、油泥、残渣等。

③ 固态危险废物：活性炭、石蜡、树脂、石油焦等。

4.1.3.2　替代原料

从理论上说，含有 CaO、SiO_2、Al_2O_3、Fe_2O_3 等水泥原料成分的废弃物都可作为水泥原料。根据固体废物自身的化学成分，一般用于代替以下水泥的原料组分。

（1）常见的替代原料种类

① 代替黏土作组分配料：用以提供 SiO_2、Al_2O_3、Fe_2O_3 的原料，主要有粉煤灰、炉渣、煤矸石、金属尾矿、赤泥、污泥焚烧灰、垃圾焚烧灰渣等，根据实际情况可部分替代或全部替代。煤矸石、炉渣不仅给水泥熟料带入化学组分，而且可以带入部分热量。

② 代替石灰质原料：用以提供 CaO 的原料，主要有电石渣、氯碱法碱渣、石灰石屑、碳酸法糖滤泥、造纸厂白泥、高炉矿渣、钢渣、磷渣、镁渣、建筑垃圾等。

③ 代替石膏作矿化剂：磷石膏、氟石膏、盐田石膏、环保石膏、柠檬酸渣等，因其含有的 SO_3、磷、氟等都是天然的矿化成分，且 SO_3 含量高达 40% 以上，可全部代替石膏。

④ 代替热料作晶种：炉渣、矿渣、钢渣等，可全部代替。

⑤ 代替校正原料：用以替代铁质、硅质等的校正原料，替代铁质校正原料的主要有低品位铁矿石、炼铜矿渣、铁厂尾矿、硫铁矿渣、铅矿渣、钢渣；替代硅质校正原料的主要有碎砖瓦、铸模砂、谷壳焚烧灰等。

（2）常见的危险废物替代原料种类

一般为不含有机物的危险废物，如电镀污泥、氟化钙、重金属浸出浓度超过国家危险废物鉴别标准限值的重金属污染土壤等。

4.2　水泥窑协同处置危险废物的类型和特点

4.2.1　水泥窑协同处置危险废物的类型

4.2.1.1　水泥窑类型

水泥窑之所以能够成为废物的处理方式，主要是因为废物能够为水泥生产所用，可以以二次原料和二次燃料的形式参与水泥熟料的煅烧过程。二次燃料通过燃烧放热把热量供给水泥煅烧过程，而燃烧残渣则作为原料通过煅烧时的固、液相反应进入熟料主要矿物，燃烧产生的废气和粉尘通过高效收尘设备净化后排入大气，收集到的粉尘则循环利用，达到既生产了水泥熟料又处理了废物，同时减少环境负荷的良好效果。

水泥窑按生料制备方法可分为湿法、半湿法、干法、半干法 4 类；按煅烧窑结构可分为立窑和回转窑 2 类。因此，回转窑又可分为湿法回转窑、半干法回转窑（立波尔窑）、干法回转窑（普通干法回转窑）、新型干法回转窑等多种类型。水泥窑类型如表 4-5 所列。

表 4-5　水泥窑类型列表

序号	生料制备方法分类		煅烧窑结构分类
1	湿法	回转窑	湿法长窑
2	半湿法	回转窑	湿法短窑（带料浆蒸发机的回转窑）
			湿磨干烧窑
3	半干法	回转窑	立波尔窑
		立窑	普通立窑
			机械立窑
4	干法	回转窑	干法中空窑
			悬浮预热窑
			新型干法窑（预分解窑）

在我国，由于经济发展的不平衡，水泥窑的技术水平也有较大的差异。由于技术、经济和管理条件的不同并考虑到水泥行业的技术发展政策和发展趋势，并不是所有类型的水泥窑都适合用于协同处置危险废物。

从废物协同处置的角度看，不同的回转窑窑型在废物处置效果上的优劣势差别不大。对于回转窑来说，无论什么窑型，熟料煅烧都需要经过干燥、黏土矿物脱水、碳酸盐分解、固相反应、熟料烧结及熟料冷却结晶等几个阶段，各阶段的气固相温度也基本相同。对于不同的回转窑窑型，只是干燥、黏土矿物脱水、碳酸盐分解等反应发生在不同的部位，以及各阶段的反应速率差异造成的反应时间有所不同，回转窑内固有的气固相温度和停留时间都足以实现废物的无害化处置。

但是立窑的窑内气固相温度分布、气固相停留时间、气氛以及火焰特点都与回转窑有较大差异，废物中的有机物和重金属极易随烟气排入大气，一般不适于协同处置危险废物。但是立窑中部分区域的还原性气氛使立窑可以用于处置含有六价铬的铬渣。

尽管不同的回转窑窑型在废物处置效果上的优劣势差别不大，但新型干法回转窑相比其他回转窑具有废物投加点多，分解炉内的碳酸盐分解反应对温度的要求较低，废物适应性强；气固混合充分，碱性物料充分吸收废气中有害成分，"洗气"效率高，废气处理性能好；NO_x 生成量少，环境污染小等优点。

4.2.1.2　处理类别确定

（1）规范要求

1）《水泥窑协同处置工业废物设计规范》（GB 50634—2010）

水泥生产中无害化处置的工业废物种类见表 4-6；水泥窑不宜处置的工业废物应符合表 4-7 的规定。

表 4-6　水泥生产中无害化处置的工业废物种类

处置类型	工业废物名称	工业废物类型	
		一般工业废物	危险废物
无害化处置	过期的杀虫剂	√	—
	多氯联苯	—	√
	过期的医药产品	—	√

表 4-7　水泥窑不宜处置的工业废物

处置类型	工业废物名称	工业废物类型	
		一般工业废物	危险废物
不宜处置	电子废物	—	√
	电池	—	√
	医疗废物	—	√
	腐蚀剂	—	√
	爆炸物	—	√
	放射性废物	—	√

2)《水泥窑协同处置固体废物污染控制标准》(GB 30485—2013)

禁止下列固体废物入窑进行协同处置：

① 放射性废物；

② 爆炸性及反应性废物；

③ 未经拆解的废电池、废家用电器和电子产品；

④ 含汞的温度计、血压计、荧光灯管和开关；

⑤ 铬渣；

⑥ 未知特性和未经鉴定的废物。

入窑固体废物应具有相对稳定的化学组成和物理特性，其重金属以及氯、氟、硫等有害元素的含量及投加量应满足 HJ 662—2013 的要求。

3)《水泥窑协同处置固体废物技术规范》(GB 30760—2014)

下列固体废物不应入窑进行协同处置：

① 放射性废物；

② 传染性、爆炸性及反应性废物；

③ 未经拆解的废电池、废家用电器和电子产品；

④ 含汞的温度计、血压计、荧光灯管和开关；

⑤ 石棉类废物；

⑥ 未知特性和未经鉴定的废物。

4）《水泥窑协同处置固体废物环境保护技术规范》(HJ 662—2013)

禁止在水泥窑中协同处置以下废物：

① 放射性废物；

② 爆炸性及反应性废物；

③ 未经拆解的废电池、废家用电器和电子产品；

④ 含汞的温度计、血压计、荧光灯管和开关；

⑤ 铬渣；

⑥ 未知特性和未经鉴定的废物。

5）《水泥窑协同处置固体废物污染防治技术政策》(环境保护部 2016 年第 72 号公告)

严禁利用水泥窑协同处置具有放射性、爆炸性和反应性废物，未经拆解的废电池、废家用电器和电子产品，含汞的温度计、血压计、荧光灯管和开关，铬渣，以及未知特性和未经检测的不明性质废物。

（2）可处置类别归纳

根据国家规范中的相关要求，将可以进入水泥窑协同处置的危险废物类别列出，见表 4-8。

表 4-8　水泥窑内可以处置的危险废物类别

大类编号	名称	大类编号	名称
HW01	医疗废物	HW16	感光材料废物
HW02	医药废物	HW17	表面处理废物
HW03	废药物、药品	HW18	焚烧处置残渣
HW04	农药废物	HW19	含金属羰基化合物废物
HW05	木材防腐剂废物	HW20	含铍废物
HW06	废有机溶剂与含有机溶剂废物	HW21	含铬废物
HW07	热处理含氰废物	HW22	含铜废物
HW08	废矿物油与含矿物油废物	HW23	含锌废物
HW09	油/水、烃/水混合物或乳化液	HW24	含砷废物
HW10	多氯（溴）联苯类废物	HW25	含硒废物
HW11	精（蒸）馏残渣	HW26	含镉废物
HW12	染料、涂料废物	HW27	含锑废物
HW13	有机树脂类废物	HW28	含碲废物
HW14	新化学物质废物	HW29	含汞废物
HW15	爆炸性废物	HW30	含铊废物

续表

大类编号	名称	大类编号	名称
HW31	含铅废物	HW39	含酚废物
HW32	无机氟化物废物	HW40	含醚废物
HW33	无机氰化物废物	HW45	含有机卤化物废物
HW34	废酸	HW46	含镍废物
HW35	废碱	HW47	含钡废物
HW36	石棉废物	HW48	有色金属采选和冶炼废物
HW37	有机磷化合物废物	HW49	其他废物
HW38	有机氰化物废物	HW50	废催化剂

注：1. 能直接进入水泥窑处置的危险废物：HW02 医药废物，HW03 废药物、药品，HW05 木材防腐剂废物，HW07 热处理含氰废物，HW08 废矿物油与含矿物油废物，HW09 油/水、烃/水混合物或乳化液，HW10 多氯（溴）联苯类废物，HW16 感光材料废物，HW17 表面处理废物，HW18 焚烧处置残渣，HW19 含金属羰基化合物废物，HW33 无机氰化物废物，HW34 废酸，HW35 废碱。

2. 禁止进入水泥窑协同处置的危险废物：HW01 医疗废物，HW15 爆炸性废物，HW29 含汞废物，HW36 石棉废物。

3. 需要经过计算分析，核定处置类别和处置量的危险废物：HW04 农药废物，HW06 废有机溶剂与含有机溶剂废物，HW11 精（蒸）馏残渣，HW12 染料、涂料废物，HW13 有机树脂类废物，HW14 新化学物质废物，HW20 含铍废物，HW21 含铬废物，HW22 含铜废物，HW23 含锌废物，HW24 含砷废物，HW25 含硒废物，HW26 含镉废物，HW27 含锑废物，HW28 含碲废物，HW30 含铊废物，HW31 含铅废物，HW32 无机氟化物废物，HW39 含酚废物，HW40 含醚废物，HW45 含有机卤化物废物，HW46 含镍废物，HW47 含钡废物，HW48 有色金属采选和冶炼废物，HW49 其他废物，HW50 废催化剂。

4.2.2　水泥窑协同处置危险废物的特点

水泥生产中利用粉煤灰、炉渣、各种尾矿以及工业废渣代用天然原料已非常普遍，并取得了可观的经济效益和社会效益。

水泥窑协同处置与危险废物焚烧的工艺参数对比见表 4-9。

表 4-9　水泥窑协同处置和危险废物焚烧的工艺参数对比

序号	参数名称	水泥回转窑	焚烧炉
1	气体最高温度/℃	2200	1450
2	物料最高温度/℃	1500	1350
3	气体在≥1100℃停留时间/s	6～10	1～3
4	物料在≥1100℃停留时间/min	2～30	2～20
5	气体的湍流度（雷诺数）	>100000	>10000

水泥窑协同处置的特点如下。

① 焚烧温度高　水泥窑内物料温度一般高于 1450℃，气体温度则高于 1750℃左右，甚至可达更高温度 1500℃和 2200℃。在此高温下，废物中有机物将发生彻底的分解，一般

焚毁去除率达到 99.99% 以上，对于废物中有毒有害成分将进行彻底的"摧毁"和"解毒"。系统热容量巨大，系统运行稳定。

② 停留时间长　水泥回转窑筒体长，废物在水泥窑高温状态下持续时间长。根据一般统计数据，物料从窑头到窑尾总停留时间在 40min 左右，气体在温度大于 950℃ 以上的停留时间在 8s 以上，高于 1300℃ 以上停留时间大于 3s，可以使废物长时间处于高温下，更有利于废物的燃烧和彻底分解。

③ 焚烧状态稳定　水泥工业回转窑有一个热惯性很大、十分稳定的燃烧系统。它是由回转窑金属筒体、窑内砌筑的耐火砖以及在烧成带形成的结皮和待煅烧的物料组成，不仅质量巨大，而且由于耐火材料具有的隔热性能，因此更使得系统热惯性增大，不会因为废物投入量和性质的变化，造成大的温度波动。

④ 良好的湍流　水泥窑内高温气体与物料流动方向相反，湍流强烈，有利于气固相的混合、传热、传质、分解、化合、扩散。

⑤ 碱性的环境气氛　生产水泥采用的原料成分决定了在回转窑内是碱性气氛，水泥窑内的碱性物质可以和废物中的酸性物质中和为稳定的盐类，有效地抑制酸性物质的排放。强碱性环境氛围可有效抑制 SO_2、HCl 等酸性气体以及二噁英的排放，便于其尾气的净化，而且可以与水泥工艺过程一并进行。

⑥ 没有废渣排出　在水泥生产的工艺过程中，只有生料和经过煅烧工艺所产生的熟料，没有一般焚烧炉焚烧产生炉渣的问题。

⑦ 固化重金属离子　利用水泥工业回转窑煅烧工艺处理危险废物，可以将废物中的绝大部分重金属离子固化在熟料中，最终进入水泥成品中，避免了再度扩散。废物中重金属离子可固化在水泥晶格之内，固化效果好，废渣可作为水泥成分，处置后无二次污染产生。

⑧ 全负压系统　新型干法回转窑系统是负压状态运转，烟气和粉尘不会外逸，从根本上防止了处理过程中的再污染。

⑨ 废气处理效果好　水泥工业烧成系统和废气处理系统，使燃烧之后的废气经过较长的路径和良好的冷却和除尘设备，有着较高的吸附、沉降和除尘作用，收集的粉尘经过输送系统返回原料制备系统可以重新利用。

⑩ 焚烧处置点多，适应性强　水泥工业不同工艺过程的烧成系统，无论是湿法窑、半干法立波尔窑，还是预热窑和带分解炉的旋风预热窑，整个系统都有不同高温投料点，可适应各种不同性质和形态的废料。

⑪ 建设投资较小，运行成本较低　利用水泥回转窑来处置废物，虽然需要在工艺设备和给料设施方面进行必要的改造，并需新建废物贮存和预处理设施，但与新建专用焚烧厂比较，还是大大节省了投资。在运行成本上，尽管由于设备的折旧、电力和原材料的消耗、人工费用等使得费用增加，但是燃烧可燃性废物可以节省燃料、降低燃料成本，燃料替代比例越高，经济效益越明显。

利用新型干法水泥熟料生产线在焚烧处理可燃性工业废物的同时，产生水泥熟料，属于符合可持续发展战略的新型环保技术。在继承传统焚烧炉的优点时，有机地将自身高温、循环等优势发挥出来，既能充分利用废物中的有机成分的热值实现节能，又能完全利用废物中的无机成分作为原料生产水泥熟料；既能使废物中的有机物在新型回转式焚烧炉的高温环境中完全焚毁，又能使废物中的重金属固化到熟料中。

4.3　水泥窑协同处置基本原理和过程

4.3.1　水泥生产及废物协同处置过程

4.3.1.1　水泥生产及废物协同处置典型工艺流程

硅酸盐水泥的生产一般分为 3 个阶段：

① 石灰质原料、黏土质原料和少量校正原料经破碎后，按一定比例配合、磨细，并调配为成分合适、质量均匀的生料，称为生料制备；

② 生料在水泥窑内煅烧至部分熔融所得到的以硅酸钙为主要成分的硅酸盐水泥熟料，称为熟料煅烧；

③ 熟料加适量石膏，有时还加适量混合材料或外加剂共同磨细为水泥，称为水泥粉磨。

按生料制备方法的不同，水泥的生产方法分为以下 4 类：

① 将原料同时烘干和粉磨或先烘干后粉磨成生粉料后入窑煅烧，称为干法；

② 将生料粉加入适量水分制成生料球后入窑煅烧，称为半干法；

③ 将原料加水粉磨成料浆后入窑煅烧，称为湿法；

④ 将湿法制备的生料浆脱水后，制成生料块入窑煅烧，称为半湿法。

目前新型干法预热回转窑因其高效、低耗、环保而得到越来越广泛的应用，其典型工艺流程如图 4-7 所示。在回转窑内，固体与气体的流动方向相反。生料从回转窑高端、冷

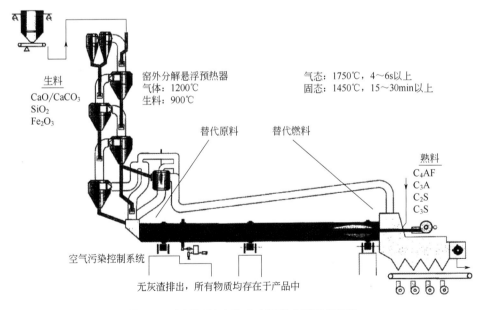

图 4-7　新型干法窑生产水泥的典型工艺流程

C_4AF—$4CaO \cdot Al_2O_3 \cdot Fe_2O_3$；　C_3A—$3CaO \cdot Al_2O_3$；　C_2S—$2CaO \cdot SiO_2$；　C_3S—$3CaO \cdot SiO_2$

端（窑尾）加入，随着回转窑的旋转，逐渐向低端、热端移动，一般要经过干燥预热带、煅烧带、烧结带、冷却带，物料在 850～1450℃之间的停留时间超过 15～30min；而燃烧气体从回转窑低端、热端（窑头）进入，逐渐向高端、冷端运动，最高温度可达 1750℃，停留时间超过 4～6s。

根据废物的成分与性质，很多废物在水泥生产过程中可作为水泥生产的替代燃料、替代原料等得到利用。作为替代燃料的高热值有机废物从水泥回转窑的窑头加入，在窑内高温条件下停留足够时间被完全焚毁，而残渣则进入水泥熟料；而作为替代原料的低热值无机矿物材料废物则由窑尾加入，经煅烧、烧结和冷却，变为水泥熟料。此外，由于水泥回转窑在废物处置上的诸多优点，某些特殊废物还能作为在水泥粉磨阶段添加的混合材料或作为水泥生产某些环节（如火焰冷却、尾气处理）的工艺材料得到利用。可作为替代燃料、替代原料、混合材料和工艺材料的某些废物见表 4-10。

表 4-10 可在水泥窑处置的典型废物

序号	废物应用领域	废物类型
1	替代燃料	液压油、非卤化绝缘油、机油、矿物油、润滑油、其他绝缘油、生活污水处理厂水处理污泥、废木材、汽车轮胎与其他橡胶废物、废纸、废纸板、石油焦炭、纸浆（包括来源于废纸的纸浆）、塑料（粒状或混合物）、聚酯材料、聚氨酯材料
2	替代原料	纸浆焚烧灰、冶炼炉渣与粉尘、道路清洁废物、锡回收产生的含钙残渣、被有机物污染的土壤或建筑废物
3	混合材料	纸浆焚烧灰、锅炉烟气脱硫产生的石膏、废物高温热处理产生的玻璃熔融体
4	工艺材料	含氨废物、未被卤代溶剂污染的液态废物、显影液

4.3.1.2 喂料点

新型干法窑的气固相温度差别较大。悬浮预热器内：物料温度 100～750℃，停留时间 50s 左右；气体温度 350～850℃，停留时间 10s 左右。分解炉内：物料温度 750～900℃，停留时间 5s 左右；气体温度 850～1150℃，停留时间 3s 左右。回转窑内：物料温度 900～1450℃，停留时间 30min 左右；烟气温度 1150～2000℃，停留时间 10s 左右。

由于不同的喂料点具有不同的气固相温度分布，废物投入后的停留时间也不同，应根据废物的物理、化学特性以及不同喂料点对应的气固相温度分布和停留时间，选择合适的废物喂料点。

新型干法回转窑有 2 个常规燃料喂料点，分别位于窑头和窑尾，1 个常规原料喂料点，位于生料磨。不影响水泥生产工艺是协同处置的原则之一，故废物协同处置应尽量不对水泥窑做大的改造，选择废物喂料点时，既要考虑到该处气固相温度、停留时间等特性，也应考虑增设废物喂料点的易操作性。因此，新型干法窑的废物喂料点位置应从以下 3 处选择（见图 4-8）：a. 窑头高温段，包括主燃烧器投加点和窑门罩投加点；b. 窑尾高温段，包括分解炉、窑尾烟室和上升烟道投加点；c. 生料配料系统（生料磨）。

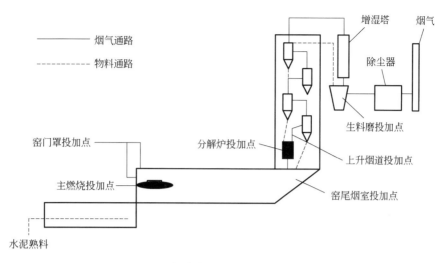

图 4-8　危险废物在水泥窑中投加位置

危险废物水泥窑协同处置最简单易行的方式是把危险废物替代水泥原料，与石灰石混合一起进入预分解系统。危险废物中含有高含量的二噁英，在水泥窑中固相温度可以达到 1450℃，气相温度可以达到 1750℃，单纯从温度角度考虑，破除二噁英没有任何问题。图 4-9 给出了一个典型的四级悬浮预热器的温度分布，在悬浮预热器系统中，生料的停留时间为 25s 左右。从图 4-9 中可见，第二级预热器的温度已经达到 736℃，二噁英的沸点为 446.5℃，而二噁英的分解温度在 800℃以上，如果将危险废物直接从生料磨投加，当危险废物进入预热器系统后，还没有到达回转窑高温段，其表面吸附的二噁英已经基本挥发完全，从而进入烟气排放。

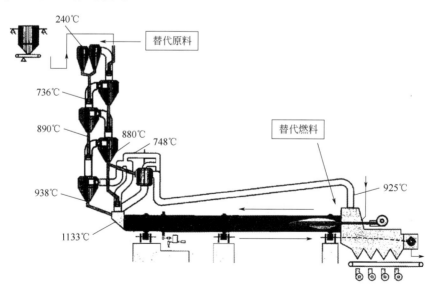

图 4-9　回转窑悬浮预热器的温度分布

水泥窑的特点是高温烟气与物料移动方向相反，高温烟气流向为窑头到窑尾，物料移动方向则相反。一方面，危险废物既含二噁英同时富含重金属，如果考虑固定重金属，则危险废物宜从窑尾加入，这样危险废物在水泥窑中将停留 30min 以上，在随物料缓慢移动过程中，重金属与物料进行硅酸盐化反应，从而得到固化；另一方面，如果考虑破除二噁英，高温是最有效的方法，而水泥窑的高温区域在窑头，因此危险废物宜从窑头加入，这样在 1450℃的高温下，二噁英在很短时间内就可以彻底破除；然而从破除二噁英角度考虑的进料位置、移动方向同从固定重金属角度考虑的进料位置、移动方向恰好相反，因此，要想同时破除二噁英并且固定重金属，那么单纯地从预分解窑和窑头进料都是不合适的，比较合适的进料点为悬浮预热器下端的窑尾烟室。

窑尾烟室温度较高，从图 4-9 中可以看出，该点的温度已经达到 1133℃，在该温度下危险废物中二噁英可以被破除。气相停留时间相对较长，物料停留时间也长，危险废物中重金属可以与硅酸盐化合物充分反应，预分解炉燃烧工况不易受影响，物料适应性广。

4.3.2　重金属的固定及流向

传统水泥工业使用的矿物原料和燃料中仅含有痕量的重金属元素，因此水泥产品及污染物排放气体中的重金属主要来自替代原/燃料。污泥中含有的重金属进入水泥窑后有三种出路：一是随烟尘排放；二是进入熟料中；三是随窑灰带出后又回到生产线重新利用，最终仍进入熟料中。后两种出路中的重金属元素因熟料矿物结构的固化作用基本没有危害。

而第一种出路中随烟尘排放的重金属含量则需要根据实际情况进行具体分析。在水泥窑高温环境下，进入烟尘中的重金属元素有多少取决于该元素在水泥窑中的挥发性（亦即该元素在熟料生成过程中的状态特性）。常见的重金属元素按照其主要单质及化合物在窑系统内的挥发性，可分为高温挥发性重金属和低温挥发性重金属。

高温挥发性重金属如铬（沸点 2672℃）、镍（沸点 2732℃）、铜（沸点 2595℃）、锰（沸点 1900℃）等，在煅烧过程中经高温化学反应矿化在水泥熟料晶体结构中，以不容易迁移及极低溶出速率的稳定矿物形式存在于水泥产品中，实现了此类重金属的均化稀释和水泥矿化稳定，极少在系统内沉积或随烟气排放。

低温挥发性重金属如汞，汽化温度 356.9℃，在预热器系统内不能冷凝分离出来而随着废气带出，进入生料磨及收尘器，其大部分被收尘器内的粉尘吸附。若此粉尘再次进入烧成系统就会形成外循环，所以首先要控制汞含量过高的替代原/燃料进厂，其次可以将不同汞含量的替代原/燃料搭配使用，再次是可利用此粉尘做水泥混合材料，打破外循环，确保低温挥发性重金属的达标排放。

4.3.3　有毒有机污染物的焚毁

利用水泥窑处置含有有毒有害物质的有机废物时，由于在窑内高温中停留的时间长，废物中有机物将发生彻底分解，一般焚毁去除率达到 99.99%以上。在窑稳定的状态下，二噁英和呋喃类排放物含量通常很低。在欧洲，水泥生产很少会成为二噁英和呋喃类排放物的主要来源。

二噁英的形成一般需要以下条件：

① 缺氧状态、不完全燃烧，尤其是 300～650℃之间低温不完全燃烧反应的存在；

② 有机氯化合物、有机苯环化合物的存在；

③ 催化剂的存在，主要是铜、镧等副族元素化合物。

以水泥窑处置有机物丰富的工业污泥为例，首先，废物从分解炉的稳定高温（<950℃）及燃烧条件优越的富氧区域喂入，停留时间大于 10s，保证了有毒有机物在分解炉内迅速被高温焚毁；其次，水泥窑热容量大、氧气含量水平高等特征抑制了窑系统出现不完全燃烧反应；再次，进入水泥窑中的氯离子经焚烧后绝大部分以无机化合物形式存在，并最终被熔融固化在水泥熟料中；第四，进入水泥窑中的重金属绝大部分均以矿物形式存在，使得二噁英的形成缺乏催化剂；第五，污泥被彻底焚毁并熔融固化在水泥熟料中后，经熟料冷却系统快速冷却，消除了二噁英类物质再次形成的可能性；第六，污泥烘干温度低于 280℃，尚未达到二噁英及其前驱体形成所需的温度条件。

综上所述，水泥窑协同处置废物不具备二噁英等持久性有机污染物形成所需的环境条件，也不具备其形成所需的物质条件。国内外实践证明，水泥窑协同处置固体废物时，其二噁英排放浓度远低于排放标准。2002 年 8 月中国科学院生态环境研究中心对北京水泥厂在水泥回转窑中处理危险废物前后，其窑尾布袋除尘器出口烟道排放的废气中的二噁英进行了现场采样和监测。结果表明，水泥回转窑处理焚烧危险废物时烟气中排放的二噁英类浓度并没有显著差异，远低于《水泥窑协同处置固体废物污染控制标准》(GB 30485—2013) 规定的排放限值，即 0.1ng TEQ/m³。

4.4　水泥窑协同处置系统组成

4.4.1　相关标准规范要求

近年来，国家出台了一系列政策及标准来规范水泥窑协同处置，具体见表 4-11。

表 4-11　水泥窑协同处置相关政策或标准

发布时间	政策或标准	内容
2010.11	《水泥窑协同处置工业废物设计规范》	对工业废物的处置规模、技术与装备要求，工业废物的主要类别及品质要求，总平面布置，工业废物的接受、运输与贮存，工业废物预处理系统，水泥窑协同处置工业废物的接口设计，环境保护，劳动安全与职业卫生等方面作出要求规范
2013.12	《水泥窑协同处置固体废物污染控制标准》	规定了协同处置固体废物水泥窑的设施技术要求、入窑废物特性要求、运行技术要求、污染物排放限值、生产的水泥产品污染物控制要求、监测和监督管理要求
2013.12	《水泥工业大气污染物排放标准》	提及水泥窑协同处置危险废物的大气污染物排放限值
2013.12	《水泥窑协同处置固体废物环境保护技术规范》	在协同处置设施技术、废物特性、协同处置运行操作技术、协同处置末端污染控制、协同处置设施性能测试（试烧）、特殊废物协同处置技术等方面做出了要求

续表

发布时间	政策或标准	内容
2014.5	《关于促进生产过程协同资源化处理城市及产业废弃物工作的意见》	对水泥窑协同处置的现状、意义、指导思想、基本原则和目标进行了详细介绍；对重点领域和之后的工作重点进行了详细描述
2015.5	《关于开展水泥窑协同处置生活垃圾试点工作的通知》	工业和信息化部、住房城乡建设部、发展改革委、科技部、财政部、环境保护部联合开展水泥窑协同处置生活垃圾试点及评估工作，优化水泥窑协同处置技术；加强工艺装备研发与产业化；健全标准体系；完善政策机制；强化项目评估
2015.12	《关于印发水泥窑协同处置生活垃圾试点企业名单的通知》	确定安徽铜陵海螺水泥有限公司、贵定海螺盘江水泥有限责任公司、遵义欣垃圾处理有限公司/遵义三岔拉法基瑞安水泥有限公司、华新环境工程有限公司、华新环境工程（株洲）有限公司、溧阳中材环保有限公司6家企业为水泥窑协后处置生活垃圾试点
2016.1	《关于国家出台具体政策支持利用水泥窑协同处置生活垃圾的建议》	同意协同处置通过工业电价优惠等政策给予补贴
2016.12	《水泥窑协同处置固体废物污染防治技术政策》	规定协同处置固体废物应利用现有新型干法水泥窑，并采用窑磨一体化运行方式。处置固体废物应采用单线设计熟料生产规模2000t/d及以上的水泥窑。 在该技术政策发布之后新建、改建或扩建处置危险废物的水泥企业，应选单线设计熟料生产规模4000t/d及以上水泥窑；新建、改建或扩建处置其他固体废物的水泥企业，应选择单线设计熟料生产规模3000t/d及以上水泥窑
2017.6	《水泥窑协同处置危废经营许可证审查指南（试行）》	对水泥窑协同处置危废的适用范围、术语定义、经营模式及技术规范等方面进行了详细规定

（1）《水泥窑协同处置固体废物环境保护技术规范》（HJ 662—2013）

① 预处理是指为了满足水泥窑协同处置要求，对废物进行干燥、破碎、筛分、中和、搅拌、混合、配伍等前处理的过程。

② 应根据入厂固体废物特性和对入窑固体废物的要求，按照固体废物协同处置方案，对固体废物进行破碎、筛分、分选、中和、沉淀、干燥、配伍、混合、搅拌、均质等预处理。

③ 预处理后的固体废物应该具备以下特性：a. 入窑固体废物应具有稳定的化学组成和物理特性，其化学组成、理化性质等不应对水泥生产过程和水泥产品质量产生不利影响；b. 入窑固体废物中的氯、氟含量不应对水泥生产过程和水泥产品质量产生不利影响；c. 理化性质均匀，保证水泥窑运行工况的连续稳定；d. 满足协同处置水泥企业已有设施进行输送、投加的要求。

④ 应采取措施，保证预处理操作区域的环境质量满足 GBZ 2 的要求。

⑤ 及时更换预处理区域内的过期消防器材和消防材料，以保证消防器材和消防材料的有效性。

⑥ 预处理区域应设置足够的砂土或碎木屑，以用于吸纳泄漏后向外溢出的液态废物。

⑦ 危险废物预处理产生的各种废物均应作为危险废物进行管理和处置。

⑧ 固体废物的破碎、研磨、混合搅拌等预处理设施应有较好的密封性并保证与操作人员隔离；含挥发性和半挥发性有毒有害成分的固体废物预处理设施应布置在车间内，车间内应设置通风换气装置，排出的气体应通过处理后排放或导入水泥窑高温区焚烧。

⑨ 预处理设施所用材料需适应固体废物特性以确保不被腐蚀，且不与固体废物发生任何反应。

⑩ 预处理设施应符合 GB 50016 等相关消防规范的要求。区域内应配备防火防爆装置，灭火用水储量＞50m³；配备防爆通信设备并保持畅通完好。为防止发生火灾、爆炸等事故，对易燃性固体废物进行预处理的破碎仓和混合搅拌仓，应优先配置氮气充入装置。

⑪ 危险废物预处理区域及附近应配备紧急人体清洗冲淋设施，并标明用途。

⑫ 应根据固体废物特性及入窑要求，确定预处理工艺流程和预处理设施：a. 从配料系统入窑的固体废物，其预处理设施应具有破碎和配料功能，也可根据需要配备烘干等装置；b. 从窑尾入窑的固体废物，其预处理设施应具有破碎和混合搅拌的功能，也可根据需要配备分选和筛分等装置；c. 从窑头入窑的固体废物，其预处理设施应具有破碎、分选和精筛的功能；d. 液体废物，其预处理设施应具有混合搅拌功能，若液体废物中有较大的颗粒物，也可根据需要在混合搅拌系统内配加研磨装置，或根据需要配备沉淀、中和、过滤等装置；e. 半固体（浆状）废物，其预处理设施应具有混合搅拌的功能，也可根据需要配备破碎、筛分、分选、高速研磨等装置。

（2）《水泥窑协同处置固体废物污染控制标准》（GB 30485—2013）

固体废物的协同处置应确保不会对水泥生产和污染控制产生不利影响。如果无法满足这一要求，应根据所需要协同处置固体废物的特性设置必要的预处理对其进行预处理；如果经过预处理后仍然无法满足这一要求，则不应在水泥窑中处置这类废物。

（3）《水泥窑协同处置固体废物技术规范》（GB 30760—2014）

为适应水泥窑处置的要求，可在生产处置厂区内对固体废物进行预处理，包括化学处理（如酸碱中和）、物理处理（如分选、水洗、破碎、粉磨、烘干等）。预处理过程要有防扬尘、防异味发散、防泄漏等技术措施。对于有挥发性或化工恶臭的固体废物，应在密闭或负压下进行预处理。预处理过程产生的废渣、废气和废液，应根据各自的性质，按照国家相关标准和文件进行处理后达标排放。

（4）《水泥窑协同处置固体废物污染防治技术政策》（环境保护部公告 2016 年第 72 号）

根据协同处置固体废物特性及入窑要求，合理确定预处理工艺。鼓励污水处理厂进行污泥干化，干化后污泥宜满足直接入窑处置的要求。水泥厂内进行污泥干化时，宜单独设置污泥干化系统，干化热源宜利用水泥窑废气余热。原生生活垃圾不可直接入水泥窑，必须进行预处理后入窑。生活垃圾在预处理过程中严禁混入危险废物。

（5）《水泥窑协同处置危险废物经营许可证审查指南（试行）》（环境保护部公告 2017 年第 22 号）

① 针对直接投入水泥窑进行协同处置会对水泥生产和污染控制产生不利影响的危险

废物，危险废物预处理中心和采用集中经营模式的协同处置单位应根据其特性和入窑要求设置危险废物预处理设施。

② 危险废物的预处理设施应布置在室内车间。

③ 含挥发性或半挥发性成分的危险废物的预处理车间应具有较好的密闭性，车间内应设置通风换气装置并采用微负压抽气设计，排出的废气应导入水泥窑高温区，如篦冷机的靠近窑头端（采用窑门罩抽气作为窑头余热发电热源的水泥窑除外）或分解炉三次风入口处，或经过其他气体净化装置处理后达标排放。采用导入水泥窑高温区的方式处理废气的预处理车间，还应同时配置其他气体净化装置，以备在水泥窑停窑期间使用。采用独立排气筒的预处理设施（如烘干机、预烧炉等）排放废气应经过气体净化装置处理后达标排放。

④ 对固体危险废物进行破碎和研磨预处理的车间，应配备除尘装置和与之配套的除尘灰处置系统。液态危险废物预处理车间应设置堵截泄漏的裙脚和泄漏液体收集装置。

4.4.2 预处理工艺

（1）预处理方案选择

预处理方案选择通常根据以下原则：

① 现有水泥窑的特点。根据现有水泥窑的厂区布置、预处理车间与投料点的距离、水泥窑的工艺类型等选择预处理车间的位置和投料点。

② 拟处置危险废物的理化特性。根据拟处置危险废物的物理和化学特性，选择预处理工艺和附属设施，例如危险废物如果为液态、生料配料、固态、半固态、剧毒品等，则预处理工艺均不相同，除臭、防爆、输送、上料等也不相同。

③ 不同物理特性危险废物的处置量，根据不同物理特性危险废物的年处置量，计算配置相应型号的设备。

（2）危险废物常用的预处理工艺

危险废物常用的预处理工艺有以下几种。

① 归类：对于固态的焚烧物料，通常需要进行分选归类，将相同的大类进入一个预处理工艺，如包装袋、包装箱、铁桶等。

② 剔除：剔除不宜焚烧、不易破碎的危险废物，如含大量重金属的化合物，含有硝化甘油、硝基苯之类易爆炸的有机物，含有大铁块的危险废物等。

③ 沉淀：针对一些化学试剂可先采用加入沉淀剂的方法使其沉淀，然后进入处置工艺，这样可以减小体积，增加燃烧值，降低对设备的腐蚀，延长设备使用寿命。

④ 混配：混配一般都是用来预处理有机溶剂的。有机溶剂之间的反应常伴有发热、冒气、形成结晶体等反应，为了不堵塞进窑的管道，降低有机溶剂处置的风险，在进窑之前的有机溶剂必须是混配完毕的。

⑤ 烘干：对于一些含水量高的危险废物，如有机污泥、漆渣等，在进入贮料坑之前或焚烧处置之前有时需要烘干，避免大量的液体进入贮料坑产生二次污染，或者进入焚烧装置降低热值。

⑥ 破碎：对于一些大块的物料，如包装物、大块漆渣等，为保证焚烧完全，必须先做

破碎处理，这样有助于增大燃烧面积，提高燃烧效率。

⑦ 固化：固化是危险废物填埋预处理中最常用、最重要的一种技术。固化技术是通过物理或化学的方法，在有害物质中加入惰性、稳定的物质，降低有害物质的流动性和浸出性，使之具有足够的机械强度，满足填埋或再生利用的过程。常用的固化方法有水泥固化、石灰固化、药剂稳定固化等。

⑧ 筛分：夹杂有较大粒径的危险废物，需要过筛，筛除夹杂的物料。破碎之后的危险废物，如果还不满足入窑的要求还需要筛分，将未达到入炉粒径的大块物质筛出来，再次破碎。

焚烧车间产生的残渣一般由飞灰及底渣组成，含有金属及难降解的有机化合物，是重要的潜在污染源。所以，固化焚烧炉渣之前必须先过筛，筛去其中难降解的物质，再加入一定比例的水泥使其固化，从而满足再利用或填埋的要求。

⑨ 中和：进行焚烧处置的危险废物，pH 值一般都要控制在 4~9 之间，pH 值太大或太小都会造成设备腐蚀。因此，对于酸性或碱性的固体废物，应根据其酸碱特性，对其进行中和预处理，以达到调整 pH 值的目的。

⑩ 压缩减容：对进入填埋坑的危险废物一定要压缩减容，尽可能节约容量，增大填埋坑的处理量，降低填埋处理成本。

⑪ 氧化还原技术：氧化还原技术主要用来降低或解除危险废物的毒性，使之成为环境的中性物质，减弱渗出液的毒性，增加填埋的安全性。如对剧毒重金属 Hg 和 Hg 的化合物，加入硫黄和硫化钠可以降低其挥发毒性。

⑫ 分层：常用于乳化液的预处理。乳化液和油密度不同，会有比较明显的分层现象，可以将油和乳化液分离。

（3）水泥窑协同处置常用的预处理工艺

水泥窑协同处置危险废物，一般分为 6 套预处理工艺，分述如下。

1) 废液类危险废物

废液预处理的主要设施为带有搅拌机的废酸液储罐、废碱液储罐、废有机液储罐和 2 个备用的应急储罐，并设置有用于中和调质的酸、碱、絮凝剂、助凝剂等添加装置。根据贮存废物的物性分别向液态废物调质反应池内添加调和液，在确保没有不良反应及其他废物产生的情况下，进行废液之间的相互混合，保证处理后的废液酸碱度、热值等与水泥窑焚烧工况相适应。调质后的废液从废物调质反应池出来进入过滤装置，经过滤后由压缩空气输送泵喷枪雾化废液射入水泥生产线窑头、窑尾进行焚烧处置。过滤渣送至半固态处置系统。

废液预处理工艺流程如图 4-10 所示。

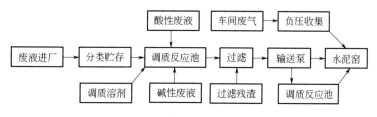

图 4-10 废液预处理工艺流程

也可根据废液的毒性成分和酸碱度，分别使用耐酸碱泵将废液喷至窑头，焚烧处理。工艺描述如下：

① 液态危险废物来料后先进入系统除杂器，该除杂器设置有过滤筛网，废液通过筛网实现除杂功能后由气动隔膜泵往储罐输送。

② 储罐中的物料通过隔膜泵送入水泥窑，经过废液喷枪雾化后进入水泥窑头完成处置。每个储罐都设置液位观察装置和单向排气口，所排出的气体均收集至系统除臭系统处理，实现系统的零排放。每个储液罐设置有专门的反冲洗装置，可在 PLC 自动控制状态下定期进行循环冲洗，防止罐底出现沉淀；本系统在运行过程中不产生废液，系统泄漏及场地冲洗废水通过集液池收集，收集的废液除杂后通过排污泵返回废液罐。

③ 如液态危险废物不需要进行预处理，系统设计了从废液装载容器直接泵送入窑处置系统。这样使该系统更加灵活，可以有效降低生产成本和运行费用。

2）低水分可燃危险废物

低水分可燃危险废物包括废包装物、废药品、群众主动缴纳的废化学品等。由于其含水率较低，经破碎后在分解炉或窑尾烟室高温带直接进行焚烧解毒处理。

低水分可燃危险废物预处理工艺流程如图 4-11 所示。

图 4-11　低水分可燃危险废物预处理工艺流程

3）固态可燃危险废物

固态可燃危险废物包括医药废物、废药品、农药废物、木材防腐废物、精馏残渣、印染废物、有机树脂类废物等各种有机固态废物。此类废物经粉碎后，在分解炉或窑尾烟室高温带直接进行焚烧处理。

固态可燃危险废物预处理工艺流程如图 4-12 所示。

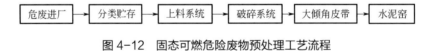

图 4-12　固态可燃危险废物预处理工艺流程

4）半固态可燃危险废物

这类危险废物物理特性表现为泥状、膏状等，黏度差异较大。一般多采用 SMP 系统进行预处理。SMP 系统即废物破碎（shredding）、混合（mixing）和泵送（pumping）过程的英文首字母缩写。SMP 系统结构示意如图 4-13 所示。

半固态可燃危险废物采用 SMP 系统，根据半固态危险废物的物理性状、输送性能、水分含量及处理规模的不同，选择不同的设备，在预处理中心进行破碎、调质、混合后，泵送至水泥窑分解炉进行焚烧处理。

半固态可燃危险废物预处理工艺流程如图 4-14 所示。

半固态可燃危险废物通过提升机或抓斗送至破碎机，经破碎后，进入混合器进行混合搅拌，以调整其均匀性。搅拌后的物料经过泵送装置泵送至水泥生产线分解炉进行高温焚烧处理。

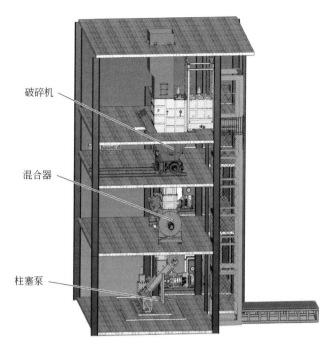

破碎机

混合器

柱塞泵

图 4-13　SMP 系统结构示意

图 4-14　半固态可燃危险废物预处理工艺流程

SMP 工艺描述：

① 未经破碎和预处理的固态、半固态以及带有包装物的危险废物运输至本系统卸料坑内暂存。

② 暂存的物料通过设置在料坑上部的液压抓斗抓取后提升至本系统防爆密封仓上部的物料接收料斗内。接收料斗下部为防爆密封仓上部的闸板阀，密封仓室的空间用于待破碎物料的临时存储，密封仓下部同样设置了一套闸板阀，在物料进料时，密封仓上下两套闸板阀通过交替动作实现待破碎物料与外界的隔离，并通过向封闭的密封仓内通入高纯 N_2 作为防爆保护气体。系统工作时，防爆密封仓下部的闸板阀处于关闭状态，密封仓上部的闸板阀开启后，物料进入密封仓，进料完毕后闸板阀关闭，在密封仓内 O_2 含量低于设定数值后下部液压滑动闸板阀打开，物料在重力作用下落入双轴回转式剪切破碎机的料斗内，此时密封仓下部闸板阀关闭。破碎机料斗内氧含量符合要求时，破碎机开始运行，对料斗内的物料进行破碎，此时破碎机下方的闸板阀开启。为防止物料发生架桥、堵塞等情况造成的下料不畅，在破碎机入料口处设置有辅助进料装置，确保物料顺利进入破碎机进行破碎。破碎机料斗内的物料破碎完毕后，破碎机停止工作，此时位于其下方的闸板阀关闭。

③ 经过破碎机子系统破碎的物料通过自由落体进入单轴连续混合器进行连续的混合均质，混合器设置了废液和半固态物料的入料法兰，物料经充分混合后，经混合器内部出

料堰板卸料进入泵送子系统的螺旋给料装置内，并输送至液压驱动单活塞泵的料斗内。混合器设置完善的 O_2 含量在线监测、防爆 N_2 充入、防爆阀装置，以及可靠的称重传感器、过载保护等防护措施，确保系统稳定运行。

④ 液压驱动单活塞泵的出口设置了液压驱动闸板阀，通过液压驱动闸板阀的开启和关闭，配合泵输送缸的往复运动，实现对复杂物料的输送。

⑤ 在物料输送管道末端设置有固体废物喷枪，可将物料充分打散后焚烧，大幅度提高焚烧处置效率，尽可能减少对窑炉工艺的影响。

5）非挥发性生料配料类危险废物

非挥发性生料配料类危险废物经运输车运入厂区，卸入非挥发性危险废物专用贮存库内，通过卸料斗和计量设备后，经输送机送入原料磨，与其他生料一起配料粉磨，然后送入生料贮存库内贮存。

非挥发性生料配料类危险废物预处理工艺流程如图 4-15 所示。

图 4-15 非挥发性生料配料类危险废物预处理工艺流程

为满足贮存及工艺要求，又不对水泥生产产生明显不利影响，入磨处置的非挥发性固废含水率需低于 40%，必要时需要单独配置破碎或粉碎装置。

6）飞灰类危险废物

垃圾焚烧发电厂产生的飞灰（HW772-002-18）和危险废物焚烧厂产生的飞灰（HW772-003-18），在含氯量合适的情况下，可以直接进入水泥窑窑头焚烧处置。计算合适的氯含量，在投加量少的情况下，不会对水泥生产线和熟料质量造成明显影响。

飞灰类危险废物预处理工艺流程如图 4-16 所示。

图 4-16 飞灰类危险废物预处理工艺流程

飞灰类危险废物经专用运输车运入厂区，泵入专用贮存仓内，计量后经喷射进入窑头焚烧。该工艺要求飞灰类危险废物的含水率在 5% 以下方可正常运行。

4.4.3 投加位置和要求

危险废物投加时应保证窑系统工况的稳定。废物在投加过程还应保持窑系统密闭，防止废物泄漏、飘散、气体逸出、向窑内漏风。

① 危险投加应满足如下要求：a. 能实现自动进料，并配置计量装置实现定量投料；b. 投加口应保持密闭，具有防回火功能；c. 保持进料畅通，防止固废搭桥堵塞；d. 具有自动联机停机功能和在线监测系统。

② 固废投加点应从以下 3 处选择：a. 窑头高温区，包括主燃烧器和窑门罩投加点；b. 窑尾高温区，包括分解炉、窑尾烟室和上升烟道投加点；c. 生料配料系统（生料磨）。

③ 不同投加点满足以下要求：a. 生料磨投加点可借用常规生料投加设施；b. 主燃烧器投加点应采用多通道燃烧器，并配备泵力或气力输送装置，窑门罩投加设施应配备泵力输送装置，并在窑门罩的适当位置开设投料口；c. 窑尾投加设施应配备泵力、气力或机械传输装置，并在窑尾烟室、上升烟道后分解炉的适当位置开设投料口；d. 可对分解炉燃烧器的气固通道进行适当改造，使之适合液态或小颗粒状废物的输送和投加。

新型干法窑的煅烧过程物料和烟气流向相反。物料流向：生料磨→预热器→分解炉→回转窑→冷却机；烟气流向：回转窑→分解炉→预热器→增湿塔→生料磨→除尘器→烟囱。

悬浮预热器内：物料温度 100~750℃，停留时间 50s 左右；气体温度 350~850℃，停留时间 10s 左右。分解炉内：物料温度 750~900℃，停留时间 5s 左右；气体温度 850~1150℃，停留时间 3s 左右。回转窑窑内：物料温度 900~1450℃，停留时间 30min 左右；烟气温度 1150~2000℃，停留时间 10s 左右。

由于不同的投加位置具有不同的气固相温度分布，废物投入后的停留时间也不同，因此，依据废物的物理、化学特性以及不同投加点的气固相温度分布和停留时间，选择合适的废物投料位置，投加点位置见表 4-12。

表 4-12　不同投加点的情况一览表

投加点		特点	适合废物特性	投加方式
窑头高温段投加点	主燃烧器投加点	(1) 优势：温度最高，气相停留时间最长，废物喷入距离可调整。 (2) 劣势：物料停留时间短，火焰易受影响，对废物物理特性有较多限制	(1) 物理特性：液态废物；易于气力输送的粉状或小粒径废物。 (2) 化学特性：含 POPs 和高氯、高毒、难降解有机物质的废物；热值高、含水率低的有机废液	通过泵力输送投加的液态废物不应含有沉淀物；通过气力输送投加的粉状废物，从多通道燃烧器的不同通道喷入窑内，若废物灰分含量高，尽可能喷入窑内距离窑头更远的距离，尽量达到固相反应带，以保证喷入的废物与窑内物料有足够的反应时间
	窑门罩投加点	(1) 优势：温度最高，气相停留时间最长，火焰不易受影响。 (2) 劣势：废物喷入距离短，物料停留时间最短	(1) 物理特性：通常为液态废物；少数情况下也可投加固体废物。 (2) 化学特性：热值低、含水率高的有机废液和无机废液，尤其适合含 POPs 和高氯、高毒、难降解有机物的废液	投加固体废物时，可以采用特殊设计的投加设施，投加时应确保将固态废物投加至固相反应带，确保废物反应完全；投加的液态废物通过泵力输送至窑门罩喷入窑内
窑尾高温段投加点	窑尾烟室投加点	(1) 优势：温度较高，气相停留时间较长，物料停留时间长，分解炉燃烧工况不易影响，物料适应性广。 (2) 劣势：温度和气相停留时间均大大低于窑头高温区，窑尾温度易受影响且不易调节	(1) 物理特性：各种物态废物，包括液态、粉状、浆状、小颗粒状、大块状。 (2) 化学特性：含水率高或块状废物应优先从窑尾烟室投加；含 POPs 和高氯、高毒、难降解有机物质的废物因受物理特性限制不便从窑头投加时可从该处投加	投加的液态、浆状废物通过泵力输送，粉状废物通过密闭的机械传送带或气力输送，大块状废物通过机械传送带输送

投加点		特点	适合废物特性	投加方式
窑尾高温段投加点	分解炉和上升管道投加点	（1）优势：温度较高，气相停留时间较长，物料停留时间长，有利于控制温度波动（通过调整常规燃料添加量）。 （2）劣势：温度和气相停留时间均大大低于窑头，气流、压力和分解炉燃烧工况易受影响	（1）物理特性：粒径较小的固体废物。 （2）化学特性：与窑尾烟室类似，但为了避免影响分解炉内气流、压力和燃烧工况，含水率高的废物尽量不从此处投加	投加的液态、浆状废物通过泵力输送，粉状废物通过密闭的机械传送带或气力输送，大块状废物通过机械传送带输送
生料磨投加点		（1）优势：物料停留时间最长，投料易于操作、装置简单。 （2）劣势：温度最低，气相停留时间最短，有害成分和元素易挥发进入大气	（1）物料特性：固态废物，粒径适应性广，块状粉状均可。 （2）化学特性：不含有机物和挥发性半挥发性重金属的固态废物	采用与输送和投加常规生料相同的设施和方法

注：POPs为持久性有机污染物。

4.4.4　水泥窑协同处置过程

废物在进入水泥窑内后，主要发生以下过程：

① 利用窑内高温（高达1600℃）对危险废物中的有机有害物质进行焚毁。

② 绝大部分重金属元素可以固化在水泥熟料中，易挥发重金属化合物在窑系统内循环条件下可以达到饱和，从而抑制了这些重金属的继续挥发。重金属通过固相反应或液相烧结形成熟料矿物相或者进入熟料矿物晶格内，从而达到了很好的固化效果。

③ 水泥窑中的碱性环境吸收焚烧气体中大量的SO_2、HCl、HF等酸性气体。

经过长时间的高温无害化处理后，无机成分进入水泥熟料中，废气经过水泥窑原配的除尘器进行处理后排放。

利用水泥窑焚烧危险废物时的技术参数及废物处置要求见表4-13。

表4-13　主要技术参数表及废物处置要求

序号	项目	水泥窑	传统焚烧炉	标准[1]
1	二次燃烧室温度/℃	1600（窑内温度）	1200	≥1100
2	二燃室烟气停留时间	从窑尾到窑头时间大于30min，高于1300℃时间大于4s	>2s	≥2s
3	焚毁去除率/%	≥99.9999	≥99.99	≥99.99

[1] 《危险废物焚烧污染控制标准》（GB 18484—2020）。

4.5　水泥窑协同处置工艺设计

水泥窑协同处置危险废物工艺流程如图4-17所示。

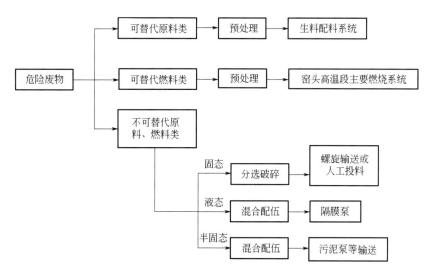

图 4-17　水泥窑协同处置危险废物工艺流程

4.5.1　设计原则

① 水泥窑协同处置危险废物，应依据现行国家标准《危险废物鉴别标准》（GB 5085）对拟处置危险废物的易燃性、腐蚀性、反应性、生理毒性等进行鉴别，并依据危险废物的危险特性、服务范围内的危险废物的可焚烧量、分布情况、发展规划以及变化趋势等确定相应的预处理工艺及处理规模。

制约水泥窑协同处置危险废物的主要因素有：a. 危险废物的发热量水平对替代燃料应用的制约；b. 危险废物处置过程中生成的有害物质量和处置要求对水泥生产过程的影响；c. 危险废物处置过程中新引入的有害元素含量对水泥窑生产的干扰程度；d. 水泥生产企业自身的技术水平的制约；e. 利用危险废物替代原燃料后的用户及居民对处置过程及影响的认同程度。

和常规的燃料相比，危险废物作为替代燃料的热值相对要低得多，而一般每千克的有效燃烧热对应的烟气量要比常规的燃料大一些，这样导致在处置利用这些替代燃料时，系统的实际热耗和形成的烟气量增加一些，因此利用危险废物替代燃料必须充分考虑燃料的替代率对生产工艺过程的影响，并通过分析比较，确定恰当的处置比例。

废物中的硫、氯、碱含量也对水泥厂利用水泥窑协同处置危险废物有较大的影响。处置危险废物不可能成为水泥企业的主要生产任务，也不是企业的主要利润来源，因此处置利用危险废物替代燃料必须以不影响水泥的正常生产过程为前提。危险废物替代燃料的处置量往往较大，其处置过程就必然要求对水泥厂的原料、燃料品质及配料方案进行调整。通常对有害的硫、氯、碱含量，水泥行业的控制标准为：折合至入窑生料其硫碱元素的当量比应控制在 0.6～1.0，Cl 元素则控制在 0.03% 以下。

② 现有水泥生产线协同处置危险废物，应依据现有生产线的具体条件选择预处理及焚烧工艺，调整现有生产线和危险废物处置工艺之间的衔接。

③ 水泥窑协同处置危险废物宜在 2000t/d 及以上的大中型新型干法水泥生产线上进行。

4.5.2 项目选址要求

4.5.2.1 位置要求

（1）《水泥窑协同处置工业废物设计规范》（GB 50634—2010）

水泥窑协同处置工业的厂址选择应该满足以下条件：

① 新建水泥窑协同处置工业废物的生产线，厂址的选择及工业废物预处理车间的布局应符合本地区工业布局和建设发展规划的要求，并应按国家有关法律、法规及前期工作的规定进行。

② 现有水泥生产线进行协同处置工业废物的技术改造工程，预处理车间的选址应根据交通运输、供电、供水、供热、工程地质、企业协作、场地现有设施、工业废物来源及贮存、协同处置衔接、预处理的环境保护等条件进行技术比较后确定。

③ 厂址选择应符合城乡总体发展规划和环境保护专业规划，并应符合当地的大气污染防治、水资源保护和自然生态保护要求，同时应通过环境影响评价和环境风险评价。

④ 厂址条件应符合下列要求：厂址选择应符合现行国家标准《地表水环境质量标准》（GB 3838—2002）和《环境空气质量标准》（GB 3095—2012）的有关规定，处置危险废物的工厂选址还应符合国家标准《危险废物焚烧污染控制标准》（GB 18484—2020）的有关规定。

Ⅰ．厂址应具备满足工程建设要求的工程地质条件和水文地质条件，不应建在受洪水、潮水或内涝威胁的地区，应设置抵御 100 年一遇洪水的防洪、排涝设施。

Ⅱ．水泥窑协同处置危险废物预处理车间与主要居民区以及学校、医院等公共设施的距离不应小于 800m。

Ⅲ．有异味产生的预处理车间应避开环境保护敏感区，烟囱高度的设置应符合现行国家标准《恶臭污染物排放标准》（GB 14554—93）的有关规定。

Ⅳ．水泥窑协同处置工业废物应保证预处理车间达到双路电力供应。

Ⅴ．水泥窑协同处置工业废物生产线应有供水水源和污水处理及排放系统，必要时应建设独立的污水处理及排放系统。

（2）《水泥窑协同处置固体废物环境保护技术规范》（HJ 662—2013）

用于协同处置固体废物的水泥生产设施所在位置应该满足以下条件：

① 符合城市总体发展规划、城市工业发展规划要求。

② 所在区域无洪水、潮水或内涝威胁，设施所在标高应位于重现期不小于百年一遇的洪水位之上，并建设在现有和各类规划中的水库等人工蓄水设施的淹没区和保护区之外。

③ 协同处置危险废物的设施，经当地环境保护行政主管部门批准的环境影响评价结论确认与居民区、商业区、学校、医院等环境敏感区的距离满足环境保护的需要。

④ 协同处置危险废物的，其运输路线应不经过居民区、商业区、学校、医院等环境敏感区。

（3）《水泥窑协同处置固体废物污染控制标准》（GB 30485—2013）

用于协同处置固体废物的水泥窑所处位置应满足以下条件：

① 符合城市总体发展规划、城市工业发展规划要求。

② 所在区域无洪水、潮水或内涝威胁，设施所在标高应位于重现期不小于 100 年一遇的洪水位之上，并建设在现有和各类规划中的水库等人工蓄水设施的淹没区和保护区之外。

（4）《水泥窑协同处置固体废物技术规范》（GB 30760—2014）

水泥窑协同处置固体废物设施所处场地应满足 GB 30485—2013 和 HJ 662—2013 的要求。

（5）《水泥窑协同处置危险废物经营许可证审查指南（试行）》（环境保护部公告 2017 年第 22 号）

① 协同处置危险废物的水泥生产企业所处位置应当符合城乡总体发展规划、城市工业发展规划的要求。

② 水泥窑协同处置危险废物项目应当符合国家和地方产业政策、危险废物污染防治技术政策、危险废物污染防治规划的相关要求，应与地方现有及拟建危险废物处置项目统筹规划。

③ 水泥窑协同处置危险废物项目应提供环境影响评价文件及其批复复印件等项目审批手续相关文件。

④ 危险废物预处理中心和水泥生产企业所在区域无洪水、潮水或内涝威胁，设施所在标高应位于重现期不小于 100 年一遇的洪水位之上，并建设在现有和各类规划中的水库等人工蓄水设施的淹没区和保护区之外。

4.5.2.2　熟料生产能力

（1）《水泥窑协同处置工业废物设计规范》（GB 50634—2010）

水泥窑协同处置工业废物宜在 2000t/d 及以上的新型干法水泥熟料生产线上进行。

（2）《水泥窑协同处置固体废物环境保护技术规范》（HJ 662—2013）

满足以下条件的水泥窑可用于协同处置固体废物：

① 窑型为新型干法水泥窑；

② 单线设计熟料生产规模不小于 2000t/d。

（3）《水泥窑协同处置固体废物污染控制标准》（GB 30485—2013）

用于协同处置固体废物的水泥窑应满足：单线设计熟料生产规模不小于 2000t/d 的新型干法水泥窑。

（4）《水泥窑协同处置固体废物技术规范》（GB 30760—2014）

协同处置固体废物的水泥窑应是新型干法预分解窑，设计熟料生产规模大于 2000t/d。

（5）《水泥窑协同处置固体废物污染防治技术政策》（环境保护部公告 2016 年第 72 号）

处置固体废物应采用单线设计熟料生产规模 2000t/d 及以上的水泥窑。本技术政策发布之后新建、改建或扩建处置危险废物的水泥企业，应选择单线设计熟料生产规模 4000t/d 及以上的水泥窑；新建、改建或扩建处置其他固体废物的水泥企业，应选择单线设计熟料生产规模 3000t/d 及以上的水泥窑。

（6）《水泥窑协同处置危险废物经营许可证审查指南（试行）》（环境保护部公告 2017 年第 22 号）

协同处置危险废物的水泥窑应为设计熟料生产规模不小于 2000t/d 的新型干法水泥窑。

4.5.2.3 处置设施要求

（1）《水泥窑协同处置固体废物环境保护技术规范》（HJ 662—2013）

用于协同处置固体废物的水泥窑应具备以下功能。

① 采用窑磨一体机模式。

② 配备在线监测设备，保证运行工况的稳定。包括：窑头烟气温度、压力监测；窑表面温度监测；窑尾烟气温度、压力、O_2 浓度监测；分解炉或最低一级旋风筒出口烟气温度、压力、O_2 浓度监测；顶级旋风筒出口烟气温度、压力、O_2 和 CO 浓度监测。

③ 水泥窑及窑尾余热利用系统采用高效布袋除尘器作为烟气除尘设施，保证排放烟气中颗粒物浓度满足 GB 30485—2013 的要求。水泥窑及窑尾余热利用系统排气筒配备粉尘、NO_x、SO_2 浓度在线监测设备，连续监测装置需满足 HJ 76—2017 的要求，并与当地监控中心联网，保证污染物排放达标。

④ 配备窑灰返窑装置，将除尘器等烟气处理装置收集的窑灰返回送往生料入窑系统。

（2）《水泥窑协同处置固体废物污染控制标准》（GB 30485—2013）

① 采用窑磨一体机模式。

② 水泥窑及窑尾余热利用系统采用高效布袋除尘器作为烟气除尘设施。

③ 协同处置危险废物的水泥窑，按 HJ 662—2013 要求测定的焚毁去除率应不小于 99.9999%。

（3）《水泥窑协同处置固体废物技术规范》（GB 30760—2014）

协同处置固体废物的水泥窑应是新型干法预分解窑，生产过程控制采用现场总线或 DCS 或 PLC 控制系统、生料质量控制系统、生产管理信息分析系统；窑尾安装大气污染物连续监测装置。窑炉烟气排放采用高效除尘器除尘，除尘器的同步运转率为 100%。

（4）《水泥窑处置固体废物污染防治技术政策》（环境保护部公告 2016 年第 72 号）

协同处置固体废物应利用现有新型干法水泥窑，并采用窑磨一体化运行方式。

（5）《水泥窑协同处置危险废物经营许可证审查指南（试行）》（环境保护部公告 2017 年第 22 号）

窑尾烟气采用高效布袋（含电袋复合）除尘器作为除尘设施，水泥窑及窑尾余热利用系统窑尾排气筒（以下简称窑尾排气筒）配备满足《固定污染源烟气（SO_2、NO_x、颗粒物）排放连续监测系统技术要求及检测方法》（HJ 76—2017）要求，并安装与当地环境保护主管部门联网的颗粒物、氮氧化物（NO_x）和二氧化硫（SO_2）浓度在线监测设备。

4.5.2.4　排放要求

（1）《水泥窑协同处置固体废物环境保护技术规范》（HJ 662—2013）

对于改造利用原有设施协同处置固体废物的水泥窑，在改造之前原有设施应连续两年达到 GB 4915—2013 的要求。

（2）《水泥窑协同处置固体废物污染控制标准》（GB 30485—2013）

对于改造利用原有设施协同处置固体废物的水泥窑，在改造之前原有设施应连续两年达到 GB 4915—2013 的要求。

（3）《水泥窑协同处置固体废物污染防治技术政策》（环境保护部公告 2016 年第 72 号）

鼓励利用符合《水泥行业规范条件（2015 年本）》的水泥窑协同处置固体废物，拟改造前应符合 GB 30485—2013 的要求。

（4）《水泥窑协同处置危险废物经营许可证审查指南（试行）》（环境保护部公告 2017 年第 22 号）

对于改造利用原有设施协同处置危险废物的水泥窑，在改造之前原有设施的监督性监测结果应连续两年符合 GB 4915—2013 的要求，并且无其他环境违法行为。

4.5.2.5　注意事项

水泥窑协同处置危险废物项目建设前，应进行实地考察，在满足以上国家相关标准、规范的前提下，还应注意以下事项：

① 生产线有预留空间，可容纳暂存库、预处理车间及辅助设施。

② 周边没有拆迁纠纷。在实地考察时，还应该注意在水泥厂建设时，是否与周边居民、企业等存在拆迁纠纷，并提前与当地环保部门及环评机构沟通，就拟建的协同处置危险废物项目征求环评单位的初步意见，安全距离内是否有拆迁风险。

③ 地方政府的其他要求。项目前期考察阶段，应及时与当地政府主管部门沟通，就拟建的协同处置危险废物项目征求环境保护主管部门、工业生产主管部门等的意见，询问当地政府部门的其他要求，如水泥窑协同处置安全距离的要求、水泥窑熟料生产能力、环评批复条件以及运营必备条件等。

4.5.2.6　小结

作为协同处置危险废物的水泥窑，其选址的要求总结如下：

① 新建水泥窑协同处置危险废物的生产线，厂址选择应符合城乡总体发展规划、城市工业发展规划、环境保护专业规划，并应符合当地的大气污染防治、水资源保护和自然生态保护要求，具备满足工程建设要求的工程地质条件和水文地质条件；所在区域无洪水、潮水或内涝威胁。设施所在标高应位于重现期不小于 100 年一遇的洪水位之上，并建设在现有和各类规划中的水库等人工蓄水设施的淹没区和保护区之外。

② 协同处置危险废物的设施及运输路线，经当地环境保护行政主管部门批准的环境影响评价结论确认与居民区、商业区、学校、医院等环境敏感区的距离满足环境保护的需要。

③ 水泥窑协同处置危险废物应选择新型干法水泥窑，且单线设计熟料生产规模不小于2000t/d（最好不小于 4000t/d）。水泥窑工艺采用窑磨一体机模式，窑尾采用高效布袋除尘器作为烟气除尘设施并配备在线监测设备，在协同项目建设前应连续两年达到 GB 4915—2013 的要求，并且无其他环境违法行为。

④ 生产线有预留空间，可容纳暂存库、预处理车间及辅助设施。

⑤ 水泥厂建设时，环评范围内没有遗留拆迁问题。

⑥ 满足当地环境保护主管部门的其他要求。

4.5.3 工艺设计

水泥窑协同处置危险废物一般依托水泥厂现有化验室，对化验室进行升级，根据进厂的危险废弃物的检测结果和物理化学性质确定预处理及最终处理方案。

4.5.3.1 固态危险废物处置系统

固态危险废物经抓斗破碎机的喂料斗，破碎机为剪切式四轴破碎机。破碎后的物料经皮带机输送至提升机，经缓冲仓，仓下设置闸板与皮带秤，经称重计量及皮带机输送至窑尾分解炉，进料系统设置三道气动密封闸板阀进行锁风，避免出现焚烧回火等现象。

破碎机上下配置惰性气体装置，防止易燃易爆类废物自燃或爆炸。

主要工艺设备见表 4-14。

表 4-14　固态危险废物处理主要工艺设备表

序号	设备名称	规格及技术性能	单机能力/（t/h）	数量/台（套）
1	破碎机（含氮气保护）	出料粒度：≤8～100mm；自带受料仓	5	1
2	大倾角输送机	B650×12000mm	5	1
3	提升机	高度：40m	5	1
4	料斗	2500mm×2500mm×1800mm		1
5	闸板阀	1450mm×1500mm		1
6	板秤	B650mm×3.42m	1～10	1
7	螺旋输送机	B650mm×14m	5	1
8	气动高温截止阀	B650mm×650mm		
9	手动插板阀	B650mm×650mm		
10	氮气制备系统	产气量：300m³/h		
11	脉冲单机收尘器	处理风量：2000m³/h		
12	可移动排污泵	流量：5m³/h		
13	离心式风机	风量：3000m³/h		

4.5.3.2　半固态危险废物处置系统

SMP 系统是一个集 "破碎+混合+泵送" 的预处理半固态危险废物的系统。SMP 系统主要包含上料、破碎、混合、输送处置四个部分。

针对半固态危险废物或工业污泥，由抓斗上料，经受料斗、喂料入双轴破碎机破碎，破碎后的物料经过溜槽进入混料器，在混料器中根据系统状况加入含液率较高的污泥、废水、废液等以调整混合渣浆的热值及流动性；混合均匀后的渣浆或膏状物经连接在混料器底部的泵输送入窑焚烧处置。

主要工艺设备见表 4-15。

表 4-15　半固态危险废物处理主要工艺设备表

序号	设备名称	规格及技术性能	单机能力/(t/h)	数量/台（套）
1	抓斗起重机	起重量：3t 物料容重：0.6～3t/m³	5～10	1
2	破碎机（双轴）	物料水分：≤30% 出料粒度：≤150mm 自带受料仓：约20m³	5～10	1
3	氮气保护装置	—	10	1
4	闸板阀	规格：1350mm×1500mm	10	2
5	混料器	容积：10m³	5～10	1
6	泵送装置	柱塞直径：ϕ350 泵送压力：80bar 流量：7.25m³/L	—	1
7	喷枪	处理能力：10m³/h 压力：30～40mbar	5～10	1
8	除杂装置	400mm×400mm		1

注：1bar = 0.1MPa。

4.5.3.3　液态危险废物处置系统

液态处置系统主要包括接收除杂、贮存和入窑处置三部分。

接收除杂主要包括除杂器和气动隔膜泵，废液来料首先进入系统除杂器，该除杂器设置有过滤筛网，废液通过筛网实现除杂功能后，由气动隔膜泵送往贮存罐。

该系统设置废液贮存罐。

入窑处置主要由离心泵完成，贮存罐中的物料通过离心泵送入水泥窑经喷枪雾化后焚烧。

如液态危险废物不需要进行预处理，系统设计了从废液装载容器直接泵送入窑处置系统。这样使该系统更加灵活，可以有效地降低生产成本、运行费用。

本系统在运行过程中不产生废液，系统泄漏及场地冲洗废水通过集液池收集，收集的废液除杂后通过吨箱入窑。

废液厂房的废气通过管道收集后入窑焚烧处理。

主要工艺设备见表4-16。

表4-16　液态危险废物处置主要工艺设备表

序号	设备名称	规格型号	数量/套
1	过滤器	流量：5t/h	4
2	气动隔膜泵	流量：30m³/h	4
3	电动离心泵	流量：30m³/h	2
4	废液贮存罐	容积：35m³	2
5	液位计	—	2
6	流量计	测量：10m³/h	4
7	可移动排污泵	流量：5m³/h	—

4.5.3.4　废弃危险化学品处置系统

废弃危险化学品包括各大中专院校、研究机构以及企业实验室实验过程中产生的化学试剂等危险废物。

经技术部门准入，市场服务部门分拣包装、运输、清点、称重、入库、定量出库，由桥架式提升机送往处置平台，拆包后由专用输送设备定量注入专用的回转投料器入窑实现最终处置。

4.5.3.5　无机类废物处置系统

不含有机质（有机质含量＜0.5%，二噁英含量＜10ng TEQ/kg，其他特征有机物含量≤常规水泥生料中相应的有机物含量）和氰化物（CN⁻含量＜0.01mg/kg）。借用生料配料系统进入系统处置。

4.5.3.6　废气收集处置系统

危险废物的贮存区及各处理车间均采用封闭式厂房，采用负压收集，保证处于微负压状态。

破碎固体危废输送的胶带机廊道采取密封措施，并设置负压抽风系统，从输送廊道内抽出的气体由风机抽吸。

抽吸的废气引至窑头篦冷机的一段篦床冷却风机进口，入窑高温焚烧。

同时单独设置废气处置系统，在水泥窑停窑时对危险废物综合处置车间进行除尘、除臭处理，废气处理合格后排放。

4.5.4　水泥窑处置废物对水泥窑系统的影响

水泥窑协同处置危险废物系统运行本身不会对熟料装置造成直接影响，其影响主要表现为水泥窑系统的工艺参数的变化，如窑尾烟室温度、窑内温度、预热器系统通风量等。由于这些工艺参数的变化对水泥装置造成影响，如高温风机排风量增大、系统温度变化、窑传动电流变化等。正常情况下，这些变化均在可控制的范围内，不会对系统运行造成负面影响。

4.5.4.1　危险废物对熟料质量的影响

通过水泥原燃料和危险废物的化学组分可知，危险废物中的无机化学成分主要是 SiO_2、Al_2O_3、CaO 和 Fe_2O_3，这些成分正好是生产水泥所需的，可以通过调节生料的配比以适应半固态废物入窑引入的无机成分对熟料质量的影响，同时也起到了节省部分原料成本的效果。危险废物中的有机成分燃烧热量可以为水泥熟料煅烧提供热量，产生的废气随水泥窑废气净化后排放。

水泥窑处置危险废物对熟料质量的影响分为直接影响和间接影响。

① 直接影响：危险废物中有害元素 S、K、Na、MgO、Cl、Cr^{6+} 等如含量过高后固化至熟料中，对熟料质量会造成影响。

② 间接影响：不适当的水泥窑处置危险废物将会影响水泥窑系统热工制度稳定，进而影响熟料煅烧导致熟料质量问题，如危险废物入窑不均或是入窑危险废物过量，导致窑尾、分解炉等处的温度不稳定等造成系统热工制度不稳定，从而影响熟料质量。

以上两个方面的影响可以通过相应的手段得以避免。例如，直接影响可以通过检测半固态废物和原燃料中有害元素和重金属含量，通过控制相应的极限值来控制半固态废物处置量，避免造成相应的有害元素超标影响熟料质量；间接影响则通过控制危险废物入窑输送和入窑打散装置等设施的正常运行，结合水泥窑系统的精细化规范操作，完全可以避免因工艺状况变化而引起的熟料质量问题。此类问题的控制在结合水泥窑处置半固态废物工艺特性基础上，其控制方式遵循新型干法水泥窑控制的基本原理和方法。

4.5.4.2　危险废物中水分对系统排风的影响

尾排废气的含湿量与尾气处置的工艺有很大关系，如与增湿塔喷水量、生料粉磨烘干、系统掺冷风和系统漏风量等有直接的关系，结合现有熟料生产工艺的特性，利用水泥窑处置半固态废物和其他废物的经验，水泥窑处置半固态废物不会因为含水量增大气体露点变化而影响水泥生产。北京水泥厂2000t/d 的水泥窑，窑尾利用处置含水率80%以上的泥状废物150t/d，窑头处置废液（含水率90%以上）2t/h，窑尾还处置废化学试剂，整个生产过程废气温度均在50℃以上，废气压力处于负压，即小于大气压力，因此不存在结露的问题。

4.5.4.3 危险废物中有害元素对系统的影响

处置危险废物后产品中有害元素含量见表 4-17。

表 4-17 处置危险废物后产品中有害元素含量表

名称	生料中 R_2O	生料中 Cl	生料中 SO_3	熟料中 SO_3/R_2O	熟料中 MgO
极限含量值/%	≤1.0	≤0.015~0.03	≤1.5	≤1.0，最佳 0.6~0.8	5

注：R 指代 Ca、Na、K 元素。

主要考虑废物中含有的氯、氟、硫、重金属等元素对水泥生产系统的影响。危险废物带入的易挥发性硫化物是造成 SO_2 排放的主要根源，从高温区投入水泥窑的废物中的 S 元素主要对系统结皮和水泥产品质量有影响，而与烟气排放中 SO_2 无直接关系。烧成系统烟气中的 SO_2 主要是由于煤粉在炉内燃烧产生的，而熟料煅烧过程本身就是非常好的脱硫过程，这也是专业危险废物焚烧处理工艺过程中所难达到的，水泥窑系统中生料粉作为碱性吸附剂，其浓度达到 $1000g/m^3$，而焚烧炉中投加的碱性吸附剂浓度 $<10g/m^3$，相差数百倍。燃料燃烧所产生的大部分 SO_2 被物料中的碱性物质吸收形成硫酸钙及亚硫酸钙等中间物质，分解炉由于物料与气体接触充分，洗硫率可达 98%以上，所以整个系统不需采取特殊措施。采用新型回转窑炉进行工业废物（以危险废物为主）示范线的环保检测结果表明，系统最终的 SO_2 排放达到 $<15mg/m^3$，污染物的排放总量达到 $<0.8kg$（SO_2）/t（熟料）。

危险废物中含有含氯含氟物质，在焚烧过程中会发生分解反应生成氯化氢或氟化氢气体。与硫氧化物类似，由于炉内气体环境为碱性环境，对氯化氢和氟化氢等酸性气体也有很好的中和作用，所以从出口排放的烟气中卤化氢气体浓度已很低，已完全符合排放标准。回转窑的碱性环境可以中和绝大部分 HF、HCl，废物中的 Cl、F 含量主要对系统结皮和水泥产品质量有影响。

在危险废物处置过程中根据危险废物入场前的分析结果，对危险废物进行预处理，优化配比，将危险废物中的有害元素 K、Na、S、Cl、重金属控制在合适的范围内，不会对水泥窑系统造成影响。微量元素对烧成系统的影响如下。

（1）Cl⁻含量过高

① 生成较多的挥发性(K,Na)Cl，且由于其在烧成带内完全挥发导致操作困难；

② 增加液相生成量，同时剧烈地改变吸收相的熔点；

③ 由于形成硅方解石（$2C_2S \cdot CaCO_3$）而形成结圈；

④ Cl⁻超过 0.015%需要旁路放风系统。

生料中 Cl⁻含量最佳范围为 0%~0.03%；极限为 0.4%。

（2）F⁻含量过高

① 降低 C_2S 的反应形成温度 150~200℃；

② 对窑中的内循环没有影响；

③ 降低熟料的机械强度。

生料中 F 的含量最佳范围为 0.03%～0.08%；极限为 0.6%。

（3）P_2O_5 含量过高

　① 加热熟料形成反应；

　② 降低早期强度；

　③ 降低 C_2S 含量。

生料中 P_2O_5 含量最佳范围为 0.3%～0.5%；极限为 1%。

（4）MgO 含量过高

　① 降低熟料液相的黏度和表面张力，并增加离子迁移率；

　② 有利于 C_2S 和 f-CaO 在较高温度下结合生成 C_2S；

　③ 在煅烧带内易结大块，影响窑的操作；

　④ 当 MgO 含量＞2%时，形成方镁石晶体，导致安定性不良。

当 MgO 含量≤2%时，有利于增加液相量，提高熟料强度。MgO 含量在 2%～6%以下时，体积不稳定。

生料中 MgO 含量最佳范围为 0%～2%；极限为 5%。

（5）TiO_2 含量过高

　① C_2S 含量急剧减少，C_3S 含量不变；

　② 降低液相黏度和表面张力；

　③ C_3S 和 C_2S 的晶体尺寸变小；

　④ 使凝结较慢和早期强度降低；

　⑤ 熟料呈暗黑色。

熟料中 TiO_2 含量最佳范围为 1.5%～2%；极限为 4%。

（6）MnO_2 含量过高

　① 降低液相黏度；

　② C_3S 矿晶粒尺寸变小；

　③ 降低水泥早期强度。

熟料中 MnO_2 含量最佳范围为 1.5%～2%；极限为 4%。

（7）Cr_2O_3 含量过高

　① 降低水泥熟料的表面张力和液相黏度；

　② C_2S 形成加速，共晶体增多；

　③ 使 C_3S 分解为游离 CaO 和 C_2S；

　④ 增强初期水硬活性。

熟料中 Cr_2O_3 含量最佳范围为 0.3%～0.5%；极限为 2%。

（8）SrO 含量过高

　① 加速 CaO 的固相化合反应；

　② 降低液相出现的温度；

③ 降低水硬强度；

④ 促使 C_3S 分解释放出游离 CaO（$SrCO_3 > SrSO_4$）。

燃料中 SrO 含量最佳范围为 0.5%～1%；极限为 4%。

4.5.4.4 危险废物中重金属对系统的影响

试验研究和工业实践表明：水泥熟料中重金属含量只有达到一定程度后才能对水泥性能产生影响；通过危险废物配伍、控制加入量，可以有效控制危险废物中重金属对水泥性能带来的影响，各种重金属添加对水泥熟料易磨性几乎没有影响。

（1）Zn

当 Zn 的浓度为 0.1%时，对水泥进程无影响。当含量达到 2.5%时，Zn 能延长诱导期，从而在水化初期，Zn 能显著延缓水化进程。这是由于 Zn 能在未水化水泥颗粒表面形成惰性保护膜，阻碍水化反应进行。

Zn 对抗压强度的影响比较复杂，当 Zn 含量为 0.5%时能使各龄期强度都略微提高，当含量为 2.5%时随着水化反应的进行，水化延缓效果使得水化试体前 7 天强度稍有下降，其他龄期强度都有所提高，因为它能增强阿利特的品质缺陷，提高阿利特活性。

（2）Ni

当 Ni 的浓度为 0.1%时，对水化进程无影响。当添加量增加到 0.5%时，Ni 还是影响不了水化进程，继续增加添加量至 2.5%，发现 Ni 生成了一种新的物质 $MgNiO_2$，由于 $MgNiO_2$ 是惰性物质，因而对水化进程的影响还是不大，仅仅稍微降低水化速度，使强度稍微有所提高。

（3）Cr

当 Cr 的浓度为 0.1%时，对水化进程无影响。Cr 的添加使 7d 强度和 28d 强度均降低，这是由于 Cr 使 C_3S 和 f-CaO 发生反应，造成 C_3S 含量降低而 C_2S 含量增加。通常 C_2S 含量的增加会降低早期强度，且由于 f-CaO 的大量存在会在硬化的水泥内部造成局部膨胀应力，从而引起强度的降低。

（4）Pb

Pb 与 Zn 的情况有些相似，由于生成的化合物覆盖在未水化的硅酸盐颗粒表面，阻碍了水化反应的继续进行，因而 Pb 能延缓水泥的水化。从长期龄期看，Pb 对水泥强度几乎没什么影响；此外，Pb 还能降低 f-CaO 的含量，改变煅烧条件。

（5）Cu

不同价态的 Cu 对水泥性能的影响不同。CuO 的添加使得生料的熔融温度降低了大约 50℃，CuO 能加快 C_3S 的形成，显著降低 f-CaO 含量。当加入 1%的 CuO，f-CaO 的含量降低了 30%～60%。但 Cu_2O 则恰恰相反，在分解气氛下它能延缓 C_3S 的形成。

（6）Cd

由于 Cd 能降低熔融温度，因而它的存在会改善煅烧条件。Cd 环能延缓水化进程，水化 24h 后能略微降低抗压强度。

（7）Ba

Ba 能降低液相反应温度，加快反应进行，显著缩短 C_3S 形成的时间和降低 C_3S 形成的温度，还能使 C_2S 更加稳定，当添加 0.3%～0.5%的 BaO 时将增加水泥的强度。当 Ba 添加量较小（折合 BaO＜1.85%时），f-CaO 生成量很小；超过 1.85%时，f-CaO 生成量会急剧增加，这是因为当添加量达到 1.85%后，Ba^{2+} 会取代 C_3S 中的 Ca^{2+} 形成 Ba_3SiO_5 晶体，从而导致大量的 f-CaO 生成。

（8）Ti

Ti 对水泥性能的影响取决于其含量。当生料中含有 1%的 Ti 时，可使生料熔融温度降低 50～100℃，并能降低 f-CaO 的含量。但当含量超过 1%时则会增加 f-CaO 的含量。

Ti 还会影响到 C_3S 晶体形态。当 TiO_2＜1%时，C_3S 晶体尺寸会随着 TiO_2 增加而增大；超过 1%后，随 TiO_2 增加晶体尺寸反而变小，当 TiO_2 为 2%时，C_3S 晶体结构呈三斜晶型：TiO_2 为 4%～5%时，C_3S 晶体呈单斜晶型。在 1450℃时，C_3S 最多可结合 4.5%的 TiO_2，超出部分会形成 $CaO\text{-}TiO_2$。少量的 TiO_2（含量小于 5%）会提高水泥的水化活性。这是因为 Ti^{4+} 会取代 Si^{4+} 从而造成 C_3S 和 C_2S 的晶格缺陷，而加速水化。少量的 Ti 还会提高水泥的强度，但含量过多会引起强度的降低，最佳的添加量是 4.5%。

危险废物中的重金属进入烧成系统后被固化在水泥熟料的矿物中，形成水泥熟料中的基本成分。《水泥窑协同处置固体废物环境保护技术规范》（HJ 662—2013）中对入窑物料中的重金属最大允许投加量有限值要求，见表 4-18。

表 4-18　重金属最大允许投加量限值

重金属	单位	重金属的最大允许投加量
汞（Hg）	mg/kg（熟料）	0.23
铊+镉+铅+15×砷		230
铍+铬+10×锡+50×锑+铜+锰+镍+钒		1150
总铬（Cr）	mg/kg（水泥）	320
六价铬（Cr^{6+}）		10[①]
锌（Zn）		37760
锰（Mn）		3350
镍（Ni）		640
钼（Mo）		310
砷（As）		4280
镉（Cd）		40
铅（Pb）		1590

续表

重金属	单位	重金属的最大允许投加量
铜（Cu）	mg/kg（水泥）	7920
汞（Hg）		4[②]

① 计入窑物料中的总铬和混合材中的六价铬。
② 仅计入混合材中的汞。

《水泥窑协同处置固体废物技术规范》（GB 30760—2014）对水泥生料和熟料中重金属含量限值做出了要求，见表4-19和表4-20。

表4-19　入窑生料中重金属含量参考限值

重金属元素	参考限值/（mg/kg）
砷（As）	28
铅（Pb）	67
镉（Cd）	1.0
铬（Cr）	98
铜（Cu）	65
镍（Ni）	66
锌（Zn）	361
锰（Mn）	384

表4-20　水泥熟料中重金属含量参考限值

重金属元素	参考限值/（mg/kg）
砷（As）	40
铅（Pb）	100
镉（Cd）	1.5
铬（Cr）	150
铜（Cu）	100
镍（Ni）	100
锌（Zn）	500
锰（Mn）	600

危险废物处置过程中根据废物入厂前的分析结果，对危险废物进行预处理，优化配比，

控制处置量，将危险废物中的重金属含量控制在上述范围内，基本不会对水泥窑系统造成影响。

4.5.4.5 危险废物对系统煤耗的影响

水泥窑协同处置危险废物系统运行本身不会对熟料品质造成直接影响，其影响主要表现为水泥窑系统的工艺参数的变化，如窑尾烟室温度、窑内温度、预热器通风量等。由于这些工艺参数的变化对水泥装置造成影响，如高温风机排风量增大、系统温度变化、窑传动电流变化等。正常情况下，这些变化均在可控范围内，不会对系统运行造成负面影响。

通常情况下，预热器出口废气量一般为 1.4～1.5m³/kg（熟料），此参数与熟料热耗有直接的关系，热耗低，则废气量低。系统预热器出口废气含水量一般为 7%（体积分数）左右。废气含湿量与处置工艺有很大关系，如与增湿塔喷水量、生料粉磨烘干、系统掺冷风和系统漏风量等有直接关系。结合已有的水泥窑处置固体废物和其他废物的经验，水泥窑处置危险废物，不会因含水量增大、气体露点变化而影响水泥生产。

水泥窑协同处置危险废物对烧成系统烟气量的影响，主要来源于危险废物中的水在烧成系统内蒸发形成的水蒸气，将增加系统烟气量，进而增加窑尾高温风机排风量及电耗。

4.5.4.6 对烘干系统的影响

半固态废物进入水泥窑系统后水分汽化，以气态的形式混入水泥窑尾气中，预热器出口烟气中含湿量略有增加，对烘干系统可能会产生一定的影响。

生料粉磨系统采用的是窑尾预热器排出的热风，因此可能会对生料系统的烘干造成影响，但是结合现有窑尾余热发电的工艺特性和烘干粉磨的特点来分析，不会对粉磨系统造成影响。结合北京金隅集团利用水泥窑处置废物的经验，对生料粉磨系统的烘干能力基本无影响。

4.5.4.7 对脱硝系统的影响

目前国内外有很多利用水泥窑处置半固态废物降低水泥窑 NO_x 排放的工程案例，其主要的反应机理包含两个方面：

① 危险废物中含 N 成分以 NH_3 的形式释放出来，其投入点的温度处于 SNCR 的反应温度窗内，正好起到 SNCR 脱硝的作用。

② 危险废物主要成分是有机物，其中的可燃部分在窑尾烟室燃烧，在缺氧状态下形成瞬间的局部还原区，同时危险废物中含有的重金属如 Pb、Pt 等元素，在高温下作为催化剂在 CO 的作用下将 NO_x 还原成 N_2。

综合国外工程应用案例和北京水泥厂处置污泥和 SNCR 脱硝（北京水泥厂老线自 2003 年开展 SNCR 脱硝试验开始，至今一直运行 SNCR 脱硝系统）的经验，利用水泥窑处置污泥不会对 SNCR 脱硝工艺造成负面影响，其作用更有利于 NO_x 的减排。

第 5 章
医疗废物综合处理技术

5.1　医疗废物处理概述

5.1.1　医疗废物的定义

医疗废物，是指医疗卫生机构在医疗、预防、保健以及其他相关活动中产生的具有直接或者间接感染性、毒性以及其他危害性的废物。

医疗卫生机构收治的传染病病人或者疑似传染病病人产生的生活垃圾，按照医疗废物进行管理和处置。

5.1.2　医疗废物的分类

我国医疗废物分类目录主要由国务院卫生行政主管部门和环境保护行政主管部门共同制定、公布，详细如表 5-1 所列。

表 5-1　医疗废物分类目录

类别	特征	常见组分或者废物名称
感染性废物	携带病原微生物，具有引发感染性疾病传播危险的医疗废物	被病人血液、体液、排泄物污染的物品，包括： （1）棉球、棉签、引流棉条、纱布及其他各种敷料 （2）一次性卫生用品、一次性医疗用品及一次性医疗器械 （3）废弃的被服 （4）其他被病人血液、体液、排泄物污染的物品
		医疗机构收治的隔离传染病病人或者疑似传染病病人产生的生活垃圾
		病原体的培养基、标本和菌种、毒种保存液
		各种废弃的医学标本
		废弃的血液、血清
		使用后的一次性使用医疗用品及一次性医疗器械视为感染性废物
病理性废物	诊疗过程中产生的人体废弃物和医学试验动物尸体等	手术及其他诊疗过程中产生的废弃的人体组织、器官等
		医学实验动物的组织、尸体
		病理切片后废弃的人体组织、病理蜡块等
损伤性废物	能够刺伤或者割伤人体的废弃的医用锐器	医用针头、缝合针
		各类医用锐器，包括解剖刀、手术刀、备皮刀、手术锯等
		载玻片、玻璃试管、玻璃安瓿等
药物性废物	过期、淘汰、变质或者被污染的废弃的药品	废弃的一般性药品，如抗生素、非处方类药品等
		废弃的细胞毒性药物和遗传毒性药物，包括： （1）致癌性药物，如硫唑嘌呤、苯丁酸氮芥、萘氮芥、环孢霉素、环磷酰胺、苯丙氨酸氮芥、司莫司汀、他莫昔芬、噻替哌等 （2）可疑致癌性药物，如顺铂、丝裂霉素、阿霉素、苯巴比妥等 （3）免疫抑制剂

类别	特征	常见组分或者废物名称
药物性废物	过期、淘汰、变质或者被污染的废弃的药品	废弃的疫苗、血液制品等
化学性废物	具有毒性、腐蚀性、易燃易爆性的废弃的化学物品	医学影像室、实验室废弃的化学试剂
		废弃的过氧乙酸、戊二醛等化学消毒剂
		废弃的汞血压计、汞温度计

注：1. 一次性卫生用品是指使用一次后即丢弃的，与人体直接或者间接接触的，并为达到人体生理卫生或者卫生保健目的而使用的各种日常生活用品。

2. 一次性医疗用品是指临床用于病人检查、诊断、治疗、护理的指套、手套、吸痰管、阴道窥镜、肛镜、印模托盘、治疗巾、皮肤清洁巾、擦手巾、压舌板、臀垫等接触完整黏膜、皮肤的各类一次性医疗、护理用品。

3. 一次性医疗器械指《医疗器械监督管理条例》及相关配套文件所规定的用于人体的一次性仪器、设备、器具、材料等物品。

医疗卫生机构废弃的麻醉、精神、放射性、毒性等药品及其相关的废物的管理，依照有关法律、行政法规和国家有关规定与标准执行。

5.1.3 医疗废物主要处理技术

《中华人民共和国固体废物污染环境防治法》明确县级以上地方人民政府应当加强医疗废物集中处置能力建设，目前医疗废物处理技术主要有焚烧处理法、高温蒸煮法、化学消毒法、微波消毒法、等离子体法、卫生填埋法等。不同处置技术处理医废种类比较见表5-2。

表5-2 不同处置技术处理医废种类比较

处理技术	感染性	损伤性	病理性	药物性	化学性
焚烧处理法	O	O	O	O	O
高温蒸煮法	O	O	可以处理一小部分	X	X
化学消毒法	O	O	X	X	X
微波消毒法	O	O	X	X	X
等离子体法	O	O	O	O	O
卫生填埋法	O	X	可以处理一小部分	X	X

注：O表示可以处理；X表示不可以处理。

5.2 医疗废物焚烧处理技术

5.2.1 技术原理

医疗废物主要由废纸、塑料、木竹、纤维、皮革、橡胶、手术切除物、玻璃器皿等组成。这些废物大部分是有机碳氢化合物，在一定温度和充足的氧气条件下，可以完全燃烧成灰烬。医疗废物经过焚烧处理后，不仅可以完全杀灭细菌，使绝大部分有机物转变成无机物，而且还使废物体积减小 85%～95%，大大减少了最终填埋的费用，也可回收利用废物中可燃物质的热量，用于供热系统。医疗废物焚烧后的废物难以辨认，消除了人们对医疗废物的厌恶感，且技术成熟。

　　燃烧系统主要由两个单元组成，即热解气化炉（一燃室）、燃烧炉焚烧室（二燃室）。一燃室是使废物在缺氧条件下燃烧的热解气化区，两个一燃室交替使用。当废物由助燃器点火开始燃烧时，由于供给的氧量只有燃烧的化学计量所需氧量的 20%～30%，所以已燃烧的废物释放的热能在一燃室内逐步将填装的废物在炉腔内干燥、裂解、燃烧和燃尽，各种化合物的长分子链逐步被打破成为短分子链，变成可燃气体，可燃气体的主要成分是 N_2、H_2、CH_4、C_2H_6、C_6H_8、CO 及挥发性硫、可燃性氯等。二燃室是将一燃室产生的可燃气体和新鲜空气混合燃烧的过程，在整个过程中燃烧的均为气态物质。二燃室的温度通常控制在 1100～1300℃之间，烟气在二燃室的停留时间为 2s 以上，在这种环境下，绝大部分有毒有害气体被彻底破坏转化成 CO_2 及各种相应的酸性气体，设备运行状态始终处于微负压。

5.2.2　工艺流程

　　医疗废物利用专用容器及车辆集中收集运输进场，需焚烧处理的危险废物用专用容器和车辆运入焚烧车间，采用热解焚烧处理，经过二燃室焚烧后的烟气先经余热锅炉降温后，再采用急冷塔快速降温，经干法除酸后，进入布袋除尘器过滤、除尘，经洗涤塔、烟囱达标排放，工艺流程如图 5-1 所示。

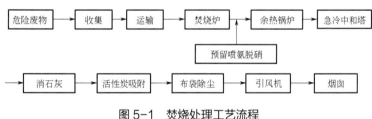

图 5-1　焚烧处理工艺流程

5.2.3　主要系统组成

　　医疗废物焚烧处理主要由焚烧系统、烟气净化系统、余热利用系统组成。

5.2.3.1　焚烧系统

（1）进料单元

　　本单元由提升斗、自动提升系统和热解炉气体隔离阀及相应的电动机构等部分组成。自动提升系统由投料导轨、投料电机、提升上下限等构成，可实现现场操作和中央控制操作等两种操作方式。废物进料量可调节，并有过载保护装置和异常运行停止装置，在整个进料过程中有防外泄保护装置，防止废物外泄。

（2）焚烧炉单元

焚烧系统由热解气化炉、喷燃炉、燃烧炉、助燃系统等部分组成。焚烧流程如下：热解气化炉内的危险废物经点火控氧热解气化后，产生可燃气体。该可燃气体被导入喷燃炉、燃烧炉高温燃烧。喷燃炉、燃烧炉内设置有角度的二次空气进口及足够的容积，使可燃气体旋转燃烧，延长烟气停留时间，停留时间不低于2s。

根据废物在热解炉内的热解气化特点，从上至下可将其划分成气化层、传热层、流动化层、燃烧层和灰化层5层。热解炉内的废物在缺氧（供以小风量）条件下利用自身的热能使废物中有机物的化合键断裂，转化为小分子量的燃料气体，然后将燃料气体导入焚烧炉内进行高温完全燃烧。废物先在干燥预热区干燥后，下降到热分解区（200～700℃）进行分解，残留碳化物继续下降，在燃烧气化区（1100～1300℃）进一步气化，生成的燃料气体上升至炉顶出气口导入燃烧炉，最后剩余残渣从炉底排出。

（3）点火及辅助燃烧单元

助燃设计可采用0号轻柴油，助燃系统根据系统的实际耗油量来配置，主要设备由日用油箱组成，基本实现2d的使用量。

自动点火装置主要由点火阀门、点火马达、点火燃烧器组成。点火装置起热解气化炉点火作用，点火指示灯亮，点火起动，点火阀门开限到位，点火燃烧器自动点火，点火阀门在点火完毕自动关闭。

喷燃炉配备辅助燃烧系统，主要为二燃室在冷炉状态下升温和炉体交替时补充所需的热量。

5.2.3.2　余热利用系统

高温烟气离开二燃室后，进入余热锅炉，此时温度为1100℃以上，为了降低温度保证后续设备的使用以及回收部分能源，焚烧炉设置相匹配的余热锅炉。余热锅炉回收烟气热量产生蒸汽，部分蒸汽通过分汽缸分别用于二次风加热、除氧器、湿法脱酸后烟气加热、设备伴热和废水三效蒸发等。二燃室出口与余热锅炉入口采用膨胀节连接，具有多方向热胀补偿，外表进行高温保温防腐处理。

5.2.3.3　烟气净化系统

医疗废物作为危险废物成分复杂，焚烧烟气中的有害成分不能单独用一种方法去除。烟气净化处理系统完成燃烧烟气的冷却、脱酸和除尘，并需要控制二噁英及重金属等有害物质。冷却系统主要由急冷中和装置、消石灰喷入除酸装置、布袋除尘装置、引风机、烟囱等部分组成。

烟气净化流程如下：烟气由热解炉燃烧室进入余热锅炉内一次冷却，系统采用的是水管道冷却，然后再进入急冷中和吸附塔，用碱液雾化急冷、中和，确保在500～200℃的温度区间1s内急冷，可有效防止二噁英的再生成。并使烟气经过初步脱酸，去除大部分酸性物质。经两次冷却后的烟气进入管道，此时，消石灰通过消石灰喷入装置喷入管道内与烟气进行化学反应，达到进一步脱酸的目的。

基本化学反应方程式如下：

$$SO_3+Ca(OH)_2 = CaSO_4+H_2O$$

$$SO_2+Ca(OH)_2 = CaSO_3+H_2O$$

$$2HCl+ Ca(OH)_2 = CaCl_2+2H_2O$$

$$2HF+ Ca(OH)_2 = CaF_2+2H_2O$$

热解炉的烟气进入余热锅炉热交换产生饱和蒸汽，饱和蒸汽作为余热锅炉热源，余热锅炉换热区间为 500～1000℃。换热后的中温烟气进入尾气处理系统，在急冷中和吸收塔内进行喷水急冷，1s 降温至 200℃后，再喷入适量的高浓度碱液进行脱酸，去除大部分的酸性气体，脱酸完成后的烟气在急冷中和吸收塔出口处采用烟气再热器升温至 160℃，进入布袋。在进入布袋前将消石灰、活性炭通过切向风输送的方式送入管道，和烟气混合进一步脱除未反应完毕的酸性气体和吸附急冷段可能已生成的二噁英。消石灰和活性炭粉末最终经过布袋落入飞灰之中。净化完毕的烟气通过引风机达标排放。

5.3　医疗废物高温蒸煮处理技术

5.3.1　技术原理

高温蒸煮处理技术（压力蒸汽灭菌法）是利用高温高压蒸汽消灭细菌的一种方法。蒸汽在高温高压下具有穿透力强的优点，在真空度≥0.08MPa，消毒处理温度≥134℃，消毒处理压力≥220kPa（表压），消毒时间≥45min 的条件下，可以有效地杀灭各种细菌繁殖体、芽孢以及各类病毒与真菌孢子。高温灭菌法是一种简便、可靠、经济、快速和容易被公众接受的灭菌方法。

压力蒸汽灭菌法是在压力作用下，蒸汽穿透到物体内部，将微生物的蛋白质凝固变性而杀死。这种方法适用于受污染的敷料、工作服、培养基、注射器等的消毒。经过高温灭菌处理后的医疗垃圾被当作市政废物进行卫生填埋或者被送到垃圾焚烧厂进行焚烧。

5.3.2　工艺流程

高温蒸煮灭菌典型工艺流程如图 5-2 所示。

医疗废物经过收运系统收集后，由周转箱上料进入高温蒸煮系统，不能及时处理的部分根据项目情况贮存在冷库中。医疗废物在高温蒸煮设备中于 134℃下消毒 45min 后，达到处理要求的医废进入破碎系统，破碎后的医疗垃圾作为一般固体废物进入焚烧厂或填埋处理。周转箱进入周转箱清洗系统，清洗消毒后回用。冷凝后的废气与其他废气经收集后进入废气处理系统处理后达标排放。冷凝水及冲洗用水等废水收集后进入污水处理系统处理后达标排放。

5.3.3　主要系统组成

医疗废物高温蒸煮处理系统主要由接收贮存系统、高温蒸汽消毒处理系统、二次污染控制系统三部分构成。

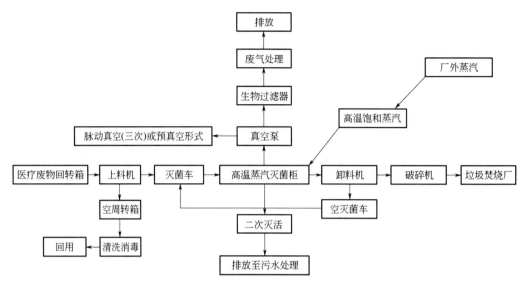

图 5-2 高温蒸煮灭菌典型工艺流程

5.3.3.1 接收贮存系统

由各个医院收集的医疗垃圾周转箱运抵医疗废物处置中心后，工作人员在卸料厅将周转箱卸到暂存间中。环境温度低时，冷库就作为常温临时贮存间，平时医疗垃圾在临时贮存间里贮存，当有特殊情况不能在 24h 内高温蒸煮灭菌处理时，则冷库启动进行冷冻贮存，冷库内温度保持 5℃以下，贮存时间不超过 72h。

5.3.3.2 高温蒸汽消毒处理系统

医疗废物灭菌器，采用了高温蒸汽灭菌的方式对废物进行处理，即湿热灭菌。以高温饱和蒸汽为工作介质，利用其较强的穿透力，深入灭菌物品内部并释放出蒸汽内含的潜热，使灭菌物品迅速升温达到灭菌温度后维持一段时间，使细菌中的蛋白质凝固变性，从而将所有微生物包括细菌芽孢全部杀死。其主要流程如下：

① 抽真空。对灭菌器内室进行抽真空、进蒸汽操作，待内室压力到达脉动下限后，程序转升温阶段。经过该阶段后，内室的冷空气排出率达到 99%以上，内室无死点。

② 升温。蒸汽经过灭菌器夹层进入内室，对废物进行加热，同时内室疏水阀间歇性开启，将蒸汽冷凝后产生的水排出。内室温度达到设定值后（一般取 134℃）程序转灭菌阶段。

③ 灭菌。在此期间内室进汽阀受到内室温度和压力的共同控制以确保内室保持在一定的温度范围内对废物进行灭菌。当内室温度高于灭菌温度上限（灭菌温度 134℃+2℃）时，进汽阀关闭，低于灭菌温度时，进汽阀打开；当内室压力高于内室压力限度值时，进汽阀关闭，比内室压力限度值低 10kPa 时，进汽阀打开。灭菌计时（45min）到后，转排汽阶段。

④ 排汽。排汽阀打开，内室的蒸汽在内外压差的作用下排出，经过换热器的作用，大

部分蒸汽冷凝成水,少部分蒸汽经过滤后排至大气。

⑤ 结束。此时可以打开门将灭菌车推出。

⑥ 出料。灭菌处理结束后,后门自动开启,推出灭菌车,然后将灭菌车输送到卸料机车筐内,由其将废物倒入破碎机进行破碎处理。

⑦ 破碎处理。破碎机对医疗废物进行破碎,其目的是将灭菌后的废物进行毁形处理,达到不可回收的效果。

⑧ 传送收集。医疗废物由传送机输送到垃圾运输车内,最后废物由废物运输车运出送垃圾焚烧厂处理。

在高温灭菌处理前,将灭菌室内的冷空气抽出,由于灭菌介质设定为高温饱和蒸汽,在饱和蒸汽进入灭菌器内腔前需要排出其内部空气等干扰气体,同时使内腔中任一局部密闭区域诸如医疗废物包装袋等均达到破坏状态。经过该阶段后,内室的冷空气排出,确保内室无死点,保证灭菌的合格。

灭菌结束后,真空泵启动对内室进行抽真空操作,将灭菌室内的蒸汽全部抽出,同时在夹层的烘干作用下使废物的水分大大降低。

5.3.3.3　二次污染控制系统

(1)周转箱清洗系统

周转箱自动清洗消毒系统设备由机体、机架、水箱、自动控制阀及过滤系统、喷淋系统、输送系统、电气控制系统等组成。

其工艺流程为:上料→消毒液清洗→漂洗→烘干→下料。

装载医疗废物的周转箱在自动清洗系统的电机启动后,先被自动送入清洗室内,设在清洗室内的喷嘴将清洗液喷洒在周转箱的外壁和内部进行清洗。清洗结束后,周转箱进入消毒室用消毒液消毒。系统中用于清洗消毒周转箱的消毒液循环使用,直至当天清洗消毒工作结束后,被最终收集起来排入污水处理系统进行再处理。

(2)污水处理系统

高温蒸汽系统污水主要来源于转运车和周转箱的冲洗废水,卸车场地暂存场所和冷藏贮存间等场地冲洗废水,高温蒸汽处理过程排出的废液,以及生活污水等。

医疗废物污水水质成分相对简单,其污水的可生化性较好,但较之一般的生活污水而言,污水排放相对复杂,污水中粪大肠菌群数量高(主要含有病菌、病毒)。

某医废处置项目废水混合进水水质参数详见表 5-3。

表 5-3　某医废处置项目废水混合进水水质

COD_{Cr} 浓度 / (mg/L)	BOD_5 浓度 / (mg/L)	SS 浓度 / (mg/L)	NH_3-N 浓度 / (mg/L)	粪大肠菌群数(个/L)	pH 值
300	150	120	50	1.0×10^8	6~9

其出水水质可根据相应工程项目情况，按照《医疗机构水污染物排放标准》（GB 18466—2005）确定。根据国内对医疗废水的治理经验，出水达标按照《医疗机构水污染物排放标准》表 2 中预处理标准情况，其处理工艺流程如图 5-3 所示。

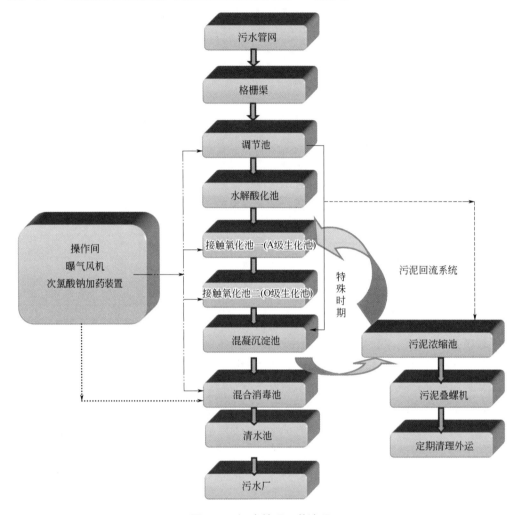

图 5-3　污水处理工艺流程

污水经过机械格栅，去除水中较大的漂浮物，进入调节池，调节池调节污水的水量和水质；调节池的污水采用泵入方式进入水解酸化池，再自流进入生化池。在 A 级生化池内，由于污水有机物浓度较高，微生物处于缺氧状态，此时微生物为兼性微生物，它们将污水中有机氮转化为氨氮，同时利用有机碳源作为电子供体，将 NO_2-N、NO_3-N 转化为 N_2，而且还利用部分有机碳源和氨氮合成新的细胞物质。经过 A 级池的生化作用，污水中仍有一定量的有机物和较高浓度的氨氮存在，为使有机物进一步氧化分解，同时在炭化作用趋于完全的情况下，硝化作用能顺利进行，特设置 O 级生化池，O 级生化池的处理依靠自养型细菌（硝化菌）完成，它们利用有机物分解产生的无机碳源或空气中的 CO_2 作为营养源，将污水中的氨氮转化为 NO_2-N、NO_3-N。O 级生化池出水一部分进入沉淀池进行沉淀，另一部分回流至调节池中 A 级生化段进行内循环，以达到反硝化的目的。在 A 级和 O 级生化池中均装有填料，整个生化处理过程是依赖于附着在填料上的多种微生物来完成的。接触氧化池出水流入絮凝沉淀池，进行固液分离，上清水进入消毒池，出水流入清水池，清水池的水流向下级污水厂。

（3）废气处理系统

医疗废物高温蒸煮消毒集中处理过程产生的废气主要来源于高温蒸煮消毒处理及处理前后的抽真空、贮存、进料、出料、破碎等环节，产生的气体排放具有间歇排放、浓度比较小、气体量较大等特点，其气体成分包含 VOCs、HCl、H_2S、NH_3、颗粒物等，可在卸料区、高温蒸煮设备、破碎系统、冷藏库等区域的墙面及顶部设置收集风口，强制通风换气进行废气收集与处理，经风管及风机将空间内气体抽至外部以形成微负压。医疗废物废气处理后经排气筒排放，排放标准满足《大气污染物综合排放标准》（GB 16297—1996）和《恶臭污染物排放标准》（GB 14554—93）相关限值要求。

据废气的来源、特点，常规废气处理工艺流程如图 5-4 所示。

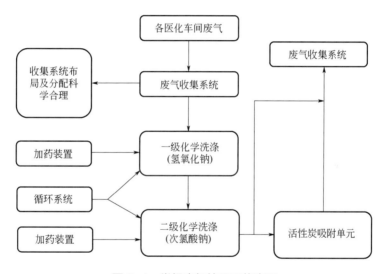

图 5-4　常规废气处理工艺流程

废气经收集系统被风机抽送至化学洗涤塔下部进气口，气体由下而上运动，与向下喷淋的化学洗涤液以逆流方式充分接触。喷淋的氢氧化钠与次氯酸钠溶液通过雾化喷嘴喷洒在填料上，在填料表面形成液膜，在废气穿过填料层的过程中，废气与液膜接触，废气中的硫化氢等酸性恶臭分子与溶液液膜接触，形成传质过程。硫化氢分子和废气中含有的尘粒受到液膜的碰撞、拦截、阻滞、聚凝后，被吸附、捕集和吸收，发生一连串的化学和物理反应，最后生成可溶性盐，臭气被去除，废气得到有效净化。洗涤后的溶液分别流至装置底部的循环水箱，得到新鲜洗涤液补充后循环使用。

经化学洗涤塔净化单元净化后的废气经塔顶除雾脱水后视情况进入活性炭吸附单元。经过活性炭处理后经排气筒达标排放，将残留污染物吸附，防止污染物逃逸。

5.4 医疗废物化学消毒处理技术

5.4.1 技术原理

化学消毒法是利用化学消毒剂杀灭医疗废物中的病原微生物，使其消除潜在的感染性危害的处理方法，较早用于医疗器械的消毒，这些器械可以重复使用但不宜用压力蒸汽消毒法处理。

化学消毒的药剂可以是固体的也可以是液体或气体的，如熟石灰、次氯酸钠、环氧乙烷、甲醛和过氧化氢等都可以作为消毒剂。干性杀菌剂，其从物理和化学上包覆废物的所有表面，通过分裂病毒隔膜和关键外壳蛋白来破坏微生物形态及病毒的细胞壁和组织，从而达到把原始医疗废物转化为不具传染性物质的目的。它从根本上改变核酸的 pH 值，pH 值由 7.0 变为 11.0～12.5。对微生物体而言，这是一种致命的改变。在开始废物处理循环之前，加入微量水雾即可活化消毒剂，处理完成就变成无活性的以钙为主的材料。

5.4.2 工艺流程

对于集中式医疗废物化学消毒处理设施，优先选用干化学消毒剂、环氧乙烷作为化学消毒剂。其工艺流程分别如图 5-5 及图 5-6 所示。干化学消毒处理工艺采用破碎和化学消毒同时进行的工艺流程；环氧乙烷消毒处理工艺采用先消毒后破碎的工艺流程。其工艺过程是：将医疗废物与化学消毒药剂充分混合，并停留足够长的时间，使医疗废物中的细菌都被杀死，经化学消毒法处理后的废物可进入卫生填埋场或垃圾焚烧厂处置。

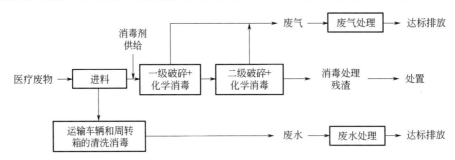

图 5-5 干化学消毒处理工艺流程

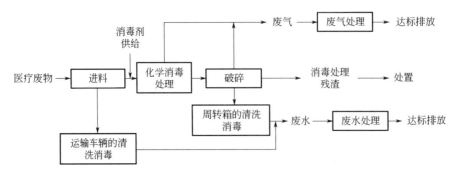

图 5-6 环氧乙烷消毒处理工艺流程

5.4.3　主要系统组成

以干化学消毒处理工艺为例,除贮存单元外,其主要由进料单元、化学消毒单元、pH 监测单元组成。

(1) 进料单元

由自动提升机将装有医疗废物的周转桶提起,将封闭的袋装医疗废物倾倒至设备给料斗。给料斗后方的推杆给料机将袋装医疗废物送入一级破碎混合消毒处理舱体进行杀菌消毒,并有喷水系统和药剂添加系统同时工作。

(2) 化学消毒单元

化学消毒单元由一级破碎消毒混合系统、二级精细粉碎系统、pH 监测系统组成。整个装置运行方式为连续进料、连续出料。

医疗废物送入给料斗中,根据提升装置读取的重量添加一定比例的干粉消毒剂,然后通过加料绞龙送入一级破碎装置;干粉消毒剂由螺旋计量输送泵加入,根据需要自动喷水加湿。原始医疗废物、干粉消毒剂和少量水通过螺旋推进装置进入初级破碎系统。以氧化钙粉为主的干粉消毒剂和水剧烈反应产生大量的热,同时使反应环境迅速变为强碱性。医疗废物在初级破碎系统内得到破碎、药剂混合和消毒处理,pH 值由原始的 8 左右上升到 11.0~12.0。整个过程反应控制在强碱性环境下进行,使微生物有机体和病菌得到充分杀死。

经过一级强化破碎混合消毒后,破碎后的废物进入二级精细粉碎机进行粉碎变为细颗粒,实现进一步的体积削减。在二级粉碎后,医疗废物与干粉消毒剂得到更进一步的充分接触,保证各个部分均得到彻底消毒杀菌。碱性化学消毒剂将长时间地附着在废物上起到消毒作用。从二级精细粉碎系统排出的残渣通过软管与专用垃圾运输车无缝对接,直接外运处置。

(3) pH 监测单元

pH 监测单元是为保证处理后的废渣杀菌消毒效果而设立的。在整个过程中 pH 值被连续监测,确保处理后的医疗废物在离开出口时符合规定要求。pH 值监控头连接在出口侧面底部,并与内部建立电脑连接。

当位于出口处的监视器连续记录所需的 pH 值水平为 11.0~12.0 时,则说明处理系统和干粉消毒剂在正常工作。在废物处理过程中,会持续监控 pH 值水平。如果计算机发现 pH 值出现了问题,则会停止进料升降系统,从而停止进一步向给料斗里装填废物。一旦正确的 pH 值平衡得以恢复,升降系统会重新开始工作。

5.5　医疗废物微波消毒处理技术

5.5.1　技术原理

微波消毒是利用单独微波作用或微波与高温蒸汽组合作用杀灭医疗废物中病原微生

物，使其消除潜在感染性危害的处理方法。

微波是波长 1~1000mm 的电磁波，用于消毒的微波频率一般为 (2450±50) MHz 与 (915±25) MHz 两种。

微波在通过介质时，介质的分子以每秒数十亿次振动、摩擦而产生大量热量，从而达到高热消毒的作用，由于细胞内物质吸收微波能量的系数不同，致使细胞内物质受热不均匀，影响细胞的新陈代谢；微波的振荡频率接近有机分子的固有频率，细胞内蛋白质特别是氨基酸、多肽等成分有选择性地吸收微波能量，改变分子结构，破坏生物酶的活性，另外微波还具有电磁效应、量子效应、超电导作用等影响细胞的新陈代谢，这几种效应的综合作用，达到快速彻底的杀菌效果。

5.5.2 工艺流程

医疗废物微波消毒处置技术一般包括进料、破碎、微波消毒、脱水等工艺单元。医疗废物破碎过程中会产生恶臭、病菌微生物、颗粒物以及噪声等，微波消毒过程会产生恶臭、VOCs 等，运输车辆和周转容器的清洗消毒会产生废水。

单独微波处理工艺流程为医疗废物经转运车卸至暂存间，通过上料输送系统投入微波处理设备的料斗里进行破碎，粒径小于 5cm 的医疗废物通过筛网进入转动料斗，之后进入微波消毒管道，同时蒸汽发生器向微波消毒管道内注入高温蒸汽预热及加温，之后开启微波发生器进行消毒灭菌，时间≥45min、微波消毒温度≥95℃；蒸汽一部分作为废水外排，大部分附着在医疗废物残渣里，还有少部分与微波消毒系统废气一起进入设备自带臭气处理设施进行处置。

医疗废物在微波消毒管道内采用螺旋输送推进的方式，使医废在前进的同时进行旋转搅拌，以使医废受热消毒均匀化，达到最理想的杀菌效果。杀菌完成后的医废残渣通过出料系统排出。

微波消毒设备采用液压提升、物料粉碎、微波消毒、螺旋排料的全自动处理系统，提升设备将盛有医疗废物的料箱提升到进料仓，同时仓门盖板自动打开，物料从料箱进入破碎系统，同时启动微波消毒系统和输送系统。然后仓门盖板自动关闭，物料破碎消毒完成后，被输送到外面的存储料仓。最终处理后排出的残渣尺寸 3~5cm 长，处理后医疗垃圾容重 0.55~0.63t/m³，处理后的医疗废物最终体积将减小 60%~65%，且无法辨认。

经过微波消毒后的医疗废物残渣基本不具有感染性和传染性，可交有资质的单位安全填埋处置。

微波消毒工艺流程如图 5-7 所示。

5.5.3 主要系统组成

微波消毒处理系统主要由上料系统、破碎系统、微波消毒系统、蒸汽供给系统、出料系统、废气处理系统、自动控制系统等子系统组成。各子系统简要说明如下：

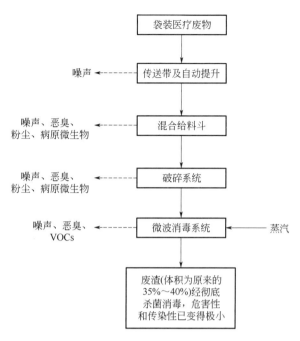

图 5-7 微波消毒工艺流程

（1）上料系统

上料系统用来将医疗废物装入储存料斗中。上料系统包括升降装置和一个可密封的储存料斗，微波消毒设备通过挂载装有医疗废物的垃圾转运箱升降装置给储存料斗装载物料，当储存料斗开启时，料斗内启动负压保护，防止气味与蒸汽扩散至工作环境，然后升降装置将医疗废物倒入料斗内，储存料斗再关闭翻盖密封。

（2）破碎系统

储存料斗中的医疗废物通过压料装置进入粉碎机中，可将医疗废物破碎至 50mm以下。

（3）微波消毒系统

微波消毒系统主要由不锈钢圆筒外壳、转动料斗、螺旋输送装置、减速电机、温度保持装置、蒸汽发生器和微波发生器组成，蒸汽通过管道注入消毒区。该子系统通过蒸汽注入和微波放射（微波发生源频率 2450MHz）连续加热粉碎后的废物，完成消毒。

医废在微波消毒管道内采用螺旋输送的方式，螺旋输送机在全速前进的输送速度下，医废从进料到残渣排出的时间最少需要 45min，以此来确保医废消毒时间在 45min 以上，并通过记录螺旋输送机的实时速度来记录消毒时间。

破碎后的医疗废物进入带有 12 个微波发生器的消毒单元进行消毒。微波消毒处理的温度≥95℃，作用时间≥45min，消毒处理过程中引入了适量蒸汽，可以湿润物料，使物料处于导通状态，增加微波的穿透能力，达到快速彻底灭菌的目的。消毒过程连续进行，消毒参数通过软件自动控制，确保消毒效果合格。

（4）蒸汽供给系统

若建设场址有蒸汽供给条件，微波消毒系统设备所使用的蒸汽正常情况下，可由外部蒸汽供给，若没有蒸汽来源，可采用设备自带的电加热式蒸汽发生器提供蒸汽，蒸汽向微波消毒螺旋里注入，注入量由 PLC 控制电磁阀开启闭合来实现，蒸汽发生器需连接进水管和污水管。

（5）出料系统

物料消毒完成以后，由出料单元螺旋输送机构将消毒残渣输送至医渣库暂存。

（6）废气处理系统

医疗废物微波消毒处理过程中，会产生含有粉尘、微生物、挥发性有机物（VOCs）的恶臭气体。废气处理单元采用设备自带臭气处理设施预处理后，再进入车间内废气处理装置处理后外排。

（7）自动控制系统

自动控制单元是利用 PLC 自动控制系统，能实现废物供给设施自动启停，以及破碎、废气和废水处理等工艺过程及灭菌时间、灭菌温度等工况的自动控制。自动控制系统应具备安全互锁功能，确保进料室在与外界隔绝之前粉碎窗口不能打开。确保进料口关闭情况下，消毒室所有操作参数达到设定值才能将出料仓门打开。自动控制系统具有自我检测功能，异常情况下（微波泄漏、主要设备工艺参数和正常值偏离、电源气源等主要辅助装置故障等）紧急停车，并能实现操作完成时消毒单元仓门闭锁功能。

5.5.4 主要污染物

大气污染物主要为破碎和微波消毒处理产生的恶臭、VOCs 和颗粒物。

废水主要有转运车和周转箱的冲洗废水、消毒废水、卸车场地暂存场所和冷藏贮存间等场地冲洗废水。

固体废物为微波消毒灭菌后的医疗废物，可按生活垃圾进行处置。

噪声主要来源为提升输送设备、清洗消毒设备和破碎微波消毒设施等。

5.5.5 某医疗废物微波消毒项目案例

某项目医疗废物处理车间新建两套微波灭菌工艺处理设施，单套处理设施规模为 9.6t/d，处理装置日运行时间 16h，年工作日 350d，两套设施合计处理能力为 6720t/a。

新建医疗废物处理车间建筑面积约为 7300m²，主要功能分区包括医疗废物接收卸料暂存区、医疗废物上料输送区、微波消毒处理区、冷库、周转箱清洗消毒区、周转箱贮存间、医废残渣贮存库、高低压配电室、中控室、卫生间、淋浴间、办公室等。

该项目投资约 3500 万元，2021 年 2 月开工建设，同年 9 月份建成，主要处理系统包括上料系统、破碎微波消毒系统、蒸汽供给系统、出料系统、废气系统、控制系统和报警系统。该项目设计了全自动的医疗废物成套上料输送系统和有轨制导小车（RGV），采用微波消毒处理的温度≥95℃，作用时间≥45min，微波消毒系统设备所使用的蒸汽正常情况下，由现有项目（一期工程）7t/h 余热蒸汽锅炉供给（若回转窑不运行，余热锅炉不能提供蒸汽的情况下，采用设备自带的电加热式蒸汽发生器提供蒸汽）。废气处理单元采用设备自带的"初效过滤膜+高效过滤膜+活性炭吸附"预处理后，再进入"碱液喷淋+活性炭吸附"废气处理装置处理后，由 20m 高排气筒排放。采用全进口的工业可编程控制器（PLC）对整个系统进行控制，完成系统的各种控制功能。该项目还配备进料报警、温度报警、压力报警及设备故障报警以及联锁保护。

该成套设备主要用水点为车间、车辆、周转箱消毒用水，清洗用水，废气处理装置用水，蒸汽发生器用水，用水量约为 4700t/a。产生的废水为蒸汽发生器排污、医疗废物渗滤液、微波消毒废水、车间与车辆消毒废水、清洗废水以及废气处理系统废水，合计约 2500t/a，车间内废水统一收集至废水积水坑，经过消毒处理后，送入厂区污水处理站统一处理。消毒处理后医疗废物残渣为 7000t/a，采用塑料箱收集后在医渣库中暂存，交有资质的单位安全填埋处置、生活垃圾焚烧发电或自行焚烧处置。成套设备主要包括微波消毒成套设备（包含上料系统、破碎机、微波消毒、出料螺旋、蒸汽发生器）、输送线（升降平台、RGV、链式输送机）、周转箱清洗消毒设备、冷库等，装机功率约 450kW。

医疗废物处理车间废气臭气净化量为 32000m³/h，破碎、微波消毒系统臭气净化量为 5000m³/h，医渣库臭气净化量为 13000m³/h，三处臭气净化系统处理能力为 50000m³/h，臭气通过风管统一收集至臭气净化系统，废气处理工艺为消毒 [NaClO（0.05%）] +碱液喷淋+除雾塔+活性炭吸附，经 20m 排放塔达标排放。

微波消毒设备如图 5-8 所示，微波消毒设备处理车间设备布置如图 5-9 所示。

图 5-8　微波消毒设备示意

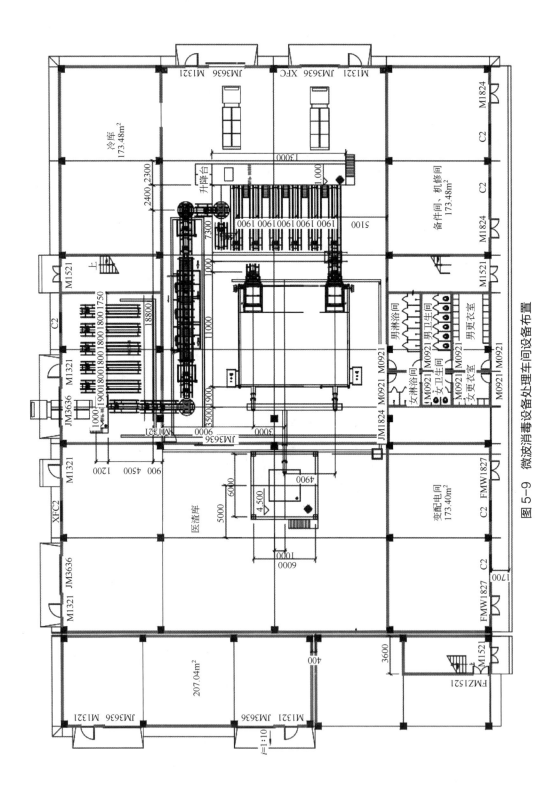

图 5-9 微波消毒设备处理车间设备布置

5.6　医疗废物等离子处理技术

5.6.1　技术原理

等离子技术是一种高温气化技术，通过等离子炬产生的高强度热源将碳基废物中所有有机物转化成合成气（主要为 CO 和 H_2），而无机物则变成无害灰渣（玻璃体）。废物在等离子炉中依次经过气相段、干燥段、热解段、气化燃烧段、熔融段，干燥段主要对物料进行干燥脱水，温度为 100～300℃；热解段对物料有机物进行热解，形成挥发分和热解残渣（主要为灰分+固定碳），温度为 300～1000℃；气化燃烧段，主要为热解残渣中的固定碳和空气燃烧反应，温度为 1000～1200℃；熔融段为熔池，主要是医疗废物热解气化残渣（主要为灰分、残炭）和焦炭、添加剂在高温下形成的玻璃态熔体，温度为 1200～1600℃；炉内设计压力为微负压。等离子炬工作气体为压缩空气，依靠其产生的 10000℃以上的高温高热射流，熔融处理物，并维持炉内温度。

5.6.2　工艺流程

医疗废物运输车进入厂区后，经过卸车、称量、消毒，送入上料区，周转箱内医疗废物经过破碎、配伍后与飞灰、辅料一起进入等离子处置装置处理，周转箱和医废进行清洗消毒处理。

原料经破碎和推料系统进入气化熔融炉，全程保持良好密封和自动化操作。进入气化炉的医疗废物首先在干燥段由热解段上升的烟气干燥，其中的水分挥发。在热解气化段分解为一氧化碳、气态烃类等可燃物并形成混合烟气，热解气化后的残炭向下进入燃烧段充分燃烧，其热量用来提供热解段和干燥段所需能量。气化炉产生的可燃性气体进入燃烧室，在 850℃以上和微负压条件下停留时间大于 2s 进行燃烧。气化燃烧后残渣（主要飞灰）在熔融段约 1600℃温度下熔融形成致密晶体结构的玻璃态物质，使废物中的有害物质稳定在玻璃体中。在二燃室充分燃烧的高温烟气由烟道进入余热锅炉进行热量回收，余热锅炉将烟气中的部分热能回收，产生的蒸汽供内部使用和冷凝循环使用。烟气经过余热锅炉后，温度降至 500℃左右进入急冷吸收塔。

急冷吸收塔出来的烟气进入喷射器经粉末活性炭吸附去除烟气中的重金属和二噁英等，消石灰粉进一步脱除烟气中的酸性污染气体，出来的烟气进入布袋除尘器进一步吸附重金属。在布袋除尘器后设置 SCR 装置，进一步脱除烟气中残留的污染物和酸性气体；然后经过烟气再热器后最后经引风机通过烟囱排入大气。经过净化的烟气污染物含量满足《医疗废物处理处置污染物控制标准》（GB 39707—2020）。

医疗废物等离子气化处置技术工艺流程如图 5-10 所示。

5.6.3　主要系统组成

医疗废物等离子处理系统主要包括进料系统、等离子气化炉系统、余热利用系统、烟气净化系统、排烟系统及灰渣收集系统、自动化控制系统。

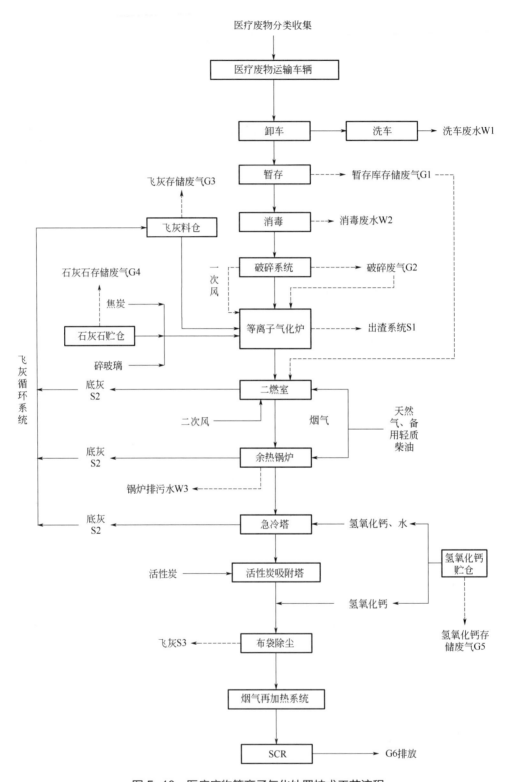

图 5-10 医疗废物等离子气化处置技术工艺流程

（1）进料系统

破碎后的医疗废物、飞灰采用处置提升机进料，通过密封门、星型阀、推料机送至气化炉料斗中。

飞灰由送料罐车泵入飞灰料仓，通过螺旋输送机送入等离子气化炉。飞灰料仓装有防结块装置，顶部装有布袋除尘器，最大限度减少飞灰外逸。辅助进料系统由料仓、计量螺旋、螺旋输送机、斗提机、进料螺旋组成。由主控室发出指令定量输出辅料，斗提机将辅料提升至等离子辅料缓冲仓进入气化炉。

（2）等离子气化炉系统

等离子气化炉主要制作工艺包括：炉体钢板卷制，内衬耐酸、耐磨、耐高温和耐交变温度应力的耐火材料，炉内设进料口、温度测点、燃烧器口、观察口等。炉体采用圆筒形结构，炉外壳采用钢板制作，内衬轻质耐火保温材料。

废物有机成分在熔融炉内有足够的能量（反应温度 1200℃以上）和足够的反应时间彻底气化并裂解成小分子形成可燃合成气（CO、H_2、CH_4 等），而无机物变成灰渣排出。

在反应过程中，需要添加适量辅料，如焦炭、石灰石、玻璃渣等。焦炭的功能是在反应炉内形成带有空隙的炉床，熔融的无机物通过空隙落入反应炉炉底的熔浆池，焦炭同时提供熔化热能。石灰石作用是增加熔浆的流动性，同时起到酸碱中和作用。

等离子炬系统包含一个等离子炬、一个电弧和大功率直流电源，同时配套去离子水冷却系统和气体供应系统。电弧点火器提供启动击穿电压，大功率直流电源为等离子炬提供稳定工作的恒流电源。炬体气体系统为等离子炬提供电离空气，去离子水冷却系统一方面在阴阳极之间起绝缘作用，在工作过程中对炬体进行冷却。

二燃室作用是将等离子气化炉气化过程中产生的合成气进一步燃烧分解，完全转化为 CO_2、H_2O 及 SO_2、HCl、NO_x 等气体。气化炉和二燃室均布置燃烧器，辅助燃料采用天然气或轻柴油。二燃室配置配风装置，可保证可燃气体在高温同氧气充分接触燃烧，烟气在二燃室内停留时间>2s。助燃空气量根据余热锅炉出口烟气含氧量和二燃室出口温度进行调整。二燃室温度控制在 1100～1200℃，烟气停留时间>2s，使有毒有害成分得到分解和消除。

气化后灰渣自动落入底部锥形灰斗排出，冷却后的灰渣从二燃室炉底末端排出，灰渣运送到飞灰料仓，返回进料系统进入等离子气化炉。

（3）余热利用系统

余热锅炉采用立式布置，换热管设吹灰装置，下部设出灰机构。采用单锅筒、自然水循环、弹性布置结构，锅炉受热面受热能自由膨胀，保证锅炉安全。锅炉设有吹灰器，随时清除管壁积灰，保证锅炉运行效率。

锅炉设有超压、超温和高低水位及其他相应的安全保护装置，保证锅炉安全运行。

（4）烟气净化系统

采用"急冷塔+活性炭喷射+干法脱酸（喷射消石灰+布袋除尘器+烟气加热+SCR）"工艺。

采用急冷塔对烟气进行急冷，在 1s 内将烟气温度从 500℃降低至 200℃以下，避开二噁英生成的温度段，达到抑制二噁英再生成的目的。烟气在急冷的过程中，除了降温，还有洗涤、除尘的作用。急冷水的雾化通过急冷泵实现。雾化系统由雾化泵、喷枪、水路系统、气路系统、温度监测系统等组成。

急冷喷枪采用气液两相喷嘴，喷出细小的雾化水到烟气中。喷枪有两路输入，一路为水，另一路为压缩空气。喷枪配有保护套管及保护风防止烟气对喷枪造成腐蚀。

急冷塔立式布置，从喷嘴至烟气出口中心的有效高度不小于 11m，壳体钢板材质 Q235B，厚度 10mm，内浇筑耐酸胶泥 80mm。急冷塔进口烟温 500℃，出口烟温 195℃，烟气急冷时间＜1s。急冷塔进行保温处理。

烟气从急冷塔下部排出，而后自下而上进入干式脱酸塔，将急冷塔下部和干式脱酸塔下部设计成通长的连接烟道，该烟道具有较大的截面积，使烟气中的飞灰得以沉降，而后通过螺旋输送机排出。

在布袋除尘器之前喷入干活性炭粉。在烟气管道中，活性炭与烟气强烈混合，利用活性炭具有极大的比表面积和极强的吸附能力的特点，对烟气中的二噁英和重金属等污染物进行净化处理。

主要工艺设备包括活性炭贮仓、圆盘给料机和罗茨风机等。袋装活性炭通过电动葫芦送至活性炭贮仓平台，人工投加。活性炭贮仓出料口设闸门和计量螺旋输送机，用压缩空气将活性炭定量送至干式反应塔前的烟道。

活性炭贮仓有效容积 1m³，碳钢材质。活性炭进料机采用圆盘式加药机，加药量 1～5kg/h 可调。圆盘给料机用于将活性炭送入喷射器内。圆盘给料机配有变频调速器和控制盘，控制盘接收中控系统信号调节圆盘给料机的转速，及时调整活性炭喷入量。

石灰粉贮存在石灰石贮仓内，通过圆盘给料机、罗茨风机连续均匀地将石灰粉 [Ca(OH)₂] 喷入脱酸塔内，Ca(OH)₂ 和烟气中的 SO_2、SO_3、HCl 和 HF 等发生化学反应，生成 $CaSO_3$、$CaSO_4$、$CaCl_2$、CaF_2 等。同时烟气中有 CO_2 存在，还会消耗一部分 Ca(OH)₂ 生成 $CaCO_3$。由于在急冷塔内喷入大量的水，汽化后变成水蒸气随烟气进入脱酸塔，Ca(OH)₂ 吸收烟气中的水分后，反应速率加快。由于干式脱酸塔里的烟气温度约 195℃，水蒸气的冷凝温度约 100℃，因此干式脱酸塔内不会发生水蒸气冷凝导致局部板结。

含尘烟气由进风口经风道进入灰斗，部分较大的尘粒直接落入灰斗，其他尘粒随气流上升到各个袋室，经滤袋过滤后尘粒被阻挡在滤袋外面，气体由滤袋内部进入上箱体，通过提升阀、出风口排入大气。灰斗中粉尘定时或连续由气动双板卸灰阀卸出。随着过滤过程的不断进行，滤袋外侧附积的粉尘增加，系统的阻力增大，当阻力达到预先设定值时，清灰控制器发出信号，先令一个袋室的提升阀关闭阻断该室的过滤气流，然后打开电磁脉冲阀，压缩空气由气源按顺序依次经气包、脉冲阀、喷吹管向滤袋喷射，使滤袋产生高频振动变形快速膨胀，使滤袋外侧所附尘片变形脱落。在粉尘落入灰斗后提升阀打开，此袋室的滤袋恢复到过滤状态，而下一袋室则进入清灰状态，如此反复直至最后一个袋室清灰完毕为一个周期。低压脉冲除尘器是由多个独立的袋室组成的，清灰时各袋室按顺序逐一进行互不干扰，实现了长期连续运行。上述清灰过程均由 PLC 的设定程序自动完成。

烟气进口温度 170℃，出口温度高于 130℃，有效防止结露现象产生，延长滤布的使用寿命。能保证灰分自由流动从灰斗排出，集中一点出灰。滤袋采用聚四氟乙烯（PTFE）材料。

烟气洗涤塔后设置烟气加热器。经湿法处理后的烟气中含水率较高，若直接排空，当烟气接触到空气后，温度迅速下降，变为过饱和烟气，产生烟雾，这将破坏周边地区的景观，视觉效果差。

为防止烟雾的形成，在洗涤塔处对烟气进行充分洗涤，把其温度降到 68℃，使烟气中水分充分析出，再通过换热装置将烟气升温至 135℃后排放，即可避免烟雾的出现，取得较好的效果。

烟气加热器的热源来自余热锅炉的蒸汽。蒸汽凝结水回收再利用。

使用适当的催化剂，在一定温度下，以尿素作催化反应的还原剂，使氮氧化物转变为无害的氮气和水蒸气。在适宜的温度下，二噁英在催化剂表面发生脱氯反应，使二噁英的苯环破坏，将二噁英分解成无害的 CO_2、H_2O 和 HCl。

SCR 催化塔包括催化剂组件、气流分布器、催化剂塔壳体、吹扫控制系统等。

等离子气化系统不产生有毒有害的渣，熔浆由等离子反应炉底部排出，直接经过水淬，形成玻璃化渣。

余热锅炉飞灰、急冷塔飞灰、除尘器飞灰通过收集后经入料系统配伍后，再输入等离子气化炉内处理。

自动化系统控制站 DCS 实时采集现场数据，并对生产过程进行控制。自备不间断电源（UPS）装置，配有蓄电池组并带故障旁路功能，蓄电池组容量能保证整套控制系统在 UPS 装置失去外供电源后，持续正常工作至少 30min。系统设控制站一套，配置一台工程师站，实现对气化车间工艺过程参数实时监控和联锁保护。自动化控制系统采用在线式仪表连续检测工艺系统处理过程，现场仪表采用常规接口，主要机械设备设置就地控制和远程控制，设备防护等级为室外 IP56。

第6章
危险废物其他综合处理技术

△ 危险废物物化处理技术
△ 危险废物固化处理技术
△ 危险废物热解处理技术
△ 危险废物等离子（高温熔融）处理技术

6.1 危险废物物化处理技术

物化处理是危险废物处置过程中一道重要的工序，其目的是将液态危险废物经处理后降低甚至解除其危害性，并送至下一工序处置。物化处理的废物种类通常为含重金属废酸液（含氟废液、含铬废液等）、废碱类。

物理处理技术是通过脱水、浓缩或相变化来改变危险废物的形态，使危险废物成为便于运输、贮存、利用或处置的状态。最常见的物理处理方法有脱水、干燥等。

化学处理技术是用化学药剂将危险废物的化学性质改变（例如，降低水溶性或中和其酸碱性）使其毒性降低或完全分解成无毒物质的技术。如氰化物是一种常见的有毒废物，过去通常使用填埋处置方法进行处理，但大规模使用填埋方法并不合理，可以用化学处理的方法将氰化物转化成无毒无害的化学物质。例如，氰化物废水可用化学氧化法处理；含铬酸盐的废物可作为氧化剂，用于将六价铬还原成低毒性的三价铬。化学处理法是应用广泛且有效的方法之一。常用的化学处理技术包括絮凝及沉淀、化学氧化与还原、重金属沉淀、中和、油水分离、溶剂/燃料回收等。

6.1.1 常见处理方法简介

6.1.1.1 蒸馏技术

蒸馏是一种热力学的分离工艺，它利用混合液体或液-固体系中各组分沸点不同，使低沸点组分蒸发，再冷凝以分离整个组分的单元操作过程，是蒸发和冷凝两种单元操作的联合。与其他的分离手段如萃取、过滤、结晶等相比，它的优点在于不需要使用系统组分以外的其他溶剂，从而保证不会引入新的杂质。

蒸馏技术的原理是利用液体混合物中各组分挥发度的差别，使液体混合物部分汽化并随之使蒸气部分冷凝，从而实现其所含组分的分离，是一种属于传质分离的单元操作。其原理以分离双组分混合液为例。将料液加热使它部分汽化，易挥发组分在蒸气中得到增浓，难挥发组分在剩余液中也得到增浓，这在一定程度上实现了两组分的分离。两组分的挥发度相差越大，则上述的增浓程度也越大。在工业精馏设备中，使部分汽化的液相与部分冷凝的气相直接接触，以进行气液相际传质，结果是气相中的难挥发组分部分转入液相，液相中的易挥发组分部分转入气相，也即同时实现了液相的部分汽化和气相的部分冷凝。

蒸馏过程中，液体混合物各组分的沸点必须相差很大（至少 30℃以上）才能得到较好的分离效果。在常压下进行蒸馏时，由于大气压往往不是恰好为 0.1MPa，因而严格说来应对观察到的沸点加上校正值，但由于偏差一般都很小，即使大气压相差 2.7kPa，这项校正值也不过 ±1℃左右，因此可以忽略不计。

蒸馏技术操作简单，回收率高，且成本较低，减少了废有机溶剂对环境的危害，又使物质得到充分的回收，在环保领域具有广泛的应用价值。

6.1.1.2　萃取法

萃取又称溶剂萃取或液液萃取法或抽提，是用溶剂分离和提取液体混合物中的组分的过程。在液体混合物中加入与其不相混溶（或稍相混溶）的选定的溶剂，利用其组分在溶剂中的不同溶解度而达到分离或提取目的。例如，用苯为溶剂从煤焦油中分离酚，用异丙醚为溶剂从稀乙酸溶液中回收乙酸等。实验室中用分液漏斗等仪器进行。工业上在填料塔、筛板塔、离心式萃取器、喷洒式萃取器等仪器上进行。萃取在有机化学、石油、食品、制药、稀有元素、原子能等方面都有应用。

在污染土壤修复中，运用萃取液和土壤中的重金属发生作用，形成溶解性的重金属离子或重金属-试剂络合物，最后从萃取液中回收重金属，并循环利用萃取液。用来萃取土壤重金属的萃取剂很多，通常分为 3 种：a. 螯合剂；b. 酸、碱、盐；c. 表面活性剂。

溶剂萃取是一种可以用于去除含油污泥所夹带的油和其他有机物的单元操作技术，含油污泥中的油分被溶剂萃取出来后，通过蒸馏把溶剂从混合物中分离出来循环使用，油则被回收用于回炼。

印制电路板（PCB）产业所产生的含铜蚀刻废液是对环境存在较大潜在威胁的危险废物。利用萃取和反萃取技术可以将含铜量较高的废液中的 Cu^{2+} 进行回收，萃取剂可以反复使用，成本较低。目前，已有瑞典 Sigma Metallextraktion AB 公司开发的 Mecer 系统用于 PCB 生产现场对蚀刻废液回收及再生，是成功实现商业化应用的实例。该系统采用强螯合剂萃取 Cu^{2+}，再经过反萃取等工序，在回收铜的同时再生蚀刻液。

6.1.1.3　化学氧化法

氧化是一个化学反应过程，在这个过程中，一个或多个电子从被氧化的化学物质迁移到引发这种转移过程的化学物质（氧化剂）上。

在危险废物的处理过程中，氧化的主要功能是解毒。例如，可用氧化剂将氰化物转化成毒性较低的氰酸盐或完全氧化成二氧化碳、氮气。

（1）氯氧化法

又称氯化法，是利用氯系氧化剂（氯气、次氯酸钠、漂白粉、次氯酸钙及二氧化氯等）处理废水的方法。氯易溶于水，并迅速水解生成次氯酸。次氯酸为一种弱酸，在水中的存在形态与 pH 值有关。由于 HClO 比 ClO⁻ 有更强的氧化性，因此在酸性条件下氯系氧化剂具有更强的氧化性。

在水处理中主要用于以下几方面：

① 给水中去除某些有机物；

② 给水及废水的消毒；

③ 氧化破坏废水中的氰化物、硫化物、酚、氨氮及色度。

其优点是设备简单、占地少、操作简便、处理效果稳定可靠等。但药剂储运及投配较为烦琐，采用漂白粉时泥渣量较大。使用氯和次氯酸盐处理含酚废水时，易生成有强烈臭味的氯化酚，此时宜采用二氧化氯作氧化剂。

氯氧化法采用氯系氧化剂，如次氯酸钠、漂白粉和液氯等，主要用于去除废水中的氰化物、硫化物、酚、醇、醛、油类，以及对废水进行脱色、脱臭、杀菌等处理。

（2）臭氧氧化法

臭氧氧化法是用臭氧作氧化剂对废水进行净化和消毒处理的方法。臭氧具有强氧化性，因此在环境保护领域被广泛应用。

用臭氧氧化法处理废水所使用的为含有低浓度臭氧的氧气或空气。主要工艺设施由臭氧发生器和气水接触设备组成。臭氧发生器所产生的臭氧，通过气水接触设备扩散于待处理废水中，通常是采用微孔扩散器、鼓泡塔或喷射器、涡轮混合器等。臭氧的利用率力求达到 90% 以上，剩余臭氧随尾气排放，为避免空气污染，尾气可用活性炭或霍加拉特剂（由活性 MnO_2 和 CuO 按一定比例制成的颗粒状催化剂）催化分解，也可用催化燃烧法使臭氧分解。

臭氧氧化法主要用于水的消毒，去除水中酚、氰等污染物质，水的脱色，除去水中铁、锰等金属离子，除异味和臭味，等等。

臭氧不稳定、易分解，因此要现场制造。大规模生产臭氧的唯一方法是无声放电法。制造臭氧的原料气是氧气或空气。原料气需要经过除油、除湿、除尘等净化处理措施，否则会影响设备的正常使用，也会影响臭氧产率。用空气制成臭氧的浓度一般为 10~20mg/L；用氧气制成臭氧的浓度为 20~40mg/L。这种含有 1%~4%（质量分数）臭氧的氧气或空气就是水处理时所使用的臭氧气体。

臭氧氧化法的主要优点是反应迅速，流程简单，没有二次污染问题。但能耗较高，目前生产 1kg 臭氧耗电 20~35kW·h，需继续改进生产，降低能耗。同时需要加强对气水接触方式和接触设备的研究，提高臭氧的利用率。

（3）光催化臭氧氧化法

光催化臭氧氧化法是一种带紫外辐射的臭氧氧化法。

此法是在投加臭氧的同时辅以紫外光照射，其效率大大高于单一紫外法和单一臭氧法。这一方法不是利用臭氧直接与有机物反应，而是利用臭氧在紫外光的照射下分解的活泼的次生氧化剂来氧化有机物。

（4）过氧化氢氧化法

1）过氧化氢氧化法的基本原理

过氧化氢（俗称双氧水）在一般条件下并不能氧化氰化物。在酸性和加热条件下，过氧化氢与硫氰酸盐反应生成氢氰酸，这是一种用硫氰酸盐生产氰化物的方法，然而氰化物却不会被过氧化氢氧化。只有在常温、碱性、有 Cu^{2+} 作催化剂的条件下，过氧化氢才能氧化氰化物：

$$CN^- + H_2O_2^- \xrightarrow{Cu^{2+}} CNO^- + H_2O$$

反应生成的氰酸盐将通过水解生成无毒的化合物。络合氰化物（Cu、Zn、Pb、Ni、Cd 的络合物）也因其中氰化物被破坏而解离，最终，处理后废水中氰化物浓度可降低到 0.5mg/L 以下。

与二氧化硫-空气法的反应类似，废水中的 $Fe(CN)_6^{4-}$ 既不会被氧化成 $Fe(CN)_6^{3-}$ 也不会被分解，而是与解离出的铜、锌等离子生成 $Zn_2Fe(CN)_6$ 或 $Zn_2Fe(CN)_6$ 难溶物从废水中分离出去。

废水中的硫氰酸盐在碱性条件下不会与过氧化氢发生反应，尽管还有如下反应：

$$SCN^- + H_2O_2 \longrightarrow S + CNO^- + H_2O$$

但是在控制 H_2O_2 浓度较低条件下，这一反应可以忽略。

由此可见，过氧化氢氧化法与二氧化硫-空气法的反应效果十分相似。

2）过氧化氢氧化法的优点

① 能使氰化物降低到 0.5mg/L 以下，由于 $Fe(CN)_6^{4-}$ 的去除率较高，使总氰化物大为降低。

② 废水中 Cu、Pb、Zn 等重金属以氢氧化物及亚铁氰化物难溶物形式除去。

③ 既可处理澄清水，又可处理矿浆。

④ 设备简单，电耗低于氯氧化法和二氧化硫-空气法，易实现自动控制。

⑤ 不氧化硫氰酸盐，药耗低。

⑥ 过氧化氢的反应产物是水，故在反应过程中和反应后不会使废水中增加其他有毒物质。

⑦ 处理后废水 COD 低于二氧化硫-空气法。

⑧ 使废水循环成为可能。

3）过氧化氢氧化法的缺点：

① 过氧化氢氧化法是破坏氰化物的方法，无经济效益。

② 我国大部分地区过氧化氢价格较高，生产厂家少，目前难以大面积推广。

③ SCN^- 不能被氧化，废水实际上仍然有一定毒性。

④ 过氧化氢是氧化剂，腐蚀性强，运输使用有一定困难和危险。

⑤ 产生的氰酸盐需要在尾矿库停留一定时间以便分解生成 CO_2 和 NH_3。

⑥ 车间排放口铜浓度降低到 1mg/L 以下可能有困难，需在尾矿库内自净才行。

（5）高锰酸钾氧化法

$KMnO_4$ 也是一种强氧化剂。它在氧化反应的过程中，本身被还原为二氧化锰（MnO_2）或水合氧化锰 [$MnO(OH)_2$] 沉淀下来。如果废水中含有二价锰也会被氧化成二氧化锰或水合氧化锰沉淀下来。沉淀物凝絮，引起胶体物质的沉淀。通过氧化、沉淀以及形成水合氧化锰的离子交换等多种作用，能有效地去除铁、锰和某些有机污染物以及放射性废水中的镭、锶等多种放射性离子。在处理含锰废水时，水合氧化锰又进一步通过离子交换作用使二价锰形成三氧化二锰，可用高锰酸钾稀溶液再生，将它重新氧化成水合氧化锰。高锰酸钾易于溶解，性能稳定，可以干式或湿式投加，设备简单，装置费用较低，溶解时无气味，不形成有毒气体，对钢铁无腐蚀性，因而在给水中的应用相当广泛，但价格较贵。

（6）高级氧化法

高级氧化技术是指在水处理过程中可产生羟基自由基（·OH），使水体中的大分子难降解有机物氧化成低毒或无毒的小分子物质，甚至直接降解成 CO_2 和 H_2O，接近完全矿化。

6.1.1.4　化学还原法

还原是指无机物分子中的原子、离子增加负电荷（或降低化合价），或者有机物分子中增加氢原子、减少氧原子的反应过程。废水中的某些金属离子在高价态时毒性很大，可用化学还原法将其还原为低价态后分离除去。

许多化学品均能作为有效的还原剂，常用的还原剂有下列几类。

① 某些电极电位较低的金属，如铁屑、锌粉等，反应后 $Fe \rightarrow Fe^{2+}$，$Zn \rightarrow Zn^{2+}$。

② 某些带负电的离子，如 $NaBH_4$ 中的 B^5，反应后 $BH_4^+ \rightarrow BO_2^-$。

③ 某些带正电的离子，如 $FeSO_4$ 或 $FeCl_2$ 中的 Fe^{2+}，反应后 $Fe^{2+} \rightarrow Fe^{3+}$。

（1）还原除铬法

铬酸是一种广泛用于金属表面处理及镀铬过程中的有腐蚀性的有毒有害化学物质。铬酸在化学上可被还原成毒性较低的三价铬状态。

还原除铬通常包括两步。首先，废水中的 $Cr_2O_7^{2-}$ 在酸性（pH<4 为宜）条件下，与还原剂反应生成 $Cr_2(SO_4)_3$，然后加碱（石灰）生成 $Cr(OH)_3$ 沉淀，在 pH=8~9 时 $Cr(OH)_3$ 的溶解度最小。

（2）还原除汞法

处理方法是将 Hg^{2+} 还原为 Hg，加以分离和回收。

采用的还原剂为比汞活泼的金属（铁屑、锌粒、铝粉、钢屑等）、硼氢化钠和醛类等。废水中的有机汞先氧化为无机汞，再进行还原。

采用金属还原除汞，通常在滤柱内进行。

通常将金属破碎成 2~4mm 的碎屑，并去掉表面污物。控制反应温度为 20~80℃。温度太高，加快反应速率的同时会导致有汞蒸气逸出。

6.1.1.5　絮凝沉淀

絮凝沉淀是颗粒物在水中做絮凝沉淀的过程。在水中投加絮凝剂后，其中悬浮物胶体及分散颗粒在分子力的相互作用下生成絮状体且在沉降过程中它们互相碰撞凝聚，其尺寸和质量不断变大，沉速不断增大。地面水中投加絮凝剂后形成的矾花、生活污水中的有机悬浮物、活性污泥在沉淀过程中都会出现絮凝沉淀的现象。

（1）絮凝沉淀原理

选用无机絮凝剂和有机阴离子配制成水溶液加入废水中，便会产生压缩双电层，使废水中的悬浮微粒失去稳定性，胶粒物相互凝聚使微粒增大，形成絮凝体、矾花。絮凝体长大到一定体积后就在重力作用下沉淀，废水中的大量悬浮物从而得到去除，达到废水处理的效果。为提高分离效果，可适时、适量地加入助凝剂。

悬浮物浓度不太高（一般质量浓度为 50~500mg/L）时，颗粒沉淀属于絮凝沉淀，如给水工程中的絮凝沉淀、污水处理中初沉池内的悬浮物沉淀。絮凝沉淀过程中，由于颗粒相互碰撞，凝聚变大，沉速不断加大，因此颗粒沉速实际上是在不断变化的。絮凝沉淀颗粒沉速，通常是指颗粒沉淀平均速度。在平流沉淀池中，颗粒沉淀轨迹是一曲线，而不同于自由沉淀的直线运动。在沉淀池内颗粒的去除率不仅与颗粒沉速有关，还与有效水深有关。因此，不仅要考虑沉淀柱器壁对悬浮物沉淀的影响，还要考虑柱高度对沉淀效率的影响。

（2）常见絮凝剂

1）硫酸亚铁

硫酸亚铁最广泛的用途就是作为絮凝剂，它作为絮凝剂具有沉降速度快、污泥颗粒大、污泥体积小且密实、除色效果好（非常适用于印染、水洗等纺织废水的处理）、无毒而且有益于生物生长（非常适合用在后续有生化处理工艺的污水处理系统）、不用改变原来的工艺、价格低廉等优点。作为絮凝剂，硫酸亚铁可以代替聚合铝、碱式氯化铝、聚合铁、硫酸铝、三氯化铁等。

原理：在酸性条件下，投加还原剂硫酸亚铁、亚硫酸钠、亚硫酸氢钠、二氧化硫等，将六价铬还原成三价铬，然后投加氢氧化钠、氢氧化钙、石灰等调 pH 值，使其生成三价铬氢氧化物沉淀从废水中分离。

处理工艺流程：含 Cr^{6+} 废水→调节池→还原反应池→絮凝反应池→沉淀池→过滤器→pH 值回调池→排放。

2）聚合氯化铝

简称 PAC，是一种多羟基、多核络合体的阳离子型无机高分子絮凝剂，固体产品外观为淡黄色或红黄色粉状。由于其中带有数量不等的羟基，当聚合氯化铝加入浑浊原水后，在原水的 pH 值条件下继续水解。在水解过程中，伴随着凝聚、吸附、沉淀等一系列物理化学过程达到净化目的。聚合氯化铝的特点是净水效果明显，絮凝沉淀速度快，适应 pH 值范围宽，对管道设备腐蚀性低，能有效地去除水中 SS、COD、BOD 及砷、铅、汞等重金属离子。制水成本低、效率高、操作简单、节省人力物力，广泛用于饮用水、工业用水和污水处理领域。

聚合氯化铝特点：

① 絮凝体成型快，活性好，过滤性好。

② 无需加碱性助剂，如果遇潮解，其效果不变。

③ 适应 pH 值范围宽，适应性强，用途广泛。

④ 处理过的水中盐分少。

⑤ 能除去重金属及放射性物质。

⑥ 有效成分含量高，便于贮存、运输。

3）碱式氯化铝

碱式氯化铝是 20 世纪 60 年代后期正式投入工业化生产和应用的一种新型无机高分子絮凝剂，是利用工业铝灰和活性铝矾土为原料经过精制加工聚合而成的。此产品活性较高，对于工业污水、造纸水、印染水具有较好的净化效果。具有投加量少、净化效率高、成本低等优点。碱式氯化铝分为标准碱式氯化铝（两种原料生产）和复合型碱式氯化铝（四种原料生产，主要用于酸性水、发酵水，脱色效果好）。

4）聚合硫酸铁

聚合硫酸铁是淡黄色无定型粉状固体，极易溶于水，10%（质量分数）的水溶液为红棕色透明溶液，具有吸湿性。聚合硫酸铁广泛应用于饮用水、工业用水、各种工业废水、城市污水、污泥脱水等的净化处理。

聚合硫酸铁与其他无机絮凝剂相比具有以下特点：

① 是一种新型、优质、高效的铁盐类无机高分子絮凝剂。

② 絮凝性能优良，矾花密实，沉降速度快。

③ 净水效果优良，水质好，不含铝、氯及重金属离子等有害物质，亦无铁离子的水相转移，无毒，无害，安全可靠。

④ 除浊、脱色、脱油、脱水、除菌、除臭、除藻、去除水中 COD 与 BOD 及重金属离子等功效显著。

⑤ 适应水体 pH 值范围为 4～11，最佳 pH 值范围为 6～9，净化后原水的 pH 值与总碱度变化幅度小，对处理设备腐蚀性小。

⑥ 对微污染、含藻类、低温低浊原水净化处理效果显著，对高浊度原水净化效果尤佳。

⑦ 投药量少，成本低廉，处理费用可节省 20%～50%。

5）氯化铁

氯化铁化学式为 $FeCl_3$，又名三氯化铁，是黑棕色结晶，也有薄片状，熔点 304℃，沸点 316℃，易溶于水并且有强烈的吸水性，能吸收空气里的水分而潮解。$FeCl_3$ 从水溶液析出时带 6 个结晶水为 $FeCl_3 \cdot 6H_2O$，$FeCl_3 \cdot 6H_2O$ 是橘黄色的晶体。氯化铁是一种很重要的铁盐。

氯化铁的特性：

① 水解速度快，水合作用弱。形成的矾花密实，沉降速度快。受水温变化影响小，可以满足在流动过程中产生剪切力的要求。

② 固态产品为棕褐色、红褐色粉末，极易溶于水。

③ 可有效去除原水中的铝离子以及铝盐絮凝后水中残余的游离态铝离子。

④ 适用范围广，可用于生活饮用水、工业用水、生活用水、生活污水和工业污水的处理等。

⑤ 用药量少，处理效果好，比其他絮凝剂节约 10%～20%费用。

⑥ 使用方法和包装用途以及注意事项同聚合氯化铝基本一样。

氯化铁是城市污水及工业废水处理的高效廉价絮凝剂，具有显著的沉淀重金属及硫化物、脱色、脱臭、除油、杀菌、除磷、降低出水 COD 及 BOD 浓度等功效。

6.1.1.6　油水分离技术

油水分离主要是根据水和油的密度差或者化学性质不同，利用重力沉降原理或者其他物化反应去除杂质或完成油分和水分的分离。

6.1.1.7　中和技术

工业企业产生大量无机酸水溶液，许多金属处理过程也产生大量废液，废液中有铁、铬、锌、铜、锡及铅等金属，腐蚀性极强。为避免其对环境造成危害，需要将其中和。消石灰是最便宜又实用的碱性物质，因此常被选来用于处理废酸，对于中和所产生的石膏，可将其过滤后进行填埋。碱性废液主要来自化工厂，但其组分比酸性废液更复杂，因此回收时也相对困难。碱性废液也来自石油精炼、油漆厂及洗涤剂专业厂商。碱性废液中除废黏土、催化剂、金属氢氧化物这些固体物外，还有酚盐、环烷酸盐、磺酸盐、氰化物、重金属、脂肪类、油类、焦油状物质、天然或合成树脂等。目前看来，只有金属是可以回收的。在需要加酸时，最常用的有硫酸（H_2SO_4）及盐酸（HCl），硫酸会生成较多的不溶性沉淀物，因此产生的残渣也会比加盐酸时多。

中和技术的基本原理是，使酸性废水中的 H^+ 与外加 OH^- 相互作用，或使碱性废水中的 OH^- 与外加的 H^+ 相互作用，生成弱解离的水分子，同时生成可溶解或难溶解的其他盐类，从而消除它们的有害作用。采用此法可以处理并回收利用酸性废水和碱性废水，可以调节酸性或碱性废水的 pH 值。

常用的方法有：酸、碱废水相互中和，投药中和法，过滤中和法，等等。

投药中和法是应用广泛的一种中和方法。最常用的碱性药剂是石灰，有时也选用氢氧化钠、碳酸钠、石灰石或白云石等。选择碱性药剂时，不仅要考虑它本身的溶解性、反应速率、成本、二次污染等因素，而且还要考虑中和产物的性状、数量及处理费用等因素。

过滤中和法一般适用于处理含酸浓度较低（硫酸<20g/L，盐酸、硝酸<20g/L）的少量酸性废水，对含有大量悬浮物、油、重金属盐类和其他有毒物质的酸性废水并不适用。滤料可用石灰石或白云石，石灰石滤料反应速率比白云石快，但进水中硫酸允许浓度较白云石滤料低。中和盐酸、硝酸废水，两者均可采用。中和含硫酸废水，采用白云石为宜。

6.1.1.8 重金属沉淀处理

通常，电镀废水中溶解有各种各样的重金属，如锌、铜或镍，处理这类废水通常都是加入过量消石灰［$Ca(OH)_2$］或烧碱（NaOH），使其和重金属反应生成不溶性化合物沉淀出来。处理后的危险废物一般是以氢氧化物的形式沉淀下来。含氢氧化物的污泥中的金属是难以溶出的，可以用低 pH 值渗滤液浸出。处理重金属溶液时，可用的沉淀剂有硫化钠、硫脲及二硫代碳酸盐，这些化合物均能生成不溶性硫化物沉淀。硫化物沉淀法一般是作为石灰或氢氧化钠初级沉淀之后的过程。但是有些硫化物污泥较易被空气氧化，可能使有毒金属转化成可浸出状态。

6.1.2 常见废液特征分析

（1）有机废液（HW09）

HW09 乳化液是机加工行业普遍使用的切削冷却润滑液。市面上广泛使用的乳化液主要含有机油和表面活性剂，是根据需要用水稀释后再加入乳化剂配制而成的。在机床切削使用的乳化液中为了提高乳化液的防锈性，还加入了亚硝酸钠等。由于乳化剂都是表面活性剂，当它加入水中，油与水的界面自由能大大降低，达到最低值，这时油便分散在水中。同时表面活性剂还产生电离，使油珠液滴带有电荷，而且还吸附了一层水分子固定不动，形成水化离子膜，而水中的反离子又吸附在其外表周围，分为不动的吸附层和可动的扩散层，形成双电层。这样使油珠外面包围着一层有弹性的、坚固的、带有同性电荷的水化离子膜，阻止了油珠液滴互相碰撞时可能的结合，使油珠能够得以长期地稳定在水中，成为白色的乳化液。

主要特点：

① 有机物含量较高。

② 微乳化状态好，稳定性较高。乳液的稳定性是品质要求的重要指标之一，由于表面活性剂的作用，油粒径一般为 0.05～5μm，乳化液即使长时间静置，或者在低温和高温甚至在沸腾状态下也难以破乳。

③ 金属离子、固体颗粒物粒径较小，含量较高。循环使用过程中产生的金属粉尘微小金属颗粒包括铜、锌等附着在乳液中，也呈较稳定的分散状态。

（2）废酸、废碱（HW34、HW35）

废酸、废碱主要来源于金属及其他材料的表面处理过程以及加工电子组件制造金属表面处理及热处理过程，使用酸清洗/酸蚀/酸剥落所产生的废酸液以及使用碱清洗产生的废碱液等。回收的废酸的主要成分为硫酸、盐酸，同时其中还含有少量的金属离子如 Fe^{3+}、Cu^{2+}等。废碱的主要成分为氢氧化钠和碳酸钠等碱性物质，同时还含有少量杂质。

（3）表面处理废液（HW17）

表面处理是利用物理的、化学的或者其他方法，在金属表面形成一层有一定厚度、不同于基体材料且有一定硬化、防护或特殊功能的覆盖层。表面处理工艺包括基体前处理、涂层制备、涂层后处理三个部分，常用的有除油、除锈、磷化、氧化、钝化、喷漆、电泳、染色、发黑等。表面处理废液主要来源于电镀、电子等行业的表面清洗废液、废槽液等，大多数呈酸性，含大量金属离子、盐分以及少量的有机物，毒性和腐蚀性较大。

（4）含铬废液（HW21）

主要来自电镀行业电镀铬工艺过程中的换缸液、金属表面铬钝化的换缸液及加工过程中产生的含铬废液。

（5）含铜废液（HW22）

主要产生于玻璃制造、常用有色金属冶炼、电子元件制造等行业，特别是线路板生产过程中，产生大量的含铜废液。

（6）含锌废液（HW23）

主要来自金属表面处理及热处理加工、电池制造以及某些非特定行业。主要包括热镀锌过程中产生的废熔剂、助熔剂，含锌电池生产过程中产生的废锌浆，使用氢氧化钠、锌粉进行贵金属沉淀过程中产生的废液。

（7）含氟废液（HW32）

主要来自使用氢氟酸进行玻璃刻蚀产生的刻蚀废液，主要成分是氟化氢、氟硅酸。

（8）其他废物（无机类，HW49）

主要为由石墨及其他非金属矿物制品制造业、非特定产业生产与处理等过程产生的无机废水。

6.1.3 常见废液处理工艺选择

6.1.3.1 酸碱废液（HW34、HW35）处理

废酸、碱液主要来源于基础化学/原料制造、钢铁压延加工、金属表面处理及热处理加工、精炼石油产品的制造和非特定行业中使用酸与碱产生的废液，以及生产、销售和使用过程中变质、不合格、淘汰的废酸碱。

目前，国内外常见的针对废酸的处理方法有蒸发浓缩法、离子交换法、萃取法、焙烧法、膜分离法和化学中和法。其中化学中和法是目前最普遍应用的废酸处置方法，常用的中和剂有石灰、氢氧化钠、飞灰等。石灰中和沉淀法的优点是工艺成熟、简单，对废水水质、浓度适用性高，出水含盐量低、处理效果好，出水水质较好，缺点是污泥量大，出水需要进行进一步处置才能达标排放。而萃取法和膜分离法对进水水质要求高，成分复杂的废液容易污染萃取剂和膜，在污染物单一的废酸中（如钢铁酸洗废酸）应用较多；焙烧法优点是再生酸浓度高，可回收利用，缺点是设施投资大、运营费用高、维修困难、技术难度大、能耗高。焙烧法在大型钢铁厂应用较普遍，在废酸处置行业应用较少。

目前，国内外常见的针对废碱的处理方法有树脂吸附法、化学中和法、化学氧化法、湿法氧化法和电解法。废碱一般含有多种污染物，单一的处理工艺无法达到处理要求，需要组合工艺进行处置。其中"中和+氧化+絮凝沉淀"组合工艺在废碱处理应用较多，工艺成熟、简单，对不同浓度的废碱适用性高。树脂吸收法处理作用较为单一，常作为废碱液的辅助处理手段或预处理手段。电解法电解前需大量水稀释，处理时间偏长、能耗较高，不利于在工业上大规模应用。湿法氧化法工艺简单、占地较小，但装置进水污染物浓度和组成的变化会对总体降解效率产生较大影响，不适用于污染物复杂的废碱液的处理。

有些项目的废酸来自钢铁、电镀和电子等企业，无机类废液中废酸、废碱、表面处理废物、其他废物中的无机类污染物主要为少量重金属、少量有机物、大量盐分。无机杂废液中除了含有无机组分外，还含有大量的 COD，需进行有机物氧化处理。

6.1.3.2 表面处理废液及其他废液（HW17、HW49）处理

目前表面处理废液无害化处理的工艺有物化法、化学法、生化法等。

（1）物化法

物理化学法（简称物化法）是通过物理和化学的综合作用使废水得到净化的方法，主要包括吸附法、膜分离法、离子交换法和电解法等。

活性炭吸附法是处理表面处理废液的一种经济有效的方法。它的特点是处理调节温和，操作安全，深度净化的处理水可以回用。但该方法存在活性炭再生复杂和再生液不能直接回收利用的问题，吸附容量小，不适于有害物浓度高的废液。

　　膜分离法是一种新型的类似溶剂萃取的分离技术，它包括制膜、分离、净化及破乳过程。膜分离法分离效率高，速度快，选择适当的有机溶剂和载体可以处理含铬、铜、镉、锌、汞、镍、钴及铅等的废水。工艺简单，设备占地面积小，净化效率高，耗能少，投资低。但药剂有损耗，要注意防止油的二次污染，要求操作水平高，适用的处理水量小，目前应用尚不多见。

　　离子交换法是利用离子交换剂分离废水中有害物质的方法。最常用的交换剂是离子交换树脂，树脂饱和后可用酸碱再生后反复使用。离子交换是靠交换剂自身所带的能自由移动的离子与被处理的溶液中的离子通过离子交换来实现的。多数情况下离子是先被吸附，再被交换，具有吸附、交换双重作用。此法具有回收利用、化害为利、循环用水和处理费用低等优点，但它技术要求较高、一次性投资大。

　　电解法是利用电解作用处理或回收重金属，也有利用电解产生的金属氢氧化物的絮凝作用，一般应用于浓度较高或杂质单一的电镀废水。电解法能够同时除去多种金属离子，具有净化效果好、泥渣量少、占地面积小、噪声小等优点，但是消耗电能和铁材，目前已较少采用。

（2）化学法

　　化学法是借氧化还原反应或中和沉淀反应将有毒、有害的物质分解为无毒、无害的物质或将重金属沉淀和上浮而从废水中除去。

　　还原沉淀法优点是设备简单、投资少、处理量大，但要防止沉渣污泥造成二次污染。

　　化学沉淀法是向废水中加入药剂（NaOH、石灰等），使水中重金属离子与碱的氢氧根离子作用生成难溶于水的氢氧化物，然后把氢氧化物和水分离达到去除重金属离子的目的。

　　中和法主要用于处理表面处理废液中多余的酸或碱。常用自然中和法、投药中和法、过滤中和法和滚筒式中和法等。另外，用电石渣作为中和剂处理酸废水也有较好的效果，同时可以达到"以废治废"的目的。

（3）生化法

　　主要是用生物来处理表面处理废液的高新生物技术，它包括微生物法等。微生物法主要是应用 SR 复合功能菌处理表面处理废液中的重金属。

6.1.3.3　含铜废液（HW22）处理

　　含铜废水是一类性质较为特殊的废水，其中的重金属离子含量较高，并且含有甲醛等毒性较强的污染物。同时，废水中的乙二胺四乙酸（EDTA）等有机物能与重金属离子形成较强的络合物，而 EDTA 本身很难被氧化，这就使重金属离子的去除难度很大。

　　国内外含铜废水处理方法比较如表 6-1 所列。

表 6-1　国内外含铜废水处理方法比较

工艺	工艺描述	优点	缺点
蒸发浓缩法	利用蒸发废液浓缩结晶，从而分离重金属	该法操作简单、工艺成熟、无需额外添加化学试剂、不会造成二次污染	耗能大，运行费用较高

工艺	工艺描述	优点	缺点
电渗析法	废水中的阴阳离子在直流电作用下会发生定向移动并选择性透过电极之间的薄膜，选择性透过的结果就是薄膜一侧电解质浓缩在一定区域内，实现污染物与水的分离	对废水的浓缩比大，无需额外加药	对电渗析处理前进水水质要求较高，且电渗析仪器设备的制造过程复杂，不利于实际应用
化学沉淀法	部分含铜废液含有络合态铜，加入 Na_2S 可以破络，再加入碱液调节 pH 值，加入絮凝剂使重金属沉淀	工艺成熟，处理效果好，适应性高	需要额外投加药剂，污泥量较大
化学还原法	硫酸亚铁法，铁粉还原法，铅催化还原法	处理效果好	产生的污泥量大
离子交换法	使用离子交换树脂对含铜废水中污染物质的阴阳离子进行选择性交换	离子交换法适用范围广，可回收低浓度污染物	一次性投资较大，技术复杂，对废水污染物浓度有要求，并且有较高的树脂再生成本
吸附法	用吸附剂自身的吸附及氧化还原作用来处理含铜废液	占地面积小，一次性投资小，处理效果较好	去除速度较慢，再生复杂，对高浓度废水处理效果不理想
电解法	对废水外加电极使得有害物质在电极上发生反应，进而降解去除	占地面积小，操作方便，针对不同情况可不额外添加化学试剂，污泥产生量小，还可在极板回收高纯度的贵金属	适用于水量较小的废水，否则会大大增加电耗和极板消耗，提高使用成本

6.1.3.4 含锌废液（HW23）处理

目前，含锌废液主要处理工艺有以下几种。

（1）絮凝沉淀法

絮凝沉淀法其原理是在含锌废水中加入絮凝剂（石灰、铁盐、铝盐），在 pH=8～10 的弱碱性条件下形成氢氧化物絮凝体，对锌离子有絮凝作用，从而共沉淀析出。尹庚明等采用絮凝沉淀法对江门粉末冶金厂锰锌铁氧体生产废水进行处理，处理规模为 30～80m³/d。实验室试验和工厂实际运行结果表明，本法土建及设备投资少，工艺简便，运行费用低，处理效果好。悬浮物去除率可达 99.9%，浊度去除率可达 99%，悬浮物由 200～350mg/L 降至 0.002～0.005mg/L，浊度由 600～1200NTU 降为 6～8NTU，出水水质达到 GB 8978—1996 中的一级标准。且出水和废水中的金属氧化物均可回收利用。

（2）硫化沉淀法

硫化沉淀法利用弱碱性条件下 Na_2S、MgS 中的 S^{2+} 与重金属离子之间有较强的亲和力，生成溶度积极小的硫化物沉淀而从溶液中除去。硫加入量按理论计算过量 50%～80%。过量太多不仅带来硫的二次污染，而且过量的硫与某些重金属离子会生成溶于水的络合离子而降低处理效果，为避免这一现象可加入亚铁盐。

（3）铁氧体法

铁氧体即为铁离子与其他金属离子组成的氧化物固溶体，该工艺最初由日本电气公司（NEC）研制成功。根据铁氧体形成的工艺条件，可分为氧化法和中和法。氧化法需要加热和通气氧化，要求添加新设备，而中和法可以通过适当控制加入废水中亚铁离子和铁离子的浓度等条件形成铁氧体，不必增加新设备，投资费用较低。在形成铁氧体的过程中，锌离子通过包裹、夹带作用，填充在铁氧体的晶格中，并与铁氧体紧密结合，形成稳定的固溶体。汤兵等研究了铁氧体法处理含锌、镍混合废水的工艺条件。在 pH 值为 8.0～10.0，Fe^{2+} 与 M^{2+}（M^{2+} 以废水中总离子含量计）含量比为 2:8，外加磁场强度为 200T 的条件下，锌、镍离子能够同时去除，其去除率可达 99%以上，沉渣沉降时间可缩短至 10min。

（4）离子交换法

与沉淀法和电解法相比，离子交换法在从溶液中去除低浓度的含锌废水方面具有一定的优势。离子交换法在离子交换器中进行，此方法借助离子交换剂来完成。在交换器中按要求装有不同类型的交换剂（离子交换树脂），含锌废水通过交换剂时，交换剂中的离子同水中的锌离子进行交换，达到去除水中锌离子的目的。这个过程是可逆的，离子交换树脂可以再生，一般用在二级处理。陈文森等利用静态吸附方法处理含锌废水，结果表明，酸的存在对树脂吸附 Zn^{2+} 影响很大，酸度越大吸附量越小，盐的存在在一定范围内有利于 Zn^{2+} 的吸附，但超过一定浓度则不利于 Zn^{2+} 的吸附。

不溶性淀粉黄原酸酯，是一种优良的重金属离子脱除剂，受到各国广泛的重视。张淑媛等探讨了用不溶性淀粉黄原酸酯脱除废水中锌离子的方法和最佳条件、脱除效果和影响因素，该法脱除率高，经一次处理脱除率大于 98%，锌离子残余浓度小于 0.2mg/L。反应迅速，适应范围广，残渣稳定，无二次污染。

（5）吸附法

吸附法是应用多孔吸附材料吸附处理含锌废水的一种方法，传统吸附剂是活性炭及磺化煤等，近年来人们逐渐开发出具有吸附能力的吸附材料，这些吸附材料包括陶粒、硅藻土、浮石、泥煤等，目前，有些已经应用到工业生产中去。王士龙等对陶粒处理含锌废水进行了试验研究，探讨了陶粒用量、废水酸度、接触时间、温度等因素对除锌效果的影响。结果表明：在废水 pH 值为 4～10、Zn^{2+} 浓度为 0～200mg/L 范围内，按锌与陶粒质量比为 1:80 投加陶粒处理含锌废水，锌的去除率达 99%以上，处理后的含锌废水达排放标准。

6.1.3.5　含铬废液（HW21）处理

目前，含铬废液主要处理工艺有以下几种。

（1）化学法

化学处理废铬液是国内使用较为广泛的方法，就是利用化学反应使含铬废水中铬离子从水体中沉淀分离。最常用的是化学还原法，利用该法使高毒性的六价铬变为低毒性的三价铬，再利用碱使三价铬沉淀分离出来，从而消除铬对环境的污染。

常见化学处理法的优缺点对比如表 6-2 所列。

表 6-2　常见化学处理法的优缺点对比

化学处理法	优点	缺点
FeSO₄还原法	药剂来源容易，若使用废酸液时，成本更低，除铬效果好	产生的污泥量较多，基本上没有回收利用价值，并需妥善处理
铁氧体处理法	使废水中的多种金属（如镉、铬、铜、镍等）离子净化达到排放标准，具有硫酸亚铁货源广、价格低、净化效果好、投资省、设备简单、沉渣易分离等优点	经营费用高，不太适用于处理大水量；沉渣的成分不固定，综合利用的渠道尚难以建立
亚硫酸盐还原法	用 NaOH 中和时可回收铬污泥	费用较高，用石灰中和沉淀，费用便宜，但操作不便，反应速度慢，生成的沉渣量大，且难以回收利用，易导致污泥的二次污染
铁屑还原法	原材料价格便宜易得，处理效果好	消耗较多的酸，污泥量较大
钡盐法	比化学还原法简单，不受车间来水中铬浓度变化的影响，污泥清除的周期较长，出水水质较好	钡盐货源、沉淀物分离以及污泥的二次污染等问题，限制此法的推广

（2）离子交换法

主要利用离子交换树脂中的交换离子同废铬液中的铬离子进行交换而集中到一起，再进行洗脱，为达到去除六价铬与三价铬的目的，必须同时使用阳离子交换树脂和阴离子交换树脂。离子交换法不需要改变铬的氧化态就能直接从溶液中除去铬酸盐。但是强碱性交换树脂是用氢氧化钠和盐的混合进行再生，这就很有可能导致交换树脂内部形成重金属沉淀，使得交换容量随着交换周期的延长而降低。离子交换法处理含铬废水的一次投资较高，操作管理要求严格，在生产运行中往往会由于操作管理不善而达不到预期的效果，且对进水水质要求较高，对水质适应性不强。

（3）电解还原法

电解还原处理含铬废水，利用铁作阳极，在电解过程中铁溶解生成 Fe^{2+}，在酸性条件下，Fe^{2+} 将 Cr^{6+} 还原成 Cr^{3+}，同时析出 OH 使废水 pH 值逐渐上升，呈中性时 Fe^{3+}、Cr^{3+} 都以氢氧化物沉淀析出，达到净化目的。电解法处理含铬废水具有占地少、管理方便、效果好等优点。但由于极板腐蚀、钝化及损耗问题比较严重，造成耗电多和处理效果不稳定。

（4）吸附法

吸附法是利用吸附剂对废水中铬的吸附从而达到降低铬含量的目的。目前，国内应用于含铬废水处理的吸附剂有许多，如活性炭、膨润土、聚合氯化铝、壳聚糖及其变性后的壳聚糖、碘式氧化铁、镁铝碱式盐等，但含铬废水的生物吸附处理技术正处于研究阶段，用于工业废铬液处理的较少。

（5）膜分离法

膜分离用于废水处理，能从稀溶液中回收各种有用物质。膜能浓缩金属离子主要依靠载体的作用，膜相中的离子载体在一定的 pH 值下让多种重金属离子起化学反应形成配合物或聚合物，这种载体起了"离子泵"的作用，不断将金属离子从低浓度区向高浓度区输送，其能量来自另一离子（如氢离子）的同向或逆向迁移。但由于膜的寿命短，资金投入量大，故很难投入工业运作中。

（6）电渗析法

电渗析除铬是在直流电场的作用下，利用阴、阳离子交换膜对溶液中阴、阳离子的选择性，对溶液中的铬进行分离的一种物化过程。含铬废水进入两电极之间的阴、阳膜组成的小室内，在电场下做定向运动而使铬得到富集。该法的不足之处是处理效果易受膜选择性的影响，而且影响会随着铬的富集而加强，膜寿命短、耗能高。

含铬废液处理方法比较如表 6-3 所列。

表 6-3　含铬废液处理方法比较

处理方法	优点	缺点
化学法	工艺成熟，设备简单	二次污染
离子交换法	去除率高	投资成本高，操作要求高，适应性不强
电解还原法	占地少，管理方便，效果好	存在板腐蚀、钝化及损耗问题，耗电多，处理效果不稳定
吸附法	选择性高	工业应用少，工艺不成熟
膜分离法	可回收有用金属	膜寿命短，投资成本高
电渗析法	选择性高	膜寿命短，投资成本高

6.1.3.6　含氟废液（HW32）处理

目前，国内外常见的针对废酸的处理方法有化学沉淀法、反渗透法、絮凝沉淀法、电渗析法、吸附法等。

（1）化学沉淀法

化学沉淀法是含氟废水处理最常用的方法，其中，采用钙盐沉淀法处理最为普遍，即向废水中投加钙盐，使废水中的 F^- 与 Ca^{2+} 反应生成沉淀而除去，在高浓度含氟废水预处理中应用尤为普遍。化学沉淀法方法简单，处理费用低，适用范围广，但存在二次污染问题，且处理效果也不太理想，需与其他工艺联合应用才能达到好的处理效果。

（2）反渗透法

反渗透法是近年来迅速发展起来的膜分离技术的一种，该技术是利用反渗透膜选择性地只能透过溶剂而截流离子物质的特性，以膜两侧压力差为推动力，克服溶剂的渗透压，使溶剂通过反渗透而实现对液体混合物进行分离的过程。反渗透技术在处理较低浓度的含氟废水时效果好，但对高浓度含氟废水的处理效果不太理想。反渗透法可以十分有效、可靠地实现除氟除盐的双重目的。但目前还没有在我国得到广泛采用，这主要是由于反渗透法耗资大、运行成本高、易污染、使用寿命较短、对水质要求高、适应性不强。

（3）絮凝沉淀法

絮凝沉淀法是目前处理含氟废水应用最多的方法之一，基本原理是在含氟废水中加入絮凝剂，并用碱调到适当 pH 值，使其形成氢氧化物胶体吸附氟。该法中铝盐和铁盐絮凝法应用最多，适用于工业废水的处理。絮凝沉淀法的特点是能够处理含氟比较高的水，经济实用、适用性强，设备简单、操作容易。但是，原水含氟量、碱度、盐度、絮凝搅拌时间等因素对除氟效果有一定影响，需投加的絮凝剂量较大，同时产生较多难以处理的废渣，容易产生二次污染。

（4）电渗析法

电渗析脱盐除氟技术是在半渗透膜的两端施加直流电场，使带负电的氟离子和带正电的离子分别通过离子交换流向阳极和阴极，从而达到除氟目的的一种方法。这种方法的电力消耗随原水盐浓度的增大而增大，因此使用这种方法脱盐除氟，往往有很高的电力消耗，原水盐分浓度高时消耗量更大。电渗析法用于饮用水除氟需要对水进行预处理，设备投资大、运行管理复杂、运行不够稳定，在技术上存在膜极化结垢的问题，因此在应用上受到限制。

（5）吸附法

吸附法是我国饮用水除氟中研究应用较多的一种方法，主要利用吸附剂与 F 的吸附作用、离子交换作用或络合作用等将氟离子去除。这种方法操作简便，除氟效果较为稳定，价格便宜。除氟效果的高低主要受吸附剂种类的制约，因此，吸附法中选择合适的吸附剂非常关键。但是吸附剂吸附容量低，难再生，重复利用次数少。

含氟废液处理方法比较如表 6-4 所列。

表 6-4　含氟废液处理方法比较

处理方法	优点	缺点
化学沉淀法	简单，处理费用低，适用范围广	存在二次污染问题，处理效果不佳，需与其他工艺联合应用
反渗透法	可处理低浓度含氟废水，可有效、可靠地实现除氟脱盐双重目的	对高浓度废水去除效果不佳，耗资大，运行成本高，易污染，使用寿命较短，对水质要求高，适应性不强
絮凝沉淀法	能处理高浓度含氟废水，经济实用，适用性强，设备简单，操作容易	影响处理效果因素太多，药剂投加量较大，易产生二次污染
吸附法	操作简便，效果稳定，价格便宜	吸附剂吸附容量低，难再生，重复利用次数少
电渗析法	选择性高	电力消耗大，设备投资大，运行不稳定，存在膜极化积垢问题

6.1.3.7　有机废液（HW09）处理

废乳化液（HW09）不仅来源广泛，而且成分十分复杂。通常，废液当中的油含量从几十毫克每升到数万毫克每升，按照油的存在形式，可将含油废水当中的油分成几种。

① 浮油：粒径在 100μm 以上，漂浮在水面上，可产生油层或者是油膜。

② 分散油：以小滴形式悬浮在水面上，状态不稳定，一段时间以后可能会变成浮油，粒径通常保持在 10~100μm。

③ 乳化油：如果废水当中存在活性剂，或者是混合物在经过高速旋转以后，油滴可以变成乳化液，稳定地分散在水中，其粒径通常较小，不超过 10μm，一般处于 0.1~2.0μm，仅采用静置的方法很难实现分离。

④ 溶解油：以某种化学方法溶解而成的油，状态分散，而且粒径很小，通常在 0.1μm 以内。

油的分类如表 6-5 所列。

表 6-5　油的分类

分类	粒径/μm	特点
浮油	>100	以连续油膜形式漂浮于水体表面
分散油	10~100	以微小液滴悬浮于水中，不稳定
乳化油	0.1~10	由于表面活性剂作用而形成乳化液
溶解油	<0.1	以分子状态与水分子均匀混合

目前常用的含油废液处理方法主要有：物理法、物化法、化学法、生化法等。

① 物理法：主要包括重力分离法、过滤法、离心法、粗粒化法、膜分离法等。

② 物化法：主要包括气浮法、吸附法、电磁吸附法等。

③ 化学法：主要包括酸化法、盐析法、电化学法、化学氧化法、化学絮凝法、微电解法等。

④ 生化法：分为好氧和厌氧处理法两大类。

不同处理工艺对比如表 6-6 所列。

表 6-6　不同处理工艺对比

处理方法	使用范围	去除油粒径/μm	主要优点	主要缺点
重力分离法	浮油、分散油	>60	效果稳定，运行费用低	占地面积较大
粗粒化法	分散油、乳化油	>10	设备小型化，操作简单	滤料易堵，存在表面活性剂时效果差
膜过滤法	乳化油、溶解油	<60	出水水质好，设备简单	膜清洗困难，需杀菌消毒，操作费用高
气浮法	分散油、乳化油	>10	效果好，工艺成熟	占地面积大，浮油较难处理

处理方法	使用范围	去除油粒径 /μm	主要优点	主要缺点
电磁吸附法	乳化油	<60	除油率高，装置占地面积小	耗电量大，工艺未成熟
吸附法	溶解油	<10	出水水质好，装置占地面积小	吸附剂再生困难，投资较高
活性污泥法	溶解油	<10	出水水质好，基建费用低	进水水质要求高，操作费用高
生物滤池法	溶解油	<10	适应性强，运行费用低	基建费用高
化学絮凝法	乳化油	>10	效果好，工艺成熟	占地面积大，药剂用量多，容易造成二次污染
电解法	乳化油	>10	除油率高，可连续操作	装置复杂，电量消耗大，难大型化

6.2 危险废物固化处理技术

固化处理是尽可能将填埋处置的危险废物与环境隔绝的重要工程措施之一。固化处理应本着减量化和无害化的原则，采取各种措施对有害成分进行稳定化，减少危险废物的体积和有害成分的浸出，使废物经过固化后，达到降低、减轻或消除其自身危害性的作用，满足《危险废物填埋污染控制标准》（GB 18598—2019）中"允许填埋的控制限值"后，进行安全填埋处置。

6.2.1 固化工艺的选择

危险废物种类繁多且特性复杂，目前国内外常用的固化处理工艺有水泥基固化法、石灰基固化法、沥青固化法，固化工艺综合比选如表6-7所列。

表6-7 固化工艺综合比选

固化工艺	水泥基固化法	石灰基固化法	沥青固化法
价格/（元/t）	350～400	200	400
处理100t重金属类废物材料费用/万元	1.0～2.5	0.5～2.0	1.8～2.2
处理100t重金属类废物用料/t	20～50	20～60	50
废物增容率/%	30～50	30～50	30～50
固化效果	对重金属废物稳定化效果较好，但存在长期稳定性问题	对大多数废物效果不太好	较好
机械设备费用	低	低	高

机械操作特点	操作管理简单,安全性好	操作管理简单,安全性好	需要高温操作,管理复杂,安全性好
投资	低	低	较高
运行费用	较低	较低	较高

(1)水泥基固化法

水泥基固化是基于水泥的水化合和水胶凝作用而对废物进行固化处理。废物被掺入水泥基质中,在一定条件下废物经过物理化学作用,废物在水泥基质中胶结固定,生成坚硬的水泥固化体而失去迁移能力。固化体堆填要求低。

目前,水泥基固化技术已广泛用于处理含各种金属(如镉、铬、铜、铅、镍、锌等)的电镀污泥,也用于处理含有机物(如多氯联苯、油脂、氯乙烯、二氯乙烯、树脂、石棉等)的废物。这一工艺适用性广,设备技术比较成熟。

(2)石灰基固化法

用石灰作为基材,粉煤灰、水泥窑灰等作为添加剂,是基于其中活性氧化铝和二氧化硅能同石灰发生反应生成硬结物质。石灰基固化技术多用于处理含有硫酸盐或亚硫酸盐的泥渣。石灰固化使用的添加剂本身是废物,来源广,成本低,操作简单,无需特殊设备,处理的废物不要求完全脱水。石灰固化体的强度比水泥固化体低,体积和重量增加较大,易被酸性介质侵蚀,要求对表面进行包覆处理并放在有衬里的填埋场中处置。

(3)沥青固化法

沥青通过加热将废物均匀地包裹在沥青中,冷却形成固化体。用于废物固化的沥青有直馏沥青、氧化沥青和乳化沥青。沥青固化的优点在于固化产物空隙小、致密度高、渗透性差,同水泥固化相比,有害物质的浸出率小于 2%~3%。此外,沥青固化处理后随即就能固化,不像水泥固化那样必须经过一段时间的养护。沥青的导热性不好,加热蒸发的效率不高,废物含水率较大时会有起泡现象和雾沫夹带现象,容易排出废气产生污染。

因固化处置对象主要为焚烧炉炉渣、飞灰以及部分有色金属冶炼废物,大都为无机类的重金属类危险废物,因此,从更好地控制固化物浸出液中重金属浓度的角度出发,常采用水泥固化措施。

6.2.2　固化的工艺流程

由于含重金属类废物在处置废物总量中所占的比例较大,考虑主要采用药剂稳定化技术进行处理,这样不但能大大减小使用水泥或石灰增加的体积,能够节省大量库容,延长填埋场使用寿命,而且经药剂稳定化处理后的重金属类废物能够达到填埋污染控制标准,减少处理后废物二次污染的风险。固化处理一般采用水泥固化为主、药剂为辅的综合固化处理工艺技术。工艺流程如下:

① 将需固化的废料及其他辅助用料采样送入化验室进行分析，在化验室进行配比试验，检测试验固化体的抗压强度、凝结时间、重金属浸出浓度以及最佳配比等，并将工艺参数（包括稳定剂品种、配方、消耗指标等）提供给固化车间。

② 原始废物通过厂内转运车辆运输到固化/稳定化车间，再由装载机卸入骨料仓内。

③ 粉状物料如飞灰、水泥和粉煤灰采用收运系统罐车自带的真空泵泵送至贮仓，贮仓顶部设有除尘设施，水泥和飞灰贮存周期均为3d。药剂在贮仓内通过搅拌装置配制成液态形式贮存，贮存周期为2d。

④ 根据试验所得的配比数据，通过控制系统和计量系统，水泥、药剂和水等物料按照一定的比例，连同废物物料在混合搅拌槽内进行搅拌。水泥、粉煤灰和飞灰在贮仓内密闭贮存，在罐下设闸门，由螺旋输送机输送再称量后进入固化搅拌机拌和料槽内；固化用水采用污水处理站处理后的中水，通过输水泵计量由管道送至固化搅拌机拌和料槽内；药剂通过泵计量送入搅拌机拌和料槽内。搅拌时间以试验分析所得时间为准，通常为6～8min，搅拌顺序为先物料干搅，然后再加水湿搅。对于采用药剂稳定化处理含重金属的物料，先进行废物与重金属的搅拌，搅拌均匀后再与水泥一起进行干搅，最后加水进行整个混合搅拌，这样可避免水泥中的 Ca^{2+}、Mg^{2+} 等争夺药剂中稳定化因子（S^{2-}），从而提高处理效果，降低运行成本。对于综合利用的残渣、含六价铬（Cr^{6+}）废物，在物化处理车间经过酸碱中和和氧化还原处理后再进行固化/稳定化处理。

⑤ 漂白粉具有强氧化性，能有效对高毒废物进行解毒。因此，采用氢氧化钠和漂白粉对高毒废物进行氧化解毒处理，再添加固化剂进行固化/稳定化处理。

⑥ 物料混合搅拌以后，开启搅拌机底部闸门，卸入搅拌机成型，成型后的砌块体放入链板机的托板上，通过叉车送入养护厂房进行养护处理。

⑦ 成型砌块养护时间为6～7d，在养护过程中，需要洒水养护，洒水频率为1次/4h。

⑧ 养护凝固硬化后取样检测，合格品用叉车直接运至安全填埋场填埋，不合格品返回预处理间经破碎后进行再处理。例如，在运行期间按照配比运行稳定且水泥等来料稳定时，可将养护好的固化体直接运入填埋场填埋；当来料或水泥有所变化时则要进行再次检验，检测合格后可直接运入填埋场进行填埋处理。

为了方便操作和运行管理，提高物料配比的准确度，单种类型废物物料应采用单一混合搅拌，不同的时段搅拌不同的废物，不同类型废物料不宜同时段混合搅拌。此外，混合搅拌机应进行定时清洗，尤其是在不同物料搅拌间隙时段，更应对设备进行清洗。

固化工艺流程详见图6-1。

6.2.3 固话的技术参数

根据文献、实际运行经验资料以及危险废物特性分析，选定几种固化工艺，其主要技术参数如下：

根据固化工艺配比计算，固化后砌块总量按照比例 [固化原料:粉煤灰:水:固化剂（水泥）:螯合剂=1:0.12:0.11:0.12:0.01] 进行设计。

在实际运行中，不同性质的废物在混合搅拌装置内加入不同的配比物质，并由试验确定的最佳搅拌时间进行操作，以达到最佳的预处理目的。药剂、石灰、水泥或水的具体投加量应根据试验结果来确定。对来源固定或零散的物料均通过工艺试验室工作取得可靠物料配比和运行数据后，投入生产实践。由于危废的种类繁多、成分复杂、有害物含量变化幅度大，需要进行分析、试验来确定每一批废物的处理工艺和配方，并根据配方确定药剂品种及用量。

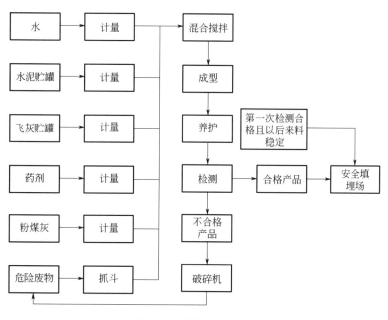

图 6-1　固化工艺流程

6.2.4　固化车间自控系统

固化/稳定化系统中设置半自动控制系统，可实现以下功能：根据操作命令，实现各主要执行设备的自动开启与停止，完成自动计量、搅拌、出料等工作；随时检测外部设备的工作状态与工作位置，用来决定下一步动作；控制模拟面板上的流程指示灯显示；随时接受操作者发出的操作指令。具体包括：搅拌控制方式的选择（自动/半自动/手动）；连续搅拌盘数的设定与控制；投料时间、搅拌时间、出料时间的设定与控制；按照配方要求，自动完成材料计量进料，并可使用计量冲量设定、脉冲精称控制灯方法实现高精度计量效果；检测外部设备的非正常状态，发出报警信号；自动存储生产数据并完成生产报表；所有手动（点动）操作均可在任何状态（自动、半自动、计量等）下接入；操作台设置"输出暂停"功能，用以处理临时故障；显示飞灰仓、水泥仓和粉煤灰仓的料位，显示液态物料搅拌罐的液位。

6.3　危险废物热解处理技术

6.3.1　技术原理

热解是指将有机物在无氧或缺氧状态下进行加热蒸馏，使有机物裂解，经冷凝后形成各种新的气体、液体和固体，从中提取燃料油、油脂和燃料气的过程。

热解是一个复杂连续的化学反应过程，包括大分子键的断裂、异构化和小分子聚合等反应，最后生成较小的分子。热解过程中间产物存在两种变化趋势：一是由大分子变成小分子，直至气体的裂解过程；二是由小分子聚合成大分子的聚合过程。

6.3.2 技术特点

① 可将固体废物中有机物转化为以燃料气、燃料油和炭黑为主的能源。
② 缺氧反应，排气量少，有利于减轻对大气环境的二次污染。
③ 废物中的硫、重金属等有害成分大部分被固定在炭黑中。
④ 产生的 NO_x 量小。
⑤ 设备价格低，维护费用少，操作方便，设备占地面积小。

6.3.3 主要系统组成

热解系统主要包括上料系统、热解及高温加热系统、燃气（烟气）净化系统、热解残渣输送及贮存系统。

（1）上料系统

包括封闭式物料输送机和物料分配器，可实现热解炉的自动布料和给料。通过振动频率变化实现均匀布料，保证上料速度均匀，通过物料分配器保证上料过程不会出现滞料现象。

（2）热解及高温加热系统

物料在热解炉内做缓慢直线移动，与辐射加热系统提供的热源进行充分接触，炉内温度控制在 700～1000℃，在不同时段和温度段内，废物中水分被汽化、有机物裂解，转换为燃气和焦油气，其中产生的各种气体通过净化装置进一步处理。

高温加热系统是将天然气与空气按照一定的配比混合后送入燃烧器进行燃烧，燃烧后辐射热通过辐射管为热解设备提供热源。加热方式采用特殊的燃控系统，烧嘴控制采集炉内均匀分布的热电偶传感器模拟信号，控制器对各个区域烧嘴进行单独控制，温度可调保证炉内各区域温度均匀并保持安全运行温度。

（3）燃气（烟气）净化系统

系统主要包括二燃室、除尘换热器、急冷塔、冷却塔、碱液喷淋塔。

热解燃气进入二燃室进行高温燃烧，通过燃烧器的助燃，使热解过程产生的可燃物在二燃室高温条件下充分燃烧，天然气作为辅助燃料，并保障充分燃烧空气。根据燃烧"3T"原则在炉内经高温热解燃烧，烟气在二燃室内停留时间超过 2s，燃烧温度达到 1100℃，减少二噁英产生。

除尘换热器采用特殊的结构设计，集除尘与换热于一体，在除尘的同时达到余热利用的目的，将烟气温度降低到 500℃。

经过除尘和换热后的烟气进入急冷塔进行急冷，主要功能是快速冷却至 2000℃以下，遏制二噁英的重新合成，同时进行喷淋除尘，有效实现了急冷塔对烟气快速冷却，进入碱洗塔去除酸性气体，碱洗塔喷射 20%浓度的氢氧化钠溶液，与烟气中酸性气体发生中和反应从而去除污染物。

（4）热解残渣输送及贮存系统

固体残渣经过两级冷却螺旋输送机输送至固体残渣出料仓内进行贮存。热解残渣出料温度为 400～500℃，冷却螺旋输送机内循环水冷却，将热解残渣温度降低到 70℃，便于贮存和输送。

6.4　危险废物等离子（高温熔融）处理技术

6.4.1　技术原理

热等离子体处于局域热力学平衡（LTE），其中的电子、离子和其他中性粒子具有相近的温度。典型的热等离子体是高强度电弧和等离子炬产生的等离子体。Joachim Heberlein 和 Anthony B. Murphy 认为，热等离子体处理废物包括以下过程：

① 等离子热解（plasma pyrolysis）　即利用等离子体的热能在无氧条件下打断废物中有机物的化学键，使其成为小分子。

② 等离子气化（plasma gasification）　废物中的有机成分进行不完全氧化，产生可燃性气体，通常是 CO 和 H_2 以及其他一些气体的混合物，又叫合成气（syngas）。

③ 等离子熔融玻璃化（plasma vitrification）　对无机物熔融，视废物成分加入适当的添加剂玻璃化，产物固体浸出率很低。

等离子技术的反应过程主要包括等离子气化和等离子熔融玻璃化两个过程，具体为：

① 等离子气化　几乎所有有机物和许多无机物在热等离子体的高温环境下都会发生氧化或还原反应，进而分解为原子和最简单的分子，这些原子和分子在温度较低的部位又会重新合成热力学稳定的 2～3 个原子的化合物（氧化物、氰化物及卤族化合物等）。有毒有机物，尤其是二噁英和呋喃，能被有效地裂解为无毒的小分子物质。

② 等离子熔融玻璃化　熔融玻璃化是指在热等离子体的高温作用下，废物与玻璃等物质混合熔融形成一种稳定的玻璃态物质。原废物中的有害金属被包封在固体中，并阻止其迁移到水和大气中，可达到稳定化、减量化及资源化的目的。一般其反应机制是利用 SiO_2 网络结构形成难熔物质。

6.4.2　技术特点

（1）固体废物的减量化

传统的焚烧处理方法仍有大量的不可燃物（灰分）和未燃尽物，称为底渣，例如 1t 污泥仍将有 300～400kg 的底渣需要作为危险废物处理。

而采用等离子体气化方式处理，玻璃化熔渣体积大约为焚烧产生灰渣体积的 1/5，最大限度做到了减量化。同时玻璃化熔渣可以作为砂石骨料使用，非危险废物产品。

（2）固体废物的无害化

由于危险废物焚烧产生的飞灰中含有较高浓度的 Cd、Pb、Cu、Ni、Zn 和 Cr 等多种有害重金属物质，并且吸附了毒性很高并且在环境中难以降解的持久性有机污染物二噁英/呋喃，因此，《国家危险废物名录》已将焚烧飞灰规定为编号 HW18 的危险废物，并且在《危险废物污染防治技术政策》中第 7.2.4 条规定：危险废物焚烧产生的残渣、烟气处理过程中产生的飞灰，须按危险废物进行安全填埋处置。第 9.3 条专门对飞灰进行规定：生活垃圾焚烧产生的飞灰必须单独收集，不得与生活垃圾、焚烧残渣等其他废物混合，也不得与其他危险废物混合；生活垃圾焚烧飞灰不得在产生地长期贮存，不得进行简易处置，不得排放；生活垃圾焚烧飞灰在产生地必须进行必要的固化和稳定化处理之后方可运输，运输需使用专用运输工具，运输工具必须密闭。

而等离子体气化过程温度为 1450～1600℃，所有的有机物（包括二噁英、呋喃、传染性病毒与病菌及其他有毒有害物质）能够迅速脱水、气化和裂解。经测试，等离子气化炉产生的玻璃体渣的浸出率远远低于检测极限，测试还证明，玻璃体渣的浸滤液是惰性物质，重金属浸出质量浓度均远低于现有的国际毒性标准。

（3）固体废物的资源化

等离子气化的热转换效率比焚烧工艺高 50%左右，在焚烧、气化过程中热能可回收并转换成电能。

等离子气化产生的混合可燃性气体（以 H_2、CO 和部分有机气体等为主要成分）无毒无害，不产生二次污染，不污染周边的空气、水源和环境，排放的气体无黑烟，并可作为热源直接加以利用，还可以进一步处理，分离出氢气和生产其他高价值的化工产品。

从等离子气化炉出来的渣是无毒无害的优质建材，可直接使用。若经过再加工，这些玻璃体渣还可制成高价值的玻璃纤维。

（4）进料的多元化

等离子气化是一种广谱的废弃物处理方式，可以处理除易爆和具有放射性以外的任何危险废物，且无任何二次污染，对处理废物进料的控制要求要比焚烧处理简单得多，可以处理除污泥以外的其他生产过程中产生的危险废物。

6.4.3　工艺流程

采用的工艺路线为：上料配伍装置+等离子气化炉+二燃室+余热换热器（SNCR）+废气处理系统（急冷器+半干法脱酸+活性炭吸附+布袋除尘+湿法脱酸）+烟囱。

固体废物以及废液通过不同的进料系统进入等离子气化炉。根据计算增加焦炭保证等离子气化炉内部能达到稳定气化的条件。等离子气化过程属于缺氧气化而非燃烧，等离子气化炉底部熔融区温度可达到 1450～1600℃，上部气化区域可达到 1200℃。在气化炉中需要添加焦炭作为床层。在等离子炉底部，无机物熔融成为液态，同时可以向炉内添加助熔剂及其他氧化物组分调节出渣的形态，排出后采用水冷冷却为玻璃化渣。

等离子气化反应生成 CO、H_2、CH_4 等合成气。合成气经过二燃室再燃后将合成气中的有机成分、CO 和 H_2 氧化成 CO_2 和 H_2O，并释放大量的热，二燃室温度可达 1100℃以上，烟气停留时间大于 2s。

从二燃室中出来的高温烟气，含有大量热能，首先通过余热换热器，余热换热器烟气温度由 1100℃降至 500℃，产生 1.2MPa 蒸汽，在二燃室至余热换热器的烟道设置 SNCR 脱硝装置，喷氨水，脱除烟气中的氮氧化物。

从余热锅炉降温后出来的烟气进入急冷器，采用强制水冷却，将烟气温度在 1s 内由 500℃急冷至 200℃以下，并喷入氢氧化钙溶液，可部分脱除烟气中的酸性气体。

急冷后的烟气进入布袋除尘器，使烟气中的颗粒物的含量降至 30mg/m³ 以下，但是不能满足 10mg/m³ 的排放要求。同时在烟气中喷入活性炭和氢氧化钙，让活性炭均匀分布在布袋上，最大限度降低烟气中二噁英的含量，防止少量再生的二噁英对环境造成污染，另外氢氧化钙可以有效去除烟气中的酸性气体。

经过除尘后的烟气进入换热器，换热器采用聚四氟乙烯（PTFE）材质，主要是降低进入后端碱洗塔的烟气温度，另外通过换热将这部分热量加热碱洗塔出来的 50℃的低温烟气，保证将低温排放烟气加热至 110℃以上。通过换热器后烟气温度在 110℃以下，然后进入碱洗脱酸塔，可以有效地降低烟气中二氧化硫等酸性气体的含量，同时可以除去部分粉尘。通过碱洗脱酸塔的烟气进入换热器，与前端自身高温烟气进行换热，换热后烟气温度在 110℃以上，保持温度在烟气的露点温度以上，防止结露腐蚀。升温后烟气通过引风机，整个系统为负压系统，通过引风机控制系统压力，最后通过烟囱排入大气，并在烟囱上设置烟气在线检测系统，实时监测烟气排放指标。

经过处理后的烟气排入大气，其中对环境有污染的气体的排放浓度和速率低于《危险废物焚烧污染控制标准》（GB 18484—2020）的要求。

危险废物等离子技术工艺流程如图 6-2 所示。

6.4.4　主要系统组成

等离子气化熔融系统由 7 个子系统组成。

① 进料系统：主要是固、液进料装置，物料配伍。

② 等离子气化熔融系统：气化危险废物中的有机成分，熔融无机成分，实现废物的彻底处理，包括等离子气化熔融炉、二燃室、预热风系统、冷却系统、烟道系统等。

③ 等离子炬系统：由等离子炬、电控电源、水冷却系统等设备组成。

④ 余热回收系统：由余热换热器等设备组成。

⑤ 尾气处理系统：由急冷器、布袋除尘器、PTFE 换热器、碱洗脱酸塔、引风机、烟囱、烟气在线检测系统等组成。

⑥ 仪器仪表：包括流量、温度、压力、料位监测及控制阀等。

⑦ 辅助系统：由出渣系统、钢架平台/楼梯等设备组成。

6.4.4.1　进料系统

（1）固体物料进料

由行车提升机利用抓斗将固体废物、半固体废物进行混合配伍并送至缓冲入料斗，再由推料系统均匀送至等离子气化炉后处置。

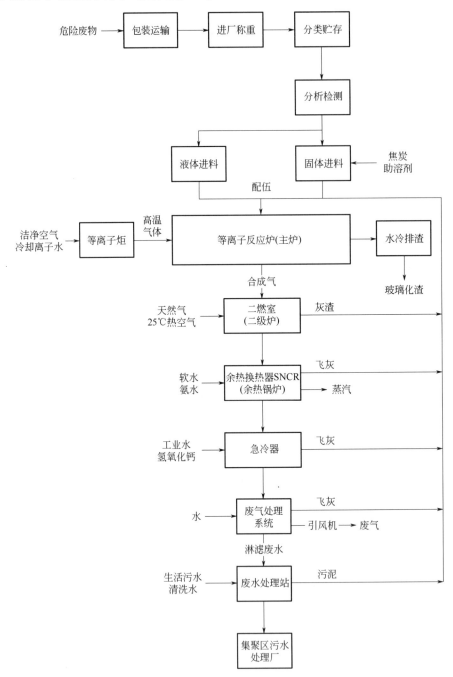

图6-2 危险废物等离子技术工艺流程

（2）废液进料

液体上料系统：废液贮罐3台，30m³/台，带伴热系统。其中1个为高热值废液罐，1个为低热值废液罐，1个为废液罐，高热值废液罐采用氮封。废液进入废液贮罐前必须进行相容性试验，保证混合时不会因为不相容性而产生意外。废液通过喷枪形成雾化状态后进入等离子气化炉。

（3）其他

危险废物入炉前考虑适当的预处理和配伍措施，使废物混合均匀以利于气化炉稳定、安全、高效运行。

进料系统密封联锁控制，保证进料顺利，防止堵塞，防止有害气体外逸。

（4）配伍

项目采用人机界面进行查询、配伍处理。对于未知成分的物料，经过化验后，输入计算机内。项目采用专用危险废物管理系统软件，该软件针对危险废物处置中心开发设计，对所有接收入厂废物的来源、运输单位、接收单位、废物数量、危险成分、形态、入库日期、配伍方案、处置方法及出库日期进行全程信息收集，建立数据库。对废物焚烧处理的配伍方案实行人机界面操作，指导配伍工作的完成。可随时了解处置中心的物料情况，提高了管理水平。

经过配伍后，进入等离子气化系统的物料低位热值应≥2000kcal/kg（1kcal=4.186kJ），氯含量低于 5%，固态物料水分通常不超过 35%。通过配伍将热值不同的危险废物物料搭配至合理的热值区间，并达到理想的玻璃体形成条件。

6.4.4.2　等离子气化炉

物料进入等离子气化炉后，其中的有机物在高温的作用下迅速反应。反应过程中，空气进风由进风口的阀门控制。而无机物则在高温作用下，熔融形成熔浆。熔浆积累到一定量后通过出浆通道引出等离子气化炉，采用水淬方式，得到砂砾状的无毒无害的玻璃体渣。而熔浆中由于重金属的质量较大，因此设计两个出口，可以将较重的重金属与其他无机成分分离，而其他无机成分则被称为玻璃体，具体应根据入炉前的危险废物成分分析，对有回收利用价值的重金属进行回收。

气化炉配置等离子炬，等离子炬将电能直接转化为电离的高温气体（火炬温度高达4000~7000℃）。在熔融过程中，等离子炬除了需要一定量的洁净压缩空气以产生等离子体外，炬的壳体需要去离子水冷却。同时需要一定的辅助风将能量非常集中的等离子体热能均匀化。

等离子气化炉作为废物气化的设备，废物在等离子气化炉中经历预热、气化阶段，使废物分解，是实现废物减量化和无害化处理的主要场所。等离子气化炉的主要部件包括炉体（用钢板卷制，内衬耐火材料）、进料口、温度测点、废液喷射口、观察口等。炉本体采用锥筒-直筒结构，炉外壳采用钢板制作，内衬有轻质耐火保温材料，可有效地减少炉内热量外传。而内壁用高耐温耐腐材料，可在高温下长期可靠地工作。

等离子气化炉设计保证废物（不管是固体和液体）有机成分在熔融炉内有足够的能量（反应温度1200℃以上）和足够的反应时间彻底气化并裂解成小分子形成可燃合成气（CO、H_2、CH_4 等）。而 1200℃以上的高温，使危险废物基本燃尽，不但使废渣焚尽烧透，还从源头避开产生二噁英的工况区。

在反应过程中需要添加适量辅料，如焦炭、助熔剂等。焦炭的功能是在气化炉内形成一个有空隙的炉床，熔融的无机物通过空隙落入气化炉底部的熔浆池，同时焦炭也提供了熔化无机物的一部分热能。焦炭床的使用对炉内耐火材料有一定的保护作用。助熔剂的作用是增加熔浆的流动性同时起到一定的酸碱中和作用。

与普通回转窑焚烧设备完全不同的等离子技术是一种高温气化技术，等离子炬不但具备能产生高强度热源的优势，同时气化炉内的等离子体是一种高度电离或者充电气体。由于其高温和高热密度，等离子技术几乎能将碳基废物中的所有有机物完全转化成合成气（主要为 CO 和 H_2），而无机物则可变成无害灰渣（玻璃体）。大量研究和工程实践证明，等离子气化产生的炉渣（玻璃体）浸出毒性浓度低于国家标准，可以当作一般废弃物处理或开发利用。

6.4.4.3 二燃室

① 二燃室的作用主要是将等离子气化炉气化过程中产生的合成气进一步燃烧分解，使之完全转化为 CO_2、H_2O 及 SO_2、HCl、NO_x 等气体。二燃室设置 2 台点火装置，使用天然气作为燃料，二燃室内的燃烧温度控制在 1100℃以上，烟气停留时间≥2.0s，使有毒成分（有毒气体等）在二燃室得到充分的分解和消除。

灰渣由炉窑下方排出，设置密封袋收集，定期返回进料系统继续进入等离子气化炉熔融处理。

② SNCR 系统，脱硝还原剂为低浓度（10%以下）氨水。

在二燃室至余热换热器中间管道位置喷射点，NH_3 还原 NO_x 的主要反应为：

$$4NH_3+4NO+O_2 \longrightarrow 4N_2+6H_2O$$

③ 在气化炉到二燃室的连接管道上，设置有可燃气体和氧气含量的在线分析仪器。

④ 等离子气化炉与二燃室连接可靠，密封合理，耐高温或连接处有有效的冷却措施。

⑤ 确保二燃室出口烟气中氧含量自动达到 6%～10%（干烟气）。

⑥ 系统供风，沿二燃室环向布置风箱，风管旋向布置。

⑦ 辅助燃料供给系统，根据焚烧的需要配置天然气供给系统。

6.4.4.4 余热回收系统

二燃室出口温度为 1100℃，经余热锅炉降温至 500℃。

余热锅炉采用多回程水冷壁式。余热锅炉同时还带有蒸汽吹扫装置，根据不同的工况，定期对锅炉内部进行吹扫，出灰温度低于 100℃，可以有效地防止锅炉的堵塞，余热锅炉收集的粉尘返回至等离子气化炉重新处理。余热锅炉应考虑工作环境的特殊性，选择合适的耐腐蚀材料。正常设计使用寿命不低于 15 年。

6.4.4.5 急冷塔

急冷塔采用喷水直接冷却的方式，流经塔内的烟气直接与雾化后喷入的液体接触，传质速度和传热速度较快，喷入的液体迅速汽化带走大量的热量，可以在 1s 内将烟气温度从550℃降至 200℃以下，烟气温度得以迅速降低，从而避免了二噁英类物质的再次生成。

6.4.4.6　半干法脱酸

喷雾吸收塔主要用于去除烟气中的酸性气态污染物，是半干法烟气净化系统的主要设备。入口烟气温度 500℃，出口烟气温度<200℃。采用喷氢氧化钙溶液的方式，脱除烟气中的大部分酸性物质；吸收塔材质采用 Q235A 钢+耐酸碱耐火材料。

雾化喷头靠压缩空气完成浆液雾化，其结构为双层夹套管，吸收剂浆液走内管，压缩空气走外管，浆液与压缩空气在喷嘴处强烈混合后从雾化器喷嘴喷出，使浆液雾化为细小的颗粒，与烟气进行充分接触吸收。酸性气体的去除分两个阶段：第一阶段，烟气在塔内与石灰浆液雾滴混合，烟气中的酸性气体与液态的石灰发生化学反应；第二阶段，烟气的热量使浆液雾滴中的水分蒸发，浆液中石灰和反应生成物形成固态的颗粒物，这些颗粒物在塔的下部和后续的喷淋塔内，再次与气态污染物发生化学反应，使总的污染物净化反应效率提高。

为了保证喷入塔内的浆液完全蒸发，防止浆液粘壁及防止腐蚀，内部采用双层结构，与烟气接触面为防腐耐高温胶泥，中间为隔热层，采用硅酸铝纤维板。为保证防腐耐高温胶泥的强度及附着力，同时减轻设备重量，耐火材料厚度设计为 100～120mm，延长设备的使用寿命。

脱酸碱溶液的制备及供给装置包括脱酸碱溶液的中间贮槽及输送设备。外购的氢氧化钙在氢氧化钙溶液配制槽内，加水搅拌配制成一定浓度的溶液。经药液泵压送到吸收塔顶部的雾化器喷头，同时在空压的作用下使溶液充分雾化。

为防止吸收塔被酸性气体腐蚀，内部采用双层结构，与烟气接触面采用防腐耐高温耐火材料。

经过脱酸处理后的焚烧烟气再进行活性炭吸附，活性炭耗量为 0.5%～1%，加入的活性炭粉末与烟气进行充分混合，主要吸附二噁英及重金属成分。本方案使用 100 目的活性炭粉末，以保证表面积和吸附能力，活性炭的添加为连续作业，采用给料机进行控制，通过空气喷入干式反应器，同时设有防潮、防吸湿、防堵装置。

6.4.4.7　布袋除尘器

含尘烟气由进风口经外旋风道进入中箱体，部分较大的尘粒经碰撞壳体直接落入中下箱体，其他尘粒随气流上升，经滤袋过滤后尘粒被阻挡在滤袋外面，气体由滤袋内部进入上箱体，再通过出风口排入大气。中下箱体中的粉尘定时或连续地由电动刮板、电动卸灰阀和螺旋输送机卸出。随着过滤过程的不断进行，滤袋外侧附积的粉尘不断增多，从而系统的阻力不断增大，当阻力达到预先设定值时，清灰控制器发出信号，首先打开电磁脉冲阀，压缩空气由气源按顺序依次经气包、脉冲阀、喷吹管向滤袋喷射，使滤袋产生高频振动变形快速膨胀，使滤袋外侧所附尘片变形脱落。粉尘落入中下箱体，滤袋恢复到过滤状态，而下一组袋则进入清灰状态，如此反复直至最后一组袋喷吹完毕为一个周期。上述清灰过程均由 PLC 的设定程序自动完成。

烟气进口温度 180℃，出口温度高于 170℃，有效地防止结露现象发生，同时能延长滤布的使用寿命。

中下箱体及排灰口的设计，应保证灰能自由流动排出灰斗，集中一点出灰。中下箱体的贮存量按最大含尘量满足 8h 满负荷运行。

布袋除尘器飞灰通过吨袋收集，定期返回等离子气化炉处理。

6.4.4.8　碱洗脱酸塔

稀碱液逆流接触以除去硫化氢、二氧化硫、硫化氢、颗粒物等。

脱酸塔分上、中、下三段，中、下两段为碱洗段，上段为水洗段。中段为浓碱液，下段为中段流下的稀碱液，并由稀碱循环泵使之循环，新碱液用碱液补给泵连续送入中段。碱洗温度通常控制在 30～50℃，碱液常用浓度为 10%～15% 的氢氧化钠溶液，循环使用直至浓度达到 2%～3% 时再更换。设备采用为一体式，便于安装。

6.4.5　项目应用案例

某危险废物处置项目采用等离子气化炉处理设施，处理能力为 40t/d，每天运行时间为 24h，年工作 300d，年处理量为 12000t。

本项目投资约 9900 万元，主要包括收集和运输系统、接收与贮存系统、处理系统（包括等离子气化及烟气净化系统）、配套辅助设施系统（包括污水处理站等）。新建等离子气化车间建筑面积为 3300m²，分成三层：一层主要包括卸料大厅、危险废物上料输送区、料坑、高低压配电室、综合水泵房、空压机房、破碎间以及卫生淋浴间；二层主要为中控室以及办公室、电机控制中心（MCC）、资料室以及会议室等；三层为抓斗上料区。

该项目等离子气化炉尺寸 ϕ4000mm×13500mm，配套 200kW 等离子炬，烟气阻力 50Pa，炉膛压力-100Pa。二燃室炉膛尺寸 3m×12m，二燃室温度 1100℃。余热锅炉蒸发量 5t/h，蒸汽压力 1.25MPa，温度 250℃。等离子体所需焦炭为 30～50mm 的二级焦，用量 117kg/h；石灰石块 30～50mm，用量 57kg/h；消耗的氮气量 60m³/h，消耗的天然气 7m³/h，耗电量 655kW·h；产生的玻璃体渣量 573kg/h，飞灰量 20.8kg/h。

第7章
危险废物安全填埋技术

7.1 危险废物安全填埋入场要求

可进入危险废物安全填埋场填埋的废物包括《国家危险废物名录》中除医疗废物和与填埋场的衬层具有不相容性反应的危险废物以外的所有危险废物。

为了保证安全填埋场运营的安全可靠，《危险废物填埋污染控制标准》（GB 18598—2019）规定填埋场进场填埋处置相关要求如下。

① 禁止填埋的废物，包括：a. 医疗废物；b. 与衬层具有不相容性反应的废物；c. 液态废物。

② 除上述危险废物外，满足下列条件或经预处理满足下列条件的废物，可进入柔性填埋场：a. 根据 HJ/T 299—2007 制备的浸出液中有害成分浓度不超过表 1 中允许填埋控制限值的废物；b. 根据 GB/T 15555.12—1995 测得浸出液 pH 值在 7.0～12.0 之间的废物；c. 含水率低于 60% 的废物；d. 水溶性盐总量小于 10% 的废物，测定方法按照 NY/T 1121.16—2006 执行，待国家发布固体废物中水溶性盐总量的测定方法后执行新的监测方法标准；e. 有机质含量小于 5% 的废物，测定方法按照 HJ 761—214 执行；f. 不再具有反应性、易燃性的废物。

③ 除①部分所列废物，不具有反应性、易燃性或经预处理不再具有反应性、易燃性的废物，可进入刚性填埋场。

④ 砷含量大于 5% 的废物，应进入刚性填埋场处置。

危险废物允许进入填埋场的控制限值按照表 7-1 执行。

表 7-1 危险废物允许进入填埋场的控制限值

序号	项目	稳定化控制限值/（mg/L）	检测方法
1	烷基汞	不得检出	GB/T 14204
2	汞（以总汞计）	0.12	GB/T 15555.1、HJ702
3	铅（以总铅计）	1.2	HJ 766、HJ 781、HJ 786、HJ 787
4	镉（以总镉计）	0.6	HJ 766、HJ 781、HJ 786、HJ 787
5	总铬	15	GB/T 15555.5、HJ 749、HJ 750
6	六价铬	6	GB/T 15555.4、GB/T 15555.7、HJ 687
7	铜（以总铜计）	120	HJ 751、HJ 752、HJ 766、HJ 781
8	锌（以总锌计）	120	HJ 766、HJ 781、HJ 786
9	铍（以总铍计）	0.2	HJ 752、HJ 766、HJ 781
10	钡（以总钡计）	85	HJ 766、HJ 767、HJ 781
11	镍（以总镍计）	2	GB/T 15555.10、HJ 751、HJ 752、HJ 766、HJ 781

续表

序号	项目	稳定化控制限值/（mg/L）	检测方法
12	砷（以总砷计）	1.2	GB/T 15555.3、HJ 702、HJ 766
13	无机氟化物（不包括氟化钙）	120	GB/T 15555.11、HJ 999
14	氰化物（以 CN 计）	6	暂时按照 GB 5085.3 附录 G 方法执行，待国家固体废物氰化物监测方法标准发布实施后，应采用新国家标准监测方法

7.2　危险废物填埋场选址技术要求

与城市生活垃圾填埋场、一般工业固体废物填埋场相比，安全填埋场应满足更高的防渗要求。根据多重屏障原理，要保障安全填埋场的安全性，需要同时发挥废物屏障、工程屏障和自然屏障的作用，因此选址显得更为重要。

危险废物填埋场选址是危险废物填埋场项目前期的重点工作，项目选址精准与否，很大程度上决定了项目建设周期的长短，甚至决定了项目能否实际落地，是项目后续工作能否顺利、高效开展的基石。

关于安全填埋场的选址，《危险废物填埋污染控制标准》《危险废物安全填埋处置工程建设技术要求》等均对安全填埋场的选址做了具体规定。这些标准与技术要求对安全填埋场与周围敏感点距离、运输距离、工程地质、水文地质、地质灾害、库容等做了具体规定。

《危险废物填埋污染控制标准》修订前危险废物填埋场场址选择要求如下。

① 填埋场场址的选择应符合国家及地方城乡建设总体规划要求，场址应处于一个相对稳定的区域，不会因自然或人为的因素而受到破坏。

② 填埋场场址的选择应进行环境影响评价，并经环境保护行政主管部门批准。

③ 填埋场场址不应选在城市工农业发展规划区、农业保护区、自然保护区、风景名胜区、文物（考古）保护区、生活饮用水源保护区、供水远景规划区、矿产资源储备区和其他需要特别保护的区域内。

④ 填埋场与飞机场、军事基地的距离应在 3000m 以上。

⑤ 填埋场场界应位于居民区 800m 以外，并保证在当地气象条件下对附近居民区大气环境不产生影响。

⑥ 填埋场场址必须位于百年一遇的洪水标高线以上，并在长远规划中的水库等人工蓄水设施淹没区和保护区之外。

⑦ 填埋场场址与地表水域的距离不应小于 150m。

⑧ 填埋场场址的地质条件应符合下列要求：a. 能充分满足填埋场基础层的要求；b. 现场或其附近有充足的黏土资源以满足构筑防渗层的需要；c. 位于地下水饮用水水源地主要补给区范围之外，且下游无集中供水井；d. 地下水位应在不透水层 3m 以下，否则，必须

提高防渗设计标准并进行环境影响评价，取得主管部门同意；e．天然地层岩性相对均匀、渗透率低；f．地质结构相对简单、稳定，没有断层。

⑨ 填埋场场址选择应避开下列区域：破坏性地震及活动构造区；海啸及涌浪影响区；湿地和低洼汇水处；地应力高度集中、地面抬升或沉降速率快的地区；石灰溶洞发育带；废弃矿物或塌陷区；崩塌、岩堆、滑坡区；山洪、泥石流地区；活动沙丘区；尚未稳定的冲积扇及冲沟地区；高压缩性淤泥、泥炭及软土区以及其他可能危及填埋场安全的区域。

⑩ 填埋场场址必须有足够大的可使用面积以保证填埋场建成后具有 10 年或更长的使用期，在使用期内能充分接纳所产生的危险废物。

⑪ 填埋场场址应选在交通方便、运输距离较短、建造和运行费用低、能保证填埋场正常运行的地区。

《危险废物填埋污染控制标准》修订后危险废物填埋场场址选择要求如下。

① 填埋场选址应符合环境保护法律法规及相关规划要求，场址应处于一个相对稳定的区域，不会因自然或人为的因素而受到破坏。

② 填埋场场址的位置及与周围人群的距离应依据环境影响评价结论确定。

③ 填埋场场址不应选在国务院和国务院有关主管部门及省、自治区、直辖市人民政府划定的生态保护红线区域、永久基本农田和其他需要特别保护的区域内。

④ 填埋场场址不得选在以下区域：破坏性地震及活动构造区；海啸及涌浪影响区；湿地；地应力高度集中、地面抬升或沉降速率快的地区；石灰溶洞发育带；废弃矿区、塌陷区；崩塌、岩堆、滑坡区；山洪、泥石流影响地区；活动沙丘区；尚未稳定的冲积扇、冲沟地区及其他可能危及填埋场安全的区域。

⑤ 填埋场选址的标高应位于重现期不小于百年一遇的洪水位之上，并在长远规划中的水库等人工蓄水设施淹没和保护区之外。

⑥ 柔性危险废物填埋场场址地质条件应符合下列要求：a．场区的区域稳定性和岩土体稳定性良好，渗透性低，没有泉水出露；b．填埋场防渗结构底部应与地下水有记录以来的最高水位保持 3m 以上的距离；c．填埋场场址不应选在高压缩性淤泥、泥炭及软土区域；d．填埋场场址天然基础层的饱和渗透系数不应大于 1.0×10^{-5}cm/s，且其厚度不应小于 2m。

⑦ 填埋场场址不能满足第⑥条的要求时，必须按照刚性填埋场要求建设。

危险废物填埋场选址程序如下：

① 确定危险废物产生规模。

② 确定选址的区域范围。场址的选址范围可根据所要处置的危险废物产生单位的危险废物产生量以及危险废物产生单位分布情况来确定。

③ 收集区域基础资料。

④ 备选场址。根据选址标准，对该区域的上述资料进行全面分析，在此基础上筛选出 3 个及以上预选场址。选址应有建设项目所在地的建设、环保、自然资源、水利、卫生监督等有关部门和专业设计单位的有关技术人员参加。

⑤ 踏勘调查。对所选择的预选场址进行实际踏勘，同时进行一些必要的访问调查，以补充资料的不足。

⑥ 场址筛选。根据掌握的情况，对预选场址做进一步筛选，优选出两个场址进行初步

水文地质及岩土工程勘察。

⑦ 场址比选。根据初勘结果，对预选场址进行技术经济方面的综合评价和对比，选出最优场址。

7.3　柔性危险废物填埋场处置技术

7.3.1　总体布置与分区

填埋库区主要设计内容应包括场地整平、拦渣坝、防渗系统、渗滤液收集和导排系统、渗滤液和废水处理系统、填埋气体控制设施、环境监测系统（其中包括人工合成材料衬层渗漏检测、地下水监测、稳定性监测和大气与地表水等的环境检测）、封场覆盖系统（填埋封场阶段）、防洪与雨污分流系统等。同时，应根据工程具体情况选择设置地下水导排系统。

填埋库区应按照分区进行布置，库区分区的大小主要应考虑易于实施雨污分流，填埋作业的顺序应有利于填埋场内运输和填埋作业，应考虑与各库区进场道路的衔接。填埋场处置不相容的废物应设置不同的填埋区，分区设计要有利于以后可能的废物回取操作。有条件设置垂直分区的填埋库区宜根据地形地势及周边汇水条件综合考虑。

填埋场竖向设计应结合原有地形，做到有利于雨污分流和减少土方工程量，并宜使土石方平衡。

调节池宜设置在场区地势较低处，并应采取密闭措施。

填埋区最外侧边缘距离江河湖海等水域边缘最近点小于 5km 时，应采用垂直防渗连续墙增强填埋场环境安全性；填埋区最外侧边缘距离江河湖海大于 5km 但不大于 15km，且降水量大于蒸发量的地区，宜采用垂直防渗连续墙增强填埋场环境安全性。垂直防渗连续墙需深入至满足选址要求的连续不透水层。

7.3.2　地基处理、边坡处理与场地平整

（1）地基处理

① 填埋库区地基应是具有承载填埋体负荷的自然土层或经过地基处理的稳定土层，不得因填埋堆体的沉降而使基层失稳。对不能满足承载力、沉降限制及稳定性等工程建设要求的地基，应进行相应的处理。

② 填埋库区地基及其他建（构）筑物地基的设计应按国家现行标准《建筑地基基础设计规范》（GB 50007—2011）及《建筑地基处理技术规范》（JGJ 79—2012）有关规定执行。

③ 在选择地基处理方案时，应经过实地考察和岩土工程勘察，结合考虑填埋堆体结构、基础和地基的共同作用，经过技术经济比较确定。

④ 填埋库区地基应进行承载力计算及最大堆高验算。

⑤ 应防止地基沉降造成防渗衬里材料和渗滤液收集管的拉伸破坏，应对填埋库区地基进行地基沉降及不均匀沉降计算。

⑥ 库底开挖面低于设计标高时，可用非液化土分层压实至设计标高，压实度不应小于0.93。土工试验应按现行国家标准《土工试验方法标准》（GB/T 50123—2019）的规定执行。

（2）边坡处理

① 填埋库区地基边坡设计应按现行国家标准《建筑边坡工程技术规范》（GB 50330—2013）有关规定执行。

② 经稳定性初步判别有可能失稳的地基边坡以及初步判别难以确定稳定性的边坡应进行稳定计算。

③ 对可能失稳的边坡，宜进行边坡支护等处理。边坡支护结构形式可根据场地地质和环境条件、边坡高度以及边坡工程安全等级等因素选定。

④ 库区边坡应尽量平顺，不应成反坡或突然变坡，压实度不应小于0.90。

（3）场地平整

① 场地平整应满足填埋库容、边坡稳定、防渗系统铺设及场地压实度等方面的要求。

② 场地平整宜与填埋库区防渗系统的分期铺设同步进行，并应考虑设置堆土区，用于临时堆放开挖的土方。

③ 场地平整应结合填埋场地形资料和竖向设计方案，选择合理的方法进行库容及土方量计算。

7.3.3 渗滤液收集导排系统

防渗系统的目的是阻隔污染物迁移使其迁移最小化。100%有效的防渗系统可以杜绝化学组分的迁移进入环境，但实际上没有100%有效的防渗系统。由于柔性危险废物填埋场渗滤液的产生不可避免，因此必须设置有效的渗滤液收集系统。

"有效的渗滤液收集系统"是指渗滤液产生后会在填埋库区聚集，如果不能及时有效地导排，渗滤液液位升高会对堆体中的填埋物形成浸泡，影响堆体的稳定性与堆体稳定化进程，甚至会形成渗滤液外渗造成污染事故。渗滤液收集系统必须能够有效地收集堆体产生的渗滤液并将其导出库区。

为了检查渗滤液收集系统是否有效，应监测堆体中渗滤液液位是否正常；为了检查渗滤液处理系统是否有效，应由环保部门或填埋场运行主管单位监测系统出水是否达标。

（1）渗滤液的来源

渗滤液的来源主要有以下几个方面。

① 降水渗入：降水包括降雨和降雪，它是渗滤液产生的主要来源。

② 外部地表水入渗：包括地表径流和地表灌溉，渗滤液的具体参数取决于填埋场地周围的地势、覆土材料的种类及渗透性能、场地的植被情况及排水设施的完善程度等。

③ 地下水入渗：当填埋场内渗滤液液位低于场外地下水水位，并没有设置有效的防渗系统时，地下水就有可能进入填埋场。

④ 废物含水率：废物含水率不仅是渗滤液的来源，也通过饱和含水率影响渗滤液的产生量，渗滤液的产生就是由废物含水率达到饱和含水率所引起的。

⑤ 覆盖材料中的水分：随着覆盖材料进入填埋场中的水量与覆盖层物质的类型、来源以及季节有关。

⑥ 有机物分解生成水：由于填埋危险废物有机物含量一般较低，因此影响因素较少。

（2）渗滤液水质与水量

① 渗滤液水质参数的设计值选取应考虑初期渗滤液、中后期渗滤液和封场后渗滤液的水质差异。

② 根据环保监测大数据分析，类比同类合理选取。

③ 改造、扩建填埋场的渗滤液水质参数应以实际运行的监测资料为基准，并预测未来水质变化趋势。

④ 渗滤液产生量宜根据当地实际情况进行计算，计算时应充分考虑填埋场所处气候区域、进场废物浸出液浓度等因素的影响。

（3）渗滤液收集导排

① 渗滤液收集导排系统应分区设置，并考虑雨污分流。

② 填埋库区渗滤液导排系统可分为初级收集导排系统和次级收集检测系统。初级收集导排系统主要包括导流层、盲沟、集水井。次级收集检测系统位于防渗系统主防渗膜与次防渗膜之间，用于检测和收集主防渗层渗漏的渗滤液，多采用土工复合排水网和导排管道收集导排至检查井。

③ 渗滤液导排管道和渗滤液导排层的坡度应充分考虑填埋场全生命周期内沉降等因素影响，坡度不宜小于 2%。

④ 渗滤液导流层设计应符合下列规定：a. 导流层宜采用卵石铺设，厚度不宜小于 300mm，粒径宜为 20~60mm，由下至上粒径逐渐减小，碳酸钙含量不应大于 5%；b. 导流层与填埋废物之间应铺设反滤层，防止导排层淤堵，反滤层宜采用土工滤网，规格不宜小于 200g/m²；c. 导流层内应设置导排盲沟和渗滤液收集导排管网；d. 导流层应保证渗滤液通畅导排，降低防渗层上的渗滤液水头；e. 导流层下可增设土工复合排水网强化渗滤液导流；f. 边坡导流层宜采用土工复合排水网铺设。

⑤ 盲沟设计应符合下列规定：a. 盲沟宜采用卵石（$CaCO_3$ 含量不应大于 5%）铺设，石料的渗透系数不应小于 1.0×10^{-3} cm/s，主盲沟石料厚度不宜小于 40cm，粒径从上到下依次为 20~30mm、30~40mm、40~60mm；b. 盲沟内应设置高密度聚乙烯（HDPE）收集管，管径应根据所收集面积的渗滤液最大日流量、设计坡度等条件计算，HDPE 收集干管公称外径（DN）不应小于 315mm，支管公称外径不应小于 200mm；c. HDPE 收集管的开孔率应保证环刚度要求，HDPE 收集管的布置宜呈直线；d. 渗滤液导排管出口宜设置端头井等反冲洗装置，定期冲洗管道，维护管道通畅，防止管道淤堵；e. 主盲沟坡度应保证渗滤液能快速通过渗滤液 HDPE 干管进入调节池，纵、横向坡度不宜小于 2%；f. 盲沟系统宜采用鱼刺状或网状布置形式，也可根据不同地形采用特殊布置形式（反锅底形等）；g. 盲沟断面形式可采用矩形断面、梯形断面及菱形断面，断面尺寸应根据渗滤液汇流面积、HDPE 管管径及数量确定；h. 中间覆盖层的盲沟应与竖向收集井相连接，其坡度应能保证渗滤液快速进入收集井。

⑥ 集液井（池）宜按库区分区情况设置。

可根据实际分区情况分别设置集液井（池）汇集渗滤液，再排入调节池。"宜设在填埋库区外部"的原因是当集液井（池）设置在填埋库区外部时构造较为简单，施工较为方便，同时也利于维修、疏通管道。

对于设置在垃圾坝外侧（即填埋库区外部）的集液井（池），渗滤液导排管穿过垃圾坝后，将渗滤液汇集至集液井（池）内，然后通过自流或提升系统将渗滤液导排至调节池。

根据实际情况，集液井（池）在用于渗滤液导排时也可位于垃圾坝内侧的最低洼处，此时要求以砾石堆填以支撑上覆填埋物、覆盖封场系统等荷载。渗滤液汇集到此并通过提升系统越过垃圾主坝进入调节池。此时提升系统中的提升管宜采取斜管的形式，以减少垃圾堆体沉降带来的负摩擦力。斜管通常采用 HDPE 管，半圆开孔，典型尺寸是 DN800，以利于将潜水泵从管道放入集液井（池），在泵维修或发生故障时可以将泵拉上来。

⑦ 调节池设计应符合以下规定：a. 调节池可采用柔性防渗结构，也可采用刚性防渗结构；b. 柔性防渗结构调节池的池坡比宜小于 1∶2，防渗结构设计可参考柔性填埋库区防渗的相关规定；c. 刚性调节池钢筋混凝土设计应符合 GB 50010—2010 的相关规定，防水等级应符合 GB 50108—2008 一级防水标准，并应采取防渗、防腐措施；d. 调节池应采取封闭等有效措施，防止雨水进入和恶臭物质的外溢，恶臭气体处理后达标排放。

⑧ 库区渗滤液液位应控制在渗滤液导流层内，应监测填埋堆体内渗滤液液位，当出现高液位时，应采取有效措施降低液位。

7.4 防渗系统

安全填埋场最重要的组成部分就是防渗系统，通过在填埋场底部和四周设置渗透性较低的材料来建立防渗系统，以阻隔填埋气体和渗滤液进入周围土壤和水体而产生污染，并防止地下水和地表水进入安全填埋场，有效控制渗滤液的产生量。

填埋场防渗系统的主要功能如下：

① 将渗滤液封闭于填埋场之中，使其进入渗滤液收集系统，防止渗滤液渗透流出填埋场之外，造成土壤和地下水的污染；

② 控制填埋场气体的迁移，使填埋场气体得到有效释放和收集，防止其侧向或者向下迁移到填埋场之外；

③ 控制地下水，防止其形成过高的上升压而进入填埋场，导致渗滤液的大量增加。

柔性填埋场防渗系统必须采用双人工衬层复合防渗系统。其结构由下到上依次为：地下水收集导排层、基础层、压实黏土衬层、HDPE 土工膜、膜上保护层、次级渗滤液收集导排层、压实黏土衬层、HDPE 土工膜、膜上保护层、渗滤液导排层、危险废物。

（1）防渗结构要求

① 柔性填埋场应采用双人工复合衬层作为防渗层。双人工复合衬层中的人工合成材料应满足《垃圾填埋场用高密度聚乙烯土工膜》（CJ/T 234—2006）和《土工合成材料　聚乙烯土工膜》（GB/T 17643—2011）或 GRI-GM 13 规定的技术指标要求。双人工复合衬层中的黏土衬层应满足下列条件：a. 主衬层应为厚度不小于 0.3m，且其被压实、人工改性等措施后的饱和渗透系数小于 1.0×10^{-7}cm/s 的黏土衬层；b. 次衬层应为厚度不小于 0.5m，且其被压实、人工改性等措施后的饱和渗透系数小于 1.0×10^{-7}cm/s 的黏土衬层。

双人工复合衬层系统如图 7-1 所示。

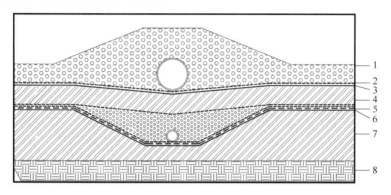

图 7-1　双人工复合衬层系统

1—渗滤液导排层；2—保护层；3—主人工衬层（HDPE）；4—主压实黏土衬层；
5—渗漏检测层；6—次人工衬层（HDPE）；7—次压实黏土衬层；8—基础层

② 采用 HDPE 土工膜作为人工合成防渗材料，其厚度不小于 2.0mm，铺设在边坡上的 HDPE 土工膜宜采用双糙面 HDPE 土工膜。

③ 柔性填埋场应设置两层人工复合衬层之间的渗漏检测层，它包括双人工复合衬层之间的渗漏导排层、边坡导排层、集排水管道和集水井。排水层透水能力应大于 0.1cm/s。在可接受渗漏速率条件下，渗漏的液体在检测层的停留时间不得超过 24h。

④ 柔性填埋场宜设置人工防渗衬层有效性监控系统，对运行、封场阶段 HDPE 土工膜的完整性进行监控，并为修复人工衬层渗漏点提供可靠依据。

（2）黏土衬层

① 黏土塑性指数应大于 10%，粒土的细粒（粒径＜0.075mm）含量应大于 20%，不应含有粒径＞5mm 的尖锐颗粒物。

② 若缺乏合格黏土，可用改性黏土等效替代。改性黏土的防渗性能应≤1.0×10^{-7}cm/s，平流击穿时间应相当于渗透系数≤1.0×10^{-7}cm/s 且厚度为 0.5m 的压实黏土衬层，并且在0.3m 的渗滤液水头的作用下击穿时间不小于 5a。

③ 在铺设黏土衬层时应设计一定坡度，利于渗滤液收集，场底坡度不应小于 2%。

7.4.1　有效性监控系统宜采用在线监控系统的要求

① 监控系统与渗滤液接触的元器件应耐酸碱腐蚀。

② 监控系统元器件的抗压性应满足填埋场设计高程压力。

③ 在线监控系统的传感器和数据通信设备使用寿命应与 HDPE 膜使用寿命相当。

④ 监控系统应可检测自身系统的完整性，当监控设施不全、损坏或失效时应根据情况更新改造。

7.4.2 地下水导排系统

① 根据填埋场场址水文地质情况，对可能发生地下水对基础层稳定破坏或对防渗系统破坏的潜在危害时，应设置地下水收集导排系统。

② 地下水水量的计算宜根据填埋场场址的地下水水力特征和不同埋藏条件分不同情况计算。

③ 根据地下水水量、水位及其他水文地质情况的不同，可选择采用碎石导流层、导排盲沟、土工复合排水网导流层等方法进行地下水导排或阻断。地下水收集导排系统应具有长期的导排性能。

④ 地下水收集导排系统可参照渗滤液收集导排系统进行设计，按水流方向布置干管，在横向上布置支管。地下水收集管管径可根据地下水水量进行计算确定，干管公称外径不应小于 315mm，支管公称外径不宜小于 200mm。

⑤ 地下水检查井应作为地下水监测井。

7.4.3 防洪与雨污分流系统

（1）填埋场防洪系统

① 填埋场防洪系统根据地形可设置截洪坝、截洪沟以及跌水和陡坡、集水池、洪水提升泵站、穿坝涵管等构筑物。洪水流量可采用小流域经验公式等计算。

② 填埋库区外汇水面积较大时，宜根据地形设置数条不同高程的截洪沟。

③ 填埋场外无自然水体或排水沟渠时，截洪沟出水口宜根据场外地形走向、地表径流流向、地表水体位置等设置排水管渠。

（2）填埋库区雨污分流系统

① 填埋库区雨污分流系统应阻止未作业区域的汇水进入作业区，应根据填埋库区分区和填埋作业工艺进行设计，符合环保管理部门的相关要求。

② 填埋库区分区设计应满足下列雨污分流要求：a. 平原型填埋场的分区应以水平分区为主，坡地型、山谷型填埋场的分区宜采用水平分区与垂直分区相结合的设计；b. 水平分区应设置具有防渗功能的分区坝，各分区应根据使用顺序不同铺设雨污分流导排管；c. 垂直分区宜结合边坡临时截洪沟进行设计，危险废物堆高达到临时截洪沟高程时，可将边坡截洪沟改建成渗滤液收集盲沟。

③ 分区作业雨污分流应符合下列规定：a. 使用年限较长的填埋库区，宜进一步划分作业分区；b. 未进行作业的分区雨水应通过管道导排或泵抽排的方法排出库区外；c. 作业分区宜根据一定时间填埋量划分填埋单元和填埋体，通过填埋单元的日覆盖和填埋体的中间覆盖实现雨污分流。

④ 初期雨水收集范围包括贮存区及运输车辆工作区，经收集池收集的贮存区及作业区的初期雨水应经过有效处理，达到《污水综合排放标准》（GB 8978—1996）要求后排放。

⑤ 封场后雨水应通过堆体表面排水沟排入截洪沟等排水设施。

7.4.4　填埋场封场

① 当柔性填埋场填埋作业达到设计标高后，应及时进行封场覆盖。

② 填埋场封场应符合现行国家标准《危险废物填埋污染控制标准》（GB 18598—2019）的有关规定。

③ 堆体整形设计应满足封场覆盖层的铺设、封场后生态恢复及场区开挖回取利用的要求。

④ 堆体顶面坡度不宜小于 2%，边坡坡度及平台设置应通过堆体稳定性计算，并不宜陡于 1∶3，平台宽度不宜小于 3m，两平台之间高差不宜超过 5m。

⑤ 填埋场封场结构自下而上如下。

Ⅰ. 导气层：由砂砾组成，渗透系数应大于 0.01cm/s，厚度不小于 30cm。

Ⅱ. 防渗层：厚度 1.5mm 以上的糙面 HDPE 土工膜或线性低密度聚乙烯防渗膜（LLDPE 土工膜）；采用黏土时，厚度不小于 30cm，饱和渗透系数小于 $1.0×10^{-7}$cm/s。

Ⅲ. 排水层：渗透系数不应小于 0.1cm/s，边坡应采用土工复合排水网；排水层应与填埋库区四周的排水沟相连。

Ⅳ. 植被层：由营养植被层和覆盖支持土层组成，营养植被层厚度应大于 15cm，覆盖支持土层由压实土层构成，厚度应大于 45cm。

⑥ 填埋场封场后宜进行水土保持的相关维护工作。

7.5　刚性危险废物填埋场处置技术

7.5.1　刚性填埋场的由来

刚性填埋场最早提出是在《危险废物安全填埋处置建设技术要求》（环发〔2004〕75号）中体现，场址不满足渗透系数、地下水位时可选用："在填埋场选址不能符合 4.8（环发〔2004〕75 号第 4.8 条）要求时，可采用钢筋混凝土外壳与柔性人工衬层组合的刚性结构，以满足 4.8（环发〔2004〕75 号第 4.8 条）要求。其结构由下到上依次为钢筋混凝土底板、地下水排水层、膜下的复合膨润土保护层、高密度聚乙烯防渗膜、土工布、卵石层、土工布、危险废物。四周侧墙防渗系统结构由外向内依次为钢筋混凝土墙、土工布、高密度聚乙烯防渗膜、土工布、危险废物。"

初期刚性填埋场的照片如图 7-2 所示。

最初刚性填埋场主要针对的是渗透系数过大、地下水位过高的选址问题，但当时刚性填埋场的建设并未对占地及体量进行控制。

图 7-2　初期刚性填埋场的照片

危废填埋场的选址往往较小，为了最大化地实现库容，刚性填埋场池壁动辄 15m 以上，池长也很多都超过 100m 甚至 200m。且刚性填埋场受选址缺憾（渗透率高、地下水位高）的影响，其池底在地下水浮力及危废堆填不均匀的局部应力作用下，很容易产生断裂。

7.5.2　刚性填埋场的新要求

《危险废物填埋污染控制标准》（GB 18598—2019）对刚性填埋场占地及库容进行了约束，填埋库应设计成若干独立对称的填埋单元，每个填埋单元面积不得超过 50m² 且容积不得超过 250m³。

刚性填埋库混凝土结构设计应符合《混凝土结构设计规范》（GB 50010—2010），防水等级应符合《地下工程防水技术规范》（GB 50108—2008）一级防水标准。填埋库底应构建目视检测层，通过该层可检测到填埋单元的破损和渗漏情况，以便进行修补。钢筋混凝土与废物接触的面上应覆有防渗、防腐材料，宜采用 HDPE 土工膜等人工防渗衬层。

为了避免雨水进入，刚性填埋场必须设置雨棚。但考虑运营情况及台风影响，刚性填埋区顶部可设置固定式或移动式遮雨棚。

7.5.3　刚性填埋场填埋单元池尺寸

每个填埋单元的最优尺寸应同时满足面积不大于 50m²、容积不大于 250m³，因此取单元池有效池容高度为 5m。另外，对于一个填埋单元，当高度一定，周长最小时对应的混凝土用量最小，因此单元池采用正方形，且每个填埋单元的最优边长取净尺寸 7.05m。因此刚性填埋场的最经济的尺寸为边长×边长×高=7.05m×7.05m×5m。

刚性填埋场根据规范混凝土标号采用不小于 C30 以满足侧压强度不低于 25N/mm² 的要求，侧壁厚度依据结构受力计算确定，并应不小于 35cm。

新规范的刚性填埋场照片如图 7-3 所示。

图 7-3　新规范的刚性填埋场照片

第 8 章
危险废物资源化技术

8.1　废有机溶剂资源化处理技术

8.1.1　废有机溶剂处理技术比选及确定

废有机溶剂回收技术主要有蒸馏、膜分离、萃取、干燥、中和、吸附等。

（1）蒸馏

将溶剂加热，使其沸腾，同时将溶剂蒸气冷凝收集，以分离溶剂与其他物质。根据不同的情况，蒸馏方法具体有精馏、萃取蒸馏、减压蒸馏、共沸蒸馏、分子蒸馏、反应蒸馏、平衡蒸馏、加盐蒸馏、催化蒸馏、恒沸蒸馏等。下面详细介绍前四种蒸馏方法。

① 精馏。是多次简单蒸馏的组合，其目的是将混合物中各组分分离出来，可回收高纯度溶剂，一般用于较复杂的混合溶剂的分离。精馏过程的实质就是迫使混合物的气、液两相在塔体中做逆向流动，利用混合液中各组分具有不同的挥发度，在相互接触的过程中，液相中的轻组分转入气相，而气相中的重组分则逐渐进入液相，从而实现液体混合物的分离。

② 萃取蒸馏。通常用来分离一些具有很低的甚至相等的相对挥发度的物系，使用一种一般不挥发、具有高沸点，并且易溶的溶剂与混合物混合，但却不与混合物中的组分形成恒沸物。这种蒸馏方法最主要的是萃取剂的选择，其既要能显著改变相对挥发度，也要有经济性，还要容易在塔釜中分离开来，并且不能与组分发生化学反应和腐蚀设备。例如，用苯胺作为溶剂，萃取蒸馏苯和环己烷形成的恒沸物。

③ 减压蒸馏。液体的沸点是指它的蒸气压等于外界压力时的温度，因此液体的沸点是随外界压力的变化而变化的，如果借助于真空泵降低系统内压力，就可以降低液体的沸点，这便是减压蒸馏操作的理论依据。减压蒸馏特别适用于那些在常压蒸馏时未达沸点即已受热分解、氧化或聚合的物质。

④ 共沸蒸馏。部分含水溶剂因蒸馏过程中会与水共沸，需使用共沸剂利用其与水分及有机溶剂间的作用力的不同，改变原来双组分之间的相对挥发度，如此即可用一般的蒸馏方法来分离水与有机溶剂。加入共沸剂与被分离系统中的一个或几个组分形成最低共沸物，共沸剂以共沸物的形态从塔顶蒸出，此种蒸馏操作称为共沸蒸馏，而为使共沸蒸馏具商业价值，其共沸剂需设计于系统中循环使用。

（2）膜分离

膜分离是指分子混合状态的气体或液体，经过特定膜的渗透作用，改变其分子混合物的组成，直至能使某种分子从其他混合物中分离出来，从而实现混合物分离的目的。膜分离的推动力来自膜两侧的化学势之差，即膜两侧的压力差、电位差和浓度差。具体有渗透压法、电渗析法、浓度渗透法等。

（3）萃取

萃取是利用系统中组分在不同溶剂中有不同的溶解度来分离混合物的单元操作。

（4）干燥

干燥常指借热能使物料中水分（或溶剂）汽化，并由惰性气体带走所生成的蒸气的过程。干燥可分自然干燥和人工干燥两种。并有真空干燥、冷冻干燥、气流干燥、微波干燥、红外线干燥和高频率干燥等方法。

（5）吸附

吸附是指物质（主要是固体物质）表面吸住周围介质（液体或气体）中的分子或离子的现象。例如可以进行连续操作的分子筛，物料连续进入填充床，分子筛可以只吸附固定体积的分子，再释放，而将体积过大的分子拦住，石油气和天然气的分离经常采用这种方式。吸附作用是催化、脱色脱臭、防毒等工业应用中必不可少的单元操作。

8.1.2 工艺流程

根据常见废有机溶剂的组分情况，本次主要围绕连续减压蒸馏、间歇减压蒸馏、间歇常压蒸馏、膜式渗透汽化进行简单介绍。这些方法工艺成熟简单、安全可靠、投资少、装置灵活性强，可适用于多种复杂物系，属废溶剂回收常用方法。

8.1.2.1 连续减压蒸馏

废溶剂综合利用项目连续减压蒸馏工艺流程如图 8-1 所示，废溶剂综合利用项目连续减压蒸馏设备连接如图 8-2 所示。

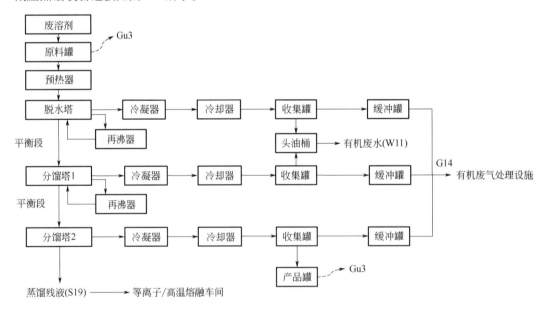

图 8-1　废溶剂综合利用项目连续减压蒸馏工艺流程

（1）原料分组

将废有机溶剂收集到厂并保证标识清楚，然后按桶抽样进行检验，分析具体溶剂含量、水分含量、杂质含量等。根据原料含量使用隔膜泵送至相应的原料贮罐分组贮存，以备生产。

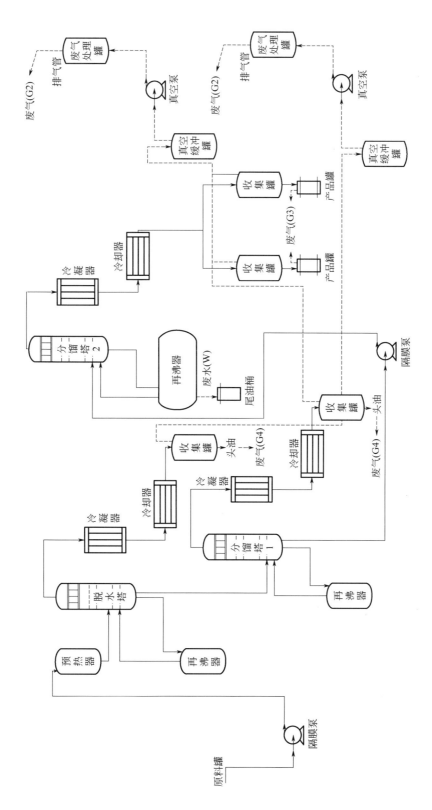

图 8-2　废溶剂综合利用项目连续减压蒸馏设备连接

（2）脱水

打开系统真空泵，保证脱水塔系统的真空度达到-730mmHg（1mmHg=133.3Pa）水平。然后通过加料隔膜泵将分好组的原料从原料罐中连续送至原料预热器，原料经预热器加热至泡点温度，从加料板位置流入脱水塔进行传质脱水，开启脱水塔的再沸器热油阀门，控制脱水塔的回流比和塔顶温度，保证溶剂气液流进入脱水塔分馏，收集塔顶轻馏分段产物（水），塔底重馏分段产物通过进料泵转至分馏塔 1 进行初次提纯分馏。馏出水送废水处理车间处理。

（3）蒸馏冷凝

打开系统真空泵，保证分馏塔 1 及分馏塔 2 系统真空度达到-750mmHg 水平。开启分馏塔 1 的配套再沸器导热油阀门，控制分馏塔 1 回流比及塔顶温度，保证溶剂气液流进入分馏塔 1 进行分馏，收集塔顶轻馏分段产物，塔底重馏分段产物通过进料泵转至分馏塔 2 进行最后成品分馏。

开启再沸器 3 导热油阀门，控制分馏塔 2 塔顶温度及回流比，溶剂气液流入分馏塔 2 进行传质分馏，塔顶馏出物为合格产品，送至产品收集罐，然后装成品桶。此时整个系统趋于稳定，即系统进料流量、三个分馏塔的回流比、系统真空度、产品出料流量、产品成分等处于稳定状态。

系统停工时，分别将三个再沸器的导热油阀门按顺序关闭，待系统冷却后将蒸馏残渣放至尾油桶中。系统连续蒸馏过程处于密闭状态，产生的主要污染物为反应釜釜底产生的蒸馏残液，主要是高温下产生的焦油状物质，含高沸点有机溶剂、树脂、溶剂过热变性物等，残液（S19）收集于密闭桶后集中送至等离子/高温熔融车间处理。

脱水塔子系统、分馏塔 1 及分馏塔 2 子系统对应的各收集罐连接真空系统，各子系统真空度按照 N-甲基吡咯烷酮产品要求进行控制，系统为密闭负压状态，冷凝过程不凝气（G14）采用真空泵抽排，经真空缓冲罐缓冲后通过其相应的排气管道排入本单元总排气管道，收集后送至等离子/高温熔融车间处理。

原料进料及产品灌装过程会有无组织废气（Gu3）产生。

8.1.2.2 间歇减压蒸馏

（1）原料分组

将拟进行间歇减压蒸馏的废溶剂用 200L 包装桶收集到厂并保证标识清楚，然后按桶抽样进行检验，分析具体溶剂含量、水分含量、杂质含量等。本项目原（废）料通常来源固定，成分稳定且变化不大。根据原料的含量分类贮存于相应的仓库，以备生产。

（2）蒸馏冷凝

打开隔膜泵将分好组的原料从原料桶中抽送至反应釜，原料进入反应釜后，打开水蒸气阀门，用水蒸气间接加热蒸馏釜，按照生产的不同产品控制釜底温度、蒸馏塔塔顶温度及系统的真空度，蒸馏釜内溶剂汽化，溶剂气体进入分馏（精）塔进行分馏，分段收集初馏段、产成品段及蒸馏末段的产品，初馏段轻组分主要为有机废水（W16），送废水处理车间处理。蒸馏末段蒸馏釜釜底产生蒸馏残液，蒸馏残液主要是高温下产生的焦油状物质，含高沸点有机溶剂、石蜡、树脂、溶剂过热变性物等，残液（S19）收集于密闭桶后集中送至等离子/高温熔融车间处理。

分馏塔塔顶配有冷凝器，控制塔顶温度以及回流比，经塔顶冷凝器冷凝的液体回流到分馏塔中，未冷凝的气体进入冷凝器、冷却器冷却至常温后进入收集罐贮存。此过程为密闭状态，无污染物排放。

收集罐连接真空系统，系统真空度按照不同生产产品进行控制，此时收集罐上的呼吸阀为关闭状态。整个生产过程为密闭负压状态，真空泵抽排气体均通过其相应的排气管道排入本单元总排气管道，收集后送至等离子/高温熔融车间处理。

每套蒸馏单元每一批次蒸馏时间为 24～28h。从原料废有机溶剂投入至符合企业标准产品再生有机溶剂产出，考虑专门脱水蒸馏、初馏段及末段半成品的再蒸馏、主成分含量纯度要求高等因素，再生产品平均需要经过 2.5 次蒸馏循环。

原料进料及产品灌装过程会有无组织废气（Gu3）产生。

废溶剂综合利用项目间歇减压蒸馏工艺流程如图 8-3 所示，废溶剂综合利用项目间歇减压蒸馏设备连接如图 8-4 所示。

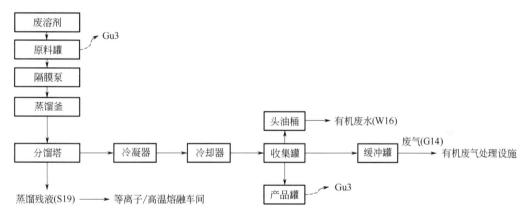

图 8-3　废溶剂综合利用项目间歇减压蒸馏工艺流程

8.1.2.3　间歇常压蒸馏

（1）原料分组

将拟进行间歇减压蒸馏的废溶剂用 200L 包装桶收集到厂并保证标识清楚，然后按桶抽样进行检验，分析具体溶剂含量、水分含量、杂质含量等。本项目原（废）料通常来源固定，成分稳定且变化不大。根据原料的含量分类贮存于相应的仓库，以备生产。

（2）蒸馏冷凝

打开隔膜泵将分好组的原料从原料桶中抽送至反应釜，原料进入反应釜后，打开水蒸气阀门，用水蒸气间接加热蒸馏釜，按照生产的不同产品控制釜底温度、蒸馏塔塔顶温度及系统的真空度，蒸馏釜内溶剂汽化，溶剂气体进入分馏（精馏）塔进行分馏，分段收集初馏段、产成品段及蒸馏末段的产品，初馏段轻组分主要为有机废水（W16），送废水处理车间处理。蒸馏末段蒸馏釜釜底产生蒸馏残液，蒸馏残液主要是高温下产生的焦油状物质，含高沸点有机溶剂、石蜡、树脂、溶剂过热变性物等，残液（S19）收集于密闭桶后集中送至等离子/高温熔融车间处理。

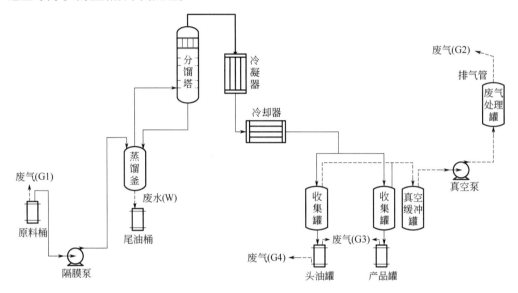

图 8-4　废溶剂综合利用项目间歇减压蒸馏设备连接

分馏塔塔顶配有冷凝器，控制塔顶温度以及回流比，经塔顶冷凝器冷凝的液体回流到分馏塔中，未冷凝的气体进入冷凝器、冷却器冷却至常温后进入收集罐贮存。此过程为密闭状态，无污染物排放。

收集罐连接呼吸阀，整个生产过程为密闭常压状态，当系统压力大于 1atm（1atm=101325Pa）时，气体会通过呼吸阀排入本单元的总排气管道，收集后送至等离子/高温熔融车间处理。

每套蒸馏单元每一批次蒸馏时间为 20～24h。从原料废有机溶剂投入至符合企业标准产品再生有机溶剂产出，考虑脱水、初馏及末段的再处理、主成分含量纯度要求等因素，再生产品平均需要经过 2.2 次蒸馏循环。

原料进料及产品灌装过程会有无组织废气（Gu3）产生。

废溶剂综合利用项目间歇常压蒸馏工艺流程如图 8-5 所示，废溶剂综合利用项目间歇常压蒸馏设备连接如图 8-6 所示。

8.1.2.4　膜式渗透汽化

由于乙醇与水、异丙醇与水均存在共沸现象，所以在废乙醇及废异丙醇两种原（废）料再生过程中，通过常压蒸馏后得到的初级产品为乙醇与水的共沸物、异丙醇与水的共沸物。此时需要进一步通过膜式渗透汽化工艺脱水，然后收集到合格乙醇及异丙醇产品。

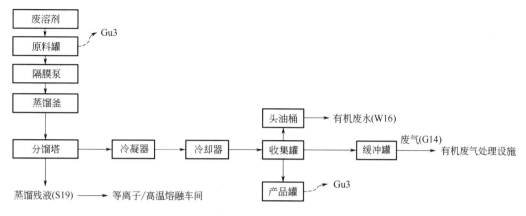

图 8-5　废溶剂综合利用项目间歇常压蒸馏工艺流程

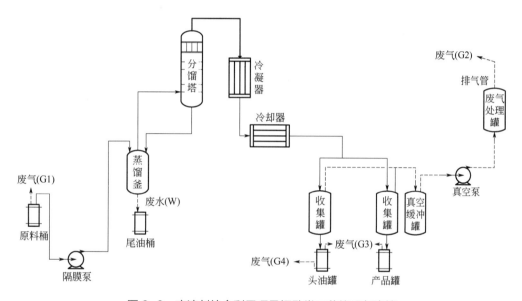

图 8-6　废溶剂综合利用项目间歇常压蒸馏设备连接

膜式渗透汽化简称 PV，又称为渗透蒸发，是一种依靠各组分在膜中的溶解与扩散速率不同的性质来实现混合物分离的新型膜分离技术。其原理为具有致密皮层的渗透汽化膜将料液和渗透物分离为两股独立的物流，膜将膜组件分隔为上游侧、下游侧两个室，上游侧为料液和膜直接接触，称为液相室，下游侧为气相室。膜上游侧或膜前侧一般维持常压（所有组分蒸气分压都处于饱和状态），膜下游侧或膜后侧则通过抽真空或载气吹扫的方式维持很低的组分分压。在膜两侧组分压差（化学位梯度）的推动下，料液中各组分扩散通过膜，并在膜后侧汽化为渗透物蒸气。由于料液中各组分的物理化学性质不同，它们在膜中的热力学性质（溶解度）和动力学性质（扩散速率）存在差异，因而料液中各组分渗透通过膜的速度不同，易渗透组分在渗透物蒸气中的份额增加，难渗透组分在料液中的浓度则得以提高。通过选择合适的膜组件，可以高效、节能、环保地分离乙醇与水及异丙醇与水等共沸物系中的水分，生产出合格的乙醇和异丙醇产品。具体工艺流程如下：

贮存在原料罐中含水的乙醇或异丙醇共沸料液经泵进入加热器，被加热到一定温度后进入上游侧液相室和膜接触，膜材料对料液中的水分子有很强的吸附能力，当料液和膜接触时，料液中的水分子被源源不断地溶解吸附于膜中，在后侧真空作用下，溶解于膜中的水分源源不断地透过膜，在膜的下游侧（气相室）中汽化被真空带走。依靠"水分在膜中溶解吸附—在真空作用下透过膜—在另一侧汽化被真空带走"三个过程，使料液中水分子得以不断被移出，在上游侧液相室出口得到水分含量在1%以内的乙醇和异丙醇产品。

而在下游侧（气相室），在膜组件中有机溶剂所含的水分经过渗透汽化膜，然后再经过冷凝器冷凝后进入渗透液收集罐。

下游侧（气相室）由真空泵抽取真空，分离过程中不凝气体通过真空泵抽出，真空泵抽排气体均通过其相应的排气管道排入本单元总排气管道，在总排气管出口设有冷凝装置，对其排放气体进行冷凝处理后通过管道引至等离子/高温熔融车间处理。

渗透液中通常水分含量为95%，乙醇或异丙醇含量为5%。经再次蒸馏后前段共沸脱去轻组分乙醇或异丙醇，剩余的废水进入废水处理车间进行处理。

废溶剂综合利用项目膜式渗透汽化工艺流程如图8-7所示。

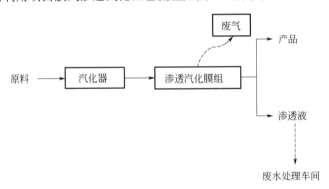

图8-7　废溶剂综合利用项目膜式渗透汽化工艺流程

8.1.3　废溶剂综合利用工艺过程产污环节分析

废溶剂综合利用项目工艺过程产污情况、处理措施和污染物排放口的对应关系详见表8-1。

表8-1　废溶剂综合利用项目工艺过程产污环节分析

污染因素	编号	工序	污染物类型
废气	G14	冷凝	VOCs、二甲苯、甲苯
	Gu3	物料装卸过程逸散	VOCs
废水	W16	脱水	COD、BOD、SS 等
固体废物	S19	蒸馏	蒸馏残液

8.2　含油污泥资源化处理技术

8.2.1　概述

含油污泥是指在油田开采、石油炼制、运输、使用、贮存等过程中产生的，或因事故、操作不当、设备陈旧、设备破损、设备腐蚀等原因造成原油与成品油"跑、冒、滴、漏"所产生的油、土、水等的混合物，其处理处置困难，是石油石化行业的主要污染物之一。

石油炼制过程中产生的含油污泥，主要来源于落地油泥、沉降罐油泥、污水处理过程产生的剩余活性污泥，俗称"三泥"，其含油量通常为 5%～50%，含水率为 60%～90%，含砂率为 55%～65%，含油污泥产生量为原油加工量的 0.1%～0.3%。

含油污泥含有大量的病原菌，寄生虫，铜、锌、镉、汞等重金属，同时含有盐类及多氯联苯、放射性元素等难降解的有毒有害物质。其危害主要有以下几方面：

① 含油污泥所含的易挥发组分如苯、多环芳烃进入空气，影响大气环境质量。

② 石油污染物通过直接或间接方式进入土壤，影响土壤的理化性质和土壤功能。由于含油污泥所含污染物黏度大、黏滞性强，在短时间内会形成小范围、高浓度的污染。当石油浓度远超过土壤颗粒的吸附量时，过多的石油存在于土壤空隙中，经雨水冲刷后一部分石油会在入渗水流的作用下加快入渗速度，可能会对地下水造成污染，同时在地下水中进行水平扩散，进一步扩大污染范围；一部分将随径流泥沙进入地表径流，造成水中的 COD 和石油类物质超标。

③ 含油污泥中含有大量的烷烃、芳香烃、烯烃等化合物，同时还含有苯系物、酚类、蒽、芘等有毒物质，这些毒性物质可以被鱼类、贝类等富集，通过食物链进入人体进而危害人体健康。

8.2.2　含油污泥热洗技术

8.2.2.1　处理原理

"调质+机械脱水"工艺是将含油污泥统一送至含油污泥原料缓冲罐，通过机泵送到污泥预处理装置，分选出颗粒大于 5mm 的固体，固体经过充分的清洗和处理后送至处理后污泥堆场，液态含油污泥与回掺热水和药剂同时进入调质罐，升温搅拌，对含油污泥进行加热匀化，使黏度大的吸附油解吸或破乳，促使油类从固体颗粒表面分离，调质后的含油污泥通过泵输送到两相离心机进行液-固分离，在离心力作用下实现固-液的两相分离，固体通过螺旋输送机排出送至处理后污泥堆场，液相进入油水分离装置，油水分离撬利用自然沉降的原理实现油水分离，分离出的污水送至污水处理场或作为回热水使用，分离出的污油作为原料进入相应炼油装置进行回炼。

8.2.2.2　应用案例分析

某项目含油污泥处理能力为 2t/h，24h 连续运行，装置运行连续生产 300d，年运行时间按 5000h 考虑，含油污泥年处理量为 10000t。采用"调质+机械脱水"工艺对石油炼制过程中产生的含油污泥进行处理，主要经过污泥预处理、污泥调制、离心分离和油水分离等过程，得到回收污油、处理后污泥和含油污水。回收污油作为原料进入相应的炼油装置进行回炼；处理后污泥送至现有污泥焚烧装置的污泥堆场，根据生产调度，进行焚烧，用于铺路或垫井场；含油污水送至污水池统一处理。

含油污泥主要来源于原油贮罐罐底泥、污油系统携带的油泥、生产过程中跑冒滴漏产生的落地泥等，含固率为 10%，含油率为 10%，含水率为 80%。pH 值为 7.0，原料污泥凝固点为 30℃，密度为 0.9639g/cm³。最终含水油 1050t（含水率≤5%），尾渣含水≤60%。年耗电量为 7.5×10⁵kW·h，消耗饱和蒸汽 5000t/a。

"调质+机械脱水"工艺装置共包括 10 个单元，对污泥进行处理的工艺过程主要涉及以下 7 个单元，根据生产流程依次是污泥预处理单元、污泥调质单元 A、污泥调质单元 B、离心机单元、油水分离单元、药剂添加单元、电气控制单元。

（1）污泥预处理单元

装置主要由油泥混合机、进料站、鼓式分选装置、曝气沉砂池、螺旋输送装置组成。预处理工艺流程如图 8-8 所示。

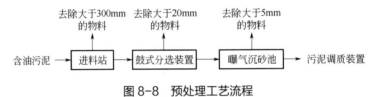

图 8-8　预处理工艺流程

用螺杆泵或挖掘机把含油污泥首先送入预处理撬的进料斗内；进料斗设有栅格，将大颗粒的固体等杂物截留下来，未被截留的油泥进入储料箱，由箱体下面的水平螺杆将油泥输送到鼓式分选装置；鼓式分选装置的筛网孔径为 20mm，随着装置旋转和清洗热水的加入，进料被匀化，分选出的杂物（直径＞10mm）由螺旋输送到垃圾箱，过滤液经筛网进入曝气沉砂池；在曝气沉砂池中设有加热盘管，池内的物料可被加热，池内设有曝气池，使流化污油形成环流状态，并将油泥中的砂粒沉积下来，装置底部的水平螺杆把大于 5mm 的颗粒提升上来，再经一套斜置螺旋输送到垃圾箱；油水从曝气沉砂池溢流至污泥缓冲罐，再由提升泵输送至污泥调质罐。

在鼓式分选装置的筛网外部安装有吹脱管，用来清洁滤网的表面，防止滤网被污泥堵死，实现装置的自清洗功能。

（2）污泥调质单元

含油污泥调质装置用来接收从预处理装置过来的液态含油污泥，主要由调质罐、污油提升泵和搅拌器等组成，实现对流化污泥进一步的匀化、加热和调质功能。调质罐顶部设搅拌器，可对罐内污泥进行搅拌匀化；罐内设有加热盘管，可将污泥加热到 65℃左右，增强油和泥的分离效果。如有必要，在进口处可加药，对污油进行调质，进一步增强油和泥的分离，有利于后续的离心处理。经调质后的污泥从罐底部由螺杆泵输送至后续的离心处理单元进行离心分离。

（3）离心机单元

离心处理装置为含油污泥处理的核心处理装置。其主要功能是进一步使油与固体分离，并将固体和液体分开。它主要由过滤器、三相离心机、热交换器、化学注入系统、螺旋输送器及输送泵以及控制系统等组成，该装置的自动化程度非常高，可根据由调质罐提供的物料温度、组分及相关参数进行自动调节，保证离心机的平稳运行。

其主要工艺流程为：由调质罐经泵提升的含油污泥首先进入过滤器去除残留的较大固体颗粒，充分保障后续的离心机正常工作；污泥经螺旋热交换器后进入两相分离机；通常进两相分离机时污泥的温度要求在65℃左右，进入两相分离机的污泥在离心力作用下实现固液的两相分离，固体通过螺旋输送机排出，液相落入底部设置的料斗内，进入油水分离装置对油和水进一步纯化。全过程均采用自动控制。

（4）油水分离单元

从含油污泥离心处理撬分离出来的油水混合物进一步进行油水分离，油水分离撬利用自然沉降的原理实现油水分离。油水分离器设计停留时间不小于 2h，通过升温、加药剂等手段可以实现油水两相分离。油水混合物在药物和机械搅拌力的作用下，经过一定量时间的沉淀，使油和水充分分离，以达到净化油的目的。污油回收利用，污水循环使用或送至污水池。

（5）药剂添加单元

加药撬主要是用于配制破乳剂、絮凝剂、清洗剂水溶液，破乳剂、絮凝剂、清洗剂由专业厂家供货，现场稀释配制成水溶液，并输送到各个撬体单元使用。

（6）电气控制单元

该单元包括 4 台设备，即 1 台 PLC 柜、2 台电气柜、1 台控制柜，所有设备用电均接入此电气柜，仪表信号等均接入 PLC 柜。

经过上述装置的处理，实现了含油污泥的无害化处理。含油污泥原料被分离成处理后污泥、回收污油和含油污水。本装置不考虑废气的收集处理。

具体工艺流程如图 8-9 所示。

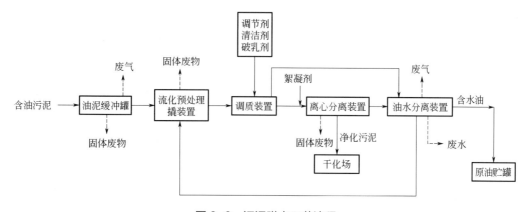

图 8-9　污泥脱水工艺流程

8.2.3　含油污泥热解技术

8.2.3.1　热解原理

含油污泥热解技术是指在无氧条件下加热到一定温度,将油组分经过蒸馏、热分解等复杂的物理化学变化转化为三种相态物质,气态物质以甲烷、二氧化碳等小分子物质为主,液态主要为低凝点原油和水,固态为残炭和无机物。

含油污泥中含有大量的烃类化合物,包括链烷烃、环烷烃、烯烃、芳烃、沥青等。在无氧条件下,高温加热主要发生吸热的裂解反应和放热的缩合反应。根据相关资料,热解过程的阶段为:a. 水分等易挥发分蒸发(50～180℃);b. 轻质油挥发析出(180～370℃);c. 重质油热解析出(370～500℃);d. 半焦炭化阶段(500～600℃);e. 矿物分解阶段(>600℃)。

8.2.3.2　某含油污泥热解项目

西北某项目含油污泥为炼化三泥、罐底油泥,处理规模为5000t/a,含油率为10%,含水率为70%,含固率为20%,采用"除砂+调质离心+干化热解"工艺进行处理,产生的热解碳化物含油率<1%,送入项目配套的填埋场进行填埋,油水进行分离后,能回收481.76t污油(含油率97%),实现了资源利用。设备总装机功率为150kW,天然气最大消耗量为65m³/h,车间占地面积为1200m²。

(1)预处理除杂均质流程

罐底油泥通过罐车运输直接进入油泥接收池,落地袋装油泥经过破袋筛选去除杂物后进入油泥接收池,油泥池经过抓斗均质除杂后通过管道破碎机及输送系统进入调质分离系统,控制温度70～80℃进行加热、搅拌、加药调质后,静置一定时间分离出表层油分,设置3个调质分离罐体确保连续运行,底层油泥则再送入两相离心分离系统,实现固、液的进一步分离,离心分离后的固相含油率<5%,含固率>20%;两部分分离出来的油分进入油水分离系统实现油水分离,油品进行回收,多余水分进入配套污水处理设施进行处理。

(2)热解脱附处理固相流程

待处置含油污泥首先进入进料中转料仓,然后通过上料刮板机送入热解脱附系统双螺旋定量供给机,操作人员则根据含油污泥成分利用定量供给机定量向热解脱附处理设备反应炉罐内输送待处理含油污泥,在热解脱附反应炉罐内设置物料导流机构及防挂胶自清结构,使得含油污泥在完成热传递的基础上实现从前端往后端移动,完成热解脱附过程,然后经过热解脱附产物冷却输出螺旋冷却排出,从而完成含油污泥的深度无害化处理过程,在热解脱附反应过程中,控制反应温度在400～550℃范围内,确保最终含油污泥中有机污染彻底脱除。在热解脱附过程中产生的热解脱附气则经过尾气处理系统进一步处理。

(3)热解脱附深度处理脱附气相流程

在含油污泥热解脱附处理过程中产生的热解脱附气主要由有机废气、水蒸气、热解气以及少量的粉尘组成。热解脱附气处理过程中首先进入固、液、气三相分离系统进行初级处理，通过喷淋洗涤的方式，将气体中的水蒸气、粉尘及部分有机污染成分进行洗脱，洗脱后的气体中还有较多不能被吸收的有机污染物以及有机质热解产生的不凝气，这些气体除了含有一些持久性有机物等有毒有害气体成分外，还含有 CO、CH_4、H_2 等较高热值的可燃成分。因此，系统对该气体采用高温无害化及热能回收处理，具体过程：将该部分气体通过气液分离器进一步脱除水雾，然后送入无害化及热能回收系统（850～1100℃停留2s）的热解气无害化区，实现高温燃烧及无害化处理。处理后产生的烟气经过调温后形成700～800℃的高温烟气，该部分烟气作为外热源送入热解脱附系统，炉罐与炉壁间的夹套作为供热烟气与含油污泥形成间接换热，提供含油污泥热解脱附所需的热量，换热降温后的低温烟气温度在 500～550℃，待后续烟气处理系统处理。

（4）热解脱附深度处理烟气相流程

烟气主要来自无害化及热能回收系统燃烧区天然气、燃料燃烧烟气、无害化及热能回收区热解脱附气、高温氧化分解气，其主要污染成分为烟尘、NO_x、SO_2、二噁英。经过换热降温、空气调温后温度在 250℃，进入"急冷+活性炭喷射+布袋除尘+碱式洗涤塔"烟气处理系统，系统首先进入急冷塔，确保气体 1s 内温度由 500℃降至 200℃。然后通过增设粉末（活性炭和碱性粉末）喷射系统，有效吸附/吸收烟气中的超细颗粒物、有机污染物及部分酸性气体，然后通过布袋除尘器将吸附有害成分的粉末以及烟尘中未吸附的颗粒进行收集，最后通过碱式喷淋洗涤进一步净化处理后达标排放。

（5）热解脱附深度处理系统水相流程

在含油污泥热解脱附过程产生的有机成分及水分，在三相分离系统通过喷淋洗涤的方式进入三相分离喷淋水箱，然后通过溢流的方式进入循环水净化系统，首先通过絮凝沉淀池处理，底泥则在底部通过排泥泵送入污泥原料池，污水则进一步送入溶气气浮池，经过处理后上层浮渣经刮板收集后同底泥一起泵入污泥原料池，处理后的中水 SS＜100×10^{-6}（体积分数），温度 45℃，经过中水螺旋板式换热器冷却后，温度降至 30℃后回用至三相分离系统，多余的水则送入厂区深度水处理系统处理后达标外排。螺旋板式换热器外部循环冷却水源以及固渣冷却输出螺旋夹套外部冷却水源均由冷却水池供应，循环冷却水池设置开式冷却塔，确保冷却水池温度控制在 30～35℃。

热解脱附处理设备照片如图 8-10 所示，三相分离设备照片如图 8-11 所示。

图 8-10　热解脱附处理设备照片

图 8-11　三相分离设备照片

8.3　废矿物油资源化处理技术

8.3.1　概述

矿物油是目前世界范围内利用最广泛的化工物质,人们在工业生产和日常生活中,不可避免地产生各种废矿物油,但矿物油利用后产生的废油如不妥善处理,将会对水体和土壤造成严重污染,危害动植物的生长和人类的生存环境。废矿物油中含有很多毒性物质,被国家列为优先管理的高危废弃化学物(HW08)。矿物油是不可再生资源,而废矿物油其中变质的部分只有不到10%,是一种宝贵资源,可以生产用于工业动力的重质燃料油和润滑油基础油。重质燃料油主要用作船舶动力燃料、发电厂锅炉燃料,润滑油基础油根据其不同类别生产成品润滑油,价值很高。将废矿物油综合利用,对于缓解我国资源紧缺的局面、解决油品供不应求的瓶颈问题、提高现有资源利用率、保护生态环境都具有十分重要的意义。

8.3.2　废矿物油定义

废矿物油是指从石油、煤炭、油页岩中提取和精炼,在开采、加工和使用过程中由于外在因素作用,如受杂质污染、氧化和热作用等,改变了原有的物理和化学性能,不能继续被使用的矿物油。

废矿物油主要是含碳原子数比较少的烃类物质,多数是不饱和烃。其主要成分有 $C_{15}\sim C_{36}$ 的烷烃、多环芳烃(PAHs)、烯烃、苯系物、酚类等,性能稳定。

8.3.3　废矿物油来源

废矿物油的来源主要有以下几种:

① 石油开采和炼制过程中产生的油泥和泥脚;

② 矿物油类仓储过程中产生的沉淀物,如加油站的油罐和隔油池的底泥、炼油厂含油污水处理设施产生的油泥等;

③ 机械、动力、运输等设备的更换油及再生过程中的油渣及过滤介质等,如各种废机油、废汽油、废柴油、废原油、废真空泵油、废齿轮油、废液压油、废热处理油、废变压

器油等;

④ 再生过程中的油渣及过滤介质等。

8.3.4 废矿物油成因

废矿物油的产生几乎涉及国民经济的各个行业,其中主要产生行业是天然原油和天然气开采,精炼石油产品制造,涂料、油墨、颜料及相关产品制造,专用化学产品制造,船舶及浮动装置制造,机械制造,汽车工业,金属加工等行业。废矿物油的成因主要有五个方面:

① 被外来杂质污染　油在使用过程中,由于系统和机器外壳封闭不严,导致灰尘、沙砾侵入油中;或者被各种机械杂质如金属屑末、灰尘、砂砾、纤维物质等弄脏。

② 吸水　机械设备的润滑系统、液压传动系统或水冷却装置不够严密,使水流入油中;空气中的水分也能被油吸收,吸水性随油温升高而增大。

③ 热分解　当油和机械设备在高温下接触时,油会发生热分解,产生胶质和焦炭,导致油失去使用价值。

④ 氧化　油在使用过程中发生化学变化的主要原因是空气的氧化作用,氧化会生成一些有害物质,如酸类、胶质、沥青等,使油颜色变暗,黏度增大,酸值增大,进一步会出现沉淀状的污泥。

⑤ 被燃料油稀释　该类废油主要指内燃机润滑油,由于部分燃料油没有完全燃烧而渗入润滑油中,使润滑油失去原有的润滑特性。

8.3.5 废矿物油分类

按照《国家危险废物名录》(2021 年版)(表 8-2),废矿物油按行业来源分类如下:

表 8-2　国家危险废物名录

废物类别	行业来源	废物代码	危险废物	危险特性
HW08 废矿物油与含矿物油废物	石油开采	071-001-08	石油开采和联合站贮存产生的油泥和油脚	T、I
		071-002-08	以矿物油为连续相配制钻井泥浆用于石油开采所产生的钻井岩屑和废气钻井泥浆	T
	天然气开采	072-001-08	以矿物油为连续相配制钻井泥浆用于天然气开采所产生的钻井岩屑和废气钻井泥浆	T
	精炼石油产品制造	251-001-08	清洗矿物油储存、输送设施过程中产生的油/水和烃/水混合物	T
		251-002-08	石油初炼过程中储存设施、油-水-固态物质分离器、积水槽、沟渠及其他输送管道、污水池、雨水收集管道产生的含油污泥	T、I
		251-003-08	石油炼制过程中含油废水隔油、气浮、沉淀等处理过程中产生的浮油、浮渣和污泥(不包括废水生化处理污泥)	T
		251-004-08	石油炼制过程中溶气浮选工艺产生的浮渣	T、I

废物类别	行业来源	废物代码	危险废物	危险特性
HW08 废矿物油与含矿物油废物	精炼石油产品制造	251-005-08	石油炼制过程中产生的溢出废油或乳剂	T、I
		251-006-08	石油炼制换热器管束清洗过程中产生的含油污泥	T
		251-010-08	石油炼制过程中澄清油浆槽底沉积物	T、I
		251-011-08	石油炼制过程中进油管路过滤或分离装置产生的残渣	T、I
		251-012-08	石油炼制过程中产生的废过滤介质	T
	电子元件及专用材料制造	398-001-08	锂电池隔膜生产过程中产生的废白油	T
	橡胶制品业	291-001-08	橡胶生产过程中产生的废溶剂油	T、I
	非特定行业	900-199-08	内燃机、汽车、轮船等集中拆解过程产生的废矿物油及油泥	T、I
		900-200-08	珩磨、研磨、打磨过程产生的废矿物油及油泥	T、I
		900-201-08	清洗金属零部件过程中产生的废弃煤油、柴油、汽油及其他由石油和煤炼制生产的溶剂油	T、I
		900-203-08	使用淬火油进行表面硬化处理产生的废矿物油	T
		900-204-08	使用轧制油、冷却剂及酸进行金属轧制产生的废矿物油	T
		900-205-08	镀锡及焊锡回收工艺产生的废矿物油	T
		900-209-08	金属、塑料的定型和物理机械表面处理过程中产生的废石蜡和润滑油	T、I
		900-210-08	含油废水处理中隔油、气浮、沉淀等处理过程中产生的浮油、浮渣和污泥（不包括废水生化处理污泥）	T、I
		900-213-08	废矿物油再生净化过程中产生的沉淀残渣、过滤残渣、废过滤吸附介质	T、I
		900-214-08	车辆、轮船及其他机械维修过程中产生的废发动机油、制动器油、自动变速器油、齿轮油等废润滑油	T、I
		900-215-08	废矿物油裂解再生过程中产生的裂解残渣	T、I
		900-216-08	使用防锈油进行铸件表面防锈处理过程中产生的废防锈油	T、I
		900-217-08	使用工业齿轮油进行机械设备润滑过程中产生的废润滑油	T、I
		900-218-08	液压设备维护、更换和拆解过程中产生的废液压油	T、I
		900-219-08	冷冻压缩设备维护、更换和拆解过程中产生的废冷冻机油	T、I
		900-220-08	变压器维护、更换和拆解过程中产生的废变压器油	T、I

续表

废物类别	行业来源	废物代码	危险废物	危险特性
HW08 废矿物油与含矿物油废物	非特定行业	900-221-08	废燃料油及燃料油储存过程中产生的油泥	T、I
		900-249-08	其他生产、销售、使用过程中产生的废矿物油及沾染矿物油的废弃包装物	T、I

注：1. 废物类别，是在《控制危险废物越境转移及其处置巴塞尔公约》划定的类别基础上，结合我国实际情况对危险废物进行的分类。

2. 行业来源，是指危险废物的产生行业。

3. 废物代码，是指危险废物的唯一代码，为 8 位数字，其中第 1~3 位为危险废物产生行业代码 [依据《国民经济行业分类》（GB/T 4754—2017）确定]，第 4~6 位为危险废物顺序代码，第 7~8 位为危险废物类别代码。

4. 危险特性，是指对生态环境和人体健康具有有害影响的毒性（toxicity，T）、腐蚀性（corrosivity，C）、易燃性（ignitability，I）、反应性（reactivity，R）和感染性（infectivity，In）。

8.3.6　废矿物油危害

废矿物油已被列入《国家危险废物名录》，类别为 HW08。废矿物油是由多种物质组成的复杂混合物，主要成分有 C_{15}~C_{36} 的烷烃、多环芳烃（PAHs）、烯烃、苯系物、酚类等。其中各种成分对人体都有一定的毒性和危害作用。试验表明，如果废矿物油内的有毒物质通过人体和动物的表皮渗透到血液中，并在体内积累，会导致各种细胞丧失正常功能，是公认的致癌和致突变化合物。随意倾倒和非法转移、倒卖废油，除了影响人体健康，还会给生存环境带来二次黑色污染，对水体和土壤造成严重污染，危害动植物的生长和人类的生存环境。如果把废矿物油倒入土壤，可导致植物死亡，被污染土壤内微生物灭绝。如果废矿物油进入饮用水源，1t 废矿物油可污染 $1×10^6$t 饮用水。

另外，废矿物油还会破坏生物的正常生活环境，具有造成生物机能障碍的物理作用。例如，废矿物油污染土壤后由于其黏度较大，除了堵塞土壤孔隙及破坏土质外，还能粘在植物根部形成一层黏膜，妨碍根部对水分和营养物质的吸收，造成植物根部腐烂、缺乏营养而大面积死亡。当土壤孔隙较大时，石油废水还可以渗透到土壤深层，甚至污染浅层地下水。

因此废矿物油一旦大量进入环境，将严重影响动植物健康，并且造成严重的环境污染。

8.3.7　废矿物油发展历程及问题

我国的废油回收再生利用是从 20 世纪 50 年代开始起步，在 70 年代基本上形成一种以中国石化销售公司下属厂为骨干的全面废油再生系统，形成以"蒸馏—酸洗—白土精制"和"酸洗—带土蒸馏精制"为主的再生工艺。但进入 20 世纪 80 年代后由于搞活经济，国内大部分大型厂矿都自办废油再生车间，同时增加了许多小的集体及个体所有制废油再生厂，因此到了 90 年代专业再生厂处理能力大大降低，而且部分厂不再生或简易再生，而将废油用作低档油、脱模式油、燃油销售使用。

在国外，废油再生工作开始得较早，在 20 世纪 60 年代的时候，欧洲和美国的一些发达国家就已经着手研究，从那时候开始就积累了宝贵的经验。直至现今在废油再生行业乃至整个石油行业西方国家都处于领先位置，它们取得成功的原因与政策完善和政府补贴不无关系。

国内废矿物油市场较为混乱，经营废矿物油的企业众多，其中大多数无经营许可证，同时缺少对废矿物油收集、贮存、处理处置的各个环节统一的技术规范指导。尽管国家和石油行业一直在推动政策制定和实施，但从目前来看，尽管政策和法规具有指导意义，但并不强制实施，没有严厉的惩罚以及一定的财政激励措施，导致操作起来还是重重困难。因国土面积广大，各地对废油回收与再生的投入与认识不一，执行有差异，这就导致了废油再生行业在回收环节就遇到了重重困难，除石油特殊领域外，其他行业回收难度相当大，主要存在以下问题：

① 有证和无证企业不良竞争。部分废矿物油产生企业产生的再生利用价值较大的废矿物油不交（售）给具有经营许可证的企业，高价卖给不法企业，导致具有经营许可证的企业不能收集到足够的废矿物油维系企业的正常运行，具有经营许可证企业和无证企业相互争夺废矿物油，不法分子将简易处理后的劣质油进行调色后，以次充好进行出售，扰乱市场、坑害用户，给社会带来不稳定因素，影响社会安定。

② 企业认识不足。部分废矿物油的产生企业对废矿物油的污染缺乏必要的认识，为节省处理处置费用，将产生的无再生利用价值的废矿物油随意处置。

③ 不分类回收，混油品种繁杂，废油性能指标各不相同。废矿物油的产生企业对废矿物油的贮存缺乏规范的场所和必要的分类，容易引起废矿物油的洒漏和流失，给废矿物油的收集、后续处理处置带来很大难度。同时，由于部分废矿物油是可燃物，存在发生火灾等安全隐患。

④ 处理处置过程二次污染比较严重。一些处理处置企业无三废治理措施和安全消防措施，对周边环境造成严重污染，并可能造成事故。

⑤ 运输受到制约。废油的组成复杂，含有不同的污染物及可能导致贮罐腐蚀结垢的杂质，因此运输设备应同时做到防腐和防爆。

⑥ 违规处置情况严重。如汽修行业因附近没有资质单位能够处理汽修行业产生的危险废物，合规的单位距离遥远，运输距离长，导致运输和处置费用高昂，就在未办理转移手续情况下，将废机油转移给其他油料公司处理，甚至随意售卖给收荒匠。

8.3.8 废矿物油处置

废矿油是一个双面体，具有污染性和资源性的双重特征。处理不当会造成环境污染，回收和再生利用将节省能源并缓解资源短缺的压力。

2017 年 2 月 4 日，由国家发展和改革委员会组织编制的《战略性新兴产业重点产品和服务指导目录》（2016 版）正式发布，其中废矿物油再生利用被列入国家战略性新兴产业重点产品和服务指导目录。然而，至 2017 年国内共有 523 家拥有废矿油回收处理资质的企业，这些合规企业处理的废油只占 1/3，还有相当部分的废矿物油基本由无资质企业进行处理，更有部分没有得到妥善处置，而往往是采用乱排乱放、任意丢弃、烧毁土埋等消极手段处理。

而我国，在较晚的时候才开始对废矿油再生工艺进行研究，相关的投资较少，只有部分石油特殊行业能够涉足使用先进技术，而大部分都是以小作坊形式存在的炼油厂，这些企业大多不具备相应环保资质，有近 2/3 的废矿物油被转移至无资质回收企业进行再提炼，这些废矿物油在加工企业的提炼工艺绝大多数为国家强制淘汰的落后工艺技术，导致成品价值非常低，同时简单落后的加工过程造成了环境的严重污染和资源的极大浪费。另外，低廉的价格反过来进一步限制了该行业的发展，工艺迟迟得不到改进。

在国外，很多先进的技术和工艺正在走向成熟并且达到了工业化生产阶段，如无酸工艺、蒸馏-加氢等工艺正在成为西方各国处理废油的主流。但是，由于这些技术的先进性、操作的复杂性且再生设备一次性投资大，需要很高水平的技术工人，我国现阶段大量普及这些技术还较为困难，寻找更好的解决方案就成为我国废油处理的关键。

近几年，随着国家环保政策持续推进、人民环保意识逐渐增强，在实际的生产生活中，将废矿物油直接排放的为数不多，主要还是将产生的废矿物油转移给其他单位进行回收处置。

废矿物油应根据含油率、黏度、倾点（凝点）、闪点、色度等指标合理选择利用和处置方式。

8.3.8.1　物理处理方法

废油的物理再生净化法不消耗废油的化学基础，而只是将其中的机械杂质，即灰尘、砂粒、金属屑、水分、胶状及沥青状物质、焦炭状及含碳物质等除去，属于废油的物理再生方法。应用最广泛的为沉淀、离心分离、过滤、蒸馏、水洗、焚烧等。

（1）沉淀

所有的废油再生时，都要经过沉淀工序，以便除去机械杂质和水分，这是一种最简单而又最便宜的方法。它是利用液体中杂质颗粒和水的密度比油大的原理，当废油处于静止状态时，油中悬浮状态的杂质颗粒和水便会随时间的增长而逐渐成为沉淀沉降出来，进行分离。沉降效果的好坏，直接影响下一步的蒸馏、硫酸精制、溶剂精制等工艺操作。

（2）离心分离

离心分离是沉降的另一种形式。其原理是利用离心机高速旋转时产生的离心力，来达到分离油、水和机械杂质的目的。离心分离也是建立在油、水和机械杂质密度不同基础上的物理再生方法。在离心分离的实际应用中使用分离机和离心机两种设备。

（3）过滤

过滤是驱使液体通过称为"过滤介质"的多孔性材料，将悬浊液中的固体与液体分离的方法。驱动液体的方法与过滤介质的阻力有关。废油再生中最常用的单元过程是白土接触精制。接触精制后，油中的废白土需要使用真空过滤机或板框压滤机将其滤出。真空过滤机只用于处理量大的连续装置，故一般常用板框压滤机，由每一块滤框独立地滤油。

（4）蒸馏

蒸馏是利用各种油品的馏程不同，将废油中的汽油、煤油、柴油等轻质燃料油蒸出来，以保证再生油具有合格的闪点和黏度。当加热废油时，废油中所含燃料油的沸点比废油自身的沸点低很多，燃料油首先汽化而与油分离，以恢复油的黏度和闪点。蒸馏所需温度取决于燃料油的沸点和蒸馏方法。常用的蒸馏方法有水蒸气蒸馏和常压蒸馏。

（5）水洗

水洗是为了除去废油中水溶性氧化物。废油加以水洗，并不能保证使污染严重的废油充分复原。水洗和离心分离联合的方法常用来净化再生汽轮机油。

（6）焚烧

不适合再生利用的废矿物油可进行焚烧处置，一般将废矿物油直接作为燃料，鼓励进行热能综合利用。但焚烧废气中含有大量重金属氧化物及燃烧不完全产生的多环芳烃氧化物，会严重污染空气，需进行进一步处理。其中有些重金属氧化产物以超微粒子存在，典型的如氧化铅，半衰期长达半年之久。所以，焚烧对于机油类废油不是最恰当的处置方法。

8.3.8.2　化学再生处理方法

多年来，无论是发达国家还是发展中国家在废油再生利用方面积累了丰富的经验，国内外按照废油处理工艺的区别，可将废油的再生工艺归纳为有酸工艺和无酸工艺两类。

（1）有酸工艺

主要是酸白土工艺，它以 Meinken 工艺为基础，尽管可以很好地去除大部分环烷烃、碱性氮化物及胶质等杂质，但是该工艺产生大量酸性气体、酸渣及白土渣，造成环境污染，设备腐蚀，危害人类健康。该工艺目前已经被淘汰。

传统的废润滑油回收再生技术为蒸馏-硫酸-白土精制工艺，其最大的缺点是过程中产生的废物容易污染环境。目前国外许多公司都在研究和开发新的废油回收技术，国内也在积极开展这方面的研究。

硫酸-白土精制工艺是国内外范围内，在废油再生工艺研究中最先开始使用的工艺技术，其中大量的硫酸和白土被用于处理废油。废油经过预处理（预闪蒸或减压蒸馏）以分离水和轻质烃，将浓硫酸（10%～15%）加入脱水废油中，其中异物（如胶质、沥青质、氧化产物等杂质）将形成污泥，使其能够在 16～48h 内沉积，然后与废油分离。经过滤的油被蒸馏以生产具有各种特性的燃料油基础油。

硫酸精制时主要是发生化学反应，包括磺化、酯化、聚合、缩合、中和等。此外，还有物理化学作用的絮凝和物理作用的溶解。硫酸能与废油中存在的非理想组分发生反应，对于非烃有很强的脱除能力，对烯烃也能相当彻底地除去。但是硫酸处理过的再生油样无论是从品质上还是从使用效果和价值上都还达不到预期效果，所以酸处理过的油样需要再经过大量的白土对其进行精制，使再生油的颜色更加清澈，安定性和黏度等性状也更加贴近于正常柴油的性状，最后得到符合预期的合格油品。但该方法在精制过程中会产生很多二氧化硫等危害人体、污染环境的酸性气体与酸渣等固体废物，同时还伴随着酸水等难以处理的液体有害物质产生。

除此之外，后续进行的白土精制工艺也依旧会造成环境污染和产生较难处理的油性饱和白土、废水、酸渣和大量酸性气体二氧化硫，危害人体健康、腐蚀设备、污染环境。在不断增大的环境压力下，在当前现代化经济体系要求的经济快速发展逐渐转向经济友好发展、绿色发展的理念下，这项技术在包括许多发展中国家在内的大多数国家都被禁用，硫酸-白土工艺已被淘汰。

（2）无酸工艺

无酸工艺包括溶剂精制、溶剂抽提-絮凝、薄膜蒸发、分子蒸馏以及膜分离等。

1）溶剂精制

溶剂精制是先用蒸馏法将废油中的轻组分除去，然后再用溶剂和白土进行精制。

溶剂精制工艺仍然是当前来看工业上生产柴油的主流方法之一。溶剂精制的原理是利用某些有机溶剂对废润滑油中所含的烃类与添加剂、氧化产物、油泥等溶解度不同的特性，在一定条件下，将废油中的添加剂、氧化产物、油泥等杂质除去，然后蒸馏回收溶剂并获得粗产品，粗产品经白土精制后成为再生油。

在国外，溶剂精制逐渐从丙烷转变为使用 N-甲基吡咯烷酮和糠醛来作为该精制工艺的溶剂，其中的 N-甲基吡咯烷酮因为比其他溶剂更为优质而被广泛采用，因为它具有最低的毒性，并且可以在较低的剂油比下使用，从而节省能源。而国内主要研究醇酮混合物（异丙醇、丙酮等）作为溶剂进行精制，它可以减少后续溶剂回收蒸馏过程中的焦化和结垢问题。

溶剂精制工艺虽然有以上种种优点，同时仍有一些问题得不到解决。溶剂精制技术的缺点在于成品油质量对原料质量的依赖性，因为这个过程是物理过程，并且不涉及任何化学反应。同时，精制过程中剂油比居高不下，具有一定毒性的溶剂大量使用会对环境和设备造成较为严重的危害。而被看好的 N-甲基吡咯烷酮溶剂的价格波动和较高的单价也是制约该工艺发展的原因之一。虽然该溶剂可以被回收再利用，但是回收难度较大，回收成本也偏高，回收的油样收率也不够理想。

现如今国内外都开始着手研究如何改进溶剂精制工艺，在这方面大部分都会涉及助剂的添加使用。助剂技术简单理解就是在溶剂精制过程中，有针对性地加入一定量某种适合的助剂，以期解决溶剂精制过程常常出现的各种问题，以此来获得更好的精制效果。而当前对助剂技术的研究大多还局限于实验室内的初步研究，在放大实验和工业使用方面尚且难以实现，因此助剂技术还存在着很大的研究价值。

溶剂精制利用某些有机溶剂对废油中的基础油组分与添加剂、氧化产物、油泥等杂质溶解度不同的特性，在一定工艺条件下将基础油与杂质分开，获得再生油。剂油比、温度、溶剂、辅助添加剂都是影响溶剂精制油性质的重要因素，溶剂处理不仅需要消耗大量试剂，还会增加污水处理的负担。

2）溶剂抽提-絮凝

① 抽提精制原理。废油抽提精制是指利用一些对废润滑油中理想组分与非理想组分具有选择性溶解特性的有机溶剂对废油进行再生处理，以实现非理想组分（沥青质、胶质、短侧链稠环芳烃等）与理想组分（饱和烃、长侧链稠环芳烃等）分离的过程。抽提精制优点：a. 无需使用硫酸，不产生腐蚀设备、危害环境的酸性气体及酸渣等；b. 再生油产率高，且质量可达到基础油标准；c. 相对于加氢精制及其他先进技术，投资少，操作简便；

d．溶剂毒性较低，且可循环使用，绿色环保。

② 传统抽提溶剂。传统抽提溶剂是利用其极性更接近于非理想组分的极性的特性，在加热搅拌过程中，使得非理想组分逐渐溶解于溶剂中，而理想组分不溶，以达到分离非理想组分和理想组分的目的。作为优良的抽提溶剂必备条件是：a．选择性好、抽提能力强；b．热及化学安定性好，能耐酸、碱、氧化剂、还原剂的作用；c．操作安全简便，毒性、腐蚀性、刺激性小，熔沸点较低；d．价格低廉，来源广泛。

由于对溶剂的要求条件相当苛刻，很难找出一种溶剂能满足作为溶剂的全部条件，故往往抓住其主要性能而兼顾其他方面的要求，目前采用较多的溶剂是糠醛、苯酚、N-甲基吡咯烷酮（NMP），与糠醛结构相似的糠醇也有研究。

Ⅰ．糠醛。糠醛抽提精制时，其与油品的密度差和界面张力皆足够大，分散和分层性能好，且与油品的沸点差较大，易闪蒸，毒性、腐蚀性小，易生物降解。不足之处是：选择性好，但抽提能力弱，为得到质量合格的再生油，需提高抽提温度和增大溶剂比，以致能耗增大、装置的生产能力降低；热稳定性较差，高于230℃时会分解，增加溶剂损耗；易氧化为糠酸，腐蚀设备，且糠醛分子中的双键有聚合倾向，加热时易结焦，堵塞管道和设备。

糠醛精制技术作为传统而成熟的溶剂精制技术，在废油再生领域有着广泛应用。溶剂糠醛对油品的适应性好，价格低廉，原料易得。糠醛精制的不足之处在于糠醛溶剂的溶解能力小、剂油比大、增加溶剂的回收能耗。糠醛在高于 230℃时易裂解缩合，热稳定性较差。因此采用轻质烃与糠醛溶剂，既可以增大溶剂的选择性，又能减少生产能耗，以此完善整个废润滑油再生工艺流程。

大庆石化公司宋巍实验组比较了环氧氯丙烷-糠醛复配溶剂和糠醛单一溶剂对润滑油馏分的精制条件，糠醛与环氧氯丙烷以 1:1 的体积比构成的复配溶剂在低于单一溶剂精制温度 25℃时精制得到的再生油黏度指数提高了 4～6，收率提高了 1%～3%。

保定石油分公司杨树花等比较了糠醛单一溶剂和采用糠醛-杂醇复配溶剂精制废油的工艺效果，复配溶剂精制的油的颜色、收率及黏温性能均高于单一糠醛溶剂。

辽宁石油化工大学郭大光教授课题组采用糠醛与不同的复配溶剂对废润滑油进行溶剂精制。溶剂包括 N,N-二甲基甲酰胺（DMF）、正丁醇、异丙醇等。如以糠醛与 DMF 为复配溶剂，温度为 80℃，剂油比为 1.5:1，DMF 质量分数为 15%，精制时间为 30min，收率可达 91.7%；糠醛与 15%的正丁醇作为复配溶剂在精制温度 85℃和剂油比为 2:1 的条件下，产物收率为 88.5%；糠醛与异丙醇为复配溶剂，精制温度为 75℃，异丙醇和糠醛体积比为 1:1，剂油体积比为 1.5:1，油品的总收率可达 72.5%。

此外，采用表面活性剂十二烷基苯磺酸钠或聚醚作为助溶剂，可以阻止废润滑油中由乳化剂导致的油包水分子膜的形成，进而提高精制油的收率。结果表明调控反应温度和剂油比，复配溶剂精制的效果好于糠醛单溶剂的精制效果。所选择的复配溶剂具有如下特点：溶剂的沸点、比热容较糠醛低，可降低溶剂的回收温度，降低能耗；溶剂的密度小于糠醛，利于糠醛精制过程的相分离和逆向流动；溶剂对润滑油非理想组分的选择性溶解能力强，降低精制温度。

Ⅱ．苯酚。苯酚抽提能力强，但选择性差，为提高其选择性，必须在苯酚中添加少量水，但易造成乳化，使分层更缓慢还挟带清油，增大溶剂回收能耗；熔点高，常温下为晶体，操作不便；毒性大，生物降解比糠醛困难，且具有腐蚀性。

Ⅲ．N-甲基吡咯烷酮。NMP 精制技术在废油再生领域中有着重要的作用。NMP 对不饱和烃、芳香烃及硫化物具有好的选择性和溶解性，相对于糠醛和苯酚，有着良好的化学稳定性及热稳定性，挥发性低且毒性小。但由于其具有腐蚀溶剂回收设备，价格昂贵，蒸馏与精制过程需要的能耗较大、时间较长等缺点限制了其使用。

为了提高 NMP 溶剂精制的选择性，通常利用 NMP 与相关助剂构成复配溶剂使用。加入的助剂主要有水和乙醇胺。Jelena Lukic 等以 NMP 和水作共溶剂精制废油，结果表明，工艺参数的确定及成品油的化学组成影响再精炼油的电性能和氧化性能。其最佳工艺参数为：合理的提取温度、1%的含水率、NMP 与低溶剂油的质量比为 0.5∶1。

李志东研究了 NMP 中加入助剂乙醇胺对废油精制效果的影响。结果发现 NMP 对于改善废油的质量和去除废油中的有机酸有着重要的作用。

NMP 的溶解性、选择性、化学安定性、热稳定性均较糠醛和苯酚具更大优势，且挥发度低、毒性小、生物分解性优良，但沸点高，使回收困难，并挟带清油，腐蚀性强，且来源困难，价格也高，面临被淘汰的趋势。

Ⅳ．糠醇。糠醇与糠醛的分子结构近似，均含有一个呋喃基，作为抽提溶剂分离废油中的非理想组分的效果与糠醛相当，且糠醇不易被氧化。颜晓潮根据萃取缔合原理，经理论分析及实验探究，选取糠醇作为抽提溶剂，通过单因素实验分析和正交实验手段，探索了废内燃机油采用糠醇抽提精制的工艺方法和条件。结果表明，最佳工艺条件下，废油回收率达 93.9%，且再生油品质量较好。

③ 抽提溶剂助剂。鉴于以上溶剂的不足，众多学者开展了大量改善抽提效果的研究工作，其中加入助溶剂成了研究的热点。经验证，助剂的加入可增强传统溶剂的选择性，改善再生油的质量，提高再生油的产率。以下主要介绍有关环氧氯丙烷、十二烷基苯磺酸钠、乙醇胺等助剂的研究。

Ⅰ．环氧氯丙烷。李璐等研究了糠醛、环氧氯丙烷与助剂糠醛组成双溶剂精制废油的效果。实验结果表明，糠醛精制时最佳工艺条件下剂油比为 1.5∶1（体积比），双溶剂精制时最佳工艺条件下剂油比为 1.0∶1（体积比），且后者的再生油品质量更好。另外，环氧氯丙烷和糠醛组成双溶剂有如下特点：沸点、比热容较糠醛低，从而降低能耗，并避免糠醛分解；对废油中的非理想组分的选择性及溶解能力强，可降低糠醛精制温度，从而降低能耗；密度不小于糠醛的密度，利于精制过程的逆向流动和相分离。

Ⅱ．十二烷基苯磺酸钠。刘洋等对比了以糠醛单一溶剂及以糠醛作主溶剂、十二烷基苯磺酸钠为助溶剂精制废油时的抽提效果，且探讨了剂油体积比、温度、助剂质量分数等因素对再生油产率、黏度指数等性质的影响。结果表明，双溶剂精制时产率为 91.26%，比单一的糠醛精制增加 2.43%，且再生油可达到我国润滑油基础油标准。

Ⅲ．乙醇胺。韩丽君等将乙醇胺和 NMP 配成双溶剂，对再生废油进行研究。结果表明，在溶剂精制过程中，NMP 与乙醇胺不发生化学反应，在 C—X 键、羰基及呋喃基的共同作用下，使混合溶剂更容易发生缔合作用，从而对废油中非理想组分的分离效果更显著，进而提高溶剂的精制效果，再生油产率达 89.85%。

Ⅳ. 其他。王利芳等选取了正丁醇辅助糠醛精制废油，实验结果表明，由于糠醛的极性相对于非理想组分偏高，加入适量正丁醇能使得溶剂极性适当下降，从而增大对非理想组分的溶解度；且正丁醇本身对非理想组分有一定的溶解性，因此改善了精制效果。杨树花研究了糠醛-杂醇混合溶剂和糠醛溶剂精制再生废油，产品理化指标优于酸洗-白土吸附工艺精制油指标，但再生油回收率偏低。莫娅南等研究了乙醇、糠醛、NMP 再生废油，剂油质量比为 1:1，精制温度为 60℃时，再生油指标达到 QSHR 001—1995 HVI 标准，回收率达 90%以上。

④ 新型抽提溶剂。新型抽提溶剂是利用醇、酮、烃类等有机极性溶剂的选择性溶解能力，分离废油中的基础油与杂质，其对分子量较低的物质，即对废油中的基础油溶解能力强，对胶质、沥青质、生物灰质、聚合性添加剂等分子量较大的物质溶解能力差。因此，在抽提过程中，溶剂既从废油中抽提出基础油，又将废油中的杂质沉降下来。一般，溶剂的分子量越大，对基础油的溶解性就越好，但对杂质的沉降能力会下降；碳原子数为 3 或 3 以下的溶剂，由于不能完全溶解基础油，很少单独进行抽提过程；通常以 4 个碳原子的醇、酮或烃为抽提溶剂，但其沉淀能力较差，因此常采用混合溶剂来改善单一溶剂的不足。

Ⅰ. 烷烃类。Jesusa 等以乙烷、丙烷为抽提溶剂探究了不同温度及压力对废油中去除含金属化合物、氧化产物的量及产率、效率的影响。结果表明，氧化产物的分离效率可通过低压提高，但对于去除废油中含有的金属化合物无影响；且在液态、超临界状态、气态 3 种不同状态下丙烷、乙烷精制再生油时，液态效果最佳。

Ⅱ. 醇类。王华选取异丙醇和正丁醇对废油进行抽提絮凝，去除了废油中大多数的添加剂、胶质、沥青质等杂质，并探讨了溶剂配比、温度、时间等因素对再生油性能的影响。杨鑫等对比了正丙醇、异丙醇抽提废油时对再生油产率的影响。结果显示，异丙醇再生油的产率为 76.8%，比正丙醇高 6.4%。这主要由于基础油极性较小，而异丙醇的极性参数明显小于正丙醇，且更接近基础油，因此异丙醇能更好地抽提出废油中的基础油，从而产率更高。且在以异丙醇为抽提溶剂的最佳工艺条件下，闪点、倾点、黏度指数、酸值、灰分等性能指标得到明显改善，重金属含量明显降低，基本符合 HVI150 基础油指标。杨鑫等以四碳醇（正丁醇、异丁醇、仲丁醇、叔丁醇）也做了类似研究，最终选取了异丁醇为最佳抽提溶剂，再生油产率达 82.1%。

Ⅲ. 醇与酮类。刘晶晶筛选出正丁醇:异丙醇:甲乙酮 = 2:1:1（体积比）的混合溶液作为抽提溶剂，对废油再生处理，结果表明：抽提絮凝处理能絮凝出大部分杂质，为进一步再生奠定了基础。李瑞丽以丁酮、异丙醇复合抽提溶剂对废油进行处理，结果表明：使用复合溶剂减少了溶剂用量，提高了精制油的收率，再生油的性质明显改善。Jordan 等以抽提溶剂正丁醇、丁酮进行再生废油的研究，结果表明：4 个碳原子的醇、酮极性溶剂不仅能抽提出废油中的基础油，还能絮凝沉降部分添加剂和氧化产物，该研究为以后科研人员筛选抽提溶剂提供了极具价值的参考。

基于溶剂抽提的废油再生技术操作简便，能耗较低，再生油质量好，绿色无污染，因此在废油处理中广泛应用，针对目前研究现状，提出未来研究方向，即：废油抽提再生技术目前仍处于初级阶段，仍需大力开发出安全无毒、无污染、选择性好、抽提能力强、应用范围广、适应性强的新型抽提溶剂；在研制抽提溶剂新品种并提高其性能的同时，必须加强抽提作用机理的研究，为工业应用奠定更多的理论基础；进一步加强不同种类抽提溶剂的复配使用。

絮凝吸附分离法是内燃机再生工艺改革中出现的一种新型工艺，相对于硫酸精制，具有工艺简单、腐蚀性小、污染小等优点。但在油液再生中需筛选合适的絮凝剂，对于油液来说，絮凝剂本身就是一种污染，并会对油液中添加剂造成损害，甚至使这些添加剂失去作用，形成二次污染。更重要的是，对于不同用途的油液，由于成分和污染物的不同，需要开发不同的絮凝剂来对其净化，这很大程度上限制了絮凝工艺在废矿物油再生中的推广应用。

3）薄膜蒸发

在废油再生中，蒸馏是一个很重要的单元过程。蒸馏是将液体混合物按其所含组分的沸点或蒸气压的不同而分离为轻重不同的各种馏分，或者分离为近似纯的产物。蒸馏这种分离操作是通过液相和气相间的质量传递来实现的。蒸馏应用于废油再生，既可用于再净化中的脱水，又可用于再炼制中的脱轻油，以及将废润滑油分割成几个基础馏分，还能将废油中的沥青质、胶质、添加剂、金属盐等留在蒸馏残渣中而与基础油分离。

薄膜蒸发器是一种将物料液体沿加热管壁呈膜状流动而进行传热和蒸发的蒸馏设备。相对于普通减压蒸馏设备，薄膜蒸发器具有真空压降小、操作温度低、受热时间短、蒸发强度高、操作弹性大等显著优点。薄膜蒸发器在废油再生中应用的主要优势有：

① 由于真空度高、压降小，使蒸发温度降低数十摄氏度，有利于防止油品的高温裂解和色度加深；

② 由于总传热系数大，可以使同规模的废油再生设备小型化；

③ 由于受热时间短，在防止设备结焦方面很有益处。

欧美先进的废油再生装置大都采用薄膜蒸发器进行废油的蒸馏和分离。薄膜蒸发器中的刮膜器可将料液在蒸发面上刮成厚度均匀、连续更新的涡流液膜，大大增强了传质传热效率，并有效控制液膜厚度为 0.25～0.76mm，从而消除静液面高的影响，使蒸馏效率明显提高，热分解显著降低。

国际动力技术公司和海湾科技公司合作开发了 KTI 废油再生工艺。KTI 废油再生工艺在生产过程中不产生废弃物，其工艺过程如下：

① 废油经预闪蒸脱除水、轻烃、溶剂、乙二醇等，在蒸发器 2 中减压蒸馏脱柴油；

② 将蒸馏残余物进薄膜蒸发器 3，蒸出基础油馏分；

③ 将基础油馏分进行热处理，然后与柴油混合，进入加氢精制反应器，进行加氢补充精制；

④ 将精制产污进一步蒸馏切割，即获得再生基础油。

KTI 废油再生工艺条件为：

① 预蒸馏残压 2kPa，温度 220℃；

② 加氢前热处理温度 180℃，处理时间 24h；

③ 加氢反应器表压 6.0MPa，反应温度 320℃。

薄膜过滤分离是利用膜的选择透过性，将废油中的杂质和有效成分分离。在通过膜过滤之后，污染物如水分、灰炭、金属及残余添加剂含量将大幅降低，并且其过滤油品本身的物理指标不会有重大改变。但由于油液黏度很大，使得油液通过膜的渗透通量很小，对过滤膜材料要求高，而且薄膜孔容易堵塞，容易被污染，影响分离效果。

4) 分子蒸馏

① 分子碰撞理论。一切宏观物质都是由大量分子（或原子）组成的，所有的分子都处在不停地无规则热运动中，分子之间存在着相互作用力，当两个分子质心之间的距离接近某一距离时，会产生相互吸引或相互排斥的力。在分子有效作用距离之内，分子间先表现为吸引力，使分子相互接近；随着距离的缩短逐步变为排斥力，进而使分子相互远离。故一个分子在与周围的分子之间吸引力和排斥力的共同作用下不断运动。这种两个分子由接近进而至排斥分离的过程，就是分子的碰撞过程。分子在碰撞过程中两分子之间的最短距离称为分子有效直径。

一个分子在相邻两次分子碰撞之间所经过的路程称为分子运动自由程。根据分子物理学中的碰撞理论，在同一外界条件下，不同物质的分子运动自由程各不相同。并且分子的平均速度 v，碰撞频率 f，平均自由程 λ 满足：

$$\lambda = v/f$$

由热力学原理可知：

$$f = \sqrt{2}v \frac{\pi d^2 p}{KT}$$

式中　d——分子有效直径，m；

　　　p——分子所处的空间压力，Pa；

　　　T——分子所处的环境温度，K；

　　　K——玻尔兹曼常数。

联立上述两公式可得：

$$\lambda = \frac{K}{\sqrt{2}\pi} \times \frac{T}{d^2 p}$$

从上述公式可看出，压力、温度及分子有效直径是影响分子运动平均自由程的主要因素。对于同一物质，其分子运动平均自由程与温度成正比，与压强成反比。不同物质，在同一外界条件下，由于其分子有效直径不同，其分子平均自由程也是不同的。分子蒸馏技术正是利用提高温度和降低压强来提高分子的平均自由程，并利用不同分子在同一条件下平均自由程不同而实现对不同组分进行分馏的。

② 分子蒸馏基本原理。分子蒸馏基本原理如图 8-12 所示，混合液体沿着加热板自上而下流动，液体分子在吸收足够的热量后由液相变成气相，逸出液面，轻组分的分子运动平均自由程大，重组分的分子运动平均自由程小。在离加热板的距离大于重组分分子运动平均自由程并且小于轻组分分子运动平均自由程处放置一个冷凝板，此时轻组分的分子能到达冷凝板并由气相变成液相，从而将轻组分从混合液中不断蒸馏出；重组分则由于不能到达冷凝板，进而在容器中加热板的附近聚集，并有部分重新进入液相，很快就能达到气液相之间的动态平衡。最终，重组分从加热板处流出，轻组分则从冷凝板处流出，达到了分离的目的。

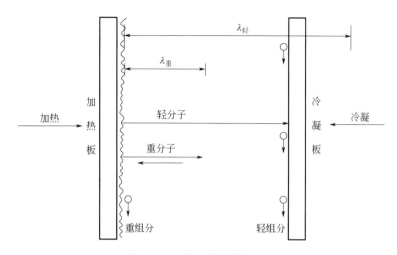

图 8-12　分子蒸馏基本原理

③ 分子蒸馏技术在废油再生中的应用。从分子蒸馏技术原理可以看出，待处理的混合液只要组分间的分子运动平均自由程有差别，就可以利用此技术进行分馏，而在相同的外界条件下，分子运动平均自由程与分子有效直径呈负相关的关系。所以利用分离蒸馏可以很好地将汽油、柴油等轻组分和沥青质等重组分从废油中分离出来，从而得到再生的基础油。

图 8-13 是某大学利用分子蒸馏技术进行废油资源化利用的主要流程，从图中可以看出，该装置先经过物理方法（如沉降、过滤等）除去部分水分和机械杂质，然后利用脱氢塔除去一些分子较轻的如水分、空气、汽油以及轻质柴油等轻组分杂质，最后经过分子蒸馏，将油品根据需要切割成不同的基础油，剩下一些组分较重的残渣，如沥青等。

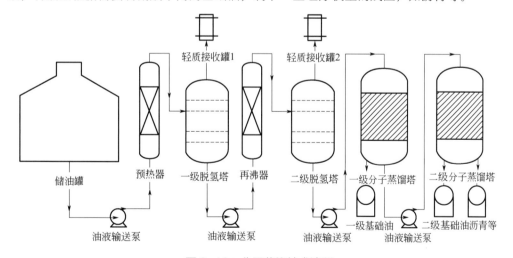

图 8-13　分子蒸馏技术流程

④ 分子蒸馏技术的优点。分子蒸馏技术作为一种与国际同步的高新分离技术，具有其他分离技术无法比拟的优点：a. 操作温度低（远低于沸点）、真空度高（空载≤1Pa）、受热

时间短（以秒计）、分离效率高等，特别适宜于高沸点、热敏性、易氧化物质的分离；b. 可有效地脱除低分子物质（脱臭）、重分子物质（脱色）及脱除混合物中杂质；c. 其分离过程为物理分离过程，可很好地保护被分离物质不被污染，特别是可保持天然提取物的原来品质，分离程度高，高于传统蒸馏和普通的薄膜蒸馏，因此，废油再生利用既可节约能源，变废为宝，又可以减少其对环境的污染，具有巨大的经济效益和社会效益。

根据分子蒸馏技术的原理，在实际应用中，利用调节压力和温度来控制分子运动的平均自由程，是在高真空条件非平衡状态下的蒸馏过程，决定了它具有操作温度低、蒸馏压强低、油液受热时间短、分离效果好等特点，并且分子蒸馏是一种物理分离过程，不产生二次污染，是绿色工艺。

采用分子蒸馏技术再生废矿物油，能够解决大量常规蒸馏技术所不能解决的问题。分子蒸馏能使液体在远低于其沸点的温度下将其分离，特别适用于高沸点、热敏性及易氧化物质的分离。由于其具有蒸馏温度低于物料的沸点、蒸馏压强低、受热时间短、分离程度高等特点，因而能大大降低高沸点物料的分离成本，极好地保护了热敏性物质的品质，具有其他分离技术无法比拟的优点，它是在高真空技术发展基础上的一个创新技术，采用分子蒸馏技术再生废油，不但收率高，而且能够得到高品质的基础油。

5）膜分离

膜分离技术是一项高效节能的新型分离技术，在食品加工、海水淡化、纯水制备、超纯水制备、医药、生物、环保等各领域广泛开发和应用。

在废油再生工艺中，预处理过程和加入添加剂之前都需要过滤。过滤是利用介质两边的压力差使油通过介质而将固体阻留下来。通过选择不同的过滤介质，可以去除不同粒径大小的颗粒物质。常规的过滤介质包括三类：第一类包括滤纸、厚纸板、密实的纺织物等；第二类包括毛毡、石棉、棉纱头、毛绒线头等；第三类的典型代表是金属丝网。

不同过滤介质的滤清能力和阻留的最小粒子直径见表 8-3 和表 8-4。

表 8-3　不同过滤介质的滤清能力

油	机械杂质含量（质量分数）/%
废发动机油进料	0.48
纤维质石棉过滤器滤出油	0.026
纸质过滤器滤出油	0.044
20mm 厚河沙层滤出油	0.26
20mm 厚活性炭层滤出油	0.45
亚麻布过滤器滤出油	0.45
20mm 厚压缩棉纱头过滤器滤出油	0.46

表 8-4　不同过滤介质阻留的最小粒子直径

过滤材料	阻留最小粒子直径/μm
方孔金属丝网	20～40
交织纹金属丝网	5
编织物	20
毛毡	15
缝隙式过滤器	—
金属片型	12.5～25
厚纸板型	1
滤纸	1

　　从表 8-3 和表 8-4 可以看出,对含机械杂质为 0.48% 的废发动机油过滤有效的介质只有纸质过滤器和纤维质石棉过滤器。然后纸质过滤器过滤的时间很短就被堵塞,过滤速度大减,而且水分会破坏其强度。而纤维质石棉过滤器阻留最小粒径仅为 3mm。因此,常规的过滤介质在阻留粒子的最小直径、阻留效果方面表现欠佳,从而使再生油的质量不佳。

　　① 分离对象。依据膜材料和性质可把膜分为无机膜和有机膜。一般按膜孔径的大小把膜分离过程分为反渗透、超滤和微滤(也有将介于反渗透和超滤之间的称为纳滤)。不同膜过程分离范围如图 8-14 所示。

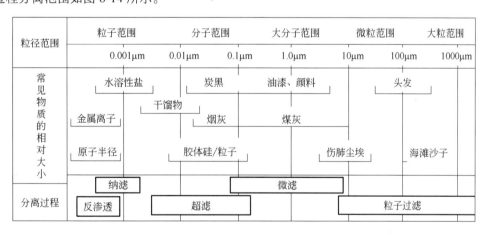

图 8-14　不同膜过程分离范围

　　从图 8-14 可以看出,废油中的炭黑、烟灰、胶体粒子、沥青质、部分添加剂消耗后产生的化合物(常为水溶性盐类)均在超滤的过滤范围之内。虽然膜分离可以分离分子、离子级的物质,根据过滤理论,由于废油黏度高,这会导致过滤通量很小,从而没有实际的应用价值。所以选择超滤膜去除废油中的杂质成分是合理的。

② 膜材料选择。鉴于废油的成分比较复杂，腐蚀性强，对过滤介质要求较高，相比之下无机膜显示出独特的优越性能：

Ⅰ. 耐高温性好。废油黏度较高，在膜分离过程中一般需要较高的温度和压力，而无机分离膜的使用温度可高达 400℃，有的甚至达到 800℃，使用的压力可以达到千帕数量级。

Ⅱ. 化学稳定性好。无机分离膜在酸性和弱碱性条件下稳定性好，pH 值适用范围较宽，耐有机溶剂，适合分离油相体系。并可采用化学试剂清洗，一般无毒，不污染环境。

Ⅲ. 机械强度大。不易脱落和破裂，可高压反冲洗，再生能力强。

Ⅳ. 使用寿命长。减少用户的维修和更换，节约了时间和费用。

根据以上分析，用膜分离技术处理废油选择无机超滤膜。

③ 膜工艺设计。不同品质的废油再生工艺不同，选择合适的再生工艺至关重要。对于变质不严重、含有较多固体颗粒的废油，只需要简单的处理，除去其中的固体颗粒即可，可采用如图 8-15 所示工艺流程。

图 8-15 膜法简单处理废油的工艺流程

随着废油的变质程度加深，需要再精制工艺，再精制工艺的末端加上膜分离设备则可获得更高品质的油，同时可以减少添加剂的使用量，工艺流程如图 8-16 所示。

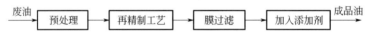

图 8-16 膜法处理再精制废油工艺流程

和膜法处理水、气体相比，膜分离再生废油工艺设计必须解决废油黏度较高的问题，降低废油黏度有 3 种方法：

Ⅰ. 提高料液温度。一方面，随着温度的升高，润滑油黏度逐渐降低；另一方面，随着温度的升高，废油老化变质的速度成倍增加，所以温度不宜选择太高。

Ⅱ. 采用超临界技术。据报道，废油与超临界二氧化碳在 40～80℃、15MPa 时，油与10%～20%二氧化碳的混合液的黏度仅有 0.003Pa·s，为未处理油的 17%～25%。

Ⅲ. 加入汽油稀释。一定比例的汽油和废油适当混合，可以使混合体系的润滑油黏度降低。

考虑到设备、工艺的简化，结合无机陶瓷膜耐高温高压的特点，采用提高温度的方法较为合理。

膜分离技术具有高效、节能、过程易控制、操作方便、环境友好、便于放大、易与其他技术集成等优点。

8.4 废催化剂再生处理技术

8.4.1 国内外废催化剂回收情况

8.4.1.1 国外

美、日、欧等发达国家和地区很早就注意对废催化剂的回收利用。例如，日本由于缺乏各种金属资源，制造催化剂的主要原料都需要进口，因而早在 20 世纪 50 年代就开始废催化剂的回收利用，早期主要回收贵金属，1955 年后开始回收镍等有色金属，1970 年日本颁布法律确认废催化剂为环境污染物，1974 年成立了废催化剂回收协会，平均每年从废催化剂中回收的金属超过 1×10^4t。日本三井公司专门制造了从废汽车催化转化器回收贵金属的装置，日处理能力达到 1～20t。

美国环保法规也对废催化剂处理做出了严格的规定，直接倾倒和掩埋需要缴纳巨额税款。目前美国已形成从废工业催化剂中回收利用贵金属的产业，据统计每年回收的铂族金属达到 15t 左右，近年已扩展到有色金属、低值甚至赔本的废催化剂的回收利用。国际催化剂回收公司（CRI）在美国和加拿大等均建有专门回收工厂处理加氢精制、加氢处理、加氢裂化、重整及石油化工等废催化剂。

欧洲最大的废催化剂回收公司法国 Eurecat 公司回收能力为 2.15×10^5t/a，占全球回收量的 5%～10%。德国的 Degussa 公司 1968 年就用捕集网回收铂网催化剂，1988 年新建 1000t/d 废重整催化剂回收装置，铂回收率达 97%～99%。

8.4.1.2 国内

我国废催化剂回收工作起步较晚，近年来随着国家对环保的重视以及原油和其他金属资源的价格上扬，也积极开展了废催化剂的回收利用，取得了很大的进步。我国废催化剂回收行业有以下特点：

① 起步晚，技术力量薄弱，回收利用企业普遍经营规模小，工艺技术落后。自 1971 年抚顺石化三厂开始从废重整催化剂中回收铂和铼等稀、贵金属以来，全国有许多企业和研究单位都开展了废催化剂回收利用的研究。1999 年抚顺石油三厂催化剂厂与三吉公司和海南坤元贵金属有限公司联合投资兴建了处理能力为 150t 的废铂催化剂回收装置，可年产铂金属 450kg，回收铂含量达到 99.98%。

② 我国无专门的管理部门进行管理，缺少回收网络，并且缺乏相应的条例法规，市场较为混乱，以致出现技术水平低和设备落后的回收企业抢占市场的现象，造成回收率低和不同程度的环境污染。

③ 整体上讲，资源回收率低，不易回收利用或经济价值低的再生资源丢弃现象严重。

④ 我国废催化剂总回收利用率低，对回收利用技术开发投入不足，有些设备、技术和回收工艺比较落后，一些回收价值不高但污染严重的废催化剂并未得到处理。由于国内催化剂使用技术水平尚低，催化剂的更换频率和废催化剂的数量均高于国外，加之我国对废催化剂还缺乏系统的研究和相应的组织机构与法规，废催化剂的回收利用将有很长的路要走。

8.4.2 国内外废催化剂回收利用现状

8.4.2.1 国外

国外较早注意废催化剂的回收利用。美国环保法规定废催化剂随便倾倒、掩埋要缴纳巨额税款。目前已形成从废工业催化剂中回收利用贵金属的产业，据统计 1995 年回收了铂系金属 12.4～15.5t。近年已扩展到非贵金属、低值甚至赔本的废催化剂的回收利用。德国的 Degussa 公司 1968 年就用捕集网回收铂网催化剂，1988 年新建 1000t/d 废重整催化剂回收装置，铂回收率达 97%～99%。1991 年英国 ICI Katalco 公司和 ACI Industries 公司一起出台了有关废催化剂管理的规定并将废催化剂的处理问题囊括在催化剂的综合服务中。

（1）日本

1）废催化剂的环保法规

日本由于缺乏各种金属资源，其生产催化剂的主要原料靠进口，因而早在 20 世纪 50 年代日本就注意废催化剂的回收利用。1970 年日本就颁布了固体废物处理与清除法律，确认废催化剂为环境污染物。由于日本工业集中，故其废催化剂便于集中回收，通常由催化剂使用厂、催化剂生产厂及专门回收处理工厂三方协调回收事宜。

2）回收废催化剂的品种

早先主要回收贵金属，1955 年以后开始回收废催化剂中的镍等有色金属。70 年代中期，日本建立了加氢脱硫回收装置。1974 年成立了废催化剂回收协会，从汽车排气催化剂、铂系金属催化剂、氧化锌脱硫剂、钴-钼加氢催化剂、铜-锌-镍系催化剂、铁-铬系催化剂、钒系催化剂等废催化剂中回收的有用金属多达 24 种。

3）废催化剂回收公司

丰田公司和日产汽车公司从事汽车排气净化催化剂的回收，三井金属矿业公司从事铂族金属的回收。八户冶炼公司的八户冶炼厂、矿业公司的敦贺工厂和三日市冶炼厂、大友化学工业公司回收氧化锌脱硫剂，伊努化学公司宫崎工厂从事钴-钼加氢催化剂的回收。重工业公司光和精矿公司户烟工厂从事铜-锌-镍系催化剂的回收。矿业公司的佐贺关冶炼厂及工业公司的小国工厂也回收镍系催化剂。互昭矿业公司、重化学工业公司和东京窑业公司等则从事铁铬催化剂的回收。还有一些公司回收钒系催化剂。

4）废催化剂回收的组织协调工作

1974 年成立了废催化剂回收协会，会员约有 32 家企业。其中据统计，1975～1980 年日本废催化剂的回收率不到 40%，但已回收了有色金属约 3 万吨。在废催化剂回收利用协会的组织下，该国就其催化剂的使用和生产展开了调查并根据废催化剂的组成、形状、载体、污染程度、中毒情况及产生的数量等情况，对废催化剂合理地进行了分类，并制定相应的回收利用工艺。

（2）美国

1）废催化剂的环保法规

美国的环保法规定，进入环境前的有害物质必需转化为无害物质。因此，在美国废催化剂不允许随便倾倒，掩埋废催化剂要缴纳巨额税款。近年来，美国已逐步采用综合性、多部分、跨学科的研究计划来解决催化剂的回收问题。

2）回收废催化剂的品种

该国由于回收贵金属催化剂的价值远远超过了回收成本，几乎所有的贵金属冶炼厂都从事贵金属催化剂的回收。迄今为止，该国的贵金属催化剂回收已有几十年的历史了，已形成了一种回收利用的产业。到 1985 年该国就回收了 5.493t 的铂族金属，1995 年回收了 12.4～15.5t。从 1978 年起美国就建立了镍催化剂回收装置，其中 73%的镍催化剂皆进行回收。据统计，1987 年美国的加氢脱硫催化剂的用量就达 12700t。该国 1985 年就从此种废催化剂中回收了 410t 钴、22000t 钼、1000t 钒、410t 镍。现回收利用的废催化剂有铂、镍、钒、加氢脱硫、脱氢、汽车尾气净化、炼油、石化等催化剂，可回收利用的物质有铂、镍、钼、钒、三水氧化铝、钼铁、五氧化二钒、硅藻土等。部分公司开始进行非贵金属废催化剂的回收。

3）废催化剂回收公司

目前全世界垄断非贵金属废催化剂回收的在美国的大企业主要有：CRI-MET 公司，在美国休斯敦，是壳牌石油公司与阿迈克斯集团的合资企业；海湾化学与冶金公司，位于美国得克萨斯州。阿迈克斯金属公司是最大的回收公司，年处理废加氢脱硫催化剂 16000t，每年可回收 1360t 钼、130t 钒和 14500t 三水合氧化铝。美国恩格哈特公司 1985 年建成了回收贵金属催化剂的装置，1987 年投资几百万美元进行扩建。美国新泽西州的催化剂收集公司于 1987 年成立，主要从事炼油及汽车尾气净化催化剂中贵金属的回收。据统计，美国 1996 年处理废催化剂的费用已达 4.39 亿美元。该国数量最多的废催化剂是炼油用的加氢处理催化剂和渣油加工用的催化剂，近年已扩展到非贵金属、低值及赔本的废催化剂的回收利用。每吨废催化剂直接掩埋费用已从 1991 年的 300 美元上升到 1996 年的 1000 美元，废催化剂的埋量从 9.7×10⁴t 降到 6.4×10⁴t。美国的孟山都公司与用户挂钩回收废钒催化剂，建于 1986 年的美国钒公司与欧洲金属公司（Euromet）及其姐妹公司阿迈隆（Amlon）公司为用户提供全套废钒催化剂再循环的方法，并用其原料生产钼铁和五氧化二钒。尽管钒的价值不很高，加上废钒催化剂的运输费用和提纯费用，实际上废钒催化剂的回收是个赔本交易，但他们回收了资源，减少了环境污染，有利于提高本公司的形象，增加钒催化剂的销售量。美国的环球油品公司则主要开发回收炼油及石化催化剂技术。联合催化剂公司回收甲基叔丁基醚（MTBE）脱氢催化剂。加拿大在美国的子公司英迈特克建有回收废镍催化剂装置，其处理能力为 11300t/a。阿迈克斯公司回收废加氢精制催化剂。此外，得克萨斯海湾公司、霍尔化学品公司、约翰逊马太公司、帕拉蒂公司、吉米利亚工业公司、联合金属公司、马茨冶金公司、格德勒公司、美国矿务局瓦特诺研究中心等均开展废催化剂的回收利用工作。多年来，恩格哈特（Engelhard）公司的用户都要求该公司能研究开发出回收油脂和石油催化剂的方法。恩格哈特公司经过长期的考察，选择了 Hertage 环境服务有限公司作为其合作伙伴。Hertage 公司 1970 年成立，主要从事工业废物的运输、处理、回收、加工，建筑和工厂废旧设备的处理等业务。他们将废催化剂重新利用，例如将废镍催化剂制成镍盐或镍溶液，回收的硅藻土用作沥青路面的矿物填料等。

4）废催化剂回收的组织协调工作

美国的废催化剂回收组织为废催化剂服务部，主要负责协调美国废催化剂的回收事宜。由于西欧废催化剂的回收费用低于美国，美国人常常把本国的废催化剂运到西欧处理加工。美国的一些催化剂制造公司往往与固定的废催化剂回收公司保持协作关系。

（3）德国

1）废催化剂的环保法规

德国是世界上环保领先的国家之一。早在 19 世纪马克思在其《资本论》中就指出："科学的进步，特别是化学的进步，发现了那些废物的有用性质。"1972 年该国就颁布了废弃物管理法，规定废弃物必须作为原材料再循环使用，要求提高废弃物对环境的无害化程度。

2）回收废催化剂的品种

回收铂、汽车排气用废催化剂等，回收利用物质有铂、铑等金属。

3）废催化剂回收公司

该国的迪高沙公司 1968 年就用捕集网回收铂网催化剂。1988 年，在 HanakWolfgang 新建 1000t/d 废重整催化剂回收装置，铂回收率可达 97%～99%，纯度可达 99.95%。该公司还与 Water 暗色岩原料公司联合投资回收汽车排气用废催化剂转化器中的贵金属，1992 年一年就回收了价值 6 万马克的铂、铑金属。

8.4.2.2 国内

1）回收废催化剂的品种

现可利用磁分离法、离子交换法、混合氧化剂法及天然碱浸法等技术，处理含镁、镍废催化剂，从废钯-碳催化剂中提取氯化钯，回收钼、钯、钴-钼、铜-锌、镍、铝、五氧化二钒、钛，废钯-碳催化剂回收装置的技术改进，废氧化铝催化剂制高纯超细氧化铝，利用废钴催化剂生产环烷酸钴新工艺，利用含钼废催化剂生产钼铁，利用联醇装置废催化剂生产氯化亚铜和氧化锌，研制成功羰基合成废催化剂回收技术，已能从废铑催化剂中回收铑粉，浸出 CT-2 废催化剂中的金、钯。

2）废催化剂回收公司

我国废催化剂回收工作起步较晚，自 1971 年抚顺石化三厂开始从废重整催化剂中回收铂、铼等稀、贵金属以来，全国有许多企业和研究单位都开展了废催化剂回收利用的研究。

3）废催化剂回收的组织协调工作

目前我国在废催化剂利用方面已开创出一条不同于国外的较符合本国国情的路子，并取得一定的业绩，有些废催化剂甚至供不应求。但与国外相比，我国废催化剂总回收利用率并不高，资金投入较少，有些设备、技术和回收工艺比较落后，一些回收价值不高但污染严重的废催化剂并未得到处理。

由于国内催化剂使用技术水平不高，催化剂的更换频率和废催化剂的数量均高于国外，加之我国对废催化剂尚缺乏系统的研究及相应的组织机构和法规，我国废催化的回收利用仍将有很长的路要走。

8.4.3　催化剂失活原因

① 随着催化剂使用时间的增长，催化剂会发生热老化，因过热而导致活性组分晶粒的长大甚至发生烧结而使催化活性下降；

② 因遭受某些毒物的毒害而部分或全部丧失活性；

③ 因一些污染物诸如油污、焦炭等积累在催化剂活性表面上或堵塞催化剂孔道而降低活性；

④ 催化剂抗破碎强度欠佳，使用一段时间后颗粒破碎引起系统阻力上升而无法继续使用。

8.4.4　催化剂回收利用的意义

（1）经济效益

催化剂在制备过程中，常常挑选一些有色金属乃至贵金属作为其主要组分。废催化剂仍然会含有数量不低的有色金属，如铜、镍、钴、铬等。有的还含有较多的稀、贵金属，如铂、钯、钌等。有时它们的含量远远高于贫矿中所含有的相应组分。例如，冶炼金属镍的硅镍矿仅含 2.8% 的镍，而一般废镍催化剂的含量可达 6%～20%。每开发 1t 有色金属，就中国的水准而言，要开采出 33t 的矿石，消耗成百吨的煤和约 8t 水，同时会产生 90t 的固体废弃物及相应的废气和废水。因此将废催化剂作为二次矿源来利用，从中回收金属及其他组分是有一定的经济效益的。

（2）资源效益

我国人均资源拥有率相对较低。我国单位国内生产总值所消耗的矿物原料要比发达国家高出 3～4 倍。全世界铂族金属的储量不过 8.76 万吨，铂矿仅有 2.46 万吨，我国的铂矿资源更少，只有世界的 0.7% 左右，每年的总产量不过 500kg 左右，其缺口高达 90%。据国家地矿部资料显示，我国的铁、铜、铅、锌等矿产资源到 2000 年就已进入了中、晚期阶段。为子孙后代着想，将废催化剂作为二次资源加以利用，有较强的现实意义还有深远的历史意义，具有长久效益。

（3）环境效益

因催化反应的需要，有些催化剂在制作过程中不得不采用或添加了一些有毒的组分，如 As_2O_3、As_2O_5、CrO_3 等。倘若对废催化剂不加处置随意堆放的话，一方面堆积废催化剂需要占据大量的场地；另一方面废催化剂中所含的毒物会随雨水的冲刷而流失，造成水质污染，又破坏土壤的结构及地面上的植被。废催化剂随日光的照射还会释放出有害的气体，如 SO_2、H_2S、NO_x、CO_2 及挥发性有机物，从而污染大气。废催化剂随风暴的吹扫则会增加大气中尘粒的悬浮量而污染周围的环境。因此，开展废催化剂的回收利用，可以使废催化剂的有害部分减量化甚至无害化，以达到清洁生产的目的，增强企业的竞争力。

8.4.5 废催化剂的危害

废炼油催化剂中可能含有许多有毒有害成分，如 NiO，其质量分数大于 0.1%时，该废催化剂就属于危险固体废物；又如 V、Sb、Ti 等，其质量分数大于 3%时，该废催化剂也属于危险固体废物。若将废炼油催化剂长时间露天堆放，不仅会占用大量土地资源，其中的有毒有害成分还会随着雨水的冲刷进入水体和土壤，对水体和土壤以及植被和生物等造成危害，并通过食物链危及人体健康。此外，废流化催化裂化（FCC）催化剂的粒径很小，极易被人吸入，从而危害人体健康。

8.4.6 废催化剂的处置

通常会采用一些方法对废炼油催化剂进行再生，再生后的催化剂若达不到反应所需的活性，再根据其成分的不同而采取不同的方法进行处理和利用。

（1）再生利用

加氢催化剂再生是一种主要的手段，可以使加氢催化剂资源重复利用，而且催化剂再生费用较低，从经济角度考虑是一个低廉的废催化剂处理方法。催化剂的再生分为器内和器外两种再生方法。器内再生主要是用水蒸气和空气或氮气和空气，在反应装置内进行烧焦再生。这样可以免除催化剂卸剂时产生的一些毒害物对人的损伤。但器内再生存在着对装置腐蚀、产生局部过热、烧焦时间长、除焦率低等问题。器外再生是将失活催化剂卸出反应器，送到再生厂里进行再生。器外再生可以达到准确控制再生条件、装置的停工时间短、除焦率高等要求。

如今美国和欧洲的再生催化剂中 90%～95%是器外再生法处理的。世界上再生催化剂中，约有 90%是加氢催化剂。国外 1996 年以后建设的多数加氢处理装置，已不再包含用于再生的设施。CRI、Eurecat 和 Tticat 是国外主要的催化剂器外再生公司。国内的器外再生是以淄博恒基化工有限公司和中石化湖南长旺化工有限公司两家公司为主。

催化剂再生的方法并不能使催化剂完全达到新鲜催化剂的技术指标，而且催化剂是否值得再生，还要视催化剂沉积的杂质情况而定。

（2）填埋

填埋废催化剂是一种较为容易的方法。将失活的催化剂按指定的废料场进行填埋处理，也是历史上的一个传统处理方法。失去活性的废加氢催化剂，在满足无害标准后也可以进行填埋处理。在国外废催化剂是要达到一定标准方可填埋。

在美国，其环保法对废催化剂的填埋有着严格的限定。废催化剂填埋之前必须将毒害物质转化为无毒害物质。因此，在美国废催化剂在不经过相关部门的准许时，是不能随便倾倒的，就算是将废催化剂进行填埋处理也要缴纳相当数额的相关税费。还规定经批准的废料场所有者要负法律责任，而且填埋的废料所有者也要负法律责任。对于废料场的环境要终身负责，对周边环境和地下水要实时监测。因此填埋处理废催化剂的费用越来越高。甚至在一些国家污染物超过一定量的废催化剂是禁止填埋的。

在国内，环境问题也越来越受人们关注。填埋先要经过土地资源和环境管理部门的审批允许后，经过权威部门评估鉴定，以确认废催化剂的填埋对土地和环境无害后方能获得批准，以一定的方式进行填埋处理。但随着社会的发展，用填埋这种处理方式来处理废催化剂将越来越困难，成本越来越高。

（3）作为水泥原料

水泥主要由砂和矿物质组成，主要含有硅、铝、钙氧化物。而裂化催化剂的主要成分 SiO_2 和 Al_2O_3 含量相对较高，其他成分比例很小，而且经过处理后基本无毒性，不造成环境污染。特别是经高温焙烧后，形成多元无机复合物，不易分解，更不会析出有毒物质，所以它可以作为水泥的部分替代原料，不存在环保等安全问题。

在美国，水泥窑大约每年处理 6 万吨废裂化催化剂。国内茂名炼油化工股份有限公司的附属水泥厂也曾经试用过该项技术。水泥厂规模很大，需要大量的原料。废的裂化催化剂虽然有一定的量，但是相对于水泥厂的需求还是很少的，无法满足持续的原料供应。何况水泥厂是连续生产，不能频繁地更换配方，所以也限制了废催化剂在水泥厂的应用。

8.4.7 废催化剂的回收

（1）干法

一般是将废催化剂与还原剂及助熔剂一起，通过高温加热炉加热熔融，使废催化剂中的活性金属组分经还原熔融成金属或合金状回收，再作为合金或合金钢原材料。回收某些稀、贵金属含量较少的废催化剂时，往往加进一些铁之类的非贵金属作为捕集剂共同进行熔炼。而废催化剂中的载体则与助熔剂形成炉渣，废弃处理。干法通常包括氧化焙烧法、升华法和氯化挥发法。由于此法不用水，能耗较高，一般谓之干法，如 $CoO\text{-}MoO_3/Al_2O_3$、$NiOMoO_3/Al_2O_3$ 和 W-Ni 等废催化剂均可用此法回收。

（2）湿法

用强酸或强碱，也可以通过其他溶剂对废催化剂的主要金属进行溶解；再将含有主要金属的溶液进行过滤，将液固分离。经分离，可得到难溶于水的盐类硫化物或金属的氢氧化物；经干燥，再按需要进一步加工成所需产品。采用湿法处理废催化剂，其载体基本上是以不溶残渣形式存在。在无适当的处理方法时，这些大量固体不溶残渣会对环境造成二次污染。若固体不溶残渣中仍含有废催化剂活性金属组分，也可以再用干法还原残渣。贵金属催化剂、加氢脱硫催化剂、铜系及镍系等废催化剂一般都采用湿法回收，先经过抽提或干馏，对失活的加氢废催化剂去油脂处理，再将加氢废催化剂中主要活性金属组分溶解，然后通过萃取和反萃取或阴阳离子交换树脂吸附法将浸取液中含有的不同的活性金属组分分离和提纯。

（3）干湿结合法

加氢废催化剂含两种或两种以上活性金属组分时，多数采用干湿结合法才能达到目的。而单独采用干法或湿法进行回收，很难达到处理目的，同时会产生大量残渣或废液。干湿结合的方法广泛地用于加氢废催化剂回收处理的精制过程。例如，加氢精制催化剂回收钼，多数方法是在煅烧后，再用液体浸渍，将钼溶于溶液中，再进行分离。

（4）不分离法

该方法是不将废催化剂活性金属组分与载体进行分离，也可以不将两种以上的活性金属组分分离处理，而是将废催化剂进行直接利用回收处理的一种方法。由于此法不分离活性金属组分及载体，因此在废催化剂回收过程中耗能小，回收成本低，废弃物排放少，能尽量避免造成二次污染。此方法为废催化剂回收利用领域中被大家经常采用的方法。如回收 Fe-Cr 中温变换催化剂时，往往不将浸液中的铁铬组分各自分离开来。直接将其回收重制新催化剂，如回收生产苯二甲酸二甲酯（DMT）和对苯二甲酸（TA）用的钴锰废催化剂时，往往不将钴锰分离开来，调整其钴锰配比（按工艺要求）后直接返回系统中重新启用。

（5）离子交换法

在加氢催化剂中，钼、镍和钴等活性金属主要用于石油炼制的 Co-Mo/Al$_2$O$_3$ 系加氢脱硫催化剂和 Co-Mo/Al$_2$O$_3$ 系加氢脱氮催化剂中。日本伊努化学公司宫崎工厂采用离子交换与溶剂萃取相结合，从废催化剂中分离出 Al$_2$O$_3$，然后以氧化钼和氯化钴形式回收钴和钼。该法工艺较复杂，但回收的产品纯度较高，可作为化学试剂原料。

废催化剂的回收利用其针对性极强。因此，针对某种废催化剂，具体究竟应采用哪一种方法进行回收，尚需根据此种催化剂的组成、含量及载体种类等加以选择，根据企业拥有的设备和能力及回收物的价值、性能、收率、最终回收费用等加以比较而决定之。

8.4.8　废催化剂回收机理

主要涉及废催化剂固体中金属和载体组分的溶解与从溶液中分离出这些组分两大过程。

8.4.8.1　组分的溶解

（1）溶解机理

固-液系统，典型的多相反应过程，平均溶解速率 v 可用下式表示：

$$v = \frac{C_2 - C_1}{t_2 - t_1}$$

式中　C_1——在时间 t_1 时被溶组分的浓度；

　　　C_2——在时间 t_2 时被溶组分的浓度。

影响溶解速率的主要因素除了溶剂的浓度和溶解的时间外，还与溶解时的温度等有关。由阿伦尼乌斯方程来表达：

$$K=A\exp[-E/(RT)]$$

式中　K——反应速率常数；

　　　A——常数；

　　　E——活化能。

从上述方程可知溶解速率和温度的关系与活化能的大小是密切相关的。为了加快溶解速率，可以提高温度，但温度的升高往往受到水沸点的限制。在加压溶解过程中，溶解的温度可以升到 250～300℃或更高。

多相反应的特点是反应发生在两相界面上，与表面的几何形状、表面积的大小、表面形态等都是有关系的。废催化剂回收前，通过焙烧使其中金属晶粒长大、变形，使其上吸附的水分、气体、有机物等挥发掉以改变其表面的形态，有利于溶解时溶剂在其表面的吸附和通过固体表面空位向固体体内进行渗透。

溶解进行时，相界面表面积越大，固液接触就越好。因此在废催化剂溶解前，若将固体颗粒进行磨碎的话，既可以增大溶解反应时接触的界面面积，又可以增加金属晶格的缺陷，从而大大提高溶解的速率。

固体组分的溶解过程主要由以下几个步骤组成：

① 溶剂离子向废催化剂固体表面扩散；

② 溶剂离子在界面上的吸附；

③ 被吸附溶剂和废催化剂固体中被溶组分的相互反应；

④ 反应产物解吸到扩散层内；

⑤ 反应产物在溶液中扩散。

固体溶解的过程一般可分为以下 3 种类型：

① 当固体表面的化学反应速率大大超过扩散速率时，溶解过程为扩散控制过程，此时活化能数值较低。

② 当固体表面的化学反应速率大大低于扩散速率时，属于化学反应控制步骤，此时活化能数值较高。

③ 当固体表面的化学反应速率与扩散速率相等时，其溶解过程为混合控制过程。

在扩散控制的溶解过程中，温度对溶解速率的影响较小。但在此种情况下，为了减小溶解产物扩散层的厚度，需要提高搅拌的速度，溶解速率是搅拌速度的函数，扩散层厚度随着搅拌速度的提高而减小。在化学反应控制的溶解过程中溶解速率与搅拌速度无关。

（2）溶剂选择

废催化剂溶解常用溶剂及分类详见表 8-5。

表 8-5　废催化剂溶解常用溶剂及分类

溶剂类型	常用溶剂名称
气体	氯气
水	水
酸类	硫酸、盐酸、硝酸、亚硫酸、氢氟酸、王水等
碱类	纯碱、烧碱、氨水、硫化钠、氰化钠等
盐类	硫代硫酸钠、氯化铁、氯化钠、次氯酸钠、硫酸铁等

溶剂选择的原则是热力学上可行、反应速度快、经济合理、来源容易、易于回收、对设备腐蚀性小、对欲溶解组分的选择性好。应根据被溶物的物理特性和化学特性而定。

碱性溶剂比酸性溶剂的反应能力弱，但其选择性比酸性的高。

氯气浸出主要用于含贵金属的废催化剂原料。由于氯气的电位高于除金以外的贵金属，并且氯在水溶液中会水解生成盐酸和次氯酸，盐酸可以使已氯化的贵金属呈氯络酸状态溶解；而次氯酸的电极电位比氯更高，能使所有的贵金属氧化。

在用溶剂溶解废催化剂时，如若含有变价金属可视具体情况，或采用氧化剂或采用还原剂使其变成易溶的价态再行处理。

废催化剂固体可单独用一种溶剂处理，也可采用多种溶剂联合加以处理。

废催化剂固体溶解时，同时使用两种溶剂也是常事。王水溶铂、溶钯，王水就是混酸溶剂。为了提高溶出率用硫酸溶解非贵金属时常添加少量的硝酸作助剂。氨水也常和铵盐联用。

8.4.8.2　溶液中组分的析出

废催化剂回收利用的另一个主要阶段是从溶有一种或多种金属的溶液中将它们析出来，常用处理方法有结晶、金属置换沉淀、难溶化合物形式沉淀金属、离子交换、溶剂萃取等。

（1）结晶

可利用不同组分溶解度的差别通过结晶的先后而从同一种溶液分离出两种金属组分。在分离化学性质近似的金属化合物时可通过反复结晶达到目的。

（2）金属置换沉淀

用一种金属将溶液中的另一种金属沉淀出来的过程叫金属置换沉淀。

从热力学上讲，任何金属均可被更负电性的金属从溶液中置换出来。置换反应可视作原电池作用。在有过量的置换金属存在时反应将进行到两种金属的电化学可逆电位相等为止。金属置换剂既要根据其在电位序中的位置来选择，也要考虑其经济价值，还要特别注意工艺过程的特点，以不会污染溶液的置换剂为好。

（3）难溶化合物形式沉淀金属

从溶液中以氢氧化物形式沉淀金属时，首先沉淀这种金属的氢氧化物，这种金属水解的 pH 值较低，所形成的这种金属的沉淀物在获得这种金属的介质中比较稳定。

同一种金属水解的 pH 值是不固定的，它取决于金属的浓度，水解的 pH 值随着金属浓度（活度）的降低而升高。表 8-6 列出了生成的氢氧化物 pH 值、溶度积 K_p、溶解度以及吉布斯能 G 的变化。

表 8-6　氢氧化物 pH 值、溶度积 K_p、溶解度以及吉布斯能 G 的变化

水解反应	$\Delta G^0_{水解}$ /（kJ/mol）	K_p	溶解度/（mol/L）	pH 值
$Sn^{4+}+4H_2O \Longrightarrow Sn(OH)_4+4H^+$	-319.4	1.0×10^{-56}	2.1×10^{-12}	0.1
$Co^{3+}+3H_2O \Longrightarrow Co(OH)_3+3H^+$	-232.0	3.1×10^{-41}	5.7×10^{-11}	1.0
$Sn^{2+}+2H_2O \Longrightarrow Sn(OH)_2+2H^+$	-144.3	5.0×10^{-26}	2.3×10^{-9}	1.4

续表

水解反应	$\Delta G^{0}_{水解}$ / (kJ/mol)	K_p	溶解度/ (mol/L)	pH 值
$Fe^{3+}+3H_2O\Longrightarrow Fe(OH)_3+3H^+$	−213.2	4.0×10^{-38}	2.0×10^{-10}	1.6
$Cu^{2+}+2H_2O\Longrightarrow Cu(OH)_2+2H^+$	−109.7	5.6×10^{-20}	2.4×10^{-7}	4.5
$Zn^{2+}+2H_2O\Longrightarrow Zn(OH)_2+2H^+$	−93.2	4.5×10^{-17}	2.2×10^{-6}	5.9
$Co^{2+}+2H_2O\Longrightarrow Co(OH)_2+2H^+$	−87.5	2.0×10^{-16}	3.6×10^{-6}	6.4
$Fe^{2+}+2H_2O\Longrightarrow Fe(OH)_2+2H^+$	−84.3	1.6×10^{-25}	0.7×10^{-5}	6.7
$Cd^{2+}+2H_2O\Longrightarrow Cd(OH)_2+2H^+$	−79.5	1.2×10^{-14}	1.2×10^{-5}	7.0
$Ni^{2+}+2H_2O\Longrightarrow Ni(OH)_2+2H^+$	−79.0	1.0×10^{-15}	1.4×10^{-5}	7.1

实践表明：纯的金属氢氧化物仅能从稀溶液或离子活度小的溶液中沉淀出。从金属浓度偏高的溶液中通常沉淀出碱式盐或复盐。也可从溶液中析出难溶的硫化物沉淀物来达到分离的目的。常用的沉淀剂有硫化氢、硫化钠及硫化铵。对沉淀过程产生重大影响的是沉淀金属的离子的活度、溶液的 pH 值、温度、压力及其他因素。

（4）离子交换

离子交换对于处理金属离子浓度为 10×10^{-6} 或更低的极稀溶液特别有效。

例如，可将含铜万分之一的溶液浓缩到 0.5% 和从混合溶液中分离提纯金属。

离子交换操作包括以下两个步骤。

① 吸附（负载）：将待分离的混合溶液，以一定的流速通过吸附柱，使混合金属离子吸附在吸附柱中。

② 解吸（淋洗）：用一种淋洗剂溶液通过吸附柱，使吸附其上的金属离子洗脱下来，在淋洗的过程中吸附柱得到再生。

离子交换树脂宜为直径 0.5～2.0mm 的球状颗粒，离子交换工艺操作示意见图 8-17。

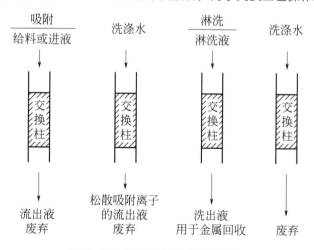

图 8-17　离子交换工艺操作示意

离子交换剂有天然的和人工合成的之分。有无机离子交换剂和有机离子交换剂两大类。

废催化剂回收中常用的是人工合成的离子交换树脂。

溶液的流速、树脂的颗粒大小等决定了柱式操作的效率,通常采用直径 2.14m、高 3.65m 的交换柱。

（5）溶剂萃取

萃取是利用有机溶剂从不相混溶的液相中把某种物质提取出来的一种方法。其实质是物质在水相和有机相中溶解分配的过程。

溶剂萃取是净化、分离溶液中有价成分的有效方法。该法平衡速度快、选择性强、分离和富集效果好、产品纯度高、处理容量大、试剂消耗少、能连续操作。

溶剂萃取法提取或分离金属,通常分萃取、洗涤、反萃取三个主要阶段。基本工艺流程如图 8-18 所示。

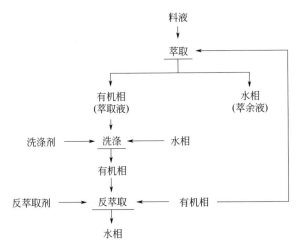

图 8-18　溶剂萃取工艺流程

萃取剂的选择原则：有选择性、萃取容量高、易于反萃取、油溶性大、水溶性小、易于与水分离等。

稀释剂是一种惰性有机溶剂,它能溶解萃取剂,其作用是改变有机萃取剂的浓度,改善萃取剂的性能,降低有机相的黏度,提高萃合物在有机相的溶解度等。工业上常用的稀释剂有煤油、苯、甲苯、二乙苯、四氯化碳、氯仿等。

在萃取体系中分配比、萃取效率是重要参数。主要的影响因素是溶液的 pH 值、阳离子或阴离子的浓度、萃取剂的浓度、稀释剂的性能等。

8.4.9　含贵金属废催化剂的回收利用

贵金属由于具有特殊的原子结构,在催化反应中具有优良的活性、特殊的选择性和其他各种催化功能,被称为催化之王或工业维生素。贵金属作为催化剂使用时,使用最多的是铂、钯、银,其他均较少地用作催化剂。贵金属催化剂因其稀少故价格昂贵,一般使用后均进行回收。影响回收经济效益的主要因素是提高回收率的问题。贵金属废催化剂回收技术的难点是提高低品位贵金属的回收利用技术水平。

8.4.9.1　铂的回收利用

（1）废铂催化剂的来源

以铂或铂族元素为活性组分的催化剂，大约 80%应用于环境保护控制污染，20%左右应用于化工生产和石油炼制。在环境保护方面，催化剂主要用于处理汽车尾气，年耗贵金属 32～34t，相当于世界产量的 20%。研究表明，从汽车尾气废催化剂中回收贵金属铂的成本与由矿石冶炼基本相当。

（2）废铂催化剂的回收工艺

文献报道主要采用锌粉置换法和氯化铵法回收铂。

锌粉置换，即用锌粉将铂从溶液中以铂粉形式置换出来，工艺流程见图 8-19。氯化铵法是用 NH_4Cl 将铂以$(NH_4)_2PtCl_6$的形式结晶，加热至 800～900℃制成铂粉，工艺流程见图 8-20。

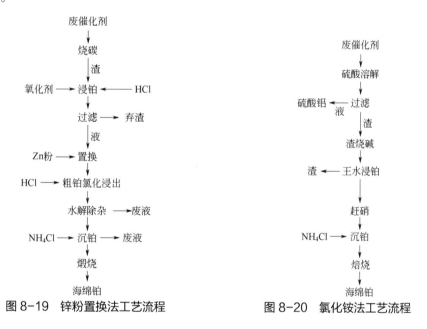

图 8-19　锌粉置换法工艺流程　　　图 8-20　氯化铵法工艺流程

这两种工艺比较成熟，回收率可达 80%左右，但其成本高，铂纯度也不理想。

有文献报道，采用甲酸沉淀法铂回收率可达 99.6%，铂纯度达 99.9%。其工艺流程如图 8-21 所示。溶剂萃取法是目前贵金属催化剂回收中研究最多且最具前途的一种先进工艺。此工艺不仅可大大提高收率，而且在一定程度上避免了二次污染。具体流程见图 8-22。

8.4.9.2　废钯催化剂的回收利用

（1）废钯催化剂的来源

海绵状钯能吸收大量氢气，是一种选择性良好的低温加氢催化剂。

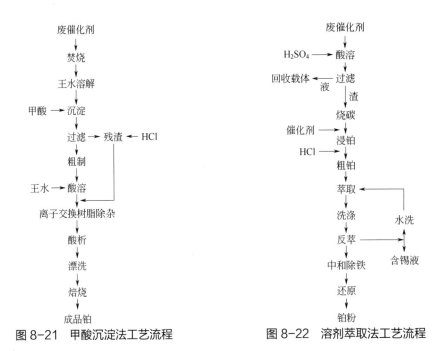

图 8-21　甲酸沉淀法工艺流程　　　图 8-22　溶剂萃取法工艺流程

① 工业应用：对苯二甲酸（PTA）精制过程中用于对羧基苯甲醛（4-CBA）还原的钯-碳催化剂，汽车尾气加氢净化氧化铝基钯催化剂等。

② 失活原因：钯晶粒的增长使其比表面积发生较大变化，杂质的覆盖和中毒，都会使催化剂失活。

③ 金属钯（Pd）具有优良的耐化学腐蚀能力、极好的高温性能、高的化学活性以及稳定的电学特性，流失并不很大，使回收成为可能。

（2）回收工艺

废钯催化剂的载体通常为氧化铝、硅胶、铝代硅酸盐、活性炭、石墨、软锰矿等。研究较多的是以氧化铝和活性炭为载体的废钯催化剂的回收。这两类废钯催化剂的产生量较大。氧化铝为载体的废钯催化剂中钯的回收方法有以下两类。

第一类是溶解载体氧化铝回收钯的方法，它包括各种硫酸法和碱法。

硫酸法是先用质量分数为 10%~12% 的 H_2SO_4 溶液浸出废催化剂中的氧化铝，过滤，滤渣在 550~600℃下焙烧，然后再用硫酸溶液二次浸出焙烧渣中的氧化铝，过滤后即得钯含量较高的钯精渣。

碱法是根据氧化铝与碱反应生成铝酸钠的原理，先将氢氧化钠与废催化剂共熔，再用水浸出熔融物中的铝酸钠，过滤后即得钯渣。

第二类是不溶解载体回收钯的方法，主要为各种氯化冶金法。采用气相高温氯化法时，在 850~900℃下废催化剂与氯气接触 1~3h，使 99% 以上的钯成为氯化物升华至气相中，用盐酸溶液吸收生成水溶性络合酸，然后再采用置换法制取钯沉淀物。由于氧化铝与氯气不反应，因此氯化冶金法未损及载体。

在废钯-碳催化剂中，钯的质量分数一般在 0.40% 以下，活性炭质量分数在 99% 以上，此外还含有少量有机物、铁及其他金属杂质。从该废催化剂中回收钯，一般是先用焚烧灰化的方法去除碳和有机物，然后再对烧渣（钯渣）进行化学加工，制备钯的化合物。

（3）用失效的钯-碳催化剂生产氯化钯（举例）

我国制药工业生产多西环素的加氢反应使用钯-碳催化剂。它是以粉末状药用活性炭作载体，经与氯化钯、盐酸及还原剂处理后而制得的。其钯含量（质量分数）在 1%～2%。加氢反应完成后，催化剂失活，每天需要更换一次新的钯-碳催化剂。我国生产供出口多西环素的上海、开封等 4 个制药厂统计，每年需要回收失效的钯-碳催化剂约 60t，回收钯并深加工生产氯化钯约 1800kg。

新工艺是用锌镁粉还原与处理失效废弃的钯-碳催化剂，并直接生产氯化钯。该新工艺将传统工序的 16 步减少到 10 步，提高了钯收率。

用该新工艺已回收处理钯-碳催化剂近 10t，生产出氯化钯 200kg 以上，钯的总回收率达到 98%，达到了国外回收水平，而且满足了用户要求。

8.4.9.3　废铑催化剂的回收利用

（1）废铑催化剂的来源

在石油化学工业中，含铑的催化剂多用于有机合成的加氢及裂化反应。在汽车制造业中，含铑催化剂用于汽车废气转换装置上。

目前，回收方法主要有萃取、离子交换与吸附、还原及电解、沉淀等工艺。从发展的眼光看，新兴起的液-液萃取工艺对提高回收率、降低工艺成本、减小劳动强度、缩短工艺流程是极有潜力的一种方法。

（2）回收工艺

1）萃取法

Peter 等在处理含铑催化剂残渣时，先将其置于一氧化碳气氛中，在 20～200℃低温情况下用氧化剂处理，然后用磺酸三苯基膦和二磺酸三苯基膦在不分离烯烃及烯烃加氢产物的情况下直接萃取络合铑，萃取回收率达 91%～99%。

Juergen 等提出，在氧化剂存在下，以 C_7～C_{22} 的羧酸为萃取剂来萃取回收催化剂中的铑络合物。

Josep 则在一定压力下，将铑催化剂残渣与氯仿和水混合回流 6h，铑的回收率大于99.6%。

2）离子交换法（举例）

铑的有机金属化合物作为均相催化剂，具有高活性、高选择性和使用寿命长的特点。由丙烯生产正丁醛的工艺中，一氯三苯膦铑作为特效催化剂。由于此种催化剂铑含量较高，对废催化剂中铑的回收利用其经济效益相当可观。

此种催化剂由德国进口，分子式为 $[(C_6H_5)_3P]RhCl$。据分析，其中含铑 5%。废铑催化剂回收工艺流程如图 8-23 所示。

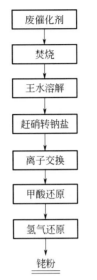

图 8-23 废铑催化剂回收
工艺流程

8.4.9.4 废镍催化剂的回收利用

（1）废镍催化剂的来源

镍作为催化剂的活性组分主要应用于加氢过程，如石油馏分的加氢精制、油脂加氢等。

（2）废镍催化剂的回收工艺

一般来说，回收镍要先在高温下将镍氧化成氧化镍。当催化剂中只含有镍一种金属时，传统回收法是将镍和载体一起用酸溶解，然后再调节 pH 值分离出镍，也可以先将载体在高温下烧结成酸不溶状态，再用酸浸出镍。

国外文献报道采用离子交换法或渗碳法回收镍，上海有机所开发以羟肟为萃取剂回收镍的方法，萃取法回收镍工艺流程如图 8-24 所示。采用该工艺得到的成品可达分析纯（AR），镍提取率达 98%以上。

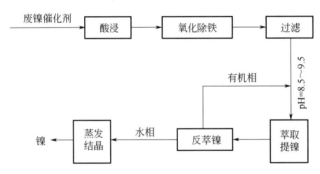

图 8-24 萃取法回收镍工艺流程

（3）废镍催化剂的综合利用（举例）

以重油为原料制取生活用煤气的反应常需要在镍催化剂的催化作用下进行。其大致组成如表 8-7 所列。

表 8-7 镍催化剂的组成

组成	SiO_2	Fe_2O_3	CaO	MgO	Al_2O_3	NiO
含量/%	5.10	0.17	2.80	70.80	14.08	5.50

该废催化剂的回收工艺如下：

① 酸溶；

② 过滤；

③ 除铁铝：

$$Fe^{3+}+3H_2O \Longrightarrow Fe(OH)_3 \downarrow +3H^+$$

$$Al^{3+}+3H_2O \Longrightarrow Al(OH)_3 \downarrow +3H^+$$

④ 镍镁分离：

$$Ni^{2+}+S^{2-} \Longrightarrow NiS \downarrow$$

⑤ 制取硫酸镁；

⑥ 制取硫酸镍。

8.4.9.5　废钼催化剂的回收与利用

（1）废钼催化剂的来源

钼（Mo）为稀有金属，20 世纪 90 年代西方国家每年从石油工业用过的废催化剂中回收的金属钼量达 500 万磅（1 磅=453.59g）左右，并被列为西方世界钼供应的第四种来源。我国每年用于石油工业催化剂的耗钼量就达 900t 左右，而且回收成本也十分低廉。

（2）废钼催化剂中钼的回收工艺

废钼催化剂中的钼常以硫化物形式存在，故在其回收时通常采用氧化焙烧法除去其上的积炭和硫及有机物等，并将硫化钼转变为氧化钼，其反应为：

$$2MoS_2+7O_2 \!=\!=\! 2MoO_3+4SO_2$$

然后以碱浸渍将钼浸出，再用酸对浸出液处理生成钼酸铵或钼酸沉淀，使钼从溶液中分离出来。

废钼催化剂回收时通常发生如下反应：

用碱浸钼时主要发生的反应有：

$$MoO_3+2NaOH \!=\!=\! Na_2MoO_4+H_2O$$

$$MoO_3+2NH_3 \cdot H_2O \!=\!=\! (NH_4)_2MoO_4+H_2O$$

$$MoO_3+Na_2CO_3 \!=\!=\! Na_2MoO_4+CO_2 \uparrow$$

酸化沉钼时主要发生的反应有：

$$(NH_4)_2MoO_4+2HNO_3 \!=\!=\! H_2MoO_4 \downarrow +2NH_4NO_3$$

$$Na_2MoO_4+2HNO_3 \!=\!=\! H_2MoO_4 \downarrow +2NaNO_3$$

脱水反应有：

$$H_2MoO_4 \!=\!=\! MoO_3+H_2O$$

（3）从含钼废催化剂中回收钼、镍和铝

废催化剂经破碎、碱溶后，加压水浸，Mo 和 Al 分别以 Na_2MoO_4 和 $NaAlO_2$ 形式进入浸出液，而 Ni 留在碱浸渣中，浸出液中的 Mo 和 Al 经水解沉淀后，添加分离剂以使 Mo 和 Al 分开。Mo 以钼盐形式回收，而 $Al(OH)_3$ 可作生产 Al_2O_3 的原料，碱浸渣中的 Ni 可用硫酸浸出，浸出率可达 96.9%，Ni 浸出液经净化除杂后可以产出化学纯的硫酸镍。该工艺

流程见图 8-25。

（4）氨浸法

国内有人用氨浸法工艺，见图 8-26。不同国家不同浸取剂浸出效率对比见表 8-8。本工艺采用的废催化剂含 Mo 8%～12%，含 Co 2%～4%，本工艺已工业化。其中氨化反应：

$$H_2MoO_4 + 2NH_3 \cdot H_2O \Longequal (NH_4)_2MoO_4 + 2H_2O$$

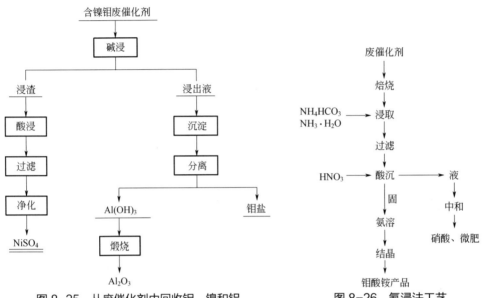

图 8-25 从废催化剂中回收钼、镍和铝　　　　图 8-26 氨浸法工艺

表 8-8　不同国家不同浸取剂浸出效果对比

方法	美国法	日本法	联邦德国法	本法
浸取剂	氨水、碳酸钠、四硼酸铵、乙酸铵	氨水、铵盐	氯化钠+废剂先在高温熔融后用水浸	氨水、NH_4HCO_3
浸取条件压力/MPa	0.6～0.8	常压	常压	常压
温度/℃	100	120	70～80	70～80
浸出率/%	84～90	90～95	92～96	91～93
工艺特点	浸出率不高，加压设备复杂		能耗大	设备简单，收效高

注：美国法指 USP3563433，USP4343774 之法；日本法指日本公开特许公报昭 49-8491，昭 49-13095 方法；联邦德国法指公开专利 2556247 之法。

8.4.9.6　含铜废催化剂的回收利用

（1）来源

合成氨工业用的低温变换催化剂和低温变换保护剂，中、低压甲醇合成和联醇生产用的 Cu-Zn-Al 系和 Cu-Zn-Cr 系催化剂等。我国每年废铜催化剂的数量不少,尤其是甲醇和联醇催化剂寿命短,一般只使用 2～3 月就需更换。

（2）回收工艺

国外对于 Cu-Zn-Al 系低温变换催化剂、低变保护剂和低压合成甲醇催化剂用后的废催化剂的回收处理,一般用酸或碱处理分离 Al_2O_3 后再采用氯化挥发法或熔炼法分离回收铜与锌,由此精制的锌和铜可作为再生产新催化剂的原料。

国内采用稀硫酸浸渍废铜催化剂,将其中的铜与锌分别以 $CuSO_4$ 和 $ZnSO_4$ 浸出或制作微肥的情况比较多。

（3）含铜-锌废催化剂的回收利用

含 Cu-Zn 催化剂,如 Cu/Zn/Al 催化剂,主要用于合成氨工业、制氢工业的低温变换反应及合成甲醇的催化加氢反应。有报道采用该废催化剂生产氧化锌和五水硫酸铜,工艺流程见图 8-27。该法具有硫酸与锌粉等原料用量少、CuO 和 ZnO 浸出率高（均为 96%以上）、浸出剂可循环利用等特点。

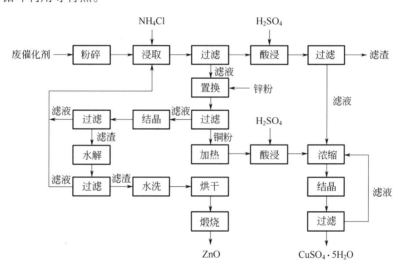

图 8-27　废催化剂生产氧化锌和五水硫酸铜的工艺流程

8.4.9.7　甲醇废催化剂综合利用

在合成甲醇生产中,催化剂使用一段时间后会降低活性需进行更换。经分析,这些废催化剂含有 CuO 40%、ZnO 33%、Cr_2O_3 27%。采用离子交换膜电渗析法,回收甲醇废催化剂中的 Cu、Zn、Cr 以及副产品硫酸亚铁。

（1）粉碎灼烧

将废催化剂粉碎过筛,在马弗炉内升温至 800℃左右,恒温 1h。

$$2CuS+3O_2 \xrightarrow{800℃} 2CuO+2SO_2\uparrow$$

$$2ZnS+3O_2 \xrightarrow{800℃} 2ZnO+2SO_2\uparrow$$

$$2Cr_2S_3+9O_2 \xrightarrow{800℃} 2Cr_2O_3+6SO_2\uparrow$$

（2）浸取

灼烧后的废催化剂，用浓度为 30%的稀硫酸浸取，其主要反应为：
$$CuO+H_2SO_4\!\!=\!\!=\!\!CuSO_4+H_2O$$
$$ZnO+H_2SO_4\!\!=\!\!=\!\!ZnSO_4+H_2O$$

（3）提铜

用阴离子交换树脂膜改装的原电池电解槽（如图 8-28 所示）进行提铜。

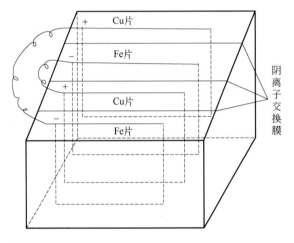

图 8-28　用阴离子交换树脂膜改装的原电池电解槽

（4）回收硫酸锌

在溶液中添加氧化钙或氢氧化钙与溶液中的硫酸锌反应生产氢氧化钙和氢氧化锌沉淀物，然后将沉淀物中的氢氧化锌回收提取。

（5）回收硫酸亚铁

在硫酸亚铁溶液中加入过量的铁粉，防止硫酸亚铁被氧化；然后在干燥的氮气气流中低温蒸发收集硫酸亚铁晶体。

（6）制备重铬酸钾

制备重铬酸钾的反应方程式如下：
$$2Na_2CrO_4+H_2SO_4\!\!=\!\!=\!\!Na_2Cr_2O_7+Na_2SO_4+H_2O$$
$$Na_2Cr_2O_7+2KCl\!\!=\!\!=\!\!K_2Cr_2O_7+2NaCl$$

8.4.9.8　含钒废催化剂的回收利用

（1）来源

钒系催化剂主要有用于硫酸生产的 SO_2 氧化用 V-K-Si 系催化剂，一般含 V_2O_5 6.3%～

8.0%。按目前国内硫酸产量计，每年可产生废钒催化剂 8000t 左右。近几年随科技的发展对钒需求量每年约增长 5%，致使钒价不断上扬。

已开发了还原浸取法、酸溶法、碱溶法、富集提取法和碱式碳酸铵浸渍法等一些行之有效的回收废钒系催化剂的方法。

（2）浸取萃取联合法

从废钒催化剂中回收钒，以往用水解沉淀法，设备和操作繁复，回收率低。有研究曾采取先用酸（或碱）浸取，再进行萃取的方法，效果有很大改进。例如，在 60℃，用盐酸分解，同时有磷氧类萃取剂存在下，一次接触 15min，分解率和萃取率分别为 99% 和 97%，在浸取萃取联合过程中及以后的反萃取中，可以有效地分离钾、铝、硅以及铁和砷。这个浸取萃取联合过程，在改进型的翻斗式反应萃取器中完成了放大实验，证实了实验室中的结果，而且还在相比方面有较大的改善。

8.5　废活性炭再生处理技术

活性炭是一种多孔、有特殊微晶结构的材料，有极为发达的微孔及巨大的比表面积，这使得活性炭对与之充分接触的气体或液体（杂质）有很强的吸附能力，从而能起到净化的作用。因此，活性炭广泛应用于石化、制糖、味精、制药、环保等行业，用于化学品的脱色、除臭和精制。在石化行业中，活性炭主要用于化学原料及产品的脱色和精制处理。

活性炭经吸附饱和后，其内部的孔隙结构被吸附质堵塞，从而丧失吸附能力而需要更换，更换出来的废活性炭丢弃后，既造成资源浪费，同时也会对环境产生二次污染。因此，寻求废活性炭有效的再生方法十分重要。

8.5.1　废活性炭的特性及危害

活性炭形状不定，通常是黑色粉末状或块状、颗粒状、蜂窝状，通过加工处理所获得。由于活性炭本身具有吸附性能，能够吸附大多数大气污染物，吸附效率较为理想，因此在生活中常被当作吸附剂使用。活性炭本身不具备危险性，因此被抛弃的纯活性炭不属于危险废物，但是活性炭吸附的物质属于危险废物，则废活性炭属于危险废物。

活性炭吸附的物质是否是具有危险特性的固体废物，应当按照国家规定的危险废物鉴别标准和鉴别方法予以认定。相关标准包括《危险废物鉴别技术规范》（HJ 298—2019）、《危险废物鉴别标准　通则》（GB 5085.7—2019）、《危险废物鉴别标准　腐蚀性鉴别》（GB 5085.1—2007）、《危险废物鉴别标准　急性毒性初筛》（GB 5085.2—2007）、《危险废物鉴别标准　浸出毒性鉴别》（GB 5085.3—2007）、《危险废物鉴别标准　易燃性鉴别》（GB 5085.4—2007）、《危险废物鉴别标准　反应性鉴别》（GB 5085.5—2007）和《危险废物鉴别标准　毒性物质含量鉴别》（GB 5085.6—2007）。

废活性炭随意堆放，简易填埋，没有采用相应的安全处置措施，会对周围地下水、土壤、地表水、大气等造成严重污染。废活性炭的污染一般分为短期危害和长期危害，主要表现在以下几方面。

① 危害群众身体健康。有些有毒有害物质由于摄入、吸入或皮肤吸收而引起急性中毒，有些废物存在腐蚀等危险，这些属于直接影响人身健康，对人体造成短期危害。有些废物具有慢性毒性、致癌性，如二噁英和重金属类物质，对人身健康会造成极大的隐患。

② 破坏生态环境。对工业固体废物分散、不规范处置将导致大气、水体及土壤的污染，对生态环境造成破坏。不规范的焚烧会产生有毒有害气体，污染大气环境，其中含氯有机物的焚烧还会产生二噁英、呋喃类致癌物质，给人类带来危害；不规范的填埋会污染水源和土壤，尤其是重金属、高毒类废物，将造成长期危害。

8.5.2 废活性炭再生技术

废活性炭的再生是将饱和吸附各种污染物的活性炭经过特殊处理，使活性炭恢复原来绝大部分的吸附能力，以便重新用于吸附。活性炭在吸附过程中，由于吸附方法、吸附物质和吸附量的差异，再生时采用的方法也各不相同。

人们对活性炭的有效再生方法进行了大量的研究，提出了各种再生工艺技术，如热再生法、化学再生法、生物再生法、超声波再生法、溶剂再生法、电化学再生法、微波辐照再生法等。

（1）热再生法

热再生法是目前工艺最成熟、工业应用最多的活性炭再生方法。通过加热对废活性炭进行处理，使活性炭吸附的有机物在高温下炭化分解，最终成为气体逸出，从而使废活性炭得到再生。热再生在除去活性炭吸附的有机物的同时，还可以除去沉积在活性炭表面的无机盐。

活性炭在热再生过程中，根据加热到不同温度时有机物的变化，一般分为干燥、高温炭化及活化三个阶段。首先是废活性炭的干燥阶段，使用过后的活性炭含水率大约是 50%，在干燥阶段，主要除去孔隙结构中的水分和少部分低沸点的有机物。接下来是吸附质的高温炭化阶段，该阶段的温度通常在 800℃以内，主要目的是除去绝大部分挥发性物质以及将高沸点的有机物炭化，炭化后的残留成分会以"固定碳"的形式附着在活性炭的孔隙中，为防止活性炭因氧化被过度消耗，该反应过程通常在真空或惰性氛围下进行。最后是炭化有机物的活化阶段，在 800～950℃下，向反应釜内通入水蒸气或二氧化碳等气体氧化上一步炭化过程中生成的残留炭，恢复活性炭的孔隙结构，达到再生的目的。李宝华以福建某炭业公司再生饱和危废活性炭项目为例，论证了热再生法处理废活性炭（吸附质为有机物）方案的可行性，并对再生尾气处理工艺进行了详细探讨。Miguel 等对饱和净水活性炭的再生过程进行了系统研究，发现在吸附质的高温炭化（800℃和氮气气氛）过程中，活性炭的比表面积可以恢复到新炭的 64%～93%，微孔容积恢复至新炭的 77%～97%，接下来的水蒸气活化过程则会进一步提高其再生效率。

影响热再生法处置废活性炭再生效果的主要因素有吸附质炭化过程半焦的形成、水蒸气再生过程的温度和时间控制、无机组分的催化作用。部分大分子有机物在炭化过程中会热解形成半焦附着在活性炭的表面或孔隙中，降低活性炭的比表面积和孔容积。半焦收率通常与吸附质的沸点和芳香度有关，即高沸点或高芳香度的有机化合物更容易形成热解半焦。Urano 等对氮气气氛下多种挥发性有机化合物（VOCs，沸点 111～288℃，芳香度

0~100）的热解行为进行了研究，发现其半焦收率在 0~0.62 之间；Suzuki 等对 VOCs 的热解半焦收率研究中也得到了类似的结果，收率在 0~0.68 之间。

活化过程既要除去活性炭表面沉积的热解半焦，还要保证其基本结构不被破坏，Harriott 等研究了反应温度对活性炭再生活化过程的影响，结果表明，在 650℃时水蒸气与半焦几乎不反应，在 700~950℃范围内，温度每升高 50℃，反应速率加倍，而当温度超过 950℃后，活性炭的基本结构遭到破坏。van Vliet 等考察了反应时间对活化过程的影响（最终温度为 950℃），发现在最初 10min 内，活性炭吸附的小分子化合物发生了脱附导致其微孔、大孔和总孔容积增大；30min 以后，微孔容积减小，中孔和大孔容积增大，使得活性炭的机械强度降低；1h 后，微孔容积减小了 44%，中孔和大孔容积则分别增大 66%和 50%，活性炭的机械强度大幅降低。作者认为在保持活性炭孔隙结构基础上，最优条件是在 700℃下再生 1h 或在 800℃下再生 8~10min。

活性炭中的无机组分主要来自活性炭本身和吸附质，通常使用灰分含量评价其所含无机组分的多少。Miguel 等发现吸附饱和的净水活性炭中的灰分含量（10%~14%）相较于新炭（4.8%）发生了明显的增加，其中钙元素是贡献最大的金属元素。虽然沉积在活性炭表面或孔隙中的无机盐会降低活性炭的比表面积，影响其吸附性能，但是在活性炭的水蒸气再生过程中却能起到催化作用。Harriott 等考察了吸附苯甲酸钠的活性炭与新炭在水蒸气活化过程中反应速率的差异，研究表明，再生炭的活化反应速率是新炭的 12~15 倍。Matatovmeytal 等利用这一特性制备了浸渍活性炭（活性组分为铜、铁、铬的金属氧化物）并对其在苯酚体系中的再生活化性能进行了研究，发现在相同的再生条件下（270℃，空气气氛），浸渍炭再生后其微孔容积和吸附性能几乎完全恢复，而未浸渍炭再生后其吸附能力仅恢复至原来的 25%~30%。

热再生法是目前应用最为广泛的一种活性炭再生方法，具有再生时间短、再生效率高等优点，而且对废活性炭所吸附的物质无特殊要求。但热再生过程中活性炭的损失较大，为 5%~15%，且该方法再生后的活性炭机械强度降低。因此反应条件的选择一定要兼顾再生活性炭的吸附性能、机械强度和物料损失 3 个指标。

另外，在热再生过程中，需外加能源加热，投资及运行费用较高，同时还需要解决如何防止炭粒相互黏结、烧结成块并造成局部起火或堵塞通道，甚至导致运行瘫痪的问题。

（2）化学再生法

废活性炭的化学再生法通常有湿式氧化再生和光催化再生两种。湿式氧化再生法是在高温高压下，向体系中通入空气或者氧气，氧化分解溶液状态下的废活性炭中的吸附质。为了降低反应的能垒减少能耗，可以向体系中引入铜等催化剂，实践证明，相较于无催化湿式氧化再生过程，非均相催化过程可以有效地提高再生效率和缩短再生时间。Shende 等对吸附亮蓝和绿松石蓝色素的粉末状活性炭的湿式氧化再生法进行了研究，发现在 250℃、氧分压为 0.69MPa 时，再生 3h 后，吸附亮蓝和绿松石蓝的活性炭再生效率分别为 98.8%和 99.5%。熊飞等利用氧化铜-氧化铝复合催化剂对吸附苯酚的活性炭的湿式氧化再生进行了系统研究，结果表明，在 210℃、氧分压 0.6MPa、催化剂含量 1.7mg/g 时，活性炭的再生效率为 60%，而在无催化剂条件下再生效率仅为 45%。

光催化氧化法是一种新兴的废活性炭再生方法，该方法主要针对吸附质为有机化合物的废活性炭。将二氧化钛（TiO_2）、二氧化锡（SnO_2）或二氧化锆（ZrO_2）等光催化材料浸渍到活性炭中，利用太阳光或者紫外光照射上述混合溶液，活性炭吸附的有机物会被降解为二氧化碳和水，实现活性炭的再生。该活性炭再生方法在反复吸附/脱附循环后，活性炭仍能保持较高的吸附容量，且反应条件较为温和，从而降低了工艺复杂度，提高了生产安全性。Yap 等探究了不同反应条件对太阳光催化（光催化材料为 N-TiO_2）活性炭再生性能的影响，发现在光强 765W/m^2、催化剂负载量 37%、温度 40℃、反应时间 8h 条件下，活性炭的再生效率达到最大值 77%，且 3 次循环吸附再生后，再生效率未发生明显降低。Park 等考察了紫外光作用下负载 TiO_2 活性炭的再生影响因素，发现活性炭（吸附质为双酚 A）的再生效率与光强及光照时间成正比，最优条件下的再生效率为 89%。

（3）生物再生法

利用经过驯化培养的菌种处理吸附饱和的活性炭，使吸附在活性炭上的有机物降解并氧化分解成 CO_2 和 H_2O，恢复其吸附性能。这种利用微生物再生饱和活性炭的方法，仅适用于吸附易被微生物分解的有机物的饱和活性炭，而且分解反应必须彻底，即有机物最终被分解为 CO_2 和 H_2O，否则有被活性炭再吸附的可能。如果处理水中含有生物难降解或难脱附的有机物，则生物再生效果将受影响。

李亚新等对吸附苯酚的活性炭的厌氧生物再生过程进行了研究，发现当活性炭所吸附的苯酚含量较低（6.24mg/g）时，生物再生 7d 后，酚值再生率可达 81.6%；当苯酚含量接近饱和（137mg/g）时，生物再生 155h 后，酚值再生率降至 74.5%。张婷婷等对微生物再生饱和高盐苯酚活性炭进行了系统研究，结果表明，生物再生法可以有效地恢复活性炭的吸附性能，在室温，接种量为 25% 的条件下，再生 2h 后活性炭的吸附容量可达初始容量的 80% 以上。近年来，考虑到活性炭表面可以作为微生物生长、繁殖的优良基体，人们将活性炭的吸附作用和微生物的降解作用相结合，开发出生物活性炭。活性炭吸附的有机物以及孔隙中的溶解氧为微生物的生长提供了必要的条件，而微生物的降解作用反过来释放了活性炭的吸附能力，因此生物活性炭的使用寿命远远大于普通活性炭。

近年来，利用活性炭对水中有机物及溶解氧的强吸附特性，以及活性炭表面作为微生物聚集繁殖生长的良好载体，在适宜条件下同时发挥活性炭的吸附作用和微生物的生物降解作用，这种协同作用的水处理技术称为生物活性炭技术。这种方法可使活性炭使用周期比通常的吸附周期延长多倍，但使用一定时期后，被活性炭吸附而难生物降解的那部分物质仍将影响出水水质。因此，在饮用水深度处理运行中，过长的活性炭吸附周期将难以保证出水水质，需定期更换活性炭。

生物再生法工艺简单，建设和运营成本较低，但是再生时间较长，对水质的要求十分严格，必须满足适宜的温度、酸碱度、溶解氧和营养盐浓度。另外，该方法仅适用于活性炭上的吸附质为易于被微生物降解的有机物，且要求有机物的降解产物为二氧化碳和水等小分子，否则降解产物同样会被活性炭所吸附，再生效果大打折扣。

（4）超声波再生法

由于活性炭热再生需要将全部活性炭、被吸附物质及大量的水分都加热到较高的温度，有时甚至达到汽化的温度，因此能量消耗很大，且工艺设备复杂。其实，如果在活性炭的吸附表面上施加能量，使被吸附物质得到足以脱离吸附表面，重新回到溶液中去的能量，就可以达到再生活性炭的目的。超声波再生就是针对这一点而提出的，超声波再生的最大特点是只在局部施加能量，而不需将大量的水溶液和活性炭加热，因而施加的能量很小。

研究表明，废活性炭经超声波再生后，再生排出液的温度仅升高 $2 \sim 3^\circ\mathrm{C}$。每处理 $1\mathrm{dm}^3$ 废活性炭采用功率为 50W 的超声波发生器 120min，相当于 $1\mathrm{m}^3$ 活性炭再生时耗电 $100\mathrm{kW \cdot h}$，每再生 1 次活性炭的损耗仅为干燥质量的 $0.6\% \sim 0.8\%$，耗水量为活性炭体积的 10 倍。但其只对物理吸附有效，目前再生效率在 50%左右，活性炭孔径大小对再生效率有很大影响。

（5）溶剂再生法

溶剂再生法是基于活性炭、吸附质和溶剂三者之间的吸附平衡关系，通过调节体系的温度、酸碱度，打破原有的吸附平衡，进而将吸附质从活性炭上脱附（解吸）下来。例如，利用氢氧化钠水溶液洗涤吸附过苯酚的废活性炭，苯酚在碱性条件下转化为苯酚钠，溶解在水中，达到脱附的目的；还可以利用对吸附质的亲和力大于活性炭的有机溶剂来萃取吸附质，常见的用于脱附有机物的溶剂有丙酮、甲醇、乙醇和正戊烷等。Cooney 等考察了甲醇对苯酚解吸的影响，发现再生活性炭的吸附容量为初始吸附容量的 88%，再生循环 5 次后，吸附容量基本稳定在初始容量的 81%左右。

有机溶剂再生法极大地减少了活性炭因磨损造成的损失，可以用于回收高价值的吸附质，同时萃取溶剂可以反复使用。但是该方法的选择性较强，一种溶剂往往只能脱附几种特定污染物，而且由于活性炭内部存在丰富的孔隙结构，溶剂无法完全渗入，导致活性炭的再生不完全。无机溶剂再生法通常利用盐酸或氢氧化钠的水溶液调节体系的 pH 值，增大吸附质在水相中的溶解度，从而使吸附质从活性炭上脱附。Tanthapanichakoona 等考察了吸附染料和苯酚的活性炭在乙醇中的再生性能恢复情况，发现其再生效率仅为 50% ~ 60%。而对于吸附有机氯的活性炭，乙醇再生后其吸附容量仅减少 12%。对于焦化废水处置过程中产生的废活性炭，研究发现，使用正戊烷、N,N-二甲基甲酰胺（DMF）或甲苯再生后，活性炭的再生效率均在 85%以上。吴浪等分别考察了吸附硫化氢的活性炭在过氧化氢水溶液、硝酸水溶液以及氢氧化钠水溶液中的再生效果，发现氢氧化钠水溶液无再生效果，而过氧化氢和硝酸溶液则可以通过将硫化氢氧化为单质硫进而达到再生的目的。温卓等利用硫酸对对氨基苯酚生产提纯过程中产生的废活性炭（主要吸附质为苯胺和色素）进行了再生研究，结果表明，在 80℃温度下，硫酸浓度为 5%时，再生 30min 后，活性炭的再生效率达 90%以上。

溶剂再生法可以在原位进行，避免了活性炭的拆卸和重新安装过程，极大地节约了时间，同时也减少了活性炭因磨损造成的损失。相较于热再生法，由于没有高温炭化和再氧化过程，使得活性炭的机械强度和孔隙结构得以保持。

（6）电化学再生法

电化学再生废活性炭技术是近年来发展起来的新型活性炭再生技术。该方法是将吸附饱和后的活性炭置于含有电解液的电解池中，施加给定电势的直流电场，活性炭在外加电场的作用下极化形成大量的微型电解槽，活性炭上吸附的有机污染物在电解槽内发生电化学分解，以此达到再生活性炭的目的。

相较于热再生法，电化学再生法几乎不会对活性炭材料的机械强度和孔隙结构产生影响，因而具有更高的再生效率。Narbaitz 等在对再生饱和苯酚活性炭的研究中发现，选择合适的反应器可以使再生效率达90%以上。对工艺参数的研究表明，其再生效率主要受电极材料、电解质成分及浓度、电解电流大小的影响。在浓度为1g/L 的氯化钠电解质溶液中对吸附铬（Ⅵ）的活性炭纤维进行电化学再生试验，发现当电解电压为5V 时，活性炭纤维的再生效率高达180%，这是由于电化学再生后活性炭的比表面积相较于新炭发生了增大。

电化学再生法通常具有以下优点：a. 可以在原位进行，能量损耗低，再生时间短；b. 低温操作，设备及工艺简单，投资成本低；c. 再生效率高，活性炭损失少。因此电化学再生法成为近年来活性炭再生领域的研究热点，获得了广泛的关注。

（7）其他再生方法

废活性炭再生的目的是除去吸附质，恢复活性炭吸附性能。由于吸附质种类繁多、性质各异，从而决定了再生方法的多样性。除上面介绍的几种主要方法外，其他方法如光催化再生方法、臭氧氧化法、微波辐射法、超临界流体再生法等，这几种方法也比较重要。另外，放电高温电加热法、新型"相转移"再生法、高频脉冲再生法、原位蒸气再生法、浮选再生法、双极性颗粒床电极法、红外辐照再生法、离子交换再生法等都曾有过报道。

8.5.3　工艺比较

废活性炭再生的方法较多，各有其优缺点。各种废活性炭再生方法的比较见表 8-9。

表 8-9　各种废活性炭再生方法比较

方法	再生效率	炭损率	再生时间	再生重复性	选择性	能耗	"三废"	设备复杂性	设备小型化	强度影响
热再生	高	大	长	差	无	高	CO、粉尘、脱附产物	复杂	难	大
微波	中	低	短	好	有	低	CO、粉尘、脱附产物	中等	易	中
远红外线	中	低	短	一般	有	低	CO、粉尘、脱附产物	中等	难	中
直接电加热	高	低	短	—	无	低	CO、粉尘、脱附产物	简单	易	中
高频电加热	高	低	很短	好	无	很低	少量CO、脱附产物	简单	易	—
化学药剂氧化	中	低	中		有	低	废液	复杂	中	中
臭氧氧化	中	低	长	—	有	低	氮氧化物	简单	易	—

续表

方法	再生效率	炭损率	再生时间	再生重复性	选择性	能耗	"三废"	设备复杂性	设备小型化	强度影响
低温等离子体	高	—	长	好	低	低	少	简单	易	—
电解	高	低	长	—	有	低	废液	复杂	易	—
溶剂	低	无	长	差	有	低	溶剂蒸气	复杂	难	无
超临界萃取	高	低	短	一般	有	低	少	复杂	难	—
生物降解	低	—	长	差	有	低	无	简单	易	—
光催化	高	无	长	—	有	低	无	简单	易	—
超声波	低	低	中	差	有	很低	废水	简单	易	无

8.6　废包装容器清洗回收处理技术

8.6.1　危险废物包装容器简介

根据《国家危险废物名录》(2021 版)，含有或沾染毒性、感染性危险废物的废弃包装物、容器、过滤吸附介质等属于危险废物 HW49 类，废物代码为 900-041-49。因此，工业生产过程中产生的废油漆桶、染料桶、油墨桶、机油桶、树脂废铁桶等均属于危险废物。废包装桶使用过后桶内残留物成分复杂，如果处置不当，会造成严重的环境污染。将其翻新或破碎回收，既节约资源又保护环境，同时能够产生可观的经济效益。危险废物常用包装组合形式如表 8-10 所列。

表 8-10　危险废物常用包装组合形式

包装组合形式		适用货物	备注
外包装	内包装		
小开口铁桶	无	液体（如废油类）	常用规格：45L、100L、200L　塑料袋厚度：一般为 0.04～0.07mm
中开口铁桶	塑料袋	固体、粉状及晶体状、黏稠状、胶状物（烟尘、粉尘等）	
全开口铁桶	塑料袋	固体、粉状及晶体状物（如油漆渣、粉状树脂等）	
吨桶	无	流动性较好的液体	常用规格：$1m^3$ 或 $3m^3$
硬纸板桶	塑料袋	固体、粉状及晶体状物	常用规格：45L、100L、200L
小开口塑料桶	无	液体（如废酸、废碱、含氰废液、无机盐溶液）	材质：聚乙烯和聚氯乙烯　常用规格：30L、45L、100L、200L
全开口塑料桶	无	固体、粉状及晶体状物（污泥、废电池、烟尘、粉尘等）	

续表

包装组合形式		适用货物	备注
外包装	内包装		
复合塑料编织袋	无	固体、粉状及晶体状物（干化污泥、烟尘、粉尘等）	材质：聚丙烯 规格：50kg 和 100kg
塑料编织袋	塑料袋	块状、粉状物	
纸箱	塑料袋	固体、粉状及晶体状物	

8.6.2 工艺方案

铁桶目前在国内一般采用 1.0～1.2mm 的金属材料制造，塑料类包装容器一般采用聚氯乙烯、聚乙烯、聚丙烯（PP）等材料制造，大多可以回收再利用。

目前，国内现有的旧桶翻新工艺主要包括手工作业和自动化流水线作业两种操作方式。手工作业即把旧桶进行挑选后，把内部残液吸干，用清洗剂进行内部清洗，然后进行整形，并针对整形后的钢桶再进行外部涂装，由于人工作业设备简陋，无法形成大批量的生产规模，所以翻新桶质量较差，应用范围比较小，生产分散，造成尾气无组织排放，废水、废液导致二次污染问题。自动化流水线作业方式则是自动化流水线整形、清洗，大批量翻新旧桶，集中生产，处理效率高，应用范围广，废水、废液都可有效收集处理，是目前主流工艺。

其中，钢桶根据回收翻新过程可以分为干法处理和湿法处理，干法处理再生只适用于沾染了废油、废溶剂等适宜采用热清洗再生的废桶；而湿法清洗由于可以根据废钢桶的污染特性来调配专用清洗剂种类，所以其适用范围较广、处理能力大；塑料类包装容器由于材料性质决定，目前均采用湿法处理对废塑料桶进行清洗后回收利用。

8.6.3 生产工艺流程

进厂的废包装桶在使用过程中一般存在内部黏结油渣、残留盛装废物等现象。首先，经过人工分选将完整桶和破裂桶分开，然后送各自对应生产线进行再生处理，获得合格产品外售。

废包装桶再利用工艺包括完整废包装桶再生工艺、破裂废铁桶制再生铁粒工艺、破裂废塑料桶制再生塑料工艺 3 大工艺，主要工艺流程介绍如下。

8.6.3.1 完整废包装桶再生工艺

目前，国内常用的闭口铁桶翻新工艺流程如图 8-29 所示。

（1）清除桶内残液

包括吸流体残液、倒黏稠状残液。吸流体残液用于设备水环真空吸残液机，倒黏稠状残液用于设备闭口桶倒残液输送机系统。

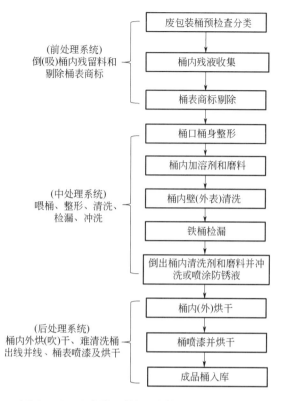

(前处理系统)
倒(吸)桶内残留料和
剔除桶表商标

废包装桶预检查分类

桶内残液收集

桶表商标剔除

(中处理系统)
喂桶、整形、清洗、
检漏、冲洗

桶口桶身整形

桶内加溶剂和磨料

桶内壁(外表)清洗

铁桶检漏

倒出桶内清洗剂和磨料并冲洗或喷涂防锈液

(后处理系统)
桶内外烘(吹)干、难清洗桶
出线并线、桶表喷漆及烘干

桶内(外)烘干

桶喷漆并烘干

成品桶入库

图 8-29　国内常用的闭口铁桶翻新工艺流程

① 水环真空吸残液机。为了提高旧铁桶内清洗洁净度和加快清洗时间，在进入清整工序前，需要将桶内残留物尽可能地清除干净，尽可能地回收桶内残留物，同时节约桶内清洗成本，水环真空吸残液机就是将桶内残留的流体残液吸干净的专用设备，它操作方便，移动灵活。

水环真空吸残液机如图 8-30 所示。

图 8-30　水环真空吸残液机

② 闭口桶倒残液输送机系统。桶内残留物有流体残液也有黏稠状残液，垂直倒料输送机就是对桶内黏稠状残液在输送过程中进行倾倒的专用设备，它操作方便，能实现带倾角喂入桶、步进输送、出桶。闭口桶倒残液输送机系统如图 8-31 所示。

图 8-31　闭口桶倒残液输送机系统

（2）清除桶表商标

可以使用手动和自动的方法，对于桶表原漆伤害少的闭口铁桶，用人工剔除，对于桶表原漆伤害大或者桶表原漆彻底去掉的闭口铁桶，采用闭口桶单工位外清洗机或闭口铁桶自动除锈除漆清理机。

① 闭口桶单工位外清洗机。使用过的 200L 铁桶桶表肯定粘有标签和其他粘贴物，铁桶在运输、搬运和使用过程中桶表也必然会附着脏物。因此，为了使旧铁桶能重新使用，在进入清整工序前，需要将旧铁桶外表的商标进行剔除和清洗，闭口桶单工位外清洗机就是将旧铁桶的桶外表进行商标剔除和清洗的设备，该机能独立使用和配线使用，能实现全自动外表清洗（对桶表原漆有伤害）。闭口桶单工位外清洗机如图 8-32 所示。

图 8-32　闭口桶单工位外清洗机

② 闭口铁桶自动除锈除漆清理机。本机是将旧铁桶的外表面进行强力除锈、除污垢、除漆清理。闭口铁桶自动除锈除漆清理机如图 8-33 所示。

Ⅰ. 原理：铁桶送入抛丸清理区旋转机构，全封闭室体上四个大抛丸量的抛头，将弹丸加速到 70m/s 左右高速抛射出密集钢丸，全方位射向铁桶，达到桶表面清理目的；弹丸经洗丸循环回用，漆皮污垢被分离后排出，铁桶清理后被自动送出，生产过程无人操作。

Ⅱ. 特点：除锈干净，洁净度在 98%；效率高，连续性强。

（3）整形

此工段主要设备是闭口铁桶自动整边机和闭口铁桶自动整形机，将变形的包装桶进行整形复原。

图 8-33　闭口铁桶自动除锈除漆清理机

① 闭口铁桶自动整边机。铁桶上下的桶边部分在运输、搬运和使用过程中极易严重变形失圆，还易发生裂缝渗漏情形，因此，需要将旧铁桶的桶边进行整形和压密，闭口铁桶自动整边机就是将旧铁桶的桶口桶边整圆，圆周误差不大于 1mm，并修整桶边渗漏部分，是解决桶边渗漏问题的最佳设备，它自动化程度高，能实现自动进退、夹持、桶边整圆。

闭口铁桶自动整边机的机架上设有传动整形托辊组、进退压臂机构、固定压臂机构、整形压辊组机构，铁桶会按顺序被自动进退、夹持、整形。

Ⅰ.整形原理:位于进退压臂机构和固定压臂机构上圆弧排列的数个整形压辊对铁桶桶口施以足够的压力，使旋转的铁桶桶口被整圆，并且裂缝渗漏的部分铁材料被压延而得以修整，达到桶口整形目的。

Ⅱ.特点: 此设备填补了铁桶整形关于整边技术的空白，并适合 200L 桶的不同外形尺寸，耗功少，运行成本低，同时可以解决桶漏问题等。

闭口铁桶自动整边机如图 8-34 所示。

图 8-34　闭口铁桶自动整边机

② 闭口铁桶自动整形机。铁桶在运输、搬运和使用过程中必然发生严重变形失圆及

凹凸不平现象，因此，需要将旧铁桶桶身进行整形、修复。闭口铁桶全自动整形机就是将旧闭口铁桶的桶身失圆和凹凸不平部位进行整圆和整平，使桶表平滑，它自动化程度高，能实现自动喂桶、夹持、充气、铁桶桶身整形。闭口铁桶自动整形机如图8-35所示。

图8-35　闭口铁桶自动整形机

该机设有全自动进出铁桶输送装置，自动将铁桶送入固定回转托盘上和送出，固定回转托盘使夹持并充气后的铁桶旋转起来，活动回转压盘自动将铁桶夹持，使铁桶在固定回转托盘和活动回转压盘中被紧紧锁牢，全自动充气机构自动向铁桶内充气增压［气压在2～3kgf/cm^2（1kgf/cm^2=98.0665kPa）］，当铁桶内压力与外整形压力抗衡时，整形压辊机构的两组气动压辊机构对充气增压后的铁桶桶身进行压平整形，达到桶身整形目的。整个整形过程由气动电控装置自动化控制，无人操作。

特点：吸收了国外铁桶翻新技术并考虑国情，适合200L桶不同外形尺寸，完善了自动化程度，大大提高了生产能力，具有整形效果好、自动化程度高、运行成本低、操作方便等优点。

（4）清洗

此工段主要设备是全自动翻桶推桶机、自动翻桶灌粒机、全自动内外清洗机。经整形后的桶，打开桶盖由泵向包装桶内注入清洗剂（丙二醇甲醚醋酸酯，温度约40℃），然后再加入少量铁链或磨粒，清洗剂添加完毕后盖上桶盖密封。需要说明的是，热源由焚烧车间余热锅炉蒸汽提供。

加入清洗剂、铁链或磨粒并密封的包装桶通过传动装置输送至清洗机，在清洗机上通过滚动旋转使清洗剂与桶内壁残留的废物充分接触以溶解内壁附着物（加入铁链和磨粒的目的是通过它们和桶内壁的碰撞摩擦将包装桶内壁的废油等清洗下来），同时对外壁（采用10%碱液，温度约40℃，毛刷转动与外壁摩擦）进行滚动清洗。内壁清洗完成后由倒料机倒出清洗剂进行回收。内壁清洗剂经回收后循环使用，循环槽设置滤网，定期排出过滤废渣，并向循环槽内定期添加清洗溶剂或氢氧化钠，调节清洗浓度，定期外排的清洗废水送厂区内综合废水处理系统；外壁清洗液进入碱液回收槽内，沉淀后循环使用，并添加水和氢氧化钠调节清洗剂浓度，回收槽定期清理排出沉淀渣，定期外排的清洗废水送厂区内综合废水处理系统。

该工序由于在内壁清洗剂回收过程中会产生有机废气，本工段设置密闭隔离区，内部设置集气抽风装置，运行时隔离区处于负压状态，收集清洗剂回收过程中挥发出的废气，收集后送车间外废气处理装置。该工序清洗剂回收过滤、沉淀排出废磨料。

① 闭口铁桶全自动翻桶推桶机。该机是闭口铁桶全自动清整线中负责将整好外形的铁桶自动输送给下一道工序——闭口铁桶自动翻桶灌粒机的专用辅机，减少了周转场地和人工搬运工作量，同时使清整流水线得以贯通，是清整流水线中必不可少的辅助设备。闭口铁桶全自动翻桶推桶机如图 8-36 所示。

图 8-36　闭口铁桶全自动翻桶推桶机

负责联系卧式全自动（大盘）整形机和闭口铁桶自动翻桶灌粒机之间桶进桶出，配线使用，节省场地，工作过程全自动化，无人操作。

② 闭口铁桶自动翻桶灌粒机。为了提高旧铁桶内清洗洁净度和加快清洗速度，需要向桶内添加磨粒和溶剂，本闭口铁桶自动翻桶灌粒机就是向桶内添加磨粒和溶剂的专用设备，它自动化程度高，能实现自动喂桶、翻桶、灌磨粒和溶剂、传送桶，是铁桶翻新清洗中的非常实用的单机。

闭口铁桶自动翻桶灌粒机由灌粒机主体、翻桶装置、磨粒斗体、桶内灌磨粒装置、桶内灌溶剂装置、气动电器控制系统等装置组成。

闭口铁桶自动翻桶灌粒机如图 8-37 所示。

③ 闭口铁桶全自动内外清洗机。旧铁桶内部存在以前所容纳物质的残余和外表存在附着脏物，为了使旧铁桶适用于容纳新的物质和外表的清洁，需要将内部和外部清洗干净，本闭口铁桶全自动内外清洗机就是一种对旧铁桶的内部及外部进行全自动清洗的设备，它自动化程度高，能实现自动喂桶、传送桶，将桶自转和摇摆进行内部清洗，同时实现外表清洗。

图 8-37　闭口铁桶自动翻桶灌粒机

Ⅰ.清洗原理：闭口铁桶按顺序自动喂入摆动翻转机架中，圆形摇动轨道可自动将摇摆床放置水平和左、右倾斜 70°角，清洗中桶自转，同时再加左、右摇摆转，以彻底清洗放置在摇摆床的铁桶桶身和两底部；双排大长链传动大托辊，传递力大且耐磨性强，使用寿命超长，保养、维修、更换工作量非常小，铁桶的清洗时间可调。

铁桶会按顺序被自动喂入、清洗并自动将铁桶送入闭口铁桶全自动倒粒冲洗机中。

Ⅱ.特点：自动进出桶，整个清洗过程全自动，无人操作，清洗效果好；铁桶外表的铁锈、油漆、附着物清理除去，洁净度在 85%；此设备运转平稳可靠，无污染且维修保养方便；电机总功率为 28.25kW，工作能力为 60 只/h。

闭口铁桶全自动内外清洗机如图 8-38 所示。

图 8-38　闭口铁桶全自动内外清洗机

（5）水洗

由于清洗后桶内残留部分溶剂或碱液，为去除桶内残留清洗剂，需要向桶内加入少量水，其过程与清洗过程相同，同时产生清洗废水返回铁桶内、外壁清洗剂的调制使用，不外排。

闭口铁桶全自动倒粒冲洗机。铁桶内部附着脏物被闭口铁桶全自动内外清洗机清洗后，必须将内部清洗溶剂倒干净且用清水冲洗干净，本闭口铁桶全自动倒粒冲洗机就是倾倒铁桶内部清洗磨粒和溶剂并用清水冲洗铁桶内部的专用设备，能自动倒磨粒、溶剂和进行冲洗。

本机由冲洗机主体、桶内溶剂和水烘干装置、回转装置、冲洗喷液装置、气动电器控制系统等装置组成。

闭口铁桶全自动倒粒冲洗机如图 8-39 所示。

图 8-39　闭口铁桶全自动倒粒冲洗机

（6）试漏

本工段主要设备是自动检漏机。整形清洗后的废桶通过传动装置输送至自动检漏机，采用空压机进行充气加压试漏，检查包装桶的密封性能。

自动闭口铁桶检漏机。铁桶使用中必然会碰撞可能造成局部裂缝渗漏、穿孔、锈蚀等情形，因此，需要在除锈、清洗后油漆前进行全方位桶身检漏，以彻底排除漏桶进入下道工序，本机就是对桶身进行全方位检漏的设备，它能实现自动喂桶、夹持、充气、淋浴检漏、铁桶桶身全方位彻底检漏，是旧铁桶翻新必不可少的关键设备。

Ⅰ. 原理：铁桶被活动回转压盘夹持，检漏液浴池上升，全自动充气机构向铁桶内充气增压[气压在 $1 \sim 1.5 kgf/cm^2$（$1kgf/cm^2 = 98.0665kPa$）]，铁桶旋转起来，漏桶检漏液冒泡，以达到全方位彻底对铁桶桶身和两底进行检漏目的。

Ⅱ. 特点：自动进出桶，铁桶会按顺序被自动喂入、检漏、送出。

自动闭口铁桶检漏机如图 8-40 所示。

图 8-40　自动闭口铁桶检漏机

（7）烘干

经清洗、水洗的包装桶主要通过热空气吹干。用热的空气对再生筒壁上残留的水进行干燥，此过程产生的吹干废气收集去废气处理设施。经吹干后的塑料桶暂存于现有成品库房内。

① 闭口铁桶内外吹（烘）干机。清整后的铁桶，必然马上对其内外进行干燥处理，否则清整后的铁桶会很快生锈，并对后序铁桶表面油漆不利，本闭口铁桶全自动内外烘干机就是将清整后的铁桶进行全自动内外烘干的设备，它能实现自动输送喂桶、将铁桶内外表面同时干燥，是旧铁桶翻新必不可少的关键设备。

本机设有全自动铁桶输送装置、烘干房系统、内烘干风道系统、外烘干循环风道系统（热源提供有电加热、蒸汽、导热油、燃油、燃气几种方式），电器控制系统等装置组成。

Ⅰ.工作过程：全自动进桶、人工对口定位、桶全自动夹紧位移前进、桶全自动内外吹（烘）干、全自动出桶，全过程全自动完成，一钮控制。

Ⅱ.内外烘干原理：输送装置自动将铁桶送入封闭烘干房，高速热气流喷入铁桶内部和外表，将铁桶内外表面水蒸发后由除湿系统带走，达到桶内外表面烘干目的。

Ⅲ.特点：整个烘干过程自动化，铁桶内部和外表同时烘干，操作方便，无污染，传动平稳，布置灵活，热利用率高，烘干效果理想。

闭口铁桶内外吹（烘）干机如图 8-41 所示。

② 溶剂洗桶内外吹干机。本机器可带独立尾气活性炭过滤处理系统。

③ 碱水洗桶内外烘干机。本机器可带独立蒸汽或导热油换热系统。

④ 铁桶手（自）动喷漆、烘干线。旧铁桶翻新经整边、整形、除锈、清洗、检漏后为使外表焕然一新，必然要在铁桶表面重新刷上油漆，本喷漆线就是将清整后的铁桶桶身进行（有全自动机械喷漆房和人工喷漆房两种形式）油漆处理的设备，它自动化程度高，能实现自动输送桶、封闭房全自动喷漆、水帘百叶窗吸风除尘、喷上油漆后烘干，是旧铁桶

翻新必不可少的关键设备。铁桶手（自）动喷漆、烘干线如图 8-42 所示。

图 8-41　闭口铁桶内外吹（烘）干机

图 8-42　铁桶手（自）动喷漆、烘干线

铁桶全自动喷漆线设有全自动喂桶输送装置、半封闭喷漆房、桶旋转机构、水帘吸风除漆雾系统、全自动油漆烘干房系统（热源提供可有电加热、蒸汽、导热油、燃油、燃气几种方式），电器自动控制系统等。

Ⅰ.喷漆原理：输送装置自动将铁桶送入封闭房自动喷漆系统中，铁桶进入喷漆工位时自动定位，桶在固定位旋转起来，前、后、上面自动喷漆头自动喷漆，使铁桶全方位受漆，喷漆时水帘吸风除漆雾系统工作，干净空气排出，喷淋水循环使用，喷好油漆的铁桶自动进入烘干房内,热源通过风洞热流循环系统和抽湿系统自动将铁桶表面喷涂的油漆进行烘干。

Ⅱ.特点：整个喷漆烘干过程自动化，操作方便，无污染，传动平稳，布置灵活，热利用率高，漆面效果好。

8.6.3.2　破裂废铁桶制再生铁粒工艺

（1）链板输送机

链板输送机是由链板输送带作为物料载件和牵引件，由主动链轮依靠链条带动链板输送带运行的一种连续运输设备。输送机与破碎机通过程序实现联动，当破碎机超载、电流值达到额定电流值 80%的时候，输送机将自动停止。

（2）金属撕碎机

物料从安置在破碎室上方的料斗进行加料，旋转刀片上刀爪将物料推至破碎室中间，物料被相互旋转刀片破碎，并落下至破碎机下方。

（3）滚筒清洗机

破碎后的物料进入滚筒清洗机内，物料经过水洗后经滚筒清洗机内的叶带排出，物料表面的残渣经过水洗后经过滚筒上的筛孔沉积在水槽内，水槽上配备有 3 个防水闸门，将水排出后，定期清理水槽内的残渣。

（4）团粒机

将要破碎的物料从进料口送入破碎室内，在破碎室内用锤头对金属物料进行撞击，搓揉成球状，使金属物料破碎直到小于筛网孔直径后从筛网漏出。

（5）强力磁选机

主要用于将破碎后的铁质金属物料中其他杂物分离出来。在磁选机内安装一个磁辊，当其他物料和铁质金属混合在一起时，经链板输送机输送至磁选辊筒，铁质金属被磁辊吸附上来，其他杂物则从底部掉下去，通过这样的原理，将铁质金属与其他杂物分离。

（6）摩擦滚筒洗

将团球后的金属物料加入摩擦滚筒洗内，清洗团球后的金属物时，杂质料沉入水底由送料螺旋收集后由出渣口排出，主料团球后的金属物经摩擦滚筒洗叶带排出。

（7）振动筛

通过振动力的作用将物料表面的液体抖落下来，通过振动筛上的网孔将液体排出。

废铁桶制再生铁粒工艺流程示意如图 8-43 所示。

8.6.3.3　破裂废塑料桶制再生塑料工艺

（1）链板输送机

链板输送机是由链板输送带作为物料载件和牵引件，由主动链轮依靠链条带动链板输送带运行的一种连续运输设备。输送机与破碎机通过程序实现联动，当破碎机超载、电流值达到额定电流值 80%的时候，输送机将自动停止。

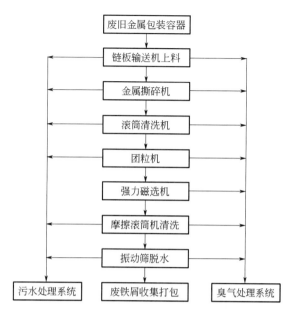

图 8-43　废铁桶制再生铁粒工艺流程示意

（2）塑料撕碎机

物料从安置在破碎室上方的料斗进行加料，旋转刀片上刀爪将物料推至破碎室中间，物料被相互旋转刀片破碎，并落下至破碎机下方。

（3）振动筛

通过振动力的作用将物料表面的液体抖落下来，通过振动筛上的网孔将液体排出。

（4）塑料破碎机

此设备禁止将金属物品投入破碎机，将要破碎的物料从进料口送入破碎室，在破碎室内受到动刀和定刀的剪切，使物料破碎直到小于筛网孔直径后从筛网漏出。

（5）摩擦清洗机

用于对物料表面的摩擦清洗，本机主要用于塑料破碎后的清洗，通过旋转的主轴带动物料做旋转运动，使物料与物料之间相互摩擦，在旋转过程中产生的离心力将物料和水以及泥沙等一起甩向筛网，水和泥沙通过筛网上的孔被甩出，可去除物料中大量的泥沙等杂质。

（6）分离沉淀池

主要用于塑料等物料的清洗，将清洗后的塑料颗粒输送到分离沉淀池内，该池体内盛装有一定浓度（约 60%）的盐水，利用密度不同实现杂质料与主料的分离。

（7）离心脱水机

通过高速旋转的主轴带动物料做旋转运动，旋转过程中产生的离心力将物料和水一起甩向筛网，水通过筛网上的孔被甩出，被甩干后的物料从出料口被送出机外。

（8）旋风分离器

物料在高速旋转的风机叶轮的作用下进入旋风料仓，物料从料仓下方的出料口掉落至太空袋中。

废塑料桶制再生塑料工艺流程示意如图 8-44 所示。

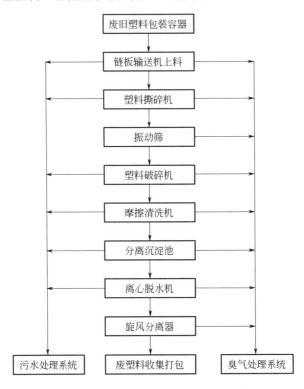

图 8-44　废塑料桶制再生塑料工艺流程示意

8.7　废线路板资源化处理技术

8.7.1　概述

废线路板是丧失使用价值的线路板，主要由树脂、玻璃纤维、牛皮纸、高纯度铜箔以及印制元件构成，包括废弃电路板（有些电路板附带元器件、芯片、插件、贴脚等）、电路板生产过程中的边角料和不良废板等。废线路板含有毒有害物质及可回收利用物质，具有"污染"与"资源"双重属性。"污染"属性直接表现为《国家危险废物名录》（2021 年版）中的 HW49 其他废物中的非特定行业（废物代码为 900-045-49）；"资源"属性体现在废线路板中可利用的塑料（约占 30%，可作填充剂、改性剂、绝缘材料等）和有价金属（约占 40%，包括铜、锡、镍、锌、铅、铝及贵金属等）。

废线路板主要包括废覆铜板、废印刷线路板、废弃的带有集成电路和电子器件的印刷线路板卡，主要为制造过程中产生的边角料、次品和废电子产品拆卸元件的基板。废线路板中金属含量较高，约占 40%，塑料约占 30%，惰性氧化物约占 30%。其中，金属组分又包含有色金属、稀有金属和贵金属，具有较高的经济价值，非金属组分主要是塑料和防止线路短路燃烧而加入的含卤素阻燃剂惰性氧化物，而这部分阻燃剂不合理的处置将会产生难以逆转的环境损害。有研究表明，废线路板焚烧会产生有毒有害二噁英类气体。因此，对被誉为"城市矿山"的废线路板进行合理处置并将其变废为宝显得非常重要。

国家经济的快速发展和科技的进步带动了电子工业的迅猛发展，进而产生了大量电子废弃物，给环境带来了巨大压力。废线路板在电子废弃物中是成分和结构最为复杂、最难处理的部件之一，环境危害大，潜在价值高。资源化利用废线路板是经济价值使然，但前提是对废线路板进行无害化处置，同时要高度重视废线路板处理过程中引起的环境污染及其他资源再利用问题。因此，如何在消除废线路板"污染"属性的同时实现其"资源"属性的高值利用，将是国家资源循环型经济、绿色制造的重要发展方向。

8.7.2　废线路板处置工艺

环境影响评价公开的废线路板处置工艺可分为机械物理法、焚烧工艺、水泥窑协同处置工艺、湿法冶金工艺及火法冶金工艺。

（1）机械物理法

机械物理法是指采用机械的方法将废旧线路板破碎成一定大小的物料，然后根据各组分的密度、导电性、磁性、表面特性等物理性质的差异，对其中的金属与非金属进行回收。该方法是目前处理废线路板最常用的方法，在国内具有废线路板处置资质的企业中，采用该方法的企业占75%以上。实际应用中，机械物理法根据废线路板附带元器件、芯片、插件、贴脚的情况增减拆解、熔锡等预处理工序，产出电子元件、焊锡及脱除元器件等附件的线路板。对于电子元件、焊锡，分别回收其中的有价金属。在处置不带（或脱除）元器件的线路板时，根据用水环境不同，机械物理法又可分为干法回收工艺和湿法回收工艺。

① 机械物理干法回收工艺是指将废线路板进行多次粉碎及研磨，并结合磁选、旋风分选和静电分选等方式分离各类金属与非金属粉末的工艺。

② 机械物理湿法回收工艺是指将废线路板进行带水破碎，然后带水微粒经过摇床的振动，在水力和重力的综合作用下分选出铜微粒与非金属粉末的工艺。

一般而言，机械物理方法分离得到的金属粉末会销售给金属回收公司，由回收公司通过电解或火法等工艺回收金属，工艺较为成熟。非金属粉末的处置视企业自身业务情况而定，大部分非金属粉末交由具有资质的填埋场处理，极少部分由企业进行深加工。例如，广东的相关企业将分选后的树脂粉与其他材料一起制成木塑材料或环保板材、家居装饰材料以及防火板、绝缘板等树脂粉末板材；江西的相关企业则利用树脂粉制作绝缘材料。此外，有些研究者利用树脂粉制作脂塑复合材料、可塑化塑料粒子、水泥砂浆添加剂、沥青改性剂、塑料制品（如花盆、公园椅、垃圾桶等）所用复合材料。

（2）焚烧工艺

焚烧工艺是利用高温有氧的环境对废线路板进行无害化处置，主要用于回收金属，对于回收废树脂有一定局限性。现有资质单位通常采用的焚烧工艺是利用回转窑处置可燃性危险废物，而废线路板含有树脂粉等可燃物质，可作为回转窑协同处置的物料之一进行处置。废线路板中的金属及玻璃纤维等进入底渣中，之后底渣需交给有资质方处置。

（3）水泥窑协同处置工艺

利用水泥窑协同处置工业危险废物是近年来推广较多的技术之一，类似于焚烧工艺，其技术原理是通过高温焚烧及水泥熟料矿物化高温烧结过程实现固体废物毒害特性分解、降解、消除、惰性化、稳定化等目的。

相较于专业焚烧炉，水泥窑具有很多特点：
① 处置温度高，停留时间长；
② 焚烧空间大，处理规模大；
③ 燃烧过程充分，焚烧状态易达到稳定；
④ 窑内呈碱性气氛，可抑制酸性物质排放；
⑤ 废气处理能力强，可处置有毒有害废料；
⑥ 窑内的高温可固化重金属，无废渣排放；
⑦ 水泥窑呈负压状态运转，烟气和粉尘不会外逸；
⑧ 废物适应性强。

但对于金属含量高的废线路板，需要预先分离金属与非金属，否则金属无法得到高值回收利用。

（4）湿法冶金工艺

湿法冶金工艺常采用硝酸、王水、氰化物作反应液，利用金属能够在硝酸、王水、氰化物等强氧化介质中溶解而进入液相的特点从液相中回收各种金属。湿法冶金工艺的环境污染相对较小，获得的贵金属纯度高，品质稳定。在进行湿法处理前，一般需要进行预处理，即将含有电子元件的废线路板进行粗拆解，分离电容器，再将其放到硝酸反应槽中进行剥锡反应，使电子元件与线路板基板分离，然后将电子元件进行筛分和破碎处理，使其与线路板基板一同进入后续的湿法冶金酸浸、还原等工序。总而言之，湿法冶金工艺可以更大限度地回收废线路板中的金属。

（5）火法冶金工艺

现有火法冶金工艺主要针对含有电子元件的废线路板。首先通过熔锡预处理工艺拆解废线路板的贵金属元器件、电容器、散热铝和锡、废铁、塑料及基板等，然后将贵金属元器件和线路板基板与石灰石和炭素一起进行火法高温熔炼。为了避免产生二噁英，需在1200～1250℃的高温环境中熔炼，并控制炉膛高度，使烟气在炉膛内的停留时间超过2s，从而实现无害化处置。当温度高于1200℃时，铜及其氧化物可熔化或还原成熔融态铜合金，富集在铜合金中的稀贵金属可得到回收利用；玻璃纤维中的硅、铝成分与石灰石作用可形成残渣，浮于铜合金上，排渣时通过水淬得到水淬，水渣多为一般固体废物。

8.7.3 工艺比较

各种方法都有各自优缺点。目前，应用于生产实际的主要有机械处理法、热解法、湿法冶金法。机械处理法技术成本低，但容易产生二次污染，对于废线路板中非金属部分回收不理想。热解法成本低，能很好地处理废线路板中的非金属部分，但容易产生二噁英类有毒有害气体。湿法冶金法废气产生量小，但容易产生大量废水和废渣，且经济成本较高。生物冶金法和超临界流体回收法尚处于研发阶段，还未进行大规模使用。

废线路板各种回收技术优缺点一览表见表 8-11。

表 8-11　废线路板各种回收技术优缺点

工艺名称	工艺过程	技术优点	技术缺点
机械处理法	根据其密度、导电性、表面特性等物理性质的差异，通过拆解、破碎、分选等方法分别对金属和非金属进行回收	资源化回收利用效果较好，其重金属含量高、解离度大，技术成本低	破碎过程容易产生有毒气体和粉尘，二次污染严重
热解法	在缺氧或者无氧的条件下，将废线路板加热，使其含有的有机物被分解	热解产生的热量可以回收利用；无需大量的助燃剂，经济可行；固体残渣中主要为金属、玻璃纤维等，可用于再生产、再利用	热解过程温度控制不好容易产生大量的二噁英等有害气体
湿法冶金法	在酸性或碱性条件下，将贵金属与其他金属进行分离，通过萃取、沉淀、置换、离子交换等物理化学方法，将液相中的贵金属予以回收	工艺流程简单，残留物易处理，废气排放量少	经济成本较高，产生大量酸性或碱性废水和废渣
生物冶金法	利用微生物细菌的代谢作用从废线路板中提取贵金属，利用铁氧化细菌将二价铁变成三价铁，利用三价铁离子的氧化性能将除贵金属外的其他金属氧化溶解，从而分离出贵金属	技术费用低、对外界环境污染小	工艺技术尚未成熟，仅停留在研发阶段，未广泛应用到工业生产中
超临界流体回收法	利用超临界流体的特殊性质来破坏废线路板的黏结层，使含溴阻燃剂及其他有机组分溶解，实现各组分的回收	有研究表明，废线路板经超临界水氧化处理后，由盐酸体系浸取铜，回收率达 100%	该方法多为实验室试验阶段，尚未大规模应用推广

8.8　废电池资源化处理技术

8.8.1　概述

日常生活中，人们越来越依赖电池的应用，无论是照明用的手电筒，还是手表、收音机、无线电话、计算机，电池已经深入生活中的每一个角落。通常，电池中含有大量有害成分，当其未经妥善处置而进入环境后，会对环境和人体健康造成威胁。同时，废电池又含有大量可再生资源，如果回收利用，可以节省大量的资源。表 8-12 中列出了全国产生废干电池中金属含量，由表中数据可以看出，废电池中仍含有大量的可再生物质，合理利用将具有很大的经济效益和社会效益。此外，对废电池进行合理再生利用处理，可以彻底解决其环境危害问题，具有良好的环境效益。因此，国内应大力提倡开发环境无害化的废电池综合利用技术。

表 8-12　全国每年产生废干电池中金属含量

名称	锰粉	锌皮	铜帽	铁皮	汞
质量/t	109200	38200	600	29600	2.48

电池的种类繁多，主要有碱性（锌-二氧化锰）电池、锌炭（非碱性）电池、密封镍镉充电电池、锂电池、氧化汞电池、氧化银电池和锌空气纽扣电池等。每种电池又有不同型号，各种不同种类、型号的电池，其组成成分也大不相同。

8.8.2　废电池种类

8.8.2.1　碱性电池

碱性锌锰电池一般称为碱性电池。它以粉末锌作为正极（阴极），二氧化锰作为负极（阳极），电解液为氢氧化钾。其中各种元素的含量随生产厂家不同以及电池种类不同而有所不同。表 8-13 列出了碱性电池中各种元素的含量。可见，电池中含有汞、砷、铬、铅等有害元素。这些物质进入环境，将产生严重的危害。国内对各类型电池中汞含量范围做出了规定，从源头上对电池的环境污染加以控制，同时，还应开展收集、再生利用工作，以真正彻底解决其环境污染问题。

表 8-13　碱性电池中各种元素的含量

元素	含量/（mg/kg）	元素	含量/（mg/kg）	元素	含量/（mg/kg）
As	2～239	Pb	16～58	Sn	4～492
Cr	25～1335	Mn	28800～460000	Zn	2090～172500
Cu	5～6739	Hg	118～8201		
In	9～100	Ni	12.6～4323		
Fe	50～327300	K	25600～56700		

注：碱性电池的 pH 值为 11.9～14.0。

8.8.2.2　锌炭电池

锌炭电池同碱性电池一样，也有固体锌阳极和二氧化锰阴极，但是它的电解液用氯化铵和（或）氯化锌的水溶液。因此它是非碱性的。表 8-14 为锌炭电池中各种元素的含量。

表 8-14　锌炭电池中各种元素的含量

元素	含量/（mg/kg）	元素	含量/（mg/kg）	元素	含量/（mg/kg）
As	3～236	Pb	14～802	Sn	26～665
Cr	69～677	Mn	120000～414000	Zn	18000～387000
Cu	5～4539	Hg	3～4790		
In	3～101	Ni	13～595		
Fe	34～307000	K	9900～130000		

注：锌炭电池的 pH 值为 4.8～7.3。

8.8.2.3　镍镉电池

镍镉电池用镉作为阳极材料，用氧化镍作为阴极材料，电解液是氢氧化钾溶液。与其他非充电电池不同，在这种电池中电化学反应是可逆的，即可以使氧化镍成为阳极，氢氧化镉成为阴极进行充电反应。表 8-15 为镍镉电池中各种元素的含量。镍镉电池中镉含量高，国外已开始逐步限制其生产和使用。

表 8-15　镍镉电池中各种元素的含量

元素	含量/（mg/kg）	元素	含量/（mg/kg）
Ni	116000~556000	K	13684~34824
Cd	11000~173147		

注：镍镉电池的 pH 值为 12.9~13.5。

8.8.2.4　氧化银电池

氧化银电池一般为纽扣电池，用于手表、助听器等便携电器。这种电池由氧化银粉末作为阴极，含有饱和锌酸盐的氢氧化钾或氢氧化钠水溶液作为电解液，与汞混合的粉末状锌作为阳极。有时还在阴极中加入二氧化锰。阳极中包括锌汞剂和溶解在碱性电解液中的胶凝剂。锌汞剂中锌粉末的含量为 2%~15%。电池的壳一般由分层的铜、锡、不锈钢、镀镍钢和镍组成。表 8-16 为氧化银电池中各种元素的含量。

表 8-16　氧化银电池中各种元素的含量

元素	含量/（mg/kg）	元素	含量/（mg/kg）
Ag	37590~353600	Na	294~2250
Cu	40720~47110	K	19270~99350
Mn	13830~226000	Hg	629~20800
Ni	186~30460		

注：氧化银电池的 pH 值为 10.8~12.7。

8.8.2.5　锌-空气纽扣电池

锌-空气纽扣电池直接利用空气中的氧气产生电能。空气中的氧气通过扩散进入电池，然后用其作为阴极反应物。阳极由疏松的锌粉末同电解液（有时还要加胶结剂）混合而成。电解液是约 30% 的氢氧化钾溶液。表 8-17 为锌-空气纽扣电池中各种元素的含量。

表 8-17　锌-空气纽扣电池中各种元素的含量

元素	含量/（mg/kg）	元素	含量/（mg/kg）
Zn	189200~825000	K	13980~37000
Mn	127~5634	Hg	8225~42600
Ni	47300~53670		
Na	48~165		

注：锌-空气纽扣电池的 pH 值为 9.4~10.2。

8.8.2.6　氧化汞电池

氧化汞电池以锌粉或锌箔同 5%～15%的汞混合作为阳极，氧化汞与石墨作为阴极，电解液是氢氧化钠或氢氧化钾溶液。有些品种用镉代替锌作阳极用于一些特定的用途，如天然气和油井的数据记录、发动机和其他热源的遥测、报警系统，以及诸如数据探测、浮标、气象站一类的遥控装置。

根据电解液的不同，氧化汞电池分为两大类，其电解液分别含有 30%～45%的氢氧化钠或氢氧化钾和最高到 7%的氧化锌（抑制氢气的产生），氧化汞阴极混有提高电导率的石墨，提高电池电压及防止在电化学反应中汞结块的二氧化锰。表 8-18 为氧化汞电池中各种元素的含量。

表 8-18　氧化汞电池中各种元素的含量

元素	含量/（mg/kg）	元素	含量/（mg/kg）
Zn	8140～141000	K	11960～50350
Cd	1.4～30	Hg	229300～908000
Na	154～2020		

注：氧化汞电池的 pH 值为 10.7～13.3。

8.8.2.7　锂电池

锂电池在市场上是一种全新的电池种类，主要用于摄影器材、便携式电脑、无线电话等。锂电池在市场上所有电池种类中是最复杂的一种。前面讨论过的其他电池种类所用材料都有一个基本的标准组成，而锂电池所用材料种类的变化却非常大。之所以被称为"锂电池"，是因为阳极使用金属锂制成，而阴极和电解液则种类繁多。因为锂与水接触会发生反应，所以锂电池使用非水溶液。根据电解液和阴极材料的种类，锂电池分为三大类，即溶性阴极电池（液态或气态）、固态阴极电池和固态电解剂电池。

锂电池阴极材料种类很多，有无机物和有机物。锂电池的电解液为非水溶剂，最常用的是极化有机溶剂，如乙腈（AN），γ-丁内酯（BL）、二甲基亚砜（DMSO）、硫酸二甲酯（DMS）、1,2-二甲基羟基乙烷（DME），1,3-二氧戊环、甲酸乙烷（MF）、硝基甲烷（NM）、碳酸丙烯酯（PC）、四氢呋喃（THF），以及亚硫酰氯、硫酰氯、磷酰氯、磷酰二氯等性质接近有机溶剂的非水无机溶剂。电解质通常用锂盐，如高氯酸锂、六氟磷酸锂、四氟硼酸锂等。

由于锂很活泼，锂电池在高温下会破裂或爆炸，因此在焚烧处置废物的场合就需要特殊考虑。目前对垃圾中的废锂电池在焚烧炉中的行为还不清楚。但是废锂电池在没有完全放电的情况下，当电池外壳被损坏并有水进入，由于锂遇水产生氢气而有可能发生爆炸，因此在处置废锂电池之前必须将其完全放电。

表 8-19 为锂电池中各种元素的含量。

表 8-19　锂电池中各种元素的含量

元素	含量/（mg/kg）	元素	含量/（mg/kg）
Li	12500～77500	V	1.9～170
Bi	13～50	S	82～3470
Cr	1.3～12920	Cl	12～5300
Fe	75～311700	F	96～98000
Pb	5～37	I	1～72
Mn	30～395000	Ni	17000～41050
Ag	1～63		

注：锂电池的 pH 值为 4.7～10.2。

由此可见，不同种类的废电池其成分及含量差别很大，因此，各类废电池对环境的危害程度不同，具体采取的综合利用处理方法也就有很大差别。

8.8.3　废电池的综合利用技术

废电池中含有大量的重金属、废酸、废碱等，为避免其对于环境的污染和危害以及资源的浪费，首先应考虑采取综合利用的方法回收利用其有价元素，对不能利用的物质进行环境无害化的处置。另外，由于电池中含有汞和镉，焚烧时会产生有害气体，因此应该避免废电池同垃圾等其他废物混合焚烧处理。

废电池回收的目的是提取其中的有用物质，如锌、锰、银、镉、汞、镍和铁等金属物质，以及塑料等。

对各种废电池的综合利用技术差别很大。普遍采用的有单类别废电池的综合利用技术和混合废电池的处理利用技术两大类。

对单类别的废电池综合利用技术因电池种类不同而大不相同。

8.8.3.1　废旧干电池的综合利用技术

目前，废旧干电池的回收利用技术主要有湿法和火法两种冶金处理方法。

（1）湿法冶金过程

废干电池的湿法冶金回收过程是基于锌、二氧化锰等可溶于酸的原理，使锌-锰干电池中的锌、二氧化锰与酸作用生成可溶性盐而进入溶液，溶液经净化后电解生产金属锌和二氧化锰或生产化工产品（如立德粉、氧化锌）、化肥等。所用方法有焙烧-浸出法和直接浸出法。

焙烧-浸出法是将废干电池熔烧，使 NH_4Cl、Hg_2Cl_2 等挥发进入气相并分别在冷凝装置中回收。高价金属或低价氧化物、焙烧产物用酸浸出，然后从浸出液中用电解法等回收有价金属。此方法的主要工艺流程如图 8-45 所示。

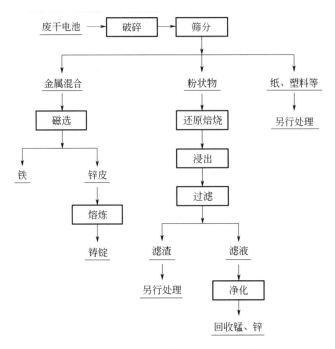

图 8-45　废干电池的湿法处理工艺流程

　　直接浸出法是将废旧干电池破碎、筛分、洗涤后，直接用酸浸出干电池中的锌、锰等有价金属成分，经过滤、滤液净化后，从中提取金属或生产化工产品。

　　湿法工艺种类较多，不同的工艺流程其产品不同。图 8-46 与图 8-47 分别为废干电池制备化肥和立德粉的工艺流程。湿法处理所得产品的纯度通常比较高，但流程也长。

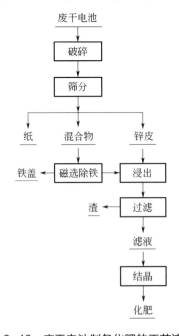

图 8-46　废干电池制备化肥的工艺流程

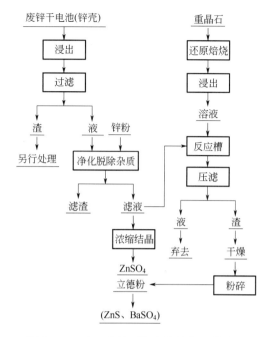

图 8-47　废干电池制备立德粉的工艺流程

（2）火法冶金过程

火法处理废干电池，是在高温下使废干电池中的金属及其化合物氧化、还原、分解和挥发及冷凝的过程。火法又分为传统的常压冶金法和真空冶金法两类。

常压冶金法所有作业均在大气中进行。常压冶金法的基本流程如图 8-48 所示，空气参与了作业。与湿法冶金方法同样有流程长、污染重、能源和原材料的消耗高及生产成本高等缺点。因此，人们又研究了真空法。真空法是基于组成废旧干电池各组分在同一温度下

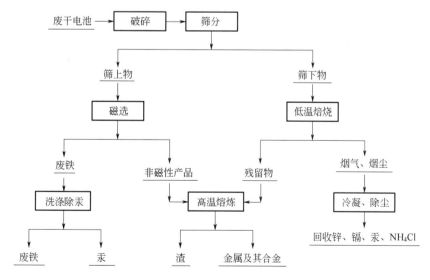

图 8-48　处理废干电池的常压冶金法的基本流程

具有不同的蒸气压，在真空中通过蒸发和冷凝，使其分别在不同的温度下相互分离，从而实现综合利用。蒸发时，蒸气压高的组分进入蒸气，蒸气压低的组分则留在残液或残渣内；冷凝时，蒸气在温度较低处凝结为液体或固体。相比于湿法工艺和常压火法工艺，真空法的流程短，能耗低，对环境的污染小，各有用成分的综合利用率高，具有较大的优越性，值得广泛推广。

8.8.3.2　铅酸蓄电池的回收利用

近年来，国内废铅酸蓄电池的产量日益增多。废铅酸蓄电池随意丢弃，大量铅泥沉积在盛硫酸的塑料槽内，并有相当数量的铅粉悬浮在硫酸之中，将对环境造成严重污染。台湾已经出现由于乱倒含铅废酸造成对环境污染和人身损害而引发的赔偿案例。因此，废铅酸蓄电池的回收利用显得格外重要。

铅酸蓄电池的回收利用主要以废铅再生利用为主，还包括对废酸以及塑料壳体的利用。目前，国内废汽车用铅酸电瓶的金属回收利用率达到80%～85%。

（1）铅的回收利用

铅酸蓄电池的回收利用主要以废铅的再生利用为主，好的铅合金板栅经清洗后可直接回用，可供蓄电池的维修使用。其余的板栅主要由再生铅处理厂对其进行处理利用。

再生铅业主要采用火法和湿法及固相电解三种处理技术。

① 火法冶金工艺。废铅合金板栅可经过熔化直接铸成合金铅锭，再按要求制作蓄电池用的合金板栅。工艺流程为：铅锑合金板栅→熔化铸锭→铅锑合金。火法处理又可以采取不同的熔炼工艺。普通反射炉、水套炉、鼓风炉和冲天炉等熔炼工艺的技术落后，金属回收率低，能耗高，污染严重，而且目前国内采用此工艺的处理厂生产规模小而分散，生产设备落后。

② 固相电解还原工艺。固相电解还原是一种新型炼铅工艺方法，采用此方法金属铅的回收率比传统炉火熔炼法高出10%左右，生产规模可视回收量多少决定，可大可小，因此便于推广，对于供电资源丰富的地区，就更容易推广。该工艺机理是把各种铅的化合物放置在阴极上进行电解，正离子型铅离子得到电子被还原成金属铅。设备采用立式电极电解装置。其工艺流程为：废铅污泥→固相电解→熔化铸锭→金属铅。生产铅耗电约700kW·h/t，回收率可达95%以上，回收铅的纯度可达99.95%，产品成本大大低于直接利用矿石冶炼铅的成本。

③ 湿法冶炼工艺。采用湿法冶炼工艺，可使用铅泥、铅尘等生产含铅化工产品，如三碱式硫酸铅、二碱式亚硫酸铅、四氧化三铅（红丹）、黄丹和硬脂酸铅等，可在化工和加工行业得到应用。其工艺简单，容易操作，没有环境污染，可以取得较好的经济效益。工艺流程为：铅泥→转化→溶解沉淀→化学合成→含铅产品。据介绍该工艺的回收率在95%以上，其废水经处理后含铅小于0.001mg/L，符合排放标准。

（2）废酸的集中处理

废酸经集中处理可有多种用途，具有回收工艺简单、用途广泛等特点。主要用途有：回收的废酸经提纯、浓度调整等处理，可以作为生产蓄电池的原料；废酸经蒸馏以提高浓度，可供纺织厂中和含碱污水使用；利用废酸可生产硫酸铜等化工产品；等等。

（3）塑料壳体的回用

铅酸蓄电池多采用聚烯烃塑料制作隔板和壳体，属热塑性塑料，可以重复使用。完整的壳体经清洗后可继续回用；损坏的壳体清洗后，经破碎可重新加工成壳体，或加工成别的制品。

8.8.3.3　镍镉电池的回收利用

镍镉电池的回收利用主要采用两类技术方法：火法处理技术、湿法和火法相结合的混合处理技术。火法和湿法工艺相结合的方法，工序繁复，工艺流程长，但对环境的污染问题可以根本解决。火法工艺流程如图 8-49 所示。火法处理技术具有处理量大、工艺简单的特点，但火法处理工艺产生的镉蒸气对环境的污染问题应加以控制。

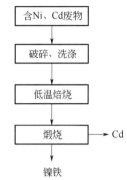

图 8-49　废镍镉电池火法处理工艺流程

8.8.3.4　混合电池的处理技术

对于混合型废电池目前采用的主要技术为模块化处理方式。即首先对所有电池进行破碎、筛分等预处理，然后全部电池按类别分选。国外对混合废电池的处理技术不尽相同，混合电池的处理通常也采取火法或湿法和火法混合处理的方法。

废电池中五种主要金属具有明显不同的沸点（见表 8-20），因而，可以通过将废电池准确加热到一定的温度，使所需分离的金属蒸发气化，然后再收集气体并冷却。沸点高的金属于较高的温度在熔融状态下回收。

表 8-20　回收金属的熔点和沸点　　　　单位：℃

金属	熔点	沸点	金属	熔点	沸点
汞	−38	357	镍	1453	2732
镉	321	765	铁	1535	2750
锌	420	907			

镉和汞的沸点比较低，镉的沸点为 765℃，而汞仅为 357℃，因而均可通过火法冶金技术分离回收。通常先通过火法冶金技术分离回收汞，然后通过湿法冶金技术分离回收余下的金属混合物。其中铁和镍一般作为铁镍合金回收。

8.9　工业废盐资源化处理技术

8.9.1　工业废盐的来源、分类及性质

工业废盐来源广泛，涉及农药、制药、染料、印染、电镀等诸多行业，主要是指无机

盐为主要成分的固体废弃物。其含有大量有毒有害物质，如有机物、重金属等污染物，毒害大，难降解，常伴有刺激性的气味，易对土壤、地下水和空气造成污染。废盐年产量超过 $2.0×10^7t$，主要分为氯化钠、硫酸钠两大类。

工业废盐按行业来源划分为农药（30%）、医药（10%）、精细化工（15%）、印染（45%）等，含盐废物主要来源于染料中间体（HW12）、医药中间体（HW02）、农药中间体（HW04）、煤化工（HW11）及湿法冶金（HW48）。

根据工业废盐的成分，可将工业废盐分为单一盐与混合盐。单一盐为单一组分的盐；混合盐是指两种及两种以上组分的盐。工业废盐中的有机物含量与产生行业有关。

工业废盐因产量大、处理处置困难已引起了环境保护管理部门的广泛关注。庞大的工业废盐产生量使企业"胀库"现象频现，特别是随着精细化工行业的快速发展，成倍增长的含盐危险固废仍是企业下一步发展的最大瓶颈，工业废盐有效安全处置已成为急需解决的环境问题。近年来，广大科研工作者就废盐处理处置技术和相关管理政策展开了广泛的研究。

因工业废盐具有种类繁多、成分复杂、来源众多、处理成本高、环境危害大等特点，虽在危废名录中并未单独列出，但《国家危险废物名录》（2021 年版）明确将化学合成原料药生产过程中产生的蒸馏及反应残余物、化学合成原料药生产过程中产生的废母液及反应基废物划定为危险废物。因此工业废盐不仅破坏生态环境，祸及人畜，一旦废盐中可溶性盐及杂质引起土壤严重盐化，危及周边农、林、牧业的生存与发展，甚至对周边水源和地下水造成严重污染，危害极大。

现有废盐的末端处理技术主要为填埋、焚烧和无害化综合利用。填埋是将废盐经过混凝土等固化后，按照填埋技术规范送入刚性填埋场进行卫生填埋处置。焚烧是将废盐加热到 900℃，无机盐熔融流入炉底，经冷却后回收，有机物在高温下挥发和分解。由于废盐熔点区间波动大，在焚烧处理过程中极易发生结渣、结块等不利现象，影响工艺稳定性。一些临海国家采取废盐无害化处理后倾倒入海洋，但在我国大部分地区不具备实施条件。在此背景下，废盐的无害化、资源化综合利用成为废盐的必然出路，而制约其资源化大规模发展的因素主要为废盐中有机物的去除。目前，国内外对废盐的相关研究较少，有研究通过阐述废盐的产生现状和分析废盐中有机物的去除技术，进而提出对废盐处理设施建设和末端产品管理的建议，为未来相关行业发展提供参考。废盐主要来源及处置现状见表 8-21，废盐典型品种及产量分析见表 8-22。

表 8-21　废盐主要来源及处置现状

废盐主要来源	特点	产量/(10^4t/a)	现处置工艺	处置率
精细化工产业	危险废物、含有大量有机物	>1000	堆放，少量副产品	<10%
石油化工	危险废物、含有有机物	>200	堆放	—
煤化工产业	危险废物、混合盐	>300	堆放、填埋	<20%
脱硫及水处理	固体废物、混合盐	>300	堆放、填埋	—

续表

废盐主要来源	特点	产量/（10⁴t/a）	现处置工艺	处置率
垃圾处理	危险废物、混合盐	＞500	填埋	＞80%
冶金产业	危险废物、固体和液体多种	＞2000	资源化、填埋	＜60%
个别大宗产品	纯碱、环氧丙烷等	＞1000	排海	—

表 8-22　废盐典型品种及产量分析

主要废盐	特点	产量/（10⁴t/a）	处理技术	合理去向
氯化钠	产品价值低、处置费用高、技术难度大	＞800	堆放、高温处理	氯碱、融雪剂等
硫酸钠	产品价值低、处置费用高、技术成熟	＞800	堆放、高温处理	玄明粉、硫化碱等
混合盐	氯化钠、硫酸钠、氯化钙等多种混合	＞1000	堆放、填埋	分盐资源化
氯化钙	含有机物和不含有机物	＞1000	含有机物堆放，不含多排海	资源化
氯化（硫酸）亚铁	取决于废盐酸、废硫酸质量	＞500	用作净水剂、高温水解	氧化铁或净水剂
其他	价值相对较高	＞500	堆放、利用	资源化

注：玄明粉由芒硝风化干燥剂得，主含硫酸钠。

8.9.2　工业废盐处置技术及面临问题

目前，废盐普遍采用企业建库集中暂存的方式进行处理，但如何对其进行彻底的无害化、资源化处理与处置已成为一个亟待解决的现实问题，得到社会各界的广泛关注。

针对工业废盐的性质，其需要得到妥善处置。在国外，这种副产废盐大多采用无害化处理后直接将盐向海洋倾倒，但这种处理方式有很大的局限性，一是企业必须临海或离海岸不远，二是副产污盐中不含有害的有机和无机杂质。事实上，化工生产中副产的污盐依据产品的不同，污盐中的成分也不同，有时还有较大的差别，给副产污盐的处理和利用加大了难度。

国内工业废盐的处置技术有填埋法、高温氧化法、盐洗法等。目前填埋法是我国工业废盐的主要处置手段，但废盐填埋存在以下几个问题：

① 投资大，占地多。依据危险废物填埋污染控制标准的相关规定，水溶性盐总含量≥10%的废物不能进入柔性填埋场，因此废盐必须进入刚性填埋场。对于同等规模填埋，刚性填埋场投资比柔性填埋场大，占地面积也相对大。

② 刚性填埋场国内少。目前国内大部分填埋场是柔性填埋场，废盐填埋受限，企业大部分废盐也无填埋出路。

③ 填埋成本高。目前废盐的填埋成本高达 4000 元/t 以上，企业难以承受。

综上所述，工业废盐不宜填埋处置，建议资源化处置。

8.9.3 工业废盐无毒化处理

废盐"去毒"是实现废盐无害化处置或资源化利用的前提。不同种类工业盐产品的质量技术要求见表 8-23。

表 8-23 不同种类工业盐产品的质量技术要求

指标限值		工业盐	工业无水硫酸钠	工业氯化钙	工业氯化钾
纯度		氯化钠（以湿盐计）≥93.3%	硫酸钠≥92%	无水氯化钙≥90%	氯化钾≥88%
		氯化钠（以干盐计）≥97.5%		二水氯化钙≥74%	
其他指标限值		不溶物≤0.2%	不溶物≤0.2%	碱度（以无水氯化钙计）≤0.25%	氯化钠≤3.6%
		钙镁离子（以湿盐计）≤0.7%	钙镁离子≤0.6%	碱度（以二水氯化钙计）≤0.20%	钙镁离子≤3.6%
		钙镁离子（以干盐计）≤0.6%	氯化物（以氯计）≤2.0%	总碱金属（以氯化钠计）≤5.0%	硫酸根≤0.65%
		硫酸根离子（以湿盐计）≤1.0%		总镁（以氯化镁计）≤0.5%	不溶物≤0.15%
		硫酸根离子（以干盐计）≤0.9%		硫酸盐（以硫酸钙计）≤0.05%	

注：表中数据均为质量分数。

目前，常采用物理化学法和高温处理法对废盐去毒处理，回收得到符合标准的工业盐，并将其回用于工业生产中，从而实现工业盐的循环利用。

（1）物理化学法

物理化学法主要是利用投加的化学药剂与盐中的有毒有害物质进行中和、沉淀或氧化反应，实现有毒有害物质的去除。例如，杨炳儒在处理氰化物废盐过程中，利用硫酸亚铁与废氰盐的热态中和反应实现氰化物的破坏，降低废盐的毒性；赵晋在处理钛白粉生产中氯化废盐渣时，将废盐重溶于水，随后投入碱液，沉淀其中的金属离子，经过渣、水分离后，通过晒盐回收水中的氯化钠；Boopathy 等在处理制革工业中产生的含盐固体废物时，将其重溶于水配成近饱和溶液，以氯化氢为沉淀剂，通过选择性沉淀法回收其中的氯化钠，回收盐的纯度达到工业盐标准，可以在皮革行业或其他加工行业中使用。废盐处理的物理化学法主要技术有重结晶、盐洗法、萃取法、高级氧化法。

1）重结晶

利用溶质的溶解度差异，将溶于溶剂的晶体重新从溶液中结晶析出的过程。此方法可以纯化不纯净的废盐，易操作、成本低，但对其中的有机物去除困难，多用于废盐去毒去害后的精制与分离。上海市碚山劳动轴承厂理化室通过将废盐溶解、过滤、蒸发结晶并干燥后实现对废盐的回收处理，使"废盐"不废，成为符合热处理淬火要求的好盐。

2）盐洗法

利用饱和盐水进行洗涤，使废盐中的有机物、重金属等物质溶解于洗涤液中，从而达到净化盐的作用。这种方法操作简单，处理成本低，但使用范围窄，仅适用于处理杂质单一、杂质含量少的杂盐，且处理效率较低，常需要多级洗涤，产生的高盐废水也难以处理。由于该方法产品需要做危废鉴定，不被业内和管理部门认可。

3）萃取法

利用有机萃取剂，将盐渣中的有机污染物萃取到萃取剂中，从而降低盐渣中有机污染物的含量，萃取剂中有机物可以通过反萃取回收利用。这种方法能耗低，操作简单，投资少，往往对有机物浓度高、组成成分单一的废盐具有较好的效果，常用于回收其中高附加值的有机物产品，但对于有机物含量低的废盐，处理效果较差，且萃取剂的引入有二次污染的风险。Guo 等采用硅橡胶膜萃取处理含有邻甲苯胺和对甲苯胺的高盐废水，在萃取时间为 12h 时，芳香胺的去除率达到了 87.9%。

4）高级氧化法

在饱和盐水清洗的基础上，借助化学氧化剂的强氧化性，将有毒有害的有机污染物氧化，从而实现废盐的无害化，得到干净的副产品盐。目前主要使用的化学氧化剂有次氯酸钠、双氧水和臭氧等。高级氧化法的处理效果往往取决于有机污染物的性质，适用范围小，消耗的氧化剂量大，处理成本较高；此外，对于氧化剂的用量不好把握，容易造成氧化剂的过量浪费或有机物的去除不彻底等问题。

物理化学法处理废盐常常存在一定的局限性，尤其对于成分复杂、有机物含量高的废盐处理，往往需要多种物理化学方法组合来完成，导致处理工序复杂，且易产生二次污染物。

（2）高温处理法

高温处理法主要是利用盐渣中有机杂质在高温条件下易分解挥发的特性，在高温下将有机杂质分解成易挥发的气体和炭渣，从而达到去除有机杂质的目的。这种方法对废盐的减量化效果明显，有机物去除效果显著，被认为是副产含盐危险固体废物无害化处理最有效可行的方法。贺周初在对水合肼副产盐渣高温处理过程中，将其中的水合肼和尿素分解为挥发性气体去除，处理后的盐能满足氯碱工业原料用盐的要求。湖南化工研究院根据农药行业副产含盐危险固体废物的特性，利用高温烟气使含盐固废中的有机物分解，处理后含盐固废总氮质量浓度降到 20mg/L 以下，总磷质量浓度降低到 5mg/L 以下，有机物去除率达 99% 以上，产品盐经权威部门检测属Ⅳ类低毒化学品。

高温处理法根据环境中的氧含量差异可分为好氧燃烧和缺氧热解，其均能够将固体废弃物中有毒有害物质分解为无害物质。但在处理过程中，高温的环境使无机盐发生软化，造成盐在焚烧炉表面粘壁、结垢以及其对设备的堵塞、腐蚀等问题。迄今，国内外研究者还对此方法进行了深化改进，开发了炭化法和高温熔融处理法。

1）炭化法

根据不同盐渣的临界软化点和临界炭化点选择不同的炭化温度和炭化方法而开发的分级临界炭化法，试图解决高温炭化处理废盐工艺中存在的废盐软化、设备黏结、炭化不均、杂质去除不净等问题。杂盐通过干燥脱水，形成流动性较好的颗粒，在合适的温度条件下，与一定温度的热空气结合发生传热炭化，使杂盐中的有机物形成挥发分和有机碳，再对盐渣进行溶解、水洗、过滤、再结晶，形成盐产品。

2）高温熔融处理法

利用高于盐渣的熔融温度将盐渣完全熔融为液态，同时彻底地将有机物焚烧去除，经急冷再结晶，得到了较高品质的副产盐。此方法温度高（800～1000℃），避开了盐的软化温度区间，防止了盐在设备和管道内结圈、结块，有机物去除率可达99%以上，但其运行成本和设备投资相对较高。

8.9.4 工艺废盐中有机物处理

根据废盐来源可知，工业废盐中含有毒性大的有机物，无论对于单一盐还是混合盐，要实现废盐资源化，必须先将废盐中的有机物去除，然后再分盐。

我国涉及废盐产生的行业众多，如农药合成行业、氯碱工业、煤化工行业和环保行业。产生的废盐种类包括单一废盐、混盐和杂盐（含杂质），工艺的特殊性和生产环节的差异导致不同行业产生的废盐有较大差别。

我国各行业废盐的产生量尚无确切的统计数据。李唯实等认为，生产1t农药产品平均产生1t左右的废盐，其主要来源于农药中间体和原药的生产过程，因此农药废盐年产生量可达到100多万吨。农药废盐中有机物含量较多，主要为卤代烃类、苯系物类复杂成分，所含有机物沸点和热分解温度均在200～600℃内。印染行业的基本生产原料包括萘系、蒽醌、苯系、苯胺及联苯胺类化合物。这些物质在加工生产过程中易和金属、盐类等物质发生螯合，使得染料废水中含高浓度盐、重金属，同时存在COD高等问题，从而造成副产废盐中稠环类有机物含量高，同时还可能伴有重金属。在水处理过程中，高盐废水蒸发处理也会间接产生废盐。此类废盐在前置水处理环节中多已经过有机物氧化分解工序，因此残留有机物多为难降解有机物，去除难度较大。

除此之外，石油化工、煤化工、氯碱工业、冶金等行业也产生废盐，但有机物含量相对较低，处理难度较小。煤化工行业中废盐主要来自除盐水和循环水生产环节引入的盐分，成分主要为NaCl和Na₂SO₄等简单盐类，不含有机物。但依据《现代煤化工建设项目环境准入条件（试行）》规定，该类废物暂时按照危险废物进行管理。氯碱工业上用电解饱和NaCl溶液的方法来制取NaOH、Cl₂和H₂，并以之为原料生产一系列化工产品。此类盐泥产量大，主要成分为NaCl，基本不含有机物，可回收利用价值高。

8.9.4.1 工业废盐中有机物特性

（1）成分复杂，难降解有机物居多

由于工业废盐来源众多，导致其组分相对复杂，表观性状亦有差异。刘铮等认为，各行业产生的废盐组分差异大、特征不稳定是阻碍其有效处置的主要原因。

（2）沸点和热分解温度相对较低

虽然废盐中的有机组分成分复杂，性质存在差异，但有机物的沸点和热分解温度集中在200～500℃。虽然不同类型废盐的热解/燃烧特性存在明显差异，但利用有机物高温易挥发或热解成易挥发性物质的特点，可采用合适的设备和工艺在中低温区将有机物从盐分中除去，达到无害化处理的目的。

8.9.4.2　工业废盐有机物脱除技术

（1）有机物热解炭化技术

有机废盐热解炭化是在低于无机盐熔点温度和控氧气氛条件下，对废盐中有机物进行分解炭化，使废盐中有机物一部分热解为挥发性气体，另一部分变为固态有机碳并形成灰分的工艺，其工艺流程如图 8-50 所示，该过程的反应温度一般控制在 300～800℃。李唯实等指出热处理法工艺简单，能有效去除有害物质并可回收资源如活性炭，但不同的热处理条件和设备会导致固体废物的热处理过程和产物差异较大。

图 8-50　工业废盐热解工艺流程

根据有机物含量不同，热解炭化工艺可分为一步热解炭化和分级临界炭化技术。胡卫平等采用一步热解，工艺简单有效，所需热量较少，但有机物去除效率不高。长链有机物和芳环、稠环及杂环有机物常常发生聚合结焦反应，不能彻底分解，这导致废盐中类似焦油的有机聚合物含量上升，毒性不减。张继宇在此基础上开发了分级炭化工艺，针对每种工业废盐所含有机物多样性及其理化特性不同等特点，设置若干级分解炭化炉（图 8-51）。利用该工艺处理某农药生产企业的副产工业废盐，所得产品 NaCl 含量 98.9%，有机物含量 0.003%，其他物质含量 1.097%。

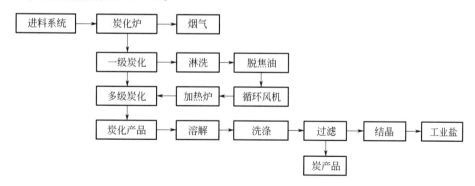

图 8-51　废盐分级炭化工艺流程

热解炭化工艺的反应系统主要包括进料系统、热解系统、烟气处理系统和盐回收系统。其中，热解系统的反应器类型会对有机杂质的去除、传热传质、反应效率和成本产生重要影响。目前国内外研究中反应器类型是固定床和流化床。固定床反应器主要用于气固相反应，与流化床相比，该类型反应器易于设计、管理和维护，反应过程中催化剂机械损耗小，但其局限性在于装置的传质传热性能差。由于废盐的特殊性，固定床热解常常面临炭化不均和设备黏结的问题。废盐热解固定床炉和流化床炉示意如图 8-52 所示。

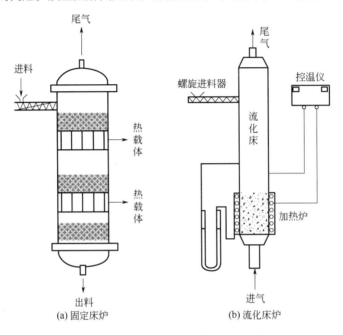

图 8-52　废盐热解固定床炉和流化床炉示意

　　流化床反应器也是热解反应常用的反应器之一，其传质、传热性能较好，同时反应器中的流态物质提供了较大比表面积，能使热量与原料充分混合。废盐的流化提高了传热传质效果，从而提高了有机物的燃尽率。王鸣彦等认为，该方法中物料与热空气呈喷动流态进行热交换，使物料深度炭化，炭化盐纯度提高；炭化温度和盐的表面软化易控制，可避免物料黏结，有利于连续化生产；但由于特殊的流化需求，该方法将产生大量的烟气，可能增加二燃室的能耗以及增大机械磨损。另外，有机物与盐颗粒的相互作用可能影响废盐的理化性能。

　　除此之外，微波方法较适合于小型处理系统，其安全性和有效性仍需进一步验证。

（2）高温熔融技术

　　相比于热解炭化，高温熔融是在更高的温度下对废盐进行处置，反应温度通常为 800～1200℃，此温度高于废盐的熔点，使废盐在炉内全部成为熔融态，避免了低温焚烧炉盐容易与耐火材料黏结的特性，同时有机物能够在此高温下完全分解，提高了废盐的纯度。

　　高温熔融与焚烧系统类似，采用改造传统冶金炉或等离子熔融炉，广泛用于飞灰和冶金废渣的处理，处理较为彻底，工艺流程如图 8-53 所示。高温熔融的能耗较高，一般应对高温烟气进行余热回收利用，以节约能耗降低成本。另外，废盐的种类不同，熔点差异较大，应根据混合物料的熔化性能选择工艺条件参数。相比于低温热解炭化而言，高温熔融技术反应温度高，有机物分解彻底，且对废盐的形态和有机物含量要求不高，但由于温度高、能耗大、产生的烟气量大且盐颗粒夹带严重，会降低资源化率。

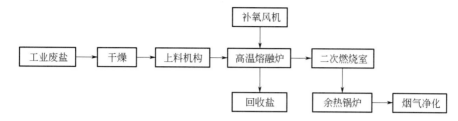

图 8-53　废盐高温熔融技术工艺流程

（3）有机物氧化技术

有机物氧化法即通过把废盐溶解在水中，通过水处理领域中的深度氧化技术降解有机污染物，实现废盐的无害化。常用的有机物氧化技术包括高级氧化法、湿式催化氧化法和水热氧化法。有机物降解达标后，经过除杂、蒸发结晶等手段，可以有效回收废盐。由于废盐中的有机物大部分为难降解有机物，且成分复杂，因此常常需要配合多种技术进行处理。超临界氧化和水热氧化技术也可实现有机物的去除，但适用性窄且成本较高，大部分处于研究阶段。此技术的选择性较强，针对不同的有机物类型，需要不同的组合来实现废盐的达标处置，故目前应用受限。

废盐的不同处理技术具有不同的优势。高温熔融技术处理彻底，产品纯度优于其他工艺，但耗能高且可产生烟气夹带。分级炭化工艺温度低，但产品需不断进行检测，以保证无害化处理，目前市场认可度较高，国内已有少量实际案例，尚无普遍推行的设备和工艺。溶解氧化法处理效率低、成本高。面对物性比较复杂的杂盐，单独使用一种技术不能满足要求，常采用多种技术组合的方式提高处理效率。因此，有机物低温炭化工艺成套设备的开发、多种组合式工艺的应用将是废盐有机物处理的主流方向。工业废盐热处理技术比选见表 8-24。

表 8-24　工业废盐热处理技术比选

处理技术	成熟程度	缺点和适应性
高温熔融	废杂盐领域暂无运行案例	有机物对杂盐分解温度影响复杂，该工艺前处理和化验工作量过大
	在冶金炉基础上，改进制造	烟气夹带可造成二次净化投资成本增加，同时不利于长周期达标排放
分级炭化	潍坊、青岛和沧州等地有建设案例	可获得炭化产品
	多为化工厂自产废盐处理	操作环境温度需低于杂盐熔融点，需进行相应检测
溶解氧化	在水处理领域应用成熟	适应面窄，流程较长，成本高
	多与其他技术组合	适用于成分相对简单的废盐

8.9.5　工业废盐处置利用方式

8.9.5.1　填埋

填埋处置作为多数盐水浓缩液或固态废盐废渣等危险废物的最终处置方式，对物料入场要求越来越高。填埋处置需要占用大量的场地，造成土地资源的紧张与严重浪费，同时废盐容易对防渗衬层造成腐蚀，淋滤作用会使大量废盐重溶于渗滤液中，给渗滤液的处理、地下水资源和生态系统造成潜在的威胁。近年来，由于填埋法存在的弊端难以采用有效的技术手段解决，随着人们环境保护意识的不断增强，工业废盐的普通填埋处置方式受到了限制，因此，废盐的刚性填埋应运而生。

8.9.5.2　排海

国外，排海是废盐和含盐废水的主要处置方式，其主要排放方式为含盐废水在近海直接排放或将收集起来的废盐运至公海进行深海排放。而对于倾倒入海的废盐，往往需要进行无害化处理。例如，日本将农药生产过程中产生的盐渣经高温条件去除其中有毒有害物质后，向海洋倾倒，使盐资源回归自然。这种方法处理废盐具有局限性，其要求产盐企业位于近海地区，且主要用于处理含有氯化钾、氯化钠、氯化钙等成分的废盐，对于含有 Hg、Cd 等有毒物质的废盐无法采用此方式处理。

而对于离子交换树脂再生以及海水淡化等过程中产生的大量废卤水，目前将其通过地表水排放是国外卤水的主要处置方法。在美国，这种处置方式的占比高达 45%，而在英国甚至高达 60%。将卤水直接排放到海洋、河流、海湾、湖泊等开放水体中，处理量大，处理成本低，在美国通过此方法处理 $1m^3$ 盐水仅需 0.05～0.30 美元，但废卤水中的高盐含量以及可能存在的有机物，会对海洋有限的自净能力产生冲击，引起海洋热污染以及增大水体中溶解氧减少、富营养化和毒性的风险。

8.9.5.3　资源化利用

废盐资源化是从根本上解决废盐等固废问题的终极方向，其主要表现为对精制盐产品的资源化。工业废盐主要以钠盐、钙盐和混盐为主，去毒后的盐产品资源化途径可归纳如下。

（1）钠盐

1）制纯碱

现阶段，制碱技术已相当成熟，废盐经去毒、提纯、精制后，可作为制纯碱的原料回收氯化钠盐。周国娥在《水合肼副产盐渣制纯碱新工艺的研究》中提出，将水合肼副产盐渣中的盐碱进行洗涤分离，洗涤的最佳工艺条件为：洗涤盐中碳酸钠含量≤5%，洗盐温度为 32～35℃，洗水加量为配成盐浆后液固体积比为 7:3。洗涤盐配成饱和盐水加碳酸氢铵进行反应，反应最佳工艺条件为：在 600mL 盐溶液中的加料时间为 1h，搅拌速度为 30r/min，反应温度为 35～40℃。在最佳工艺条件下进行反应，初始饱和盐溶液中的氯化钠浓度为

310.0g/L，碳酸氢钠颗粒大于 100 目的为 76.8%，碳酸氢铵的收率为 95%。

该工艺通过洗涤水合肼副产盐渣中的盐碱得到含碱母液和洗涤盐，然后向母液中通入二氧化碳冷冻析出十水碳酸钠；再利用洗涤盐与碳酸氢铵反应制得碳酸氢钠，碳酸氢钠煅烧制得纯碱。此过程不但创造了额外的经济效益，还避免了水合肼废盐对环境的威胁。

2）制磷酸二氢钠

磷酸二氢钠（$NaH_2PO_4 \cdot 2H_2O$）又称磷酸一钠、一盐基磷酸钠，为无色结晶或白色结晶性粉末，无臭，易溶于水，其水溶液呈酸性，几乎不溶于乙醇，加热失去结晶水可分解为酸性焦磷酸钠。酸性焦磷酸钠是一种重要的化工产品，在医药、食品、化工、农业等多方面都具有广泛用途，可用于制造六偏磷酸钠和焦磷酸钠；用于制革、处理锅炉水，作为品质改良剂和制焙粉；在食品工业、发酵工业中作缓冲剂和发酵粉原料，多与磷酸二氢钠配合用作食品品质改良剂，如改善乳品的热稳定性，用作鱼肉制品的 pH 值调节剂及黏结剂等；还可用作饲料添加剂、洗涤剂及染助剂等。

目前的生产方法大都是中和法，用氢氧化钠或碳酸钠同磷酸反应制得，生产成本高。浓磷酸是一种初级的化工产品，在经过进一步深加工制成各种磷酸盐产品后具有很好的经济价值。磷酸二氢钠的原料若能用氯化钠取代烧碱或纯碱，则可使生产成本大大下降。工业废盐氯化钠是一种很难处理的污染物，而且产量很大，一般的处理方法是稀释排放，但会造成严重的土地污染。若将工业废盐氯化钠作为生产磷酸二氢钠的原料，不仅可以有效消纳氯化钠废盐，实现"废盐不废"，还可以降低生产磷酸二氢钠的成本，带来显著的经济效益。然而，在通常条件下，氯化钠与磷酸之间的复分解反应，因其标准生成自由能大于零，故反应不可能自发进行，因此考虑将体系中的 HCl 移走是较为可行的方法。近年来，有机溶剂萃取技术的使用越来越广泛成熟，也越来越多地用于磷酸盐生产。有研究将这一技术用于生产磷酸二氢钠，选择了一种水溶性小、对盐酸的萃取选择性好、萃取效率高的萃取剂，将磷酸和氯化钠溶液中的 H^+ 和 Cl^- 移出水相，而 Na^+ 和 $H_2PO_4^-$ 则保留在水相中，再通过结晶过程得到 $NaH_2PO_4 \cdot 2H_2O$ 产品。

曾波等在《萃取法制取磷酸二氢钠的试验研究》中开发了一种以湿法磷酸、氯化钠为原料，采用连续萃取法制取工业级磷酸二氢钠的方法，并进行了连续化的模式试验研究。结果表明：在控制溶配液中磷酸与氯化钠物质的量比为 1.1∶1，溶配液（五氧化二磷质量分数为 14.45%）与萃取剂的体积比为 1∶7，萃取温度为 40～50℃，磷酸二氢钠料液的 pH 值为 4.2～4.5，盐洗液的 pH 值为 5.0～6.5，氯化铵溶液的 pH 值为 8.0～9.0 的工艺条件下，试验得到的磷酸二氢钠产品质量可达到工业级磷酸二氢钠指标要求。

郑学明等在《工业废盐生产磷酸二氢钠的工艺研究》一文中提到，采用浓磷酸和工业废盐氯化钠反应生产磷酸二氢钠，副产浓盐酸既能解决工业氯化钠的污染问题，又可以把浓磷酸转化成更具有价值的磷酸二氢钠，还能得到工业用浓盐酸。

3）制玄明粉

玄明粉，又称无水芒硝、无水硫酸钠，主要通过天然芒硝矿的开采和化工副产品的提取来制备。而化工废盐渣中常含有丰富的硫酸钠盐，对废盐去毒、除杂、提纯所回收的硫酸钠可用于制工业玄明粉。郝红勋等发明了一种从高盐废水中提取可资源利用的高纯度硫酸钠和氯化钠的分质结晶方法，其方法如下：

① 采用活性炭进行脱色预处理，去除不溶性杂质中包含的 Ca^{2+}、Mg^{2+}、SiO_3^{2-} 等可溶性物质；

② 预处理后，先后送入电渗析和机械式蒸汽再压缩装置进行浓缩，根据废水硫酸钠和氯化钠的初始组成，通过浓缩使硫酸钠和氯化钠含量达到接近饱和；

③ 浓缩废水送入结晶器，冷却结晶得到芒硝，芒硝直接采出，洗涤，干燥，得到无水硫酸钠产品；

④ 脱硝母液的浓缩液进行两级蒸发结晶，氯化钠产品直接采出，洗涤，干燥；

⑤ 二级蒸发提盐后的部分母液返回系统与进料废水混合循环利用，其余母液去往杂盐蒸发结晶器。

4）制离子膜烧碱

草甘膦作为全球第一大除草剂品种，具有低毒、非选择性和无残留等特点，占全球除草剂 30%的市场份额。草甘膦生产过程中副产大量的盐，每生产 1t 草甘膦约副产1t 盐。目前草甘膦副产盐的主要用途为作融雪剂、水泥助磨剂、印染助剂和用于纯碱工业等。

氯碱工业作为盐的主要消耗领域之一，随着新国家政策"隔膜法烧碱生产装置"（2015年）被列入"第三类淘汰类"目录中，将草甘膦副产盐应用于离子膜烧碱不仅拓宽了盐的出路问题，而且实现了资源的循环利用。目前，用于离子膜烧碱的粗盐精制工艺通过溶盐、液碱除钙镁、氯化钡除硫酸根、碳酸钠除钙钡、盐酸除碳酸根等步骤得一级精制盐水，一级精制盐水经离子交换树脂进一步精制后可直接用于离子膜电解工艺。

草甘膦回收盐中含有草甘膦、增甘膦、氨甲基磷酸、羟甲基磷酸和甘氨酸等有机组分，且含有较多的有机氮和有机磷，而氮、磷的存在对氯碱工业有威胁，需对其处理后方可用于离子膜烧碱工业。而草甘膦副产盐中硫酸根的质量浓度仅为 36mg/L，远小于氯碱工业要求，因此草甘膦副产盐后续精制工艺中无需除硫酸根过程，从而简化了精制工艺，节省了原料成本。

徐志宏等在《草甘膦副产盐精制用于离子膜烧碱的研究》中对草甘膦副产盐用于离子膜烧碱进行了研究，考察了煅烧温度、煅烧时间、除磷氧化钙加入量等因素对盐水品质的影响。实验流程如下。

① 煅烧工序：取一定量的草甘膦副产盐于马弗炉中，在一定温度下煅烧一定时间，以除去草甘膦副产盐中的有机组分，且使有机磷转化为无机磷，得灰色固体盐。

② 溶盐除磷工序：取一定量的自来水于 2L 四颈瓶中，开启搅拌，加入一定量煅烧后灰色固体盐，搅拌使其完全溶解，得 NaCl 质量浓度 310～320mg/L 的水溶液；然后加入一定量的 CaO 粉末，沉淀反应 2h，滤除不溶物，得澄清状无色液体。

③ 盐水精制：将一定量固体氢氧化钠配制成质量分数 30%的溶液，在搅拌条件下将其加入除磷后的盐水中，搅拌反应 20min，滤除不溶物；将无水碳酸钠加入除钙镁的盐水中，搅拌反应 20min，滤除不溶物；最后，往盐水中加入一定量的盐酸，以除去剩余的碳酸钠，所得盐水经树脂塔进一步精制后可直接用于离子膜烧碱工业。

将煅烧、除磷后的盐水加入质量分数 1.4%的氢氧化钠除去 Ca^{2+}、Mg^{2+}，再加入质量分数 0.5%的无水碳酸钠进一步除盐水中的 Ca^{2+}，最后加入一定量的盐酸以除去多余的 CO_3^{2-}，得一级精制盐水，其各项指标情况为：TOC（溶解性有机碳）、TP（总磷）、Fe、$Ca^{2+}+Mg^{2+}$、SO_4^{2-}、TN（总氮）、NaCl 的质量浓度分别为 4.0mg/L、0.16mg/L、0.23mg/L、1.0mg/L、1.5mg/L、2.9mg/L、1.5mg/L，无悬浮物存在。由此可知，经精制后的草甘膦副产盐水溶液各项指标均达到氯碱一级精制盐水要求。

结果表明，在 700～800℃下煅烧 15min，加入质量分数 1.0%的 CaO 除磷得到了理想的精制效果。利用现有氯碱工业盐精制工艺对煅烧、除磷后的盐水进行了进一步精制，精制后各项指标均符合离子膜烧碱工业标准，使资源得到了循环利用。

（2）钙盐作水泥等建筑材料添加剂

我国的制盐过程中，每年能产生 100 万吨以上的废渣，如何利用这些废渣，从而规避环境污染，增强制盐企业经济效益，是该行业的重要发展问题。我国在盐废渣利用方面，已经取得了一定研究成果，并在实际运用中取得了较好经济效果。

将海水进行蒸发浓缩，在其浓度达到 14°Bé[●]时，盐开始析出；在其浓度达到 20.60°Bé 时，盐分析出量最大，质量分数达到了 64.16%。在盐石膏中，主要成分是 $CaSO_4 \cdot 2H_2O$，一般将其称为生石膏，又根据其分子式称为二水石膏。该物质能够溶于酸溶液、甘油等液体中，在水中有少量能够溶解，在乙醇中不溶解。该物质在加热到 128℃后，就会开始脱水，失去 1.5 分子量的水，变成了 $CaSO_4 \cdot 0.5H_2O$，一般也叫作熟石膏，又根据其分子式称为半水石膏；在加热到 163℃后，就会脱水完全，失去 2 分子量的水，变成 $CaSO_4$。因为海水的成分较为复杂，盐石膏的成分也比较复杂，除 $CaSO_4 \cdot 2H_2O$ 外，还有很多杂质，例如 Mg^{2+} 等无机盐、泥沙等。

首先，该材料可以用在水泥制作中。在其生产过程中，通过添加盐石膏（其主要成分为 $CaSO_4$），可以有效提升其凝结度和受力强度。盐石膏的不同投加配比对水泥密度、防渗透能力等性能也有一定的影响，研究表明，盐石膏的添加量在 3.1%～3.9%时可缩短水泥的凝结时间，增强其受力能力。另外，利用盐石膏代替传统生产中的天然石膏，生产出的产品性能均能符合使用要求，但在使用过程中，废气的产生以及所用添加剂的盐碱性对水泥性能的影响应受到重视。

通过将废渣运用到建筑板材中，也能够提升材料的性能，并实现废物利用，减少环境污染。首先，将废渣破碎，经过筛选分离后再用清水洗涤，晾晒干燥后运用高温煅烧进行精炼，完成后再进行粉磨、陈化，最终即可得到建筑材料运用的石膏，再与辅助筋骨材料、增强剂一起加工，即制成建筑用石膏板，该材料的物理性能完全符合建筑使用标准。另外，实验研究中，将该材料与粉煤灰、制钢废渣等材料结合，也能制作墙板；将其与黏土结合，能够制作隔热板。同样，作为建筑材料也需要注意废渣中盐碱含量对材料寿命的影响，如何高效、简单地提纯，或避免化学反应，是建筑材料运用制盐废渣的重要研究内容。

除了上述的简单运用外，还可以对盐石膏进行加工。例如通过高温反应，生石膏能够与熟石灰加水，形成石膏晶须，在塑料、金属、陶瓷等制造中都有一定的运用价值。还可

[●] 波美度（°Bé）是表示溶液浓度的一种方法。把波美密度计插入溶液中，得到的度数就叫波美度。

以通过化学反应，以盐石膏为原料，制作肥料。例如，利用 KCl 制作 K_2SO_4；利用 KCl 和 NH_4HCO_3 制作 $CaCO_3$、NH_4Cl；等等。另外，我国南方大量酸性土地的处理，可以运用碱性石膏进行中和反应，因此此类肥料的运用具有较广阔的市场空间。

（3）混盐作助熔剂或燃煤添加剂

煤炭是中国的基础能源，每年以燃烧方式消耗达 6 亿吨。但煤的燃烧存在着一系列问题：煤的热值低，其主要原因在于煤燃点高，不易着火，比热容大，不易传热。同时，煤燃烧的基本反应 $C+O_2=CO_2+$热量，在高温下易发生副反应 $C+CO_2=2CO-$热量，不仅使煤的热效率大大降低，而且造成了环境污染。

在不改变燃煤设备的前提下，依据煤炭燃烧的过程，在煤中加入一些添加剂，通过催化、活化、促进氧化及离子交换，能有效降低煤的燃点，提高煤的燃烧效率，控制 CO 的生成。

添加剂的作用机理如下：

① 煤的燃烧过程分为 3 个阶段，而且这 3 个阶段相互重叠交替发生，没有明显的界限。反应刚开始时，属于煤的热解阶段，主要发生煤中挥发分的析出，此时认为煤的燃烧已经开始。由于添加了燃煤添加剂，使挥发分的析出变得相对容易，添加剂的催化作用首先体现在对挥发分燃烧的催化作用上，其对煤的挥发分释放的催化过程实质上是使反应分子活化的过程，它们在一定程度上加快了煤本身的裂解反应，使反应系统中的烘干物质不宜被氧化，使焦油、粗苯易于分解，从而达到提高挥发分产率、降低着火温度、促进燃烧的目的。

当挥发分燃烧后，整个煤粒积聚热量，当达到固定碳的燃点时，煤的燃烧速度也急剧增大，在最大失重温度时燃烧速度最快。一方面，这是由于添加剂添加后，其中的二氧化锰对固定碳的燃烧具有催化作用，金属离子供电子能力增加了燃烧过程中碳环或碳链活性，有利于煤的燃烧和燃尽；另一方面，添加剂中活性组分在着火过程中，充当了氧的活性载体，促进了氧从气相向表面的扩散，氧转移的结果使固定碳着火点降低，促进了煤的燃烧。二氧化锰在煤的燃烧过程，其自身就能释放氧气，更促进了氧的扩散，加快了固定碳的燃烧，从而使煤的燃烧过程所需温度降低，所需时间缩短，起到了催化作用。另外，它们在加快挥发分析出的同时可以避免挥发组分经裂解析碳或缩合成焦在煤炭颗粒表面积累，而阻碍固态炭的燃烧，起到提高固态炭表面活性的作用，从而促进煤的燃烧。

② 煤炭中含有腐殖酸盐，当在煤炭中加入一些含有钾、钠、钙、镁等金属离子的金属盐后，它们之间将进行盐基交换而生成着火点较低的腐殖酸盐，改变了煤炭的着火性能。

③ 添加剂在高温下分解、气化和炸裂，搅动煤层中气体，使板结煤层疏松、通气性改善，使氧气在煤层中分布均匀、供应充足，还在一定程度上加快热传导，并通过化学反应疏松煤层，促进包裹在内的煤粒充分燃烧，减少环境污染。金属盐类或金属氧化物能使煤炭中长链脂肪族烷烃的 C—C 键断裂，变成相对较小的分子，增强分子的热运动，降低煤的比热容，加快了煤的热传递。

④ 盐泥添加剂中含有钙和铁离子，具有固硫、除臭、清洁锅炉表面烟灰垢的功能，能

使结渣物多孔而疏松，削弱焦砟与炉壁接触面的结合力，使焦砟易于粉化、清除和脱落，还促使煤中 CO 和 SO_2 发生放热反应，又由于反应中生成的硫经燃烧变成 SO_2，再经催化剂氧化成 SO_3，最后可被添加剂中的二价碱金属和其他碱性氧化物等固定成熔点较高的炉渣而起到固硫作用。

研究表明，MgO、CaO、Fe_2O_3 等碱性氧化物可以降低以酸性氧化物为主要成分的煤灰熔点，在煤灰熔融过程中起到助熔剂的作用；此外，也有学者提出盐泥中含有的 Mg^{2+}、Ca^{2+}、Na^+ 及其他金属离子在燃烧时具有一定的助燃性。因此，将氯化钠盐泥作为助熔剂或助燃剂添加到某些工艺中以降低工艺能耗或提升燃烧效果具有一定的可行性。白云起等在《盐泥燃煤添加剂的研究》中，通过实验测定、理论计算及文献查找，均表明盐泥燃煤添加剂具有催化作用，促使煤中 C—C 键的断裂，使大分子煤变成相对较小的分子，释放出挥发分，加快了煤的燃烧速度，小分子煤的热运动加快，加快煤的传氧速度和传热速度，使煤能够完全燃烧，提高煤的热值。

工业盐是重要的工业原料，是宝贵的国家战略资源，将废盐去毒精制后回收的工业盐具有广泛的工业用途。然而，不同行业对工业原料盐的品质要求存在一定的差异，并且标准中未对有机物和重金属等特征污染物进行限值规定，从工业废盐综合利用的角度看，存在一定的资源化利用风险。

8.9.6　废盐的管理政策

《国家危险废物名录》（2021 年版）将化学药品原料药生产过程中产生的蒸馏及反应残渣、化学药品原料药生产过程中的废母液及反应基或培养基废物划定为危险废物，诸如农药生产过程中产生的蒸馏及反应残余物（HW04）、农药生产过程中产生的废母液（HW04）以及氯碱行业含汞废盐/泥（HW45）等，均属于危险废物。将盐泥残渣及废液纳入危废名录，是国家对于环保要求日趋严格的重要体现。

《处理盐浴有害固体废物的管理　第 3 部分：无害化处理方法》（GB/T 27945.3—2011）中规范了钡盐渣、硝盐渣、氰盐渣的无害化处理方法，提出在废盐监管过程中，处理单位应保存废盐处理过程、处理结果和排放批准记录，并积极配合当地环保部门的检查、监督和管理。《中华人民共和国海洋倾废管理条例》对海洋倾废处置作了相关规定：对于需要向海洋倾倒废弃物的单位，应事先向主管部门提出申请；废弃物根据其毒性、有害物质含量和对海洋环境的影响等因素分为 3 类，且需拥有相应资质的许可证方可倾倒。国内废盐的管理与处置还需要解决以下问题：

① 技术研发方面，工业废盐的有效处理手段较为单一，且处置技术难度大，回收再利用的渠道少。

② 废盐产生和贮存数量巨大，综合利用的成本高，而资源化价值低，难与市场竞争。此外，废盐资源化缺乏标准的支撑和政策引导，且众多企业以不能实现危废解控、标准降低的企业标准来规避危废监管，影响企业回收处置副产工业盐的积极性。

③ 缺乏配套的标准规范和相应的管理办法，废盐的处理方法、装备难标准化。

针对目前国内废盐管理处理处置中存在的问题，管理部门积极投身其中，并取得一些实质性的进展：a.通过源头控制、生产工艺优化，实现废盐的减量化，积极探索资源化利用途径，为废盐的处置寻求出路；b. 积极动态更新了危险废物名录，为危险废物"点对点"综合利用提供了政策保障，完善了危险废物鉴别程序和办法，增强了对废盐的管理。

8.9.7 结论与建议

工业废盐一直是国内外固体废物处理处置的一大难题。国外，关于废盐无害化处理技术的研究鲜少，其更多地趋向于对含盐废水的处理处置研究。排海和填埋是国外含盐废水与废盐的主要处置方式。国内，废盐主要通过物理化学法及高温处理法进行无害化处理后送入安全填埋场填埋，资源化水平低。此外，废盐的处理处置缺乏标准的支撑、政策的引导、环境风险评估等相关管理文件。

废盐的综合治理应从重点行业入手，将源头减量化、无害化处置和资源化利用相结合，源头减量化优先、无害化处置保障、资源化利用强化、盐合理化排放，考虑技术指标先进性与经济性相结合，选择合理、高效的废盐综合治理方法，实现工业废盐的减量化、资源化和无害化。

（1）优化各行业生产流程，源头降低废盐产生量

由于副产工业盐品质一般较差，其中含有的有机污染物存在较大的环境风险，为此应首先考虑对化工废母液等进行"去毒"，通过进一步优化生产工艺提高产品回收率，通过增加预处理等措施大幅削减废母液中的有毒害物质含量，从源头降低副产工业盐的污染物含量。

源头减量化方面，重点考虑原材料替代和工艺改进，减少因酸碱中和而产生的废盐量，分质收集处理高盐废水；无害化处置方面，优先考虑高盐废水和工业废盐去毒，加快研发高效的有机废液预浓缩、盐渣脱毒技术和资源化技术；资源化利用方面，鼓励废盐向资源化利用处置方向转变，将无害化的废盐或高盐水用于离子膜烧碱、纯碱或用作水泥助磨剂、印染助剂等工业行业中；政策支撑和管理方面，明确工业废盐无害化与资源化途径，制定相关技术指南或标准，评估废盐综合利用和排放带来的生态环境风险，为废盐处理处置提供技术与政策保障。

（2）完善相关法律标准，推荐废盐资源化应用

我国尚缺乏副产工业盐利用处置的相关技术规范，以及处理后的精制工业盐产品对标标准。目前来看，建议加快制定副产工业盐热处置技术规范，规定处置过程的装备要求、技术路线、污染防治以及处置后盐的有害物质控制要求。同时，根据处理后精制盐的资源化利用途径，开展环境风险评估。建议处理后工业盐的产品标准可与两碱行业联合制定，根据副产工业盐的来源及所含杂质明确处理后产品中有毒有害物质含量限值。

（3）创新监管措施和机制，促进工业盐专业化处置

为更好地解决副产工业盐问题，建议以园区为单位，鼓励企业设农药副产工业盐资源化处置利用中心，对副产工业盐进行统一的无害化处置和资源化利用，实现副产工业盐利用处置的专业化和规模化。尤其是在江苏、山东和浙江等农药企业较为集中的地区，根据

化工企业数量、分布，副产工业盐生产及处理处置情况进行集中布点，对园区乃至周边区域的副产工业盐统一规划、集中处理。

（4）制定先进技术和产品名录，合理开发新技术、新装备

对副产工业盐资源化利用给予政策支持，制定发布副产工业盐利用处置的先进技术和产品名录，推动开展副产工业盐循环利用技术应用示范，加快推进副产工业盐资源化利用技术的工艺进步和成熟。鼓励研发并应用示范能低成本有效去除废母液中机污染物的技术，开发高效、低能耗的副产工业盐有机物处理装备。

第 9 章

生产辅助工程设计及
运营管理要点

9.1 生产废水处理技术及设计要点

9.1.1 危险废物处置废水的危害

我国经济建设的飞速发展，工业企业不断发展壮大，工业产值迅猛增长，对我国国民经济的腾飞起到了积极的促进推动作用。但在发展之余，也产生了大量的危险废物，包括重金属废物、废乳化液、废有机溶剂、废涂料、废氰化物、废药物、废酸、废碱等。由于危险废物成分复杂，具有毒性、易燃易爆性、腐蚀性、反应性、传染性等危险特性，并且产生行业分散，如果处理处置不当，不仅容易造成大气、水体及土壤污染，而且严重影响生态环境和人民群众身体健康。

目前危险废物主要采用的处理工艺有：a. 物理/化学处理；b. 稳定化/固化处理；c. 焚烧处理；d. 安全填埋处理。每种工艺产生的污水水质差异很大，加上处理的危险废物种类繁多，造成危险废物综合处置场污水具有水质水量变化大、污染物成分复杂、处理难度大的特点。

由于污水含有大量污染物质，尤其是含有铬、汞、锌、钡、铅等重金属离子，如果该污水未经处理而直接排入受纳水体，必将对受纳水体造成污染。因此，废水处理对整个危险废物处置场的正常运行至关重要。

9.1.2 危险废物处置废水的水质和特征

9.1.2.1 污水的来源及污水特点分析

危险废物综合处置场产生的污水主要由工艺排水（焚烧工艺排水、物化工艺排水及安全填埋场渗滤液）、冲洗排水（地面冲洗水、洗车废水、收集容器冲洗水）、化验排水、初期雨水以及生活污水等组成。

① 焚烧工艺排水。焚烧工艺主要处理废矿物油、有机溶剂等热值较高的危险废物以及含可燃成分较多的废渣等，其排水主要来自湿法脱酸洗涤塔排水，还有部分来自刮板出渣机排水、锅炉排污以及软化水站排污等，该工艺排水主要含较高浓度盐分，以及部分 COD、BOD。

② 物化工艺排水。物化工艺主要处理含重金属废液、废酸、废碱、废乳化液以及含氰废液等含水率高、热值低、不能直接填埋的危险废物，其排水主要来自氧化、还原、中和等物化反应后的废水，该工艺排水含高浓度的 COD、BOD 和盐分，以及部分废油类污染物。

③ 安全填埋场渗滤液。安全填埋场主要接纳热值比较低的，不适宜采用其他方式处理的废物，以及焚烧工艺产生的废渣，固化工艺产生的固化块等。填埋场渗滤液污染物浓度较高，主要为 COD、重金属等。

④ 收集容器冲洗水。危险废物运输车辆卸料后容器必须冲洗干净才能再次使用。冲洗容器废水中主要含有石油类、悬浮物、重金属、有机物等。

⑤ 洗车废水。由于危废均是采用桶装容器运输，车辆比较干净，洗车废水含有少量悬浮物。

⑥ 地面冲洗水。生产中的污染物撒落、泄漏和烟气污染物在车间内沉降，车间地面冲洗排水含有部分悬浮物和少量重金属。

⑦ 化验排水。由于化验室的特点，造成此部分水量复杂多变，污染物浓度较高，废水中的污染物主要为 COD、重金属、石油类、病毒性物质等。

⑧ 初期雨水。根据相关规范，处置场初期雨水必须经过处理才能外排。在厂内设置初期雨水收集池，雨水收集后送污水处理站处理达标后才能外排。该部分污水含有部分悬浮物和少量重金属。

⑨ 生活污水。场内与生产无关的排水，包括食堂、办公、淋浴、宿舍、厕所排水。主要污染物为有机污染物，这部分废水适宜于生物降解。

9.1.2.2 污水水质预测

由于危险废物处理工艺不同，所产生的污水水质差异较大，不同来源的污水水质指标表如表 9-1～表 9-4 所列。

表 9-1 焚烧线排水水质表

序号	污染物项目	单位	数值
1	pH 值	—	6～9
2	COD_{Cr}	mg/L	500
3	BOD_5	mg/L	250
4	SS	mg/L	500
5	Cu^{2+}	mg/L	<75
6	Cr^{6+}	mg/L	<5
7	Ni^{2+}	mg/L	5～15
8	总硬度	mg/L	<350
9	氟化物	mg/L	<200
10	盐分	mg/L	60000

表 9-2 生产废水水质表

序号	污染物项目	单位	数值
1	pH 值	—	6～9
2	COD_{Cr}	mg/L	2500～5000
3	SS	mg/L	500～800
4	$NH_3\text{-}N$	mg/L	<150

续表

序号	污染物项目	单位	数值
5	石油类	mg/L	100
6	Cu^{2+}	mg/L	<1
7	Ni^{2+}	mg/L	<0.5
8	Pb^{2+}	mg/L	<1.0
9	Zn^{2+}	mg/L	2～5

表 9-3　生活污水水质表

序号	污染物项目	单位	数值
1	pH 值	—	6～9
2	COD_{Cr}	mg/L	≤400
3	BOD_5	mg/L	≤220
4	SS	mg/L	≤200
5	NH_3-N	mg/L	≤25
6	TN	mg/L	≤40

表 9-4　初期雨水水质表

序号	污染物项目	单位	数值
1	pH 值	—	6～9
2	COD_{Cr}	mg/L	≤400
3	BOD_5	mg/L	100～200
4	SS	mg/L	≤200
5	NH_3-N	mg/L	≤25
6	石油类	mg/L	≤30

9.1.3　危险废物废水的处理工艺

9.1.3.1　废水处理工艺选择

危险废物处置场污水水质复杂，除含有有机物外，还含有重金属离子，采用单一的生化处理工艺很难处理达标。目前国内典型的危险废物废水处理技术工艺有：

① 气浮+氧化还原+曝气生物滤池+砂滤/活性炭过滤器；

② 气浮+氧化还原+膜生物反应器。

上述 2 种典型工艺在国内均有运行案例，处理出水均能达到相应的排放标准。

但是随着危险废物种类的日益增加，产生的污水含盐量增加，如焚烧工艺产生的排水总含盐量（TDS）高达 50000mg/L，如要达到回用水标准，后端必须增加深度处理工艺——纳滤/反渗透（NF/RO）。采用 NF/RO 深度处理工艺，能够确保处理出水达到回用水标准，但是又产生了难以处理的浓缩液。

通过对危化废水来源及水质分析可以看出，有机物浓度及含盐量均较高的污水只有焚烧排水、物化排水、填埋场渗滤液，其他废水如地面冲洗水、初期雨水等有机物和含盐量均较低。如果将所有污水统一收集，统一处理，势必增加污水处理总投资和浓缩液产生量。为了尽量减少项目总投资和浓缩液产生量，针对不同水质污水分开收集，分开处理，尽量减少 NF/RO 深度处理工艺进水量，进而减少浓缩液产生量。

危化废水浓缩液处理，根据危化废水处理厂的用水特点，尽量减少浓缩液的产出量，然后利用蒸发结晶工艺将危化废水浓缩液进行处理。可以尽可能将危化废水达标处理。

9.1.3.2　废水处理工艺流程

根据某项目环评的要求，危险废物处置的废水基本要实现零排放，所以该项目废水处理后出水水质需达到《城市污水再生利用　工业用水水质》（GB/T 19923—2005）中规定的标准后回用。根据污水来源及水质将污水预处理系统分为高盐水和生产废水预处理系统，经过预处理后废水合为综合废水，统一进入综合废水处理系统。

高盐水预处理系统处理填埋场渗滤液、物化排水、焚烧排水、收集容器冲洗水、化验排水、膜浓缩液等，生产废水预处理系统处理洗车排水、地面冲洗排水以及初期雨水。某项目综合废水处理工艺流程如图 9-1 所示。

9.1.3.3　废水处理工艺流程说明

高盐水首先进入高盐水调节池，经均和水质、水量后进入高盐水预处理系统，经过预处理的高盐水进入蒸发系统，蒸发后的冷凝水进入生化调节池。生产废水和初期雨水进入生产废水调节池，经均和水质、水量后进入气浮池去除油类和悬浮物，然后由泵送入还原反应池、中和反应池和絮凝沉淀池，依次投加 HCl、FeSO$_4$、NaOH、聚合氯化铝（PAC）、PAM，去除六价铬和其他二价金属离子，以及 SS 和色度。沉淀后出水由泵送入内置式 MBR 系统，MBR 系统由缺氧池、好氧池和超滤膜池组成，去除可生化降解的有机物，用膜分离技术（超滤）替代了常规生化工艺的二沉池，实现固液分离。MBR 系统出水经过 NF/RO 系统进一步去除有机物及溶解性总固体，处理出水进入回用水池回用，NF/RO 浓缩液至高盐水调节池。该工艺系统生产废水物化预处理单元工作时间每天 8h，高盐水预处理单元工作时间每天 24h，生化处理单元工作时间每天 24h。生活污水经过化粪池后进入集水井，通过泵提升至生化调节池与其他废水合并处理。

9.1.4　物化处理技术

物化处理系统由气浮、还原、中和、化学沉淀等组成。

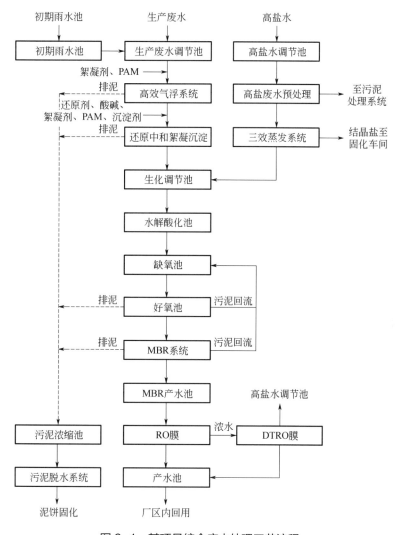

图 9-1 某项目综合废水处理工艺流程

PAM—聚丙烯酰胺；RO—反渗透；DTRO—蝶管式反渗透；MBR—膜生物反应器

9.1.4.1 气浮

气浮是向水中通入或设法产生大量的细微气泡，行成水、气、被去除物质的三种混合体，使气泡附着在悬浮颗粒上，因黏合体密度小于水而上浮到水面，实现水和悬浮物分离，从而在回收废水中的有用物质的同时又净化了废水。气浮法可适用于不适用沉淀的场合，以分离密度接近于水和难以沉淀的悬浮物，如油脂、纤维、藻类等，也可用于去除可溶性杂质，如表面活性物质。

悬浮物表面有亲水和憎水之分。憎水性颗粒表面容易附着气泡，因而可使用气浮。亲水性颗粒用适当的化学药品处理后可以转为憎水性。水处理中的气浮法常用絮凝剂使胶体颗粒结成絮体，絮体具有网格结构，容易截留气泡，从而提高气浮效率。气浮法具有以下特点：

① 由于气浮池的表面负荷有可能高达 12m³/（m²·h），水在池中停留时间只需 10～20min，而且池深只需 2m 左右，故占地少，节省基建投资。

② 气浮池具有预曝气、脱色、降低 COD 等作用，出水和浮渣都含有一定量的氧，有利于后续处理或再用，泥渣不易腐化。

③ 浮渣含水率低，一般在 96% 以下，比沉淀法污泥体积大大减小，简化了污泥处置，而且表面刮渣也比池底排泥方便。

④ 气浮法所需药剂量比沉淀法少。

9.1.4.2 中和

对于酸含量小于 5%～10% 或碱含量小于 3%～5% 的低浓度的酸性废水或碱性废水，由于其中酸、碱含量低，回流价值不大，常采用中和法处理，使废水的 pH 恢复到中性附近的一定范围，消除其危害。

中和主要分为酸碱废水相互中和与投药中和。

酸碱废水相互中和是一种简单又经济的以废治废的处理方法。酸碱废水相互中和一般是在混合反应池内进行的，池内设有搅拌装置。要达到有效的中和，主要问题是设置合理的中和设备，即中和池应有足够的容积和有效搅拌措施。

投药中和是应用广泛的一种中和方法，能处理任何浓度、任何性质的酸性废水，对水质和水量波动适应性强，中和药剂利用率高。酸性废水的中和药剂主要有石灰、石灰石、白云石、电石渣、苏打、苛性钠等。碱性废水的中和药剂主要有硫酸、盐酸、压缩过氧化钠。药剂的选用应考虑药剂的供应情况、溶解性、反应速度、成本、二次污染等因素。

9.1.4.3 还原

对于一些有毒有害的污染物质，当难以用生物法或物理法处理时，可利用它们在化学反应过程中能被氧化或者还原的性质，改变污染物的形态，将它们变成无毒或者转化成容易与水分离的形态，从而达到处理的目的。

废水中的有机污染物（如色、味、COD）以及还原性无机离子（如 CN^-、S^{2-}、Fe^{2+}、Mn^{2+} 等）都可通过氧化还原消除其危害，而废水中的许多金属（如汞、铜、镉、银、金、铬、镍等）离子都可通过还原法去除。废水中常见的还原剂有硫酸亚铁、亚硫酸钠、硼氢化钠、铁屑等。

9.1.4.4 化学沉淀

化学沉淀法是指向废水中投加某些化学药剂，使之与水中的某些溶解性物质发生直接的化学反应，形成难溶解的固体物，然后进行固液分离，从而去除水中污染物的一种处理方法。废水中的重金属（如汞、镉、铅、锌、镍、铬、铁、铜等）离子、碱土金属（如钙、镁等）及某些非金属（如砷、氟、硫、硼）均可通过化学沉淀法去除，某些有机污染物也可通过化学沉淀法去除。

化学沉淀是难溶电解质的沉淀析出过程，其溶解度大小与溶质本性、温度、盐效应、沉淀颗粒的大小及晶型有关。在废水处理中，根据沉淀溶解平衡移动的一般原理，可利用过量投药、防止络合、沉淀转化、分步沉淀等，提高处理效率，回收有用物质。

废水处理中常用的化学沉淀法有氢氧化物沉淀法、硫化物沉淀法、碳酸盐沉淀法等。氢氧化物沉淀法常用的药剂有氨水、氢氧化钠和石灰。硫化物沉淀法常用的药剂有硫化氢、硫化铵或碱金属的硫化物。碳酸盐沉淀法常用药剂为碳酸钙、碳酸钠、石灰。

9.1.5　蒸发处理技术

三效蒸发器主要由三组相互串联的蒸发器、冷凝器、盐分离器以及复制设备等组成，三组蒸发器又以串联的形式组成一整套的三效蒸发系统。

需要蒸发的物料经进料泵进入一效加热器进行加热，然后进入蒸发室，进行蒸发，在分离器中进行气液分离，溶液从分离器底部流入循环泵吸入口，利用循环泵送入加热器、分离器进行循环流动与蒸发，蒸出来的蒸汽进入冷凝器被全部冷凝。

在蒸发换热室内，外接蒸汽液化产生汽化潜热，对废水进行加热。由于蒸发换热室内压力较大，物料在蒸发换热室中高于正常液体沸点压力下加热至过热。加热后的液体进入结晶蒸发室后，物料的压力迅速下降，导致部分物料水溶液闪蒸或者沸腾。

废水蒸发后的蒸汽进入二效蒸发器进行加热，未蒸发废水和盐分暂存在结晶蒸发室。一效蒸发器、二效蒸发器、三效蒸发器之间通过平衡管相通，在负压作用下，高含盐废水或物料由一效蒸发器向二效蒸发器、三效蒸发器依次流动，废水不断蒸发，废水中盐的浓度越来越高，当废水物料中的盐分超过饱和状态时，水中盐分就会不断地析出，进入蒸发结晶室下部的集盐室，整个过程周而复始，实现盐水分离。

冷凝器连接有真空系统，真空系统抽掉蒸发系统内产生的未冷凝气体，使冷凝器和蒸发器保持负压状态，提高蒸发系统的蒸发效率。在负压作用下，三效蒸发器中的废水产生的二次蒸汽自动进入冷凝器，在循环冷却水的冷却下，废水物料产生的二次蒸汽迅速转变成冷凝水。冷凝水可采用连续出水的方式，回收至回用水池。

9.1.6　生化处理技术

生化处理系统由水解酸化池、缺氧池、好氧池、MBR 系统等组成。

9.1.6.1　水解酸化池

从工程上厌氧发酵产生沼气的过程可分为水解阶段、酸化阶段和甲烷化阶段。水解池是把反应控制在第二阶段完成之前，不进入第三阶段。在水解反应器中实际完成水解和酸化两个过程（酸化也可能不十分彻底），水解池可以降低 COD 总量，同时也可以提高可生化性，将污水中固体状态的大分子和不易降解的有机物降解为易于生物降解的有机物，水解反应对有机物的降解在一定程度上只是一个预处理过程，水解反应过程没有彻底完成有机物的降解任务，而只是改变了有机物的形态。

把厌氧反应控制在水解阶段、酸化阶段，将大分子有机物转化为小分子有机物，长链物质转化为短链物质，提高废水的可生化性，同时去除悬浮物和 COD。

水解酸化工艺特点：

① 不需要密闭的池子，不需要搅拌器，不需要水、气、固三相分离器，降低了造价，

便于维护；

② 水解、酸化阶段的产物主要是小分子有机物，可生化性较好，水解池可以改变原污水的可生化性，从而减少反应时间和处理能耗；

③ 由于反应控制在第二阶段完成，出水无厌氧发酵的不良气味，改善环境；

④ 池体积小，与初沉池基本相当，可降解固体有机物，减少污泥量，具有消化池的功能；

⑤ 产生很少的剩余污泥，实现污水、污泥一次处理，不需要中温消化池。

9.1.6.2 缺氧池

反硝化作用是指在厌氧或缺氧（DO<0.5mg/L）条件下，氮氧化物作为电子受体被还原为氮气或氮的其他气态氧化物的生物学反应，这个过程由反硝化菌完成。反应历程如下：

$$NO_3^- + 5H（电子供体有机物）\longrightarrow 0.5N_2 + 2H_2O + OH^-$$

$$NO_2^- + 3H（电子供体有机物）\longrightarrow 0.5N_2 + H_2O + OH^-$$

污水中含碳有机物作为反硝化过程的电子供体。理论上每转化 1g NO_3^--N 需要 2.86g 含碳有机物（以 BOD 计）。因此，当反硝化池污水 BOD_5/TKN 值（凯氏氮，可表示污水中总氮的含量）>4~6 时，一般认为碳源充分。这一比值要求还与反硝化时间有关，如果反硝化时间过短，则只有一部分快速生物降解的 BOD_5 才可作为反硝化的碳源。如果有机物均可利用，有机物/ NO_3^--N 值>3 时就可以反硝化完全（95%的 NO_3^--N 还原为 N_2）。

9.1.6.3 好氧池

好氧池是活性污泥法和生物滤池复合的生物膜法，曝气池中设有填料，采用鼓风机曝气，微生物部分固着，部分悬浮，具有下列特点：

① 由于填料比表面积大，池内充氧条件好，氧化池内单位容积的生物量高于活性污泥法曝气池及生物滤池，因此它可以达到较高的生物负荷；

② 由于相当一部分微生物固着生长在填料表面，不需要设污泥回流系统，也不存在污泥膨胀问题，运行管理简便；

③ 由于池内固着生物量多，水流属于完全混合型，因此它对水量水质的骤变有较强的适应能力；

④ 因污泥浓度高，当有机容积负荷较高时，其 F/M（污泥负荷，单位质量的活性污泥在单位时间内所承受的有机物的数量）仍保持在一定水平，因此污泥产量可相当于或低于活性污泥法。

硝化反应在本工艺段完成，硝化反应是指在有氧条件下，微生物（硝化菌）将 NH_3（NH_4^+）氧化成 NO_2^- 或 NO_3^- 的过程。

其反应过程可表示为：

$$NH_4^+ + 1.5O_2 \longrightarrow NO_2^- + H_2O + 2H^+ + 新细胞$$

$$NO_2^- + 0.5O_2 \longrightarrow NO_3^- + 新细胞$$

总反应为：

$$NH_4^+ + 2O_2 \longrightarrow NO_3^- + 2H^+ + H_2O + 新细胞$$

硝化反应速率与温度、溶解氧浓度、pH 值以及抑制性物质含量有关。硝化反应能在 4~

45℃范围内进行，硝化反应速率随温度降低而减慢。对一般的活性污泥法，硝化反应溶解氧浓度一般应大于 2mg/L。pH 值对硝化反应的影响较大，当 pH 值降低到 5～5.5 时硝化反应几乎停止。

国内典型的脱氮工艺——A/O 工艺，即缺氧-好氧活性污泥法。其原理是污水在流经不同功能分区的过程中，使污水中的有机物、氮得以去除。本工艺是在缺氧前置运行的条件下来有效抑制丝状菌的繁殖，克服污泥膨胀，污泥指数（SVI）一般小于 100，有利于处理后污水与污泥的分离，运行中在缺氧段内只需轻微搅拌。同时由于缺氧和好氧严格区分，有利于不同微生物的繁殖生长。A/O 活性污泥法是污水处理广泛采用的技术，工艺灵活、运行稳定、效果良好，并且能够具备较长泥龄，满足硝化-反硝化的除氮工艺特点。

A/O 工艺具有如下特点：

① 具有理想的推流式反应器的特征，能保持较大的生化反应推动力；

② 可抑制丝状菌生长，不易发生污泥膨胀，污泥指数较小，剩余污泥性质稳定，利于浓缩和脱水；

③ 对水量、水质变化适应性强；

④ 结构简单，运转灵活，操作管理方便；

⑤ 良好的脱氮效果，特别对于工业废水处理，脱氮效果尤其明显；

⑥ 采用鼓风曝气方式，不仅能保证高溶氧效率，而且在冬季可以维持适当的水温，保证活性污泥正常生长；

⑦ 系统处理构筑物少，布置紧凑，节省占地；

⑧ 投资省，运行费用低。

9.1.6.4　膜生物反应器

好氧池末端采用膜生物反应器（MBR）工艺。MBR 是一种由膜分离单元与生物处理单元相结合的新型水处理技术，由两部分组成：一是通过活性污泥降解有害污染物质；二是采用膜组件实现固液分离。该工艺是活性污泥法和膜分离技术的结合，其中膜分离工艺代替传统的活性污泥法中的二沉池，起着把生物处理工艺所依赖的微生物从生物培养液（混合液）中分离出来的作用，从而微生物可以在生化反应池内保留下来，同时保证出水中基本上不含微生物和其他悬浮物。

MBR 能维持生化池内较高的生物量浓度，通常混合液悬浮固体（MLSS）浓度为 3～10g/L，最高可达 10～15g/L，而常规活性污泥法曝气池中的 MLSS 浓度为 3～5g/L。因此，MBR 工艺的占地面积仅为常规处理的 1/3～1/2。MBR 法工艺简单，可同时起到多个处理构筑物的作用。膜分离使污水中的大分子难降解成分在体积有限的生物反应器内有足够的停留时间，从而达到较高的去除效果。高生物量浓度使 MBR 工艺能以紧凑的系统获得较高的有机物去除率，减少剩余污泥量。

MBR 具有下列优点：

① 高效地进行固液分离，抗冲击负荷能力强，出水水质优质稳定，可以完全去除 SS，对细菌和病毒也有很好的截留效果，系统出水水质稳定且优于传统的污水处理设备，出水可直接对接回用水处理系统；

② 由于膜的高效截留作用，可使微生物完全截留在生物反应器内，实现反应器水力停留时间（HRT）和污泥龄（SRT）的完全分离，使运行控制更加灵活稳定；

③ 生物反应器内能维持高浓度的微生物量，可高达 10g/L 以上，处理装置容积负荷高，占地面积小；

④ 有利于增殖缓慢的微生物如硝化细菌的截留和生长，系统硝化效率得以提高，也可增长一些难降解有机物在系统中的水力停留时间，有效地将分解难降解有机物的微生物滞留在反应器内，有利于难降解有机物降解效率的提高；

⑤ MBR 系统可以实现自动控制，操作管理方便。

9.1.7 膜处理技术

膜处理系统由纳滤、反渗透系统等组成。

9.1.7.1 纳滤

纳滤膜是一种允许溶剂分子或某些低分子量溶质或低价离子透过的功能性半透膜。

针对废水纳滤一般采用卷式纳滤膜，其属于致密膜范畴，为卷式有机复合膜，最大优点在于过滤级别高、对一价盐离子几乎不做截留、出水水质好。

纳滤分离作为一项新型的膜分离技术，技术原理近似机械筛分，但是纳滤膜本体带有电荷，因此其分离机理只能说近似机械筛分，同时也有溶解扩散效应在内。这是它在很低压力下仍具有较高的大分子与二价盐截留效果的重要原因。与超滤或反渗透相比，纳滤过程对单价离子和分子量低于 200 的有机物截留效果较差，而对二价或多价离子及分子量在 500 以上的有机物有较高截留率，而对于分子量小于 500 的有机污染物以及一价盐离子则几乎不做截留。纳滤膜的分离孔径一般为 1～10nm，一般的纳滤操作压力为 0.5～1.5MPa。

由于纳滤对一价盐离子几乎不做截留，纳滤浓缩液中大部分为二价盐离子以及难生化降解的有机物，纳滤浓缩液经预处理后可蒸发处理。

9.1.7.2 反渗透

半透膜具有选择透过性，能够允许溶剂通过而阻留溶质。反渗透是利用了半透膜这一特性，以膜两侧的压差为推动力，克服溶剂的渗透压，使溶剂透过而截留溶质从而实现浓液和清液的分离。

反渗透是目前最精密的液体过滤技术。一方面，反渗透膜对溶解性的盐等无机分子和分子量大于 100 的有机物起截留作用；另一方面，水分子可以自由地透过反渗透膜，典型的可溶性盐的脱除率为 95%～99%。操作压力从进水为苦咸水时的 0.7MPa 到海水时的 6.9MPa。

针对废水反渗透一般采用卷式膜，反渗透的分离粒子级别可达到离子级别。反渗透系统一般认为其机理为选择性吸附-毛细管流机理。由于膜表面的亲水性，优先吸附水分子而排斥盐分子，因此在膜表皮层形成两个水分子的纯水层，施加压力，纯水层的分子不断通过毛细管流过反渗透膜。控制表皮层的孔径非常重要，影响脱盐效果和透水性，一般为纯水层厚度的 1 倍时，称为膜的临界孔径，可达到理想的脱盐和透水效果。

因此，反渗透膜对有机污染物、一价盐、二价盐等截留率达到 99% 以上。当生物脱氮不完全时，反渗透可作为保障出水水质达标的"第二道防线"，确保出水达标。

反渗透系统为中压反渗透，采用卷式反渗透膜，卷式反渗透膜为目前国际通用的标准反渗透膜元件，其产品替代性强，平均工作压力为 2.5～5MPa。

9.1.8　设计要点

9.1.8.1　气浮

① 根据分离物质的性质，一般均需设絮凝反应区。反应搅拌装置以机械搅拌方式为主，并应分级（2～3 级）。水力条件控制在速度梯度 G=80～20ls^{-1}、GT=10^4～10^5 范围。反应时间与原水性质、絮凝剂种类和投加量、反应形式等有关，一般为 15～30min。为避免打碎絮体，废水经挡板底部进入气浮接触区时的流速应小于 0.1m/s。

② 气浮池应设水位控制室，并有调节阀门调节水位，防止出水带水或泥渣层太厚。

③ 穿孔集水管一般布置在离池底 20～40cm 处，管内流速在 0.5～0.7m/s 之间。孔眼以向下与垂线成 45°角交错排列，孔距在 20～30cm 之间，孔眼直径在 10～20mm 之间。

④ 排渣周期视浮渣量定，周期不宜过短，一般为 0.5～2h。浮渣含水率在 95%～97% 之间，渣厚控制在 10cm 左右。

⑤ 浮渣一般采用机械方法刮除。刮渣机的行车速度宜控制在 5m/min 以内。刮渣方向应与水流流向相反，使可能下落的浮渣落在接触区。

⑥ 气浮池的有效水深一般取 2.0～2.5m，长宽比为（2：1）～（3：1），竖流式应为 1：1。一般单格宽度不超过 6m，长度不超过 15m。

⑦ 接触区水流上升流速，下端取 20mm/s，上端取 5～10mm/s，水力停留时间大于 1min。接触区设隔板，其角度一般为 70°，隔板下端可设一直段，其高度一般为 800～1000mm。隔板顶部和气浮池水面之间的高度应计算确定，该高度扣除最大泥渣层高度（10～20cm）后为堰上水深，其净过水断面应满足 5～10mm/s 的流速。

⑧ 分离区水流向下流速一般取 1～2.5mm/s（包括溶气回流量）。水力停留时间一般为 10～20min，其表面负荷为 6～8m^3/（m^2·h），最大不超过 10m^3/（m^2·h）。

⑨ 回流溶气及部分溶气的回流比应计算确定，一般为 15%～30%。

⑩ 压力溶气罐一般采用阶梯环填料，填料高度为罐高的 1/2，并不少于 0.8m，液位控制高为罐高的 1/4～1/2（从罐底计）。溶气罐设计工作压力一般为 0.3～0.5MPa。水力负荷为 300～2500m^3/（m^2·h），水力停留时间应大于 2～3min，高径比应大于 2.5～4。

9.1.8.2　蒸发

① 尽量保证较大的传热系数。

② 要适合溶液的一些特性，如黏度、起泡性、热敏性、溶解度随温度变化的特征及腐蚀性。

③ 能有效地分离液沫。

④ 尽量减少温差损失。

⑤ 尽量减慢传热面上污垢的生成速度。

⑥ 能排出溶液在蒸发过程中所析出的结晶体。

⑦ 能方便清洗传热面。

9.1.8.3 水解酸化

① 水解池采用多点布水，一个进水点服务的面积建议为 $0.5 \sim 1.5m^2$。

② 布水系统可以采用一管多孔布水、一管一孔布水或枝状布水。

③ 布水系统进水点距反应池底宜保持 $150 \sim 250mm$，枝状布水时支管出水口向下距池底约 200mm，位于所服务面积的中心；出水管孔最小孔径不宜＜15mm，一般在 $15 \sim 25mm$ 之间；出水孔处需设 45°导流板使出水散布池底，出水孔正对池底。

④ 一管多孔布水时几个进水孔由一个进水管负担，孔口流速不小于 2m/s；配水管直径不小于 50cm，可采用脉冲间歇进水；采用一管多孔布水管道，布水管道尾端最好兼做防控和排泥管。

⑤ 一管一孔布水宜用布水器布水；从布水器到布水口应尽可能少地采用弯头等非直管；废水通过布水器进入池内时在管道垂直段流速应低于 $0.2 \sim 0.3m/s$；管道垂直段上部管径应大于下部。

⑥ 水解池底部按多槽形式设计，有利于布水均匀与克服死区。

⑦ 反应器出水堰应在汇水槽上加设三角堰，堰上水头大于 25mm，水位位于三角堰齿 1/2。

⑧ 出水收集应设在水解池顶部，应尽可能均匀地收集处理的废水。

⑨ 出水堰口负荷宜在 $1.5 \sim 2.0L/$（s·m）。

⑩ 反应器排泥点宜设置在反应器中上部，排泥点距清水区高度 $0.5 \sim 1.5m$。污泥层与水面之间的清水区高度宜保持 $0.5 \sim 1.5m$，同时应预留底部排泥口。

9.1.8.4 缺氧好氧反应

（1）溶解氧

在好氧条件下硝化反应才能进行，溶解氧浓度不仅影响硝化反应速率，而且影响其代谢产物。为满足正常的硝化反应，在活性污泥中，溶解氧的浓度至少要有 2mg/L，一般应为 $2 \sim 3mg/L$，当溶解氧浓度低于 $0.5 \sim 0.7mg/L$ 时，硝化反应过程将受到限制。反硝化过程中的混合液的溶解氧浓度应控制在 0.5mg/L 以下。

（2）碳氮比

在脱氮过程中，碳氮比会影响活性污泥中硝化菌所占的比例。因硝化菌为自养微生物，代谢过程中不需有机质，所以污水中 BOD_5/TKN 值越小，BOD_5 浓度越低，硝化菌所占比例越大，硝化反应越易进行。硝化反应一般要求 BOD_5/TKN 值＞5、COD/TKN 值＞8。

反硝化过程需要足够的有机碳源，但是碳源种类不同亦会影响反硝化速率。反硝化碳源可以分为三类：第一类是易于生物降解的溶解性有机物，如甲醇、乙醇和葡萄糖等；第二类是可慢速生物降解的有机物，如淀粉、蛋白质等；第三类是细胞物质，细菌利用细胞成分进行内源反硝化。第一类有机物作为碳源的反应速率最快，第二类次之，第三类最慢。

（3）混合液回流比

内循环回流的作用是向反硝化反应器内提供硝态氮，使其作为反硝化反应的电子受体，从而达到脱氮的目的。内循环回流不仅影响脱氮效果，而且影响整个工艺的动力消耗。

回流比取值与要求达到的处理效果以及反应类型有关。有数据表明，回流比在 50% 以下，脱氮率很低；回流比在 50%～200% 范围内，脱氮率随回流比的增高而上升；回流比高于 200% 以后，脱氮效率增高缓慢。对于低浓度氨氮废水，回流比在 200%～300% 范围内较为经济。

（4）污泥龄

污泥龄是废水硝化的重要控制指标。为使硝化菌菌群能在连续流的系统中生存下来，系统的污泥停留时间必须大于自养型硝化菌的比生长速率。污泥龄过短会导致硝化菌的流失以及硝化速率的降低。污泥龄一般控制在 3～5d 以上，最高可达 10～15d。污泥龄较长可增强微生物的硝化能力，减轻有毒物质的抑制作用，但也会降低污泥的活性。

（5）温度

硝化最适宜的温度是 20～35℃，在 5～35℃ 范围内，反应速率随温度升高而加快。当温度低于 5℃ 时，硝化菌完全停止活动，在同时去除 COD 的硝化反应体系中温度低于 15℃ 时，硝化反应速率会迅速降低，对硝酸菌的抑制更加强烈。

反硝化反应的适宜温度是 15～30℃，当温度低于 10℃ 时反硝化停止，当温度高于 30℃ 时反硝化速率也开始下降。

（6）pH 值

酸碱度是影响废水生物脱氮工艺运行的重要因素之一，氨氧化菌和亚硝酸盐氧化菌的适宜 pH 值分别为 7.0～8.5 和 6.0～7.5，当 pH 值低于 6.0 或高于 9.6 时硝化反应停止。pH 值还影响反硝化最终产物，pH 值超过 7.3 时最终产物为氮气，低于 7.3 时最终产物为 N_2O。

硝化过程中消耗废水中的碱性物质会使废水的 pH 值下降，反硝化过程却会产生一定量的碱性物质使 pH 值上升。由于硝化菌和反硝化菌各自对环境条件的要求不同，这两个阶段是序列进行的，也就是反硝化阶段产生的碱性物质并不能弥补硝化阶段所消耗的碱性物质，为使脱氮系统处于最佳状态，运行中应随时调节 pH 值。

9.1.8.5　膜生物反应器

膜生物反应器（MBR）技术的核心目标是提高生化效率、降低能耗、膜污染的控制与膜的再生等。主要工艺参数如下：

（1）混合液悬浮污泥浓度

污泥浓度是 MBR 系统的重要参数，不仅影响有机物的去除能力，还对膜通量产生影响。由于膜的固液分离作用代替了传统活性污泥法的二次沉淀池，将活性污泥完全截留，使 MBR 可以在高混合液悬浮污泥浓度下运行。当处理废水中有较多不可生物降解或难降解的物质和有毒物质时，这些物质会在 MBR 中积累，对 MBR 运行不利，所以要在一定期间内对污泥进行适当的排放。此外，污泥浓度的变化会改变污泥的其他特性，如污泥黏度、颗粒的分布、混合液的可过滤性等，从而影响膜通量。一定条件下污泥浓度越高，膜通量越低。污泥浓度对膜通量的影响程度与曝气强度、膜面积、循环流速、水力学条件等密切相关。

（2）有机负荷

好氧 MBR 出水受容积负荷与水力停留时间影响较小，而厌氧 MBR 出水受容积负荷与水力停留时间影响较大。

在好氧 MBR 中，污泥浓度随容积负荷的增加迅速升高，有机物去除率加快，污泥负荷基本保持不变，从而抑制出水水质的恶化；而在厌氧 MBR 中，污泥浓度升高缓慢，因此厌氧 MBR 出水水质易受容积负荷的影响。冲击负荷对有机物的去除没有显著的影响，但 NH_3-N 受容积负荷影响明显，出水 NH_3-N 的恶化程度与容积负荷的大小成正比，可能是由于膜的拦截作用对 NH_3-N 的去除并无贡献。因此，MBR 对氮的去除效果易受生物反应器处理效果的影响。

（3）污泥停留时间和水力停留时间

MBR 的另一个特点是可以实现分别控制污泥停留时间和水力停留时间，使 MBR 工艺控制灵活。随着污泥停留时间延长，COD 去除率提高，污泥产量下降。但是过长的污泥停留时间对微生物活性不利。随着污泥停留时间延长，污泥浓度也增大，到一定程度会导致营养的极度匮乏使微生物大量死亡，释放出大量的不可生物降解的细胞残留物，并且微生物细胞内源呼吸加剧而产生大量的难降解的溶解性微生物，从而使出水 COD 不稳定，同时也降低了氨氮的去除率。

（4）溶解氧

对于 COD 不高的有机废水，MBR 多数采用好氧微生物降解水中的有机物，所以必须保持充足的溶解氧以维持污泥的活性。

（5）抗 COD 负荷冲击性

MBR 出水水质稳定，耐 COD 负荷冲击能力强。在较高的 COD 负荷冲击下，MBR 出水稳定的原因归纳起来主要是有以下几个方面：

① 较长污泥停留时间增强了对难降解有机物的生化能力；
② 膜的有效分离作用，保证出水质量的稳定；
③ 反应器中的污泥浓度高，且随进水 COD 的变化而变化，存在着动态平衡；
④ 较大的活性污泥比表面积。

（6）pH 值

活性污泥微生物最适宜的 pH 值范围为 6.5～7.8，pH 值过高或过低时都会影响微生物的活性，特别是硝化和反硝化细菌的活性。

（7）温度

温度也是决定膜生物反应器净化效果的重要参数之一，因为温度的高低直接影响膜生物反应器内微生物的活性。水温的不同，造成膜生物反应器内污泥的黏度不同，对膜组件的过滤通量的影响也不同。温度的升高有利于提高膜生物反应器对污染物的去除效果，但是温度的升高，必然增加能耗，水温控制在 20～24℃为好。

（8）膜污染

膜污染是指那些在膜孔内、膜表面上各种污染物的积累导致的膜通量下降的因素和现象。膜污染中有一些污染物可以通过一定的物理、化学方法消除和减量，是可逆的；另一些污染物则与膜表面发生了不可逆的相互作用而无法消除。

9.1.8.6　纳滤

① 纳滤进水宜为经过生物处理的出水，作为终端深度处理工艺时排放水质应符合国家和地方排放要求。

② 纳滤进水之前需针对胶体、硬度、二氧化硅或结垢成分等采取适当的预处理措施。

③ 设计规模应考虑一定的抗冲击能力，以满足不同时期的水量要求。

④ 纳滤膜装置运行过程中应考虑多种冲洗方式，包括定时冲洗、清水冲洗及化学清洗。

⑤ 纳滤设计参数要求：温度为 8～30℃；pH 值为 5.0～7.0；操作压力为 0.5～2.5MPa。

⑥ 处理效率要求：COD 去除率应大于 80%；产水率不低于 75%。

⑦ 纳滤进水保安过滤器过滤精度应不大于 5μm。

⑧ 膜系统的设计宜采用多段内循环的方式，以保证每层膜表面具有足够的流速。

⑨ 当产水量降低 15%以上，或者运行压力上升了 15%，应进行化学清洗。

⑩ 酸性清洗 pH 值宜为 2～3，碱性清洗 pH 值宜为 11～12。

9.1.8.7　反渗透

① 反渗透膜进水宜为经生化处理的超滤出水或者纳滤出水，排放水质应符合国家和地方排放要求。

② 设计规模应考虑一定的抗冲击能力，以满足不同时期的水量要求。

③ 反渗透运行过程中，须根据水质情况考虑投加酸或阻垢剂。

④ 反渗透膜装置运行过程中应考虑多种冲洗方式，包括定时冲洗、清水冲洗及化学清洗。

⑤ 反渗透设计参数要求：a. 温度为 8～30℃；b. pH 值为 5.0～7.0；c. 操作压力为 1.5～4.0MPa；d. 产水率不低于 70%。

⑥ 反渗透进水保安过滤器过滤精度应不大于 5μm。

⑦ 膜系统的设计宜采用多段内循环的方式，以保证每层膜表面具有足够的流速。

⑧ 当产水量降低 15%以上，或者运行压力上升了 15%，应进行化学清洗。

⑨ 酸性清洗 pH 值宜为 2～3，碱性清洗 pH 值宜为 11～12。

9.2 供配电及自动控制设计要点

9.2.1 供配电系统设计要点

目前危险废物项目的建设日新月异,每个项目的危险废物焚烧工艺虽然基本相同,但又有各自的特点,尤其在供配电设计、安装和运行等方面没有统一的国家标准,只能借鉴电力行业和化工行业的标准,每个项目存在很大的差异和问题,本节将对危废项目的供配电系统的设计进行讨论。

9.2.1.1 危险环境中电气工作安全性

首先,要做好对危险源的控制工作。危险废物处置企业内的生产工作,其危险无处不在,有些甚至能够引起很多的安全事故,所以,在危险环境进行工作的员工要能够注意对危险的控制。然后,要做好通风工作。良好的通风工作能够极大地避免一些火灾以及爆炸等事故,故而,电气设备的摆放位置要尽可能地选择在通风较为良好的地方,例如露天的场所或者开阔通风的场地等,要能够保证危废处置企业工作场所的空气流通。最后,要控制好一级释放源。危废处置企业的很多材料都具有一定的可燃性以及爆炸性,所以会在放置的过程中释放出一些可燃、易爆的物质,因此,该类物质的放置地点要选择一些密闭性良好的地方或者用密闭性良好的材料进行覆盖,控制好一级释放源就能够有效避免一些火灾和爆炸的威胁。

因为危险环境存在着一定的特殊性,例如易燃性和易爆性等,所以危险废物处置企业危险环境的电气设计也应该严格地遵循其特殊性来进行。首先,要控制好危险废物处置企业危险环境中的点燃源,例如做好易燃品和易爆品的放置和管理工作等;其次,控制好危险废物处置企业危险环境中的释放源,例如控制好爆炸释放源等,严格约束爆炸的条件,使爆炸事故的发生率降低,最终使电气设备能够正常运行,确保其安全性。

9.2.1.2 电气设备选择

在危险废物处置企业的生产过程中,电气设备是生产的重要基础,同时也是生产顺利进行的关键,因此,对于生产过程中电气设备的选择,必须给予高度的重视。正确地选择合理的、科学的电气设备,例如优先选择防爆设备等,只有这样才能保证电气设备在其运行和生产过程中的安全性,进而保证危废处置企业生产过程的安全性。

关于防爆区域划分,目前,各设计单位对这一划分的归口专业不尽相同,有归口电气专业、仪控专业或有归口工艺及机泵专业,以归口电气专业居多。要强调的是,防爆区域图的划分是一项复杂的工作,对整个工程项目都具有重要影响,虽然归口在电气专业出图,但电气专业只有在掌握足够的依据的前提下才能进行,如必须明确释放源的种类和性质、防爆介质、通风环境、建筑特征、工艺运行经验等。

9.2.1.3 配电线路敷设

厂用配电装置布置依据模块化设计、物理分散的原则,力求经济合理,结合厂区的总体布置，因地制宜，合理安排配电设备，使其尽量靠近负荷中心，节省电缆，便于维护。同时考虑电气设备的运行环境（防尘、防火、防爆等）要求，保证运行的可靠性。

对于电气设备配线敷设地点的选择，我们应该将其选择在非防爆区里面，尽可能地选择敷设在危险性比较小的危废处置企业环境内，并且选择离释放源比较远的地方；对于钢管和电缆孔洞封堵材料的选择，因为对钢管和电缆进行安装的时候，在不同的区域会产生一些孔洞，影响生产的顺利进行和生产过程的安全性，所以必须选择封堵性能和密封性能比较良好的封堵材料，做好这些孔洞的封堵工作，避免不必要的生产安全事故发生；对于靠近输送管道配线的敷设工作，要根据管道敷设的情况进行敷设且应该尽可能地避开这些区域。

9.2.1.4　配线性能

因为危险废物处置企业危险环境的特殊性，所以在其电气设计过程中，对配线性能的要求会更高，例如配线的力学性能和电气性能等，都要严格要求，绝缘电线和绝缘电缆必须能够承受较高的电压，例如其额定电压不得低于生产电气设备的正常工作电压；电缆或者铝绝缘芯在进行连接的时候，必须进行焊接处理，如果必须连接时，应该选用比较好的过渡接头，当然照明灯具配线的敷设除外。

（1）电缆选用原则

10kV 动力电缆选用阻燃型交联聚乙烯绝缘聚氯乙烯护套电缆。电缆绝缘水平为 8.7/10kV。

低压动力电缆尽量选用多芯（四芯或五芯）电缆。采用阻燃型铜芯交联聚乙烯绝缘聚氯乙烯护套电缆（ZC-YJV），铜导体最小截面不小于 $4mm^2$。电缆绝缘水平为 0.6/1kV。

控制电缆采用多芯电缆，导体为铜芯聚氯乙烯绝缘聚氯乙烯护套控制电缆。导体截面不小于 $1.5mm^2$，为便于施工每根电缆的芯数不超过 24 芯。绝缘水平为 450/750V。

计算机系统及模拟量信号采用铜芯铜丝编织、对绞屏蔽铜丝编织、总屏蔽计算机电缆。在外部火势作用一定时间内仍需维持通电的重要场所或回路，采用耐火电缆。

所选用的电缆适用于在潮湿、干燥和高温的地方的地下或地上敷设。

（2）电缆通道及敷设方式

电缆敷设方式主要采用沿桥架、沿电缆沟敷设，穿管敷设和直埋敷设。

动力电缆采用梯级式桥架，控制及信号电缆采用槽式桥架。电缆桥架采用钢制热镀锌桥架，桥架的宽度为 400mm、500mm、600mm、800mm，桥架的深度为 150mm。托架的水平支撑点距离一般不大于 1.5m。每隔 45m 要求设伸缩节。并每隔 15～30m 重复接地一次。

（3）电缆防火设施

① 各建筑物通向外部的电缆通道出口处设防火隔墙。

② 电缆主通道分支处设置防火隔板。

③ 电缆和电缆沟分段使用防火涂料、防火隔板或防火包等。

④ 电缆敷设完后，所有孔洞均用防火堵料进行防火封堵。

9.2.1.5 变电室位置

选择变电室位置一般做法是设置在焚烧车间的一楼辅房内（包括发电机房），处于整个项目的负荷中心。符合要求，节能效果最好。土建应该加高焚烧车间主控厂房的高度，将整个一楼作为设备间，将仓库或换热间放于暂存车间的辅房。

在危险废物焚烧项目中，由于存在强腐蚀环境，风向对变电室的地点选择十分重要。多数企业存在两种主导风向，冬季北风，夏季南风，变电室的布置就应该避开两种盛行风向，最好的方位就是最小风频的下风向，也就是两个主导风向的侧风向。

9.2.1.6 继电保护

变压器及联络线等采用微机型成套保护装置，继电保护按照《继电保护和安全自动装置技术规程》（GB 14285—2006）中的有关规定配置。各电气元件的测量和计量按《电测量及电能计量装置设计技术规程》（DL/T 5137—2001）中的有关规定配置。

继电保护配置：

① 联络线保护　设电流速断保护、过流保护。

② 变压器保护　电流速断保护、过电流保护、过负荷保护、温度保护、低压零序保护。

③ 保护装置的布置　微机保护装置均布置在相应的 10kV 开关柜内。

9.2.1.7 直流系统

220V 直流系统为厂内的控制、测量、信号、继电保护、自动装置等控制负荷及交流不间断电源 UPS、开关柜合闸电源等动力负荷提供直流电源。

220V 直流系统采用单母线接线，放射式向用电负荷配电。

直流系统设置一组 220V 阀控式铅酸免维护蓄电池组，容量为 200Ah。控制负荷与动力负荷共享一组蓄电池，不设端电池。

蓄电池组正常以浮充电运行方式运行，充电装置采用高频开关模块充电装置，高频开关个数按 $n+1$ 方式配置。

直流系统包括免维护铅酸蓄电池组、蓄电池充电装置和直流配电屏，直流系统安装在物化车间高压配电室内。

9.2.1.8 交流不间断电源系统

全厂内设置额定容量为 40kVA 的交流不间断电源（UPS）系统一套，输出电压为单相 220V、50Hz，向集散式控制系统（DCS）、烟气排放连续监测系统（CEMS）、全厂工业电视监控及各辅助 PLC 控制系统供电。

UPS 系统采用静态逆变装置，主要由整流器、逆变器、静态开关、非自耦式隔离变压器、旁路变压器、手动旁路开关及馈线开关组成。

　　UPS 系统的正常输入电源和旁路输入电源分别取自低压动力中心和低压保安段。当交流电源消失时，由 220V 直流系统供电，保证连续供电 1.0h，不自带蓄电池组。

9.2.1.9　控制、信号及计量

（1）控制、信号和测量

　　全厂工艺系统电动机纳入 DCS 监控范围。厂家成套设备与 DCS 系统间采用通信（以太网）方式连接。所有由计算机进行控制的设备，均就地装设远方/就地切换开关和硬接线的操作设备，以满足设备检修和调试的要求。

　　DCS 监控范围主要包括：

　　① 工艺专业要求程控的电动机；

　　② 主要电气设备。

　　除具有常规的数据采集及处理、事故报警、趋势分析、在线显示、控制操作、数据统计及制表打印、系统自诊断和时钟同步等功能外，还应具有下列功能：事件顺序记录及事故追忆、运行操作指导、设备管理、性能计算、防误操作闭锁等。

　　公用电气系统的控制、信号和测量由 DCS 系统进行监控，不再设置常规二次控制及信号屏。

（2）计量

　　一般来说，采用高供高计方式，在 10kV 进线柜内设专用测量仪表。计量用 CT 采用 0.2S 级，电度表采用 0.2 级。

9.2.1.10　无功补偿

　　为了改善供电质量，缩短高压线路及降低变压器损耗，在低压配电室内设置无功自动补偿柜，集中自动进行无功补偿。另外，要求厂内功率因数较低且能够安装补偿装置的灯具自带无功补偿电容器，保证补偿后功率因数 $\cos\varphi$ 不小于 0.93。

9.2.1.11　电力配电

（1）配电电压等级

　　危废处置工程配电电压为二级，其中受电电压为交流电 10kV，配电电压为交流电 0.4kV。

（2）电力拖动及控制

　　① 工艺系统电动机均使用马达保护装置进行保护。

　　② 低压电机大于 45kW 且工艺专业无特殊要求均采用软起动器启动。

　　③ 电动机的控制方式采用分工艺生产段集中联锁与机旁解锁两种方式。正常情况下，在各工艺段控制室集中控制。试车、检修或故障时在机旁按钮站操作。

　　④ 45kW 及以上电动机或在运行中需要监视电流的电动机，机旁装设电流表。

　　⑤ 联系较为密切的生产岗位之间，设置有启动预告信号、联络信号及事故报警信号。

9.2.1.12 环境特征及配电设备选择

电气设备的环境特性包括气温、风速、湿度、污秽、海拔、地震及覆冰等。在进行配电设计时,应选择满足上述环境特性要求的电器、导体及材料。若电气设备在爆炸危险环境、火灾危险环境及腐蚀性环境中时,还应满足相关的要求。

9.2.1.13 照明系统

全厂照明电源均采用 380V/220V 交流电,三相四线制供电,与动力负荷共用变压器。各灯具负荷尽量均匀分配在三相网络上。

各车间照明场所严格按照《建筑照明设计标准》(GB 50034—2013)确定照度标准和照明功率密度值。光源采用节能灯和发光二极管(LED)灯。

室外照明采用半截光型灯具,防护等级 IP65,光源选用额定功率为 100W 的高压钠灯,每盏灯具自带瓷插式熔断器保护。道路宽度 7.0m 时灯杆选用高 9.0m 的金属灯杆,道路宽度 4.0m 时灯杆选用高 6.0m 的金属灯杆,灯杆间距约 25m,路边单侧布置。室外照明电源由就近 380V 公用 MCC 柜(电动控制柜)引接。

9.2.1.14 过电压保护及接地

(1)直击雷过电压保护

根据国家相关规程规范,建构筑物的防雷设计应符合现行国家标准《建筑物防雷设计规范》(GB 50057—2010)的有关规定。根据以上规定,对厂内各主要建(构)筑物直击雷过电压保护分别采取相应的措施。

屋顶为彩钢板的生产车间,将彩钢板接地。利用结构柱内的主钢筋作为引下线,引下线应与主接地网连接,并在连接处加装集中接地装置,其工频接地电阻应不大于 4Ω。

屋顶为钢筋混凝土的车间,将钢筋焊接成网并接地。利用结构柱内的主钢筋作为引下线,引下线应与主接地网连接,并在连接处加装集中接地装置,其工频接地电阻应不大于 4Ω。

(2)雷电侵入波及操作过电压保护

为防止雷电侵入波引起的过电压和操作过电压对设备的损坏,在 10kV 电缆线路两侧装设氧化锌避雷器。

(3)接地

由于缺少土壤电阻率测量结果,暂按不加阴极保护考虑,最终待土壤电阻率测量完毕后确定最终方案。

全厂共用一个主接地网,主接地网工频接地电阻不大于 1Ω。接地网由水平接地体和垂直接地体组成,以水平接地体为主。厂区接地网接地干线的埋设深度为 -1.2m 以下,离建筑物的距离不小于 1.5m。

生产车间内沿墙敷设接地干线,接地干线采用 60mm(宽度)×60mm(厚度)热镀锌扁钢。并与主接地网连通。车间内各设备外壳、金属管道等金属部分采用 40mm（宽度）×40mm（厚度）热镀锌扁钢与室内接地干线焊接连通。

所有通向厂外的金属管道加绝缘段。

接地网的边缘经常有人出入的走道处，设"帽檐式"均压带，以降低跨步电压和接触电压。

1）接地导体的选择

室外采用截面为 60mm（宽度）×60mm（厚度）的热镀锌扁钢作为水平接地体，采用截面为 50mm×50mm×50mm 的热镀锌角钢作为垂直接地体，由此组成地下接地网。

生产车间内采用截面为 60mm（宽度）×60mm（厚度）的热镀锌扁钢作为接地干线，40mm（宽度）×40mm（厚度）的热镀锌扁钢作为接地支线，由此组成车间内环形接地网。

2）电子设备接地

采取有效的接地系统和防静电材料等措施，避免静电危害电子仪器和电子设备。易于受到电磁干扰的电子装置和计算机系统设备必须接到专用的零电位母线上，零电位母线应仅由一点焊接引出两根并联的截面不小于 $50mm^2$ 的电缆，并就近连接至室内环形接地母线上，接地母线再至少有两处与一次主接地网相连。

3）防静电接地

① 按《石油化工静电接地设计规范》（SH/T 3097—2017）要求，下列场所应进行防静电接地：

平行管道净距离小于 100mm 时，应每隔 20m 加跨接线。管道交叉且净距离小于 100mm 时宜加跨接线，管道接地应在管线抹上防腐漆前进行。

只有防静电接地时，接地电阻应小于 30Ω。

② 工艺管架（管桥、管廊）静电接地方式

管架（管桥、管廊）为钢结构时，工艺管线的静电接地点由工艺专业人员跨接并就近与钢构架（钢管桥）连接，由电气专业人员负责直接将钢构架的立柱直接接至接地网即可。

管架（管桥、管廊）为混凝土柱时，由工艺专业人员将跨接线沿构造柱引下至地面 0.5m 处后，由电气施工人员负责引至接地网。

混凝土管架（管桥、管廊）上有电缆栈桥或电缆桥架的固定、支撑钢材通长敷设时，此时的工艺管线的静电接地可直接接至桥架的固定支撑件上。

9.2.1.15　火灾报警

（1）火灾自动检测报警系统

全厂火灾检测报警及消防控制系统采用集中报警系统，消防控制室位于综合楼 0m 层。消防控制室设置一套火灾检测报警及消防控制系统，不设火灾报警区域控制器。火灾报警系统包括火灾报警控制器、联动电源、备用电源、消防电话、消防广播、联动控制盘。

火灾探测器的具体设置部位应符合《火灾自动报警系统设计规范》（GB 50116—2013）第 6.2 条相关规定。各车间高压配电室、低压配电室、MCC 室、中央控制室及电子设备间、吊车间控制室、办公室、值班室及其他生产技术用房内均设置智能型烟感探测器。

电缆夹层和电缆沟内设置温感电缆探测器。

消防水池和消防水箱设高、低液位报警，报警液位值由水专业人员决定，当液位到达高液位（溢流液位）或下降至低液位（消防报警液位）时，在消防中控室显示并声光报警。

各主要建筑物的主要通道、出入口等部位，设置手动报警按钮、消防电话插口与声光报警器，信号送到火灾报警控制器主机。手动报警按钮设置原则：每个防火分区应至少设置一个手动报警按钮，从一个防火分区的任何位置到最邻近的手动报警按钮的步行距离不应大于30m，手动报警按钮已设置在疏散通道或出入口处。消防电话具体设置部位原则为《火灾自动报警系统设计规范》（GB 50116—2014）第6.7条消防专用电话的设置。

消火栓系统出水干管上设置压力开关，高位水箱出水管设置流量开关或报警阀门开关等作为触发信号，直接控制启动消火栓，不受消防联动控制信号的影响。各主要建筑物内的消火栓按钮的动作信号应作为报警信号及启动消火栓的联动触发信号，由消防联动控制器联动控制消火栓的启动；当采用手动控制方式时，应将消火栓泵控制箱的启动、停止按钮用专用线路直接连接至设置在消防控制室内的消防联动控制器的手动控制盘，并应直接手动控制消火栓的启动和停止。消火栓的动作信号应反馈至消防联动控制器。

设置消防广播系统。消防广播扬声器应设置在走道和大厅等公共场所，每个扬声器额定功率不应小于5W，数量应保证从一个防火分区任何位置到最近一个扬声器直线距离不大于25m，走到末端距最近扬声器距离不应大于12.5m。消防广播由总线式消防广播分配盘、CD录放盘及功放盘组成，均设在火灾报警机柜内与综合主厂房内的消防音箱连接，当发生火灾时，消防广播自动启动并与火灾声光警报装置交替循环播放。

（2）消防联动系统

消防控制中心联动控制系统根据报警信号及火灾确认后，可通过手动或自动联锁启动灭火设备：

① 接收消火栓启泵按钮信号或消防联动控制器自动/手动启泵信号，启动消防泵。

② 根据报警信号，联锁启动消防泵。

③ 根据料仓报警信号，启动排烟风机。

④ 火灾确认后，切断相应区域非消防电源。

⑤ 在垃圾吊控室设置消防水炮控制柜，根据垃圾池探测器的报警信号，联锁启动消防增压泵及消防泵，并与火灾报警控制器通信。

⑥ 正压送风系统的监视和控制：通过控制模块，可自动启动正压送风机，并显示其运行状态，通过联动控制盘，可手动启动/停止正压送风机，并显示其运行状态，正压送风机控制箱上可手动启动/停止正压送风机。

⑦ 通过控制模块，可自动启动排烟风机，并显示其运行状态，通过联动控制盘，可手动启动/停止排烟风机，并显示其运行状态，排烟风机控制箱上可手动启动/停止排烟风机。

⑧ 在消防控制室设置电梯监控盘，能显示各部电梯的运行状态：正常、故障、开门、关门及所处楼层位置。火灾发生时，根据火灾情况及场所，由消防控制室电梯监控盘发出

指令，指挥电梯按消防程序运行，对全部或任意一台电梯进行对讲，说明改变运行程序的原因。除消防电梯保持运行外，其余电梯均强制返回首层，将轿厢门打开。

火灾报警控制器联动逻辑可通过键盘录入，可实现如下运行方式：当报警盘切换开关置于"自动"位置时，自动启动相应区域的报警设备及联动设备，当置于"手动"位置时，除自动启动相关区域报警设备，同时由值班人员利用手动联动盘按钮，启动相关联动设备。

火灾报警探测区域、类型及控制方式如下：系统除模块自动启动消防泵外，还从中央控制室敷设一根多芯阻燃控制电缆到综合水泵房消防泵动力控制箱，作为紧急启动信号并接收反馈信号；中央控制室设置市内直通电话，火灾发生时直接与消防局取得联系；报警主机配备紧急通话盘（消防电话总机），主要控制室、配电室设置火警电话分机，各手动报警按钮设置电话插口（自带）。

根据公安部颁布的行业性强制标准《固定消防给水设备的性能要求和试验方法》（GA 30.2—2002）相关规范，对消防水泵设置消防巡检装置并具有以下功能：

① 设备应具有自动和手动巡检功能，其自动巡检周期应能按需设定；
② 消防泵按消防巡检方式逐台启动运行，每台泵运行时间不少于 2min；
③ 设备保证在巡检过程中遇消防信号自动退出巡检，进入消防运行状态；
④ 巡检中发现故障应有声光报警，具有故障记忆功能。

（3）供电、接地及防雷

火灾自动检测报警与消防联动控制系统为二级负荷，自带 UPS 系统，外部提供双回路 220V 交流电源。

火灾自动检测报警与消防联动控制系统所有配线架、接线端子箱等弱电系统通过 ZC-BV-450/750V $1\times25mm^2$ 阻燃型单股铜芯绝缘导线穿硬塑料管引至厂区综合接地网，要求接地电阻值不大于 1Ω。

火灾报警控制系统的报警主机、联动控制盘、火警广播、对讲通信等系统的信号传输线缆和电源线缆在线路进出建筑物边界处设置适配的信号线路浪涌保护器。消防控制中心与本地区或城市"119"报警指挥中心之间联网的进出线路端口应装设适配的信号线路浪涌保护器。火灾自动报警系统总电源进出线设置浪涌保护器。

（4）线路敷设方式

所有火灾报警系统的线路均采用耐火型，采用穿热镀锌钢管保护，并敷设在不燃烧体的结构层内，且保护层厚度不小于 30mm，当明敷时应采用可靠的防火措施。火灾自动报警系统的供电线路、消防联动控制线路应采用耐火电线电缆，报警总线、消防应急广播和消防专用电话等传输线路应采用阻燃或阻燃耐火电线电缆。

9.2.2　自动控制系统设计要点

9.2.2.1　设计原则

① 可靠性　整个系统采用模块化设计，分层分布式结构，控制、保护、测量之间既互相独立又互相联系。

② 先进性　系统的设计以实现"少人值班/无人值守"为目的，设备装置的启停及联动运转均可由中央控制室远程操控与调度。

③ 经济性　在保证经济合理性的前提下，遵照先进、适用的原则，尽量选用先进技术。

④ 实用性　系统设计多个控制层面，既考虑正常工作时的全自动化运行，又考虑多种非正常运行状态下的配方策略。

9.2.2.2　设计方案

危险废物处理方式种类繁多，控制方式也是多种多样的，在多年从事危险废物处理工程自控设计过程中总结出适合危险废物处理行业的控制方案，即根据危险废物处理的工艺流程，将全场分成若干个工段，每个工段采用独立的控制系统（控制子站）完成相应的控制；在全场综合楼内设置中央控制室，通过以太网实现各控制子站的数据通信，组成全场计算机监控系统。

9.2.2.3　自动化水平

根据危险废物处理的工艺特点要求控制系统能够实现：

① 在正常运行及启停过程中，均应使各种物料焚烧充分，达到全量燃烧。

② 在燃烧过程中对有关参数进行调节，使烟气及废料的排放满足环境保护标准的要求。

③ 提高运行的可靠性和安全性，保证焚烧炉长期安全稳定运行。

④ 改善运行人员的工作条件，减少操作监视人员，提高运行管理水平。

9.2.2.4　各控制子站的设置

危险废物处理场工艺略有不同，但一般具有焚烧处理工段、物化处理工段、蒸馏废油回收工段、油品储运工段、废蓄电池处理工段、废荧光灯管处理工段、给水泵房工段、污水处理工段、填埋预处理工段、变电所工段十个工段。针对工艺划分的工段自控系统可设计相应的控制子站，每套控制子站安放在各工段控制室内。各控制子站完成相应各工段的控制，充分体现分散控制功能。

（1）各控制子站系统的选取

根据各工段工艺参数多少和被控对象特点，自控系统可分为 PLC 控制方式和 DCS 控制方式两种。

对于 I/O 量以开关量为主、测点较少且模拟量运算不烦琐的工段采用 PLC 控制方式，即将所有测量信号通过电缆引至本工段控制室 PLC 上，由 PLC 集中监控。例如填埋预处理工段主要控制填埋预处理部分各种运输皮带、机械设备的启停顺序，基本上都是开关量的控制，故此我们选用 PLC 控制方式。

对于 I/O 量以模拟量为主、测点较多且有大量的模拟量复杂运算的工段采用 DCS 控制方案，即将所有测量信号通过电缆引至车间控制室控制站上，由控制站来完成采集控制并在上位监控站集中监控。如焚烧工段主要控制焚烧炉部分的工艺参数且需要大量的模拟量检测及控制，故此我们采用 DCS 控制方式。

（2）各控制子站检测内容及功能

根据工艺生产流程及测控要求配置温度、压力、物位、流量、分析、过程控制、有毒可燃气体检测系统等仪表。根据危险废弃物焚烧特点在焚烧炉烟囱进口烟道上设置烟气排放在线检测装置对 HCl、SO_2、NO_2、CO、CO_2、H_2O、O_2 及烟尘等参数进行在线检测，将数据上传至控制系统同时在检测装置上预留通信接口以备将主要数据传至环保管理部门。

操作人员在各工段控制室内实现对整个工艺生产过程集中监控。各控制站具有如下的功能：

① LED 显示功能　显示过程参数、图表、曲线等。

② 打印功能　有定时、随机、请求、事故追忆打印等。

③ 报警功能　对工艺各参数进行超限报警；对设备状态异常报警。

④ 历史数据存储　各种参数及数据可存储 3 个月以上，使用时可随时调出检索。

⑤ 模拟量控制　将工艺生产过程重要参数进行调节和控制。例如：危险废物加入量调节；回转炉密炉膛温度调节；二燃室温度调节；烟气含氧量和一次空气流量串级调节；急冷塔出口烟气温度调节；汽包水位调节；回转窑炉膛压力调节；各储罐温度调节；系统流量调节；水处理加药调节；蒸馏塔塔顶温度控制；回流量控制；等等。

⑥ 顺序控制　根据工艺设备的运行特点，按照条件和时间等要求对设备进行顺序自动操作及启停顺序控制。

⑦ 联锁保护　联锁保护功能是设备在启停或正常运行中出现异常或故障时，进行自动的、及时的处理，确保设备的安全。

各控制站控制方式设计为就地手动控制、远程遥控控制、自动控制。三种方式的控制级别由高到低为现场手动控制、远程遥控控制、自动控制。

总之各控制站不论采用 PLC 系统还是 DCS 系统都应完成相应工段的控制功能，满足工艺生产要求。

9.2.2.5 控制系统

（1）控制系统组成

DCS 主控系统由控制站、操作站、工程师站、通信网络、现场仪表（如打印机等）等构成。

1）控制站

① 控制站功能　控制站实现对工艺过程的数据采集（DAS）、闭环控制（MCS）、顺序控制（SCS）及联锁保护等功能。

② 控制站的组成（硬件）　控制站由冗余控制器、输入、输出、电源、通信等单元构成。

为了确保生产更安全可靠运行，尽量减少停机，控制器采用冗余配置结构，即采用两套配置完全相同的控制器，每套控制器中各有一个 CPU 热备转换模块、双口 I/O 通信模块、以太网通信模块与电源。其中一台为控制主机，另一台为后备机，它随时准备在主机出现故障时代替主机来继续对 I/O 进行控制。主控制器与后备控制器同步扫描，它们采用光纤通信，主机的 I/O 状态表在每一个扫描周期传给后备机，以便随时更新系统状态。这样的系统在部件或电源出现故障时，可无扰动切换，提高了系统的安全性和可靠性。

通信系统为双缆冗余，部分重要输入、输出考虑冗余，参与保护的部分参数实现三取二确保安全、可靠。三取二配置的 I/O 要接入不同的 I/O 模板上。

③ 事件追忆系统　设置独立的事件追忆系统，输入信号的分辨率≤1ms。

2）操作站

操作站的任务是在标准画面和用户组态画面上，汇集显示有关运行信息，供运行人员对工况进行监视和控制。

① 操作站的构成（硬件）　由工业级控制机与人机接口[24 英寸（1 英寸=2.54cm）液晶显示器、键盘、鼠标等]、操作台等构成。

② 操作站的划分　在主控室（焚烧车间内）设操作员站，对全厂各工艺系统进行监控，任一操作员站故障，另一操作员站均能实现此站功能。设一台工程师站，主要用于控制策略的组态和修改及参数的重新整定（设定值的整定由操作员站完成），投入运行后工作量不大，但在操作员站功能失效时，能及时作为操作员站使用。

在综合楼设置一处调度中心，将全厂的监控信号全部接至此调度中心，便于管理区能及时了解生产的各项指标，对于项目的运行生产进行合理的调度。

③ 操作站功能　操作站具有以下功能：

数据采集和处理：定时采集全站生产过程输入、输出信号（包括开关量、模拟量、脉冲量），经滤波，检出事故、故障、状态信号和模拟信号参数变化，实时地更新数据库，为监控系统提供运行状态的数据。将自动装置的动作按动作顺序记录。

限值设定及数据追忆：用户可以在操作站设置模拟量上下限限值，不受消防联动控制信号的影响，当测量值越限时发出报警；事件产生时，启动相关的事故追忆记录，输出事故前、后一段时间内的模拟量值，追忆数据的测点和周期可定义。

控制操作：具有画面显示及流程显示、控制调节、趋势显示、分级报警管理及实时和历史显示、报表管理和打印、操作记录、运行状态显示、在线参数组态设置、操作权限保护等功能，控制中实现安全操作闭锁功能。

事件报警：在系统发生事件或运行设备工作异常时进行报警。

系统自诊断：监控系统在线自诊断能力，可以诊断出通信通道、I/O 模块等故障，并进行报警和在系统自诊断表中记录。

系统维护：系统软件在线自动更新及维护。

3）通信网络

系统采用三层网络结构。

① 现场 I/O 网络　现场 I/O 网络为最底层网络，采用双缆冗余分布式结构，网络通信速率不低于 10Mbps，通信介质为同轴电缆或双绞线。双缆结构提供两个并行路径至相同的 I/O 机箱，这增加了网络通信的可靠性，使得即使当一条电缆受到损坏或不能正常工作时，

网络仍能正常工作，确保系统的安全。每个 I/O 机架应采用冗余的电源。

② 工业控制级网络　工业控制级网络采用双缆冗余工业以太网，当一条电缆受到损坏或不能正常工作时，网络仍能正常工作。通信速率为 100Mbps，通信介质为光缆。第三方厂家（如污水处理等随设备供应的）PLC 控制系统就地放置或放在就地控制室，并设有独立的人-机接口，用于调试、启动和就地操作。为实现正常运行时就地无人值班，在中央控制室集中监控。上述控制系统采用通信接口方式连接到多协议转换器或一台专用的控制器。

③ 工厂管理级网络　本工程预留厂级监控信息系统的通信接口，DCS 设置标准的 TCP/IP 协议网络通信组件和相应的软件支持，将系统连接到工厂管理级网络，提供用于数据处理和生产调度管理的有关信息。业主可根据实际需求建立厂级监控信息系统（SIS）。

厂级监控信息系统是一套以生产过程中所涉及的各种控制、监测、计量等系统为基础，集实时数据采集、加工、显示、存储为一体的完整的解决方案。实现本工程安全、经济运行，提升企业的整体效益。

4）打印机

设两台打印机：一台用于报警打印；另一台用于工艺过程参数打印。

（2）控制系统的功能

1）数据采集系统（DAS）

① 显示：包括回路操作显示、分组显示、棒状图显示、趋势显示、工艺流程图显示等。

② 报警管理：报警显示，可按报警时间、报警优先级、报警区域、报警类型来管理所有报警，报警包括工艺参数越限报警、控制设备故障报警、控制系统自诊断故障报警等。

③ 制表记录：包括定期记录、事故追忆记录、事故顺序（SOE）记录、跳闸一览记录等。

④ 历史数据存储和检索。

⑤ 性能计算。

⑥ 指导信息。

⑦ 管理报告。

2）模拟量控制系统（MCS）

① 炉膛负压控制。为保证焚烧系统的正常运行，全线负压是很重要的参数之一，通过设置在二燃室的微差变送器的输出压力大小控制引风机的频率大小。

② 炉膛温度控制。通过设置在回转窑出口、二燃室底部的温度传感器将温度信号送入 DCS 系统，同时通过设置在二燃室的监视器观察炉内实际熔渣状态，由以上两种因素的综合输出决定窑头液废燃烧器管路的流量大小。

③ 含氧量大小控制。氧化锆分析仪设置在锅炉烟气出口处，含氧量的高低和助燃风机出口流量计的流量信号大小组成串级回路，控制风机频率的大小。

④ 一次风机控制。通过风机出口的压力大小控制风机的频率大小，后经流量调节，保证每根管路的风量满足燃烧要求。

⑤ 助燃风机控制。通过设置在风机后的流量信号及含氧量大小，控制液废风机的频率大小。

⑥ 锅炉水位控制。通过平衡容器的水位信号、出口蒸汽的流量信号、进水管路的流量信号组成主副比例-积分-微分（PID）回路，控制汽包水位在恒定范围内。

⑦ 熟石灰加入量控制。通过在线监测数据中含硫量及含酸量的大小控制石灰卸灰阀的开度大小。

⑧ 活性炭加入量控制。通过在线监测数据中重金属的含量改变活性炭进料阀的开度大小。

⑨ 急冷塔出口温度控制。由设在其烟道管路出口的热电偶测量信号高低控制喷水调节阀的开度大小及压缩空气量大小。

⑩ 除上述主要闭环控制回路外，还将设置除氧器水位、除氧器压力等控制。

3）程序、顺序控制系统（SCS）

① 顺序控制主要包括：a. 回转窑系统启、停顺序控制；b. 引风机启、停顺序控制；c. 燃烧器系统启、停顺序控制；d. 脱酸系统启、停顺序控制；e. 除尘系统启、停顺序控制；等等。

② 开环控制主要包括：一些贮液的箱灌，当液位低于某值时要求开启进液泵，或打开进液阀门，如果联锁失灵，液位继续降低，则下下限报警；当液位高于某值时，关闭进液泵或关闭进液阀，如果联锁失灵，液位继续升高，则上上限报警。

4）控制系统的可靠性措施

① 冗余配置　主要包括：a. 控制站采用双机热备结构；b. 通信总线双缆冗余；c. I/O机柜的电源冗余；d. 重要的I/O通道冗余；e. 仪表电源采用双电源供电；f. 操作员站为多站配置，其中任一操作员站故障其他站均能实现此站功能。

② 主控系统备用容量和主要性能指标　主要包括：a. 过程管理部分平均故障间隔时间（MTBF）>30000h，可用率>99.8%；b. 过程控制部分MTBF>100000h，可用率>99.8%；c. 系统显示精度≥0.1%FS（FS表示满量程）；d. 控制输出≥0.25%FS；e. 控制器的工作周期，模拟量≤0.25s，开关量<0.1s；f. CPU负荷率≤50%（控制器）和≤40%（操作员站），均指最忙时；g. 存储器占有容量≤50%（内存）；h. I/O点裕量为15%（每块I/O板平均值）；i. I/O插件槽裕量为15%；j. 通信总线负荷≤30%；k. 事件顺序记录分辨率为1ms。

③ 重要保护和跳闸功能采用独立的多个测量通道，跳闸回路采取二取一或三取二逻辑。

④ 控制系统和保护系统都需要的过程信息，分别由各自的测量仪表接入不同的I/O通道。

⑤ 对每个独立的控制对象，考虑有投入运行的许可条件，以避免不符合条件的投运，还考虑动作联锁，以便在危险的运行条件下使设备跳闸。

⑥ 控制系统I/O模块均有自诊断功能，以便在控制系统故障时，即能够直观、方便地将故障信息显示，使其故障位置能尽快确定，提高系统的运行可靠性，也可将信息上网提供给设备供应商，由制造厂提供解决故障方案。

⑦ 设有卫星全球定时系统。

9.2.2.6 中央控制室监控系统

一般在危险废物处理场场前区综合楼内设置中央控制室一间（也有的工程设置在焚烧车间附属用房内），监控系统各设备摆放在中央控制室内。监控系统采用目前通用的以太网结构，由一台交换机、一台服务器、一台工程师站和两台操作员站组成（可根据工程规模适当增减操作员站的数量）。全场计算机监控系统采用以太网通信方式和各控制子站进行实时通信，在线监控各控制子站工作状态，并将各工段的工艺参数、运行状态采集到中央控制室进行集中管理，实现危险废物处理全部生产过程的计算机监控。

全场计算机监控系统具有一套完整的自诊断功能，可以在运行中自动诊断出系统中任何一个部件是否出现故障，并且在监控软件中及时、准确地反映出故障状态、故障时间、故障地点及相关信息。

工业电视作为辅助监视系统，对厂区中一些重要的主辅设备实现全面监视。

工业电视系统包含摄像机、交换机、硬盘录像机、大屏显示器等。在中控室配置18（3×6）台 55 英寸液晶拼接大屏幕，控制主机与全厂工业电视系统 1000 兆以太网或MIS 系统设有通信接口，实现信息共享。系统通过对生产各重要区域的监控，不仅提高了该生产区域的安全防范水平，节约了大量的人力、物力，而且为生产管理提供了先进直观的管理手段。

可选其中的一幅画面在大屏幕上显示并储存。视频计算机存有摄像机控制程序，可调用程序对摄像机进行路径控制。

某危险废物处置项目 CCTV 的主要监控点如表 9-5 所列。

表 9-5 某危险废物处置项目 CCTV 的主要监控点

序号	监视对象	形式	数量	备注
1	回转窑高温火焰监视	外窥式，高温	1	
2	二燃室高温火焰监视	外窥式，高温	1	
3	卸料大厅	一体化彩色摄像机，固定式	2	防爆
4	上料区	一体化彩色摄像机，固定式	1	防爆
5	液体废物监视	一体化彩色摄像机，固定式	3	
6	余热锅炉液位监视	一体化彩色摄像机，固定式	2	
7	锅炉出灰监视	一体化彩色摄像机，固定式	1	
8	急冷出灰监视	一体化彩色摄像机，固定式	1	
9	除尘器出灰监视	一体化彩色摄像机，固定式	1	
10	二级喷淋洗涤监视	一体化彩色摄像机，固定式	1	
11	烟囱监控	一体化彩色摄像机，固定式	1	
12	急排门	一体化彩色摄像机，固定式	1	

序号	监视对象	形式	数量	备注
13	出渣机监视	一体化彩色摄像机，固定式	1	
14	在线监测监视	一体化彩色摄像机，固定式	1	
15	主要风机区	一体化彩色摄像机，固定式	4	
16	污水处理站	一体化彩色摄像机，固定式	6	
17	废物暂存库	一体化彩色摄像机，固定式	10	防爆
18	其他主要区域	一体化彩色摄像机，固定式	10	

9.2.2.7 危险气体监测

为保证人身安全及预防火灾，设置可燃及有毒气体监测系统。在危险废物存储区（甲类暂存库、乙类暂存库、预处理车间以及焚烧车间料坑等）等位置设置有毒及可燃气体探测器及报警控制器，报警控制器输出报警信号联锁排烟风机。报警控制器预留与 DCS 系统及火灾自动报警系统的通信接口。

9.2.2.8 烟气排放连续监测系统

（1）概述

在烟囱设置多参数烟气排放连续监测系统（CEMS），检测排烟流量，温度，压力，烟气中的 HCl、SO_2、CO、CO_2、NO_x、HF、O_2、H_2O 含量，烟尘含量，要求把数据送往 DCS 系统、烟气排放公共显示屏和市环保局。

（2）CEMS 设备

① 粉尘仪表：粉尘测量仪表采用后散射激光法。

② 以下参数采用傅里叶高温红外分析仪进行测量：HCl、HF、SO_2、$NO_x(NO+NO_2)$、CO、NH_3、O_2、H_2O 含量；采样系统的样气伴热到 $180℃$，以不影响其样气中气体组分。

③ TOC 采用火焰亮度法进行测量（FID）。

④ O_2 含量采用电化学方法测量。

⑤ 多孔的阿牛巴测量组件用于烟气流量的测量。

⑥ 分析仪采样系统：采样系统应符合相关的规范并能够满足实际的分析仪器使用要求。

⑦ 数据采集系统（DAS）：设置 CEMS 的数据采集系统，DAS 将本节所述烟气数据采集，并进行长周期存储，存储的数据至少放入两个单独的硬盘，数据存储的时间至少一年，同时 DAS 与环保局进行数据通信，提供满足其要求的各种报告类型，包括但不限于日报、月报、季报、半年报、年报。

（3）烟气排放公示屏

设置烟气系统公示屏，用于向公众显示烟气中的污染物数据，显示的数据有粉尘、HCl、SO_2、NO_x（$NO+NO_2$）、Hg 等，安装在人流大门入口甲方指定的位置。其数据来源于 CEMS。

其规格（暂定）为：三色型 LED；不锈钢支持结构高度 1500mm；显示板的尺寸 4m×3m。

9.2.2.9　设备选型

（1）流量仪表

① 差压式流量仪表

公称直径大于 32mm 的水管线，其流量采用同心直角锐缘孔板。

皮托管、文丘里管等类型的仪表用于最大压力恢复场合（如空气、烟气）。

除非特别需求，材料为 316SS 不锈钢。

② 转轮流量计用于低流速、最大最小流量比大、管道公称直径小于 32mm 的场合，本体为 316SS 材质。

③ 容积式流量计或涡轮流量计用于液态原料（如柴油等）的高精度流量测量，本体为 316SS 材质。

④ 旋涡流量计用于气体和液体的流量测量，本体为 316SS 材质。

⑤ 电磁流量计适用于浆液等场合，本体为 316SS 材质。

⑥ 超声波流量计用于大管径的流量测量。

⑦ 热式质量流量计用于烟气流量或空气流量的测量，本体为 316SS 材质。

（2）液位/料位仪表

① 磁翻板液位计广泛用于水箱、化学加药箱等的液位测量。

② 超声波/雷达液位计用于开放容器的液位或料位测量，比如垃圾储料斗的料位测量。

③ 差压料位计用于压力容器的液位测量。

④ 射频导纳料位开关或阻旋式料位开关用于灰斗料位、碳酸氢钠料仓料位的测量。

⑤ 一部分需要测量料位并且需要测量输送流量的料仓料位采用称重式料位计进行测量。

（3）压力/差压仪表

① 就地压力表　通常采用波登管测量组件的压力表，如果工艺条件满足的情况下材质一般选用 316SS 不锈钢，公称直径 100mm，带有铸铝合金钢的全天候外壳，活动组件采用蒙乃尔不锈钢或 316SS 不锈钢，每块压力表都配备 316SS 不锈钢材质的两阀组。

② 压力/差压变送器　采用单晶硅谐振式测量组件的压力变送器，带液晶显示器，测量精度为±0.075%，重复性小于 0.05%，工艺界面 1/4NPT，带隔离阀。

（4）温度仪表

① 热电偶　应用于高温烟气以及高温蒸汽的温度测量，其中焚烧炉内部采用 S 形热电偶，其他位置的热电偶采用 K 形热电偶。保护套管材质应当适用于多数环境，除非有特殊情况，保护套管材质选用 316SS 不锈钢。

② 热电阻　应用于尾部烟气、循环水、空气等介质的测量，同时设备本体温度的测量一般也采用热电阻；热电阻一般选用 Pt100 电阻，除非有特殊情况保护套管材质选用 316SS 不锈钢。

③ 就地温度计　通常采用双金属温度计，盘面直径 100mm。

④ 温度变送器　通常为了减少故障环节，热电偶和热电阻信号直接采用 DCS 卡件自带的 RTD 卡或 TC 卡实现，特殊情况下设置温度变送器。

（5）调节阀

调节阀的执行机构采用电动或气动执行机构。

调节阀或控制阀为故障安全型的，每个调节阀都设有隔离阀以及旁路阀以便于维修故障时替换。

调节阀或控制阀的力矩不小于最大力矩的 150%。

调节阀的计算应保证在正常（即装置负荷 100%）的流量条件下：等百分比阀芯的开度不超过 80%；线性阀芯的开度不超过 60%。

所有调节阀采用法兰安装。该法兰的压力等级与调节阀安装的管道等级一样。在管道等级不允许使用法兰的场合，必要时采用承插焊或对焊连接。

预计调节阀噪声过高的应用环节，将采用特殊阀内件、厚壁管、隔声或消声器的方法降低噪声，以使其不超过最大允许范围。

调节阀的材质满足其使用环境。

气动调节阀配有智能阀门定位器，电动调节阀配有智能电动执行机构，二位控制阀配有阀开/阀关信号。

（6）分析仪表

在炉膛出口安装氧含量分析仪，用于快速调节焚烧炉的燃烧状况，分析仪表的原理采用氧化锆原理。

（7）电缆

① 模拟量信号电缆为双芯对绞，屏蔽方式为分屏加总屏。

② 开关量信号电缆为多芯绞线加屏蔽。

③ 控制室和现场接线盒之间使用多芯电缆，现场接线盒与仪表之间使用双芯电缆，用电缆桥架防护。

④ 控制室到现场的电缆只在控制室一侧接地。

⑤ 电气电缆的规格为多芯绞线，全部带有屏蔽。

⑥ 信号电缆的备用芯数为 10%～15%。

以上电缆的材料全部为铜材料。

9.3　消防工程设计要点

9.3.1　爆炸及火灾危险性分析

危险废物处理工程一般不易发生火灾，但预处理车间、暂存库、焚烧车间内有少量有害气体产生，在静电、明火、雷电、电气火花等的诱导下具有一定的火灾危险。其危险性与危险物质的多少及生产性质、操作管理水平、环境等有直接关系。

（1）防火等级

危险废物处置项目的焚烧车间、暂存库、预处理车间的建筑耐火等级为一级，厂区内其他建筑耐火等级为二级。在设计和施工时，必须保证建筑物的所有建筑构件均满足相应耐火等级对构件耐火极限和燃烧性能的要求。

（2）火灾危险性分类

危险废物处置项目的焚烧车间为丁类厂房，暂存库有甲类、乙类和丙类厂房，物化及污水处理车间为丁类厂房，预处理车间为乙类厂房。

（3）主要火灾爆炸危险品

① 废油类及废有机溶剂类　可燃液体，属于重点火灾危险物质。

② 氨气　燃爆性气体，为二级可燃气体，爆炸极限为 15.0%～28.0%（体积分数），自燃点为 630℃。

9.3.2　消防系统设计

9.3.2.1　总图布置

（1）厂房防火

在总平面布置中，各生产区域、装置及建筑物的布置均留有足够的防火安全间距，道路设计则满足消防车对通道的要求。

在场区内部总平面布置上，按生产性质、工艺要求及火灾危险性的大小等划分出各个相对独立的小区，并在各小区之间采用道路相隔。场内道路布置主要为在场区各功能分区间通道内布置道路并相互回环畅通，以及沿安全填埋区四周设置环形道路。

在火灾危险性较大的场所设置安全标志及信号装置，在设计中对各类介质管道应涂以相应的识别色。

（2）安全疏散

每个厂房（仓库）应设置两个安全出口。厂房的疏散楼道、走道和门的净宽度不小于 0.6m。

综合楼、办公楼、宿舍楼每个楼层应设置两个安全出口，设置一定数量的应急灯和疏散指示灯，以保证在停电及火灾情况下，人员能够安全顺利疏散。

（3）厂内道路

厂内道路呈环形布置，道路的宽度不小于 5.0m，厂内主干道路面内缘转弯半径不小于9.0m，以确保消防通道畅通。路面上净空高度不低于 5m。任何储罐的中心距至少两条消防车道的距离且不大于 120m。当道路路面高出附近地面 2.5m 以上且在距道路边缘 15m 范围内有工艺装置或储罐及管道时，在该段道路的边缘设防护设施。

（4）消防给水管网和室外栓的布置

消防给水管网沿厂区道路布置成环状，消防用水与生活用水采用同一根总管。厂内消防管网的接入点要按装置、车间、罐区布局设置，确认室外消火栓和室内消防设施，并设有加压泵房和必要的消防贮水池。消防管路的设置应严格按有关标准、规范进行，保证消防水有足够压力和流量。厂区内设地上式消火栓，按《石油化工企业设计防火规范（2018年版）》（GB 50160—2008）要求，消火栓的保护半径不超过 120m。

9.3.2.2 工艺消防

危废焚烧车间料坑均设有与之相配套的消防设施，满足消防的要求。产生燃爆性物质的厂房内采取相应的通风换气措施，以降低爆炸性物质的浓度。

（1）自动跟踪定位射流灭火系统

① 灭火流程 焚烧车间灭火系统流程如图 9-2 所示。

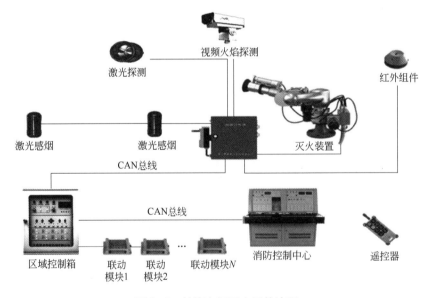

图 9-2 焚烧车间灭火系统流程

② 设计方案 废物贮存区上空采用自动泡沫消防灭火装置至少 2 门（具体数量需根据范围计算），智能视频图像火焰探测器 2 台。

自动泡沫消防灭火装置 24h 全天候工作，功能包含自动扫描探测、智能定位灭火、报警、信息处理等，使装置更智能。当发生火情时，装置可对监控范围内进行自动扫描探测并及时定位启动（在 30s 内完成扫描定位）、报警、启动电磁阀，对准火点启动泡沫灭火，火焰熄灭后自动停止，如有复燃，重复灭火。

（2）危废料坑防火预警监控

1）监控对象及目的

焚烧炉前危险废物储池是用于焚烧废物的暂时贮存、配伍混合和进料准备，储存堆积各类危险废物，特性较为复杂且常有易燃、易反应废物在储池发生反应，经常有自燃现象，发生重大火灾的风险较大，给安全生产带来很大隐患。设置监控系统对风险进行智能预警和报警，并启动自动跟踪定位射流灭火系统，对燃烧点进行自动灭火。

2）系统示意图

系统借助 TCP/IP 和现场工业总线协议，将数据统一汇总到焚烧车间控制室，借助系统后台分析当前和历史数据，实现对风险的智能预警和报警，自动通知相关负责人，并远程联动现场应急处置装置。防火预警监控系统如图 9-3 所示。

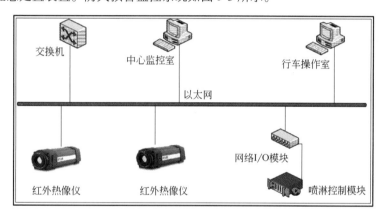

图 9-3　防火预警监控系统

3）架构解析

配置监控点和热像仪；传输系统由交换机、光纤等组成，传输全辐射红外热像视频流数据；监控后台分成主控服务器和客户端，硬件包含交换机、计算机等，软件平台包括危废储池监控服务器和客户端；服务器位于焚烧车间控制室。

通过安装在危险废物储池上方的热像探头，实时监控并分析危废池内危险废物的表面温度分布，自动侦测自燃隐患点，并提前预警。发现燃烧点后启动自动灭火系统进行实时灭火。

系统采用基于危废行业特点自主开发的防火报警监控软件、危险废物储池监控管理软件。可同时接入多路全辐射热像视频流，并进行诸如超温、火灾等分析判断和报警。

9.3.2.3　建筑消防

根据现行国家标准《建筑设计防火规范（2018 年版）》（GB 50016—2014）要求，结合工艺性质，合理设置防火分区和疏散楼梯间，焚烧线和料坑区域需设有自动灭火系统。防火分区面积及最大允许占地面积、防火分区疏散口数量及疏散距离均满足规范要求；建筑外墙设有消防救援窗，窗口的净高度、净宽度均≥1.0m，下沿距室内地面不宜大于1.20m，窗口的玻璃为易碎玻璃，并在室外设置易于识别的明显标志。

辅助管理区采用防火隔墙和其他区域采用乙级防火门窗分隔，建筑构件均需满足规范所要求极限，所有分隔功能房间墙体均砌至或安装到梁底或板底。

钢结构构件的耐火时限分别为：构件的耐火时间要求为柱3.0h、梁2.0h、楼板1.5h，钢结构构件涂刷薄型防火涂料，达到一级耐火等级要求。

所有管道井（除风井外）待管道安装后，在楼板处用同楼板材料的后浇板封堵，管道穿过隔墙、楼板时，应采用不燃烧材料将其周围的缝隙填塞密实，所有防火门窗的选用应符合防火规范的要求。

9.3.2.4　电气

（1）火灾自动检测报警及消防控制系统

全厂火灾检测报警及消防控制系统采用集中报警系统，消防控制室位于综合楼0m层。消防控制室设置一套火灾检测报警及消防控制系统，不设火灾报警区域控制器。火灾报警系统包括：火灾报警控制器、联动电源、备用电源、消防电话、消防广播、联动控制盘。

火灾探测器的具体设置部位应符合《火灾自动报警系统设计规范》（GB 50116—2013）第6.2条相关规定。本工程各车间高压配电室、低压配电室、MCC室、中央控制室及电子设备间、吊车间控制室、办公室、值班室及其他生产技术用房内均设置智能型感烟探测器。

电缆夹层和电缆沟内设置感温电缆探测器。

消防水池和消防水箱设高、低液位报警，报警液位值由水专业人员决定，当液位到达高液位（溢流液位）或下降至低液位（消防报警液位）时，在消防中控室显示并声光报警。

各主要建筑物的主要通道、出入口等部位，设置手动报警按钮、消防电话插口与声光报警器，信号送到火灾报警控制器主机。手动报警按钮设置原则：每个防火分区应至少设置一个手动报警按钮，从一个防火分区的任何位置到最邻近的手动报警按钮的步行距离不应大于30m，手动报警按钮设置在疏散通道或出入口处。消防电话具体设置部位原则为《火灾自动报警系统设计规范》（GB 50116—2013）第6.7条消防专用电话的设置。

消火栓系统出水干管上设置压力开关，高位水箱出水管设置流量开关或报警阀门开关等作为触发信号，直接控制启动消火栓，不受消防联动控制信号的影响。各主要建筑物内的消火栓按钮的动作信号应作为报警信号及启动消火栓的联动触发信号，由消防联动控制器联动控制消火栓的启动；当采用手动控制方式时，应将消火栓泵控制箱的启动、停止按钮用专用线路直接连接至设置在消防控制室内的消防联动控制器的手动控制盘，并应直接手动控制消火栓的启动和停止。消火栓的动作信号应反馈至消防联动控制器。

设置消防广播系统。消防广播扬声器应设置在走道和大厅等公共场所，每个扬声器额定功率不应小于5W，数量应保证从一个防火分区任何位置到最近一个扬声器直线距离不大于25m，走到末端距最近扬声器距离不应大于12.5m。消防广播由总线式消防广播分配盘、CD 录放盘及功放盘组成，均设在火灾报警机柜内与综合主厂房内的消防音箱连接，当发生火灾时，消防广播自动启动并与火灾声光警报装置交替循环播放。

（2）消防联动系统

消防控制中心联动控制系统根据报警信号及火灾确认后，可通过手动或自动联锁启动灭火设备：

① 接收消火栓启泵按钮信号或消防联动控制器自动/手动启泵信号，启动消防泵。

② 根据报警信号，联锁启动消防泵。

③ 根据料仓报警信号，启动排烟风机。

④ 火灾确认后，切断相应区域非消防电源。

⑤ 在垃圾吊控室设置消防水炮控制柜，根据垃圾池探测器的报警信号，联锁启动消防增压泵及消防泵，并与火灾报警控制器通信。

⑥ 正压送风系统的监视和控制：通过控制模块，可自动启动正压送风机，并显示其运行状态，通过联动控制盘，可手动启动/停止正压送风机，并显示其运行状态，正压送风机控制箱上可手动启动/停止正压送风机。

⑦ 通过控制模块，可自动启动排烟风机，并显示其运行状态，通过联动控制盘，可手动启动/停止排烟风机，并显示其运行状态，排烟风机控制箱上可手动启动/停止排烟风机。

⑧ 在消防控制室设置电梯监控盘，能显示各部电梯的运行状态：正常、故障、开门、关门及所处楼层位置。火灾发生时，根据火灾情况及场所，由消防控制室电梯监控盘发出指令，指挥电梯按消防程序运行：对全部或任意一台电梯进行对讲，说明改变运行程序的原因。除消防电梯保持运行外，其余电梯均强制返回首层，将轿厢门打开。

火灾报警控制器联动逻辑可通过键盘录入，可实现如下运行方式：当报警盘切换开关置于"自动"位置时，自动启动相应区域的报警设备及联动设备；当置于"手动"位置时，除自动启动相关区域报警设备，同时由值班人员利用手动联动盘按钮，启动相关联动设备。

火灾报警探测区域、类型及控制方式如下：系统除模块自动启动消防泵外，还从中央控制室敷设一根多芯阻燃控制电缆到综合水泵房消防泵动力控制箱，作为紧急启动信号并接收反馈信号；中央控制室设置市内直通电话，火灾发生时直接与消防局取得联系；报警主机配备紧急通话盘（消防电话总机），主要控制室、配电室设置火警电话分机，各手动报警按钮设置电话插口（自带）。

根据公安部颁布的行业性强制标准《固定消防给水设备的性能要求和试验方法》相关规范，对消防水泵设置消防巡检装置并具有以下功能：

① 设备应具有自动和手动巡检功能，其自动巡检周期应能按需设定。

② 消防泵按消防巡检方式逐台启动运行，每台泵运行时间不少于 2min。

③ 设备保证在巡检过程中遇消防信号自动退出巡检，进入消防运行状态。

巡检中发现故障应有声光报警，具有故障记忆功能。

（3）供电、接地及防雷

火灾自动检测报警与消防联动控制系统为二级负荷，自带 UPS 系统，外部提供双回路 220V 交流电源。

火灾自动检测报警与消防联动控制系统所有配线架、接线端子箱等弱电系统通过 ZC-BV-450/750V 1×25mm² 阻燃型单股铜芯绝缘导线穿硬塑料管引至厂区综合接地网，要求接地电阻值不大于 1Ω。

火灾报警控制系统的报警主机、联动控制盘、火警广播、对讲通信等系统的信号传输线缆和电源线缆在线路进出建筑物边界处设置适配的信号线路浪涌保护器。消防控制中心与本地区或城市"119"报警指挥中心之间联网的进出线路端口应装设适配的信号线路浪涌保护器。火灾自动报警系统总电源进出线设置浪涌保护器。

（4）线路敷设方式

所有火灾报警系统的线路均采用耐火型，采用穿热镀锌钢管保护，并敷设在不燃烧体的结构层内，且保护层厚度不小于 30mm，当明敷时应采用可靠的防火措施。火灾自动报警系统的供电线路、消防联动控制线路应采用耐火电线电缆，报警总线、消防应急广播和消防专用电话等传输线路应采用阻燃或阻燃耐火电线电缆。

9.3.2.5 给排水

（1）水源

危险废物处置项目需要在厂区内新建一座消防水池和消防泵房，消防泵房设消防水泵，用于提供全厂的消防用水。消防水池、消防泵房与生产水池、给水泵房可以合建。

（2）建筑物消防系统

一般来说，危废处置工程主要的消防建筑有甲类暂存库、乙类暂存库、丙类暂存库、焚烧车间、预处理车间。

① 甲类暂存库产生火灾类型为甲类，根据《消防给水及消火栓系统技术规范》（GB 50974—2014），计算室内及室外消火栓设计流量。甲类暂存库面积不宜设置过大，根据《建筑设计防火规范（2018 年版）》（GB 50016—2014），单个防火分区小于 250m²。

② 乙类暂存库产生火灾类型为乙类，根据《建筑设计防火规范（2018 年版）》（GB 50016—2014），乙类暂存库须设置泡沫-水喷淋系统。乙类暂存库属于仓库危险级 Ⅱ 级，根据《自动喷水灭火系统设计规范》（GB 50084—2017）及《泡沫灭火系统技术标准》（GB 50151—2021），计算泡沫-水喷淋系统用水量和一次火灾用水量。

③ 丙类暂存库产生火灾类型为丙类，根据《消防给水及消火栓系统技术规范》（GB 50974—2014），计算室内及室外消火栓设计流量。根据《建筑设计防火规范（2018 年版）》（GB 50016—2014），丙类暂存库须设置闭式泡沫-水喷淋系统。丙类暂存库属于仓库危险级 Ⅱ 级，根据《自动喷水灭火系统设计规范》（GB 50084—2017）及《泡沫灭火系统技术标准》（GB 50151—2021），计算泡沫-水喷淋系统用水量和一次火灾用水量。

④ 焚烧车间产生火灾类型为丙类，根据《消防给水及消火栓系统技术规范》（GB 50974—2014），计算室内及室外消火栓设计流量。根据《建筑设计防火规范（2018 年版）》（GB 50016—2014），丙类暂存库必须设置闭式泡沫-水喷淋系统。由于焚烧车间垃圾料坑储存部分可燃性的危险废物，故设置泡沫消防炮灭火系统。根据《固定消防炮灭

火系统设计规范》（GB 50338—2003），计算消防水量及消防炮数量，并保证两股水柱能同时达到防护区任何一个部位。

⑤ 预处理车间产生火灾类型为乙类，根据《消防给水及消火栓系统技术规范》（GB 50974—2014），计算室内及室外消火栓设计流量。根据《建筑设计防火规范（2018 年版）》（GB 50016—2014），预处理车间须设置泡沫-水雨淋系统。乙类暂存库属于仓库危险级Ⅱ级，根据《自动喷水灭火系统设计规范》（GB 50084—2017）及《泡沫灭火系统技术标准》（GB 50151—2021），计算泡沫-水喷淋系统用水量和一次火灾用水量。

泡沫液选用 6%氟蛋白泡沫液，泡沫液供给时间 10min，泡沫液设计流量按用量最大的暂存库的计算量考虑。在设置泡沫灭火的建筑内设置泡沫储罐及比例混合器。

（3）罐区消防系统

① 废液储罐区储罐高度及容积均较小，依据《建筑设计防火规范（2018 年版）》（GB 50016—2014），本工程采用半固定式泡沫灭火系统和移动式冷却系统。

② 半固定式泡沫灭火系统由设备上连接的固定泡沫产生器、泡沫消防车以及水带连接组成，用水量很小。

③ 移动冷却水系统着火罐和临近罐喷水强度分别为 0.8L/（s·m）和 0.7L/（s·m），邻近罐超过 3 个时，可按照 3 个罐设计冷却水流量。

④ 消防给水系统设计

a. 根据《消防给水及消火栓系统技术规范》（GB 50974—2014）的规定，当同一时间火灾次数为一次时，消防用水量按照需水量最大的一座建（构）筑物计算，以此作为消防水池总有效容积的计算依据，由园区给水管网作为消防水池补水水源。

b. 厂区消防灭火系统主要包括室内外消火栓系统，自动喷水灭火系统，消防炮灭火系统。其中室内外消火栓系统合用一套管网，管网沿厂区环状布置，消防给水泵选用两台（一用一备）；自动喷水灭火系统管网沿厂区主要建筑环状布置，消防给水泵选用两台（一用一备）；消防炮灭火系统管网在室外沿厂区主要建筑环状布置，消防给水泵选用两台（一用一备）。生产水泵吸水管在消防水位设真空破坏孔，保证消防用水不被它用。

c. 厂区管网布置成环状，每间隔 120m 设一处地上式消火栓，室外环网主干管管径 DN200，消防泵房设两条供水管与室外管网连接，当其中一条损坏时，另一条仍能供应全部用水量。

d. 消防系统可采用临时高压消防系统，设置水箱间，水箱间内设置消防水箱和消防稳压装置，满足初期火灾消防用水量要求。

（4）灭火器布置

危废处置项目各建筑依据《建筑灭火器配置设计规范》（GB 50140—2005），合理配置灭火器。其中，各控制室、变配电室按严重危险级配置灭火器，其余房间按照轻危险级配置灭火器。各房间按照相关规范要求配置手提式或推车式磷酸铵盐干粉灭火器。

9.3.3　消防控制室

消防控制室是设有火灾自动报警控制设备和消防控制设备，用于接收、显示、处理火灾报警信号，控制相关消防设施的专门处所。具有消防联动功能的火灾自动报警系统的保护对象中应设置消防控制室。

9.3.3.1 设置要求

① 单独设置的消防控制室，其耐火等级不应低于二级；

② 附设在建筑物内的消防控制室，宜设置在建筑内的首层或地下一层（采取防水淹措施），并宜布置在靠外墙部位；

③ 不应设置在电磁场干扰较强及其他可能影响消防控制设备正常工作的房间附近；

④ 疏散门应直通室外或安全出口；

⑤ 消防控制室内的设备构成及其对建筑消防设施的控制与显示功能以及向远程监控系统传输相关信息的功能，应符合现行国家标准《火灾自动报警系统设计规范》（GB 50116—2013）和《消防控制室通用技术要求》（GB 25506—2010）的规定；

⑥ 消防控制室送、回风管的穿墙处应设防火阀；

⑦ 排水必须有良好的专门排水管道。

9.3.3.2 设备配置

消防控制室内设置的消防设备应包括火灾报警控制器、消防联动控制器、消防控制室图形显示装置、消防专用电话总机、消防应急广播控制装置、消防应急照明和疏散指示系统控制装置、消防电源监控器等设备或具有相应功能的组合设备。消防控制室应设有用于火灾报警的外线电话。消防控制室内严禁穿过与消防设施无关的电气线路及管路。

消防控制室的设备布置需要满足以下要求：

① 设备面盘前的操作距离，单列布置时不应小于 1.5m，双列布置时不应小于 2m；

② 在值班人员经常工作的一面，设备面盘至墙的距离不应小于 3m；

③ 设备面盘后的维修距离不宜小于 1m；

④ 设备面盘的排列长度大于 4m 时，其两端应设置宽度不小于 1m 的通道；

⑤ 与建筑其他弱电系统合用的消防控制室内，消防设备应集中设置，并应与其他设备间有明显的间隔。

9.3.3.3 人员要求

消防工作室设置 24h 全天制工作班次，双人值班，值班人员需要具有消防行业初级证书。

消防控制室一般设置在管理区办公楼一层处，对全厂的消防系统实时监控，且能够满足消防控制室的规范要求。

9.3.4 防范措施预期效果

根据消防法落实消防安全责任制，并遵照工厂安全、消防规范制度工作，落实以"防"为主的消防原则。

本工程在正常生产情况下，一般不易发生火灾，只有在操作失误、违反规程、管理不当及其他意外事故状态下，才可能由各种因素导致火灾发生。为减少火灾发生造成的损失，根据"预防为主，防消结合"的方针，在设计中针对主要火灾隐患做了全面考虑，严格按照有关规程、规范执行，在正常情况下可以防止和减少事故的发生。

9.4　除臭工程设计要点

9.4.1　臭气处理系统概述

（1）恶臭物质分类

　　① 含硫的化合物，如 H_2S、硫醇类、硫醚类；

　　② 含氮的化合物，如 NH_3、胺类、酰胺、吲哚类；

　　③ 卤素及衍生物，如 Cl_2、卤代烃；

　　④ 烃类，如烷烃、烯烃、炔烃、芳香烃；

　　⑤ 含氧有机物，如醇、酚、醛、酮、有机酸等。

（2）废气的危害

　　主要废气物质有氨气、硫化氢、甲硫醇、乙硫醇等，这些物质对人体的健康危害较大，具体说明如下：

　　① 硫化氢（H_2S）是可燃性无色气体，具有典型的臭鸡蛋味，它同时又是强烈的神经毒物，对黏膜有明显的刺激作用。当 H_2S 的浓度为 $16 \sim 32mg/m^3$ 时，人会出现畏光、流泪、刺眼睛等症状。

　　② 氨气（NH_3）是无色有强烈刺激性气味的气体，属于低毒类，主要对上呼吸道有刺激和腐蚀作用。当氨气浓度达到 $1750mg/m^3$ 可危及生命。

　　③ 甲硫醇（CH_4S）是无色气体，有卷心菜腐烂味，低毒性，对皮肤、眼和呼吸道有刺激作用，对中枢神经系统有麻醉作用。高浓度时可引起肺水肿和脑水肿，甚至可引起呼吸麻痹。

　　④ 乙硫醇（C_2H_6S）是无色液体，有不愉快的气味。蒸气对鼻、喉有刺激性，引起咳嗽和胸部不适。持续或高浓度吸入，会出现头痛、恶心和呕吐。液体或雾对眼有刺激性，也可引起皮炎。

　　废气成分性质表见表 9-6。

表 9-6　废气成分性质表（部分）

部分成分	物化性质	安全参数
氨气	极易溶于水，有强刺激味，沸点-33.5℃，密度 0.77g/L，相对密度 0.597，对皮肤、黏膜有刺激及腐蚀	爆炸危险度 17.9，爆炸下限 4%，爆炸上限 75.6%，闪点气态，自燃温度 560℃，最大爆炸压力 0.74MPa
硫化氢	能溶于水，无色，有臭鸡蛋味，沸点-60.4℃，相对密度 1.19，剧毒	爆炸危险度 9.9，爆炸下限 4.3%，爆炸上限 46%，闪点气态，自燃温度 260℃，最大爆炸压力 0.5MPa

部分成分	物化性质	安全参数
苯	难溶于水，无色，带芳香味，沸点 80℃，密度 0.88g/mL，会引起急性和慢性苯中毒，致癌物	爆炸危险度 7，爆炸下限 1.2%，爆炸上限 8%，闪点-11℃
甲烷	不溶于水，无色	爆炸危险度 2.0，爆炸下限 5%，爆炸上限 15%，闪点气态，自燃温度 595℃，最大爆炸压力 0.72MPa
甲硫醚	不溶于水，溶于乙醚等有机溶剂，沸点 37.3℃，相对密度 0.85，相对蒸汽密度 2.14	可发生氧化反应，有毒，爆炸下限 2.2%，爆炸上限 19.7%
甲硫醇	不溶于水，溶于乙醚等有机溶剂，沸点 7.6℃，相对密度 0.87，相对蒸汽密度 1.66	可发生氧化反应，有毒，爆炸下限 3.9%，爆炸上限 21.8%
氯化氢	无色气体，与水形成白色酸雾（盐酸），有刺激性气味，不燃，相对水密度 1.19，气态密度 1.477g/L，易溶于水	不燃

（3）废气净化系统工艺对比

针对常用的气态恶臭污染治理技术，综合评估其利弊，具体比较见表 9-7。

表 9-7　废气净化系统工艺的综合比较

废气处理工艺	净化技术原理	工作主体	适宜净化气体	备注
吸收法	利用污染物溶于水与其他化学物质氧化、中和、络合反应去除	物理吸收：水	水溶性气体组分	针对特定组分，去除效率较好；缺点是耗水量大、二次污染，一般用于水溶性组分回收
		化学吸收：酸碱	碱酸气体组分	去除效率高，反应快，缺点是有二次污染，气体浓度高时需采用多级吸收
		化学吸收：氧化剂	含微生物、易氧化气体组分	
活性炭吸附法	利用活性炭多孔结构及活性官能团，吸附有机污染物	活性炭	低浓度各类有机/无机气体	设备简单，一般用于末端净化，前端配预处理，或酸碱洗、除尘，处理效率高；缺点是二次污染，运行维护工作量大，运行成本高
蓄热燃烧法	高温（750℃）将有机组分焚烧分解	蓄热焚烧炉	中高浓度有机气体	处理 90%以上，应用性广；缺点是设备和运行费用高，温度控制复杂，需添加辅料燃烧
强氧氧化法	利用 O_3、·OH 和 O·自由基的强氧化性，分解有机组分	强氧发生器	低浓度、较活泼及不稳定的气体	具有占地小、操作方便和运行费用低等优点；缺点是去除效果一般，很难单独使用

废气处理工艺	净化技术原理	工作主体	适宜净化气体	备注
等离子法	利用高压电极产生离子及电子，裂解氧化有机组分	高压电场发生器	低浓度、较活泼及不稳定的气体	具有占地小、操作方便和运行费用低等优点；缺点是处理效果一般，很难单独使用，有安全隐患
紫外（UV）光解催化法	利用 C 波段 UV 光，裂解氧化有机组分	特定紫外线灯管	低浓度、较活泼及不稳定的气体	具有占地小、操作方便和运行费用低等优点；缺点是处理效果一般，很难单独使用
生物法	利用针对性微生物降解有机组分	微生物菌群	低浓度有机气体	针对特定有机恶臭有较好效果，处理效率80%左右；缺点是占地广，投入高，运行管理复杂，成分浓度须稳定

9.4.2　工艺流程及说明

任何一种废气治理方式都不能够做到十全十美，因此，在废气治理领域，尤其是危险废物行业、香精香料行业、生物制药行业、食品饮料行业的废气治理问题，需找到技术结合、工艺结合、强强联合、合力解决的处理方式。

根据除臭装置运行情况及废气组分，主要为 H_2S、NH_3、乙硫醇、恶臭组分，目前常用的除臭工艺为"碱喷淋+UV 光解+活性炭吸附+排气筒"的组合工艺。

废气通过废气通风系统收集后：第一步，通过碱喷淋塔预处理，去除氨气、硫化氢、酸碱性有机气体，降低后续活性炭的吸附压力；第二步，通过除湿除雾器，去除水汽液滴或含有水雾的异物，降低后续活性炭的吸附压力；第三步，通过 UV 光解，将有机物进行分解；第四步，通过活性炭吸附，去除难溶于水的恶臭有机组分；第五步，通过节能风机，高空排放。本工艺有以下优点：

① 废气净化效率高；

② 运行成本可进一步降低，由于前两道预处理工序活性炭有效时间长，不需要频繁更换。

除臭系统工艺流程如图 9-4 所示。

工艺流程描述如下：

① 废气经收集系统被风机抽送至碱洗涤塔下部进气口，气体由下而上运动，与向下喷淋的碱性洗涤液以逆流方式充分接触。喷淋的氢氧化钠溶液通过雾化喷嘴喷洒在填料上，在填料表面形成液膜，在废气穿过填料层的过程中，废气与液膜接触，废气中的硫化氢等酸性恶臭分子与氢氧化钠溶液液膜接触，形成传质过程。硫化氢分子和废气中含有的尘粒受到液膜的碰撞、拦截、阻滞、聚凝后，被吸附、捕集和吸收，发生一连串的化学和物理反应，最后生成可溶性盐，臭气被去除，废气得到有效净化。洗涤后的溶液分别流至装置底部的循环水箱，得到新鲜洗涤液补充后循环使用。

② 经化学洗涤塔净化单元净化后的废气经塔顶除雾脱水后进入除雾塔进行深度脱水除雾处理。经脱水处理后相继进入下一级的 UV 光解单元和活性炭吸附单元。

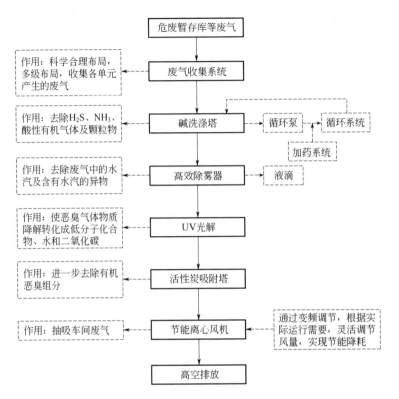

图 9-4　除臭系统工艺流程

　　经过上述处理后，可能有未完全处理的小分子污染物逃逸，因此后续连接活性炭吸附除臭系统。臭气从滤层外侧进入，经过滤层后经排放塔达标排放，将残留污染物吸附，防止污染物逃逸。

9.4.3　"三废"处理

（1）废气

　　臭气通过除臭系统后，经设置于烟囱上的监测系统检测后达标排放。

（2）废水

　　喷淋塔产生的废水经泵输送至厂区污水处理车间进行处理。

（3）固体废物

　　活性炭吸附箱每年产生的废活性炭可外运委托处理或运至填埋场进行填埋。产生的其他零星固体废物均可送至填埋场填埋。

9.4.4　通风系统设计

（1）清洁生产措施

　　设计车间整体换气、导管导出的方式。对于重点产生恶臭及废气点，设置局部集气罩以及导出管道等。既要考虑气体收集管路的合理性，还要考虑不能干涉设备正常运行。

清洁生产是一种新的创造性的思想，该思想将整体预防的环境战略持续应用于生产过程、产品和服务中，以提高生态效率和减少人类及环境的风险。针对企业的生产特点，推行清洁生产是提高废气治理效果的有效手段，一方面可以解决大量污染物排放的问题，从源头上削减污染物；另一方面也将有用化学原料的损耗降低，得到经济效益。而进行清洁生产，最重要的就是要通过技术改造，提高企业的生产工艺。

企业开展清洁生产，可以从以下几个方面着手：

① 加强管理，建立完善的清洁生产制度，将环保及清洁生产的理念应用于项目的设计建设过程中，提倡与废气末端治理相结合；

② 合理规范一线员工操作方式，确保所有操作工艺过程皆在废气收集系统要求的部位进行；

③ 规范产品运输、储存、转移等操作过程，尽量全密闭操作，减少无组织排放；

④ 建立和完善设备检修制度，做好设备的定期检修及日常检查，减少设备、管道的跑、冒、滴、漏现象，减少物料流失和控制污染物的增加；

⑤ 提高技术装备水平，工艺条件控制方面，力争采用自动控制；

⑥ 定期对生产过程原辅材料消耗、产品质量、"三废"产生量等指标进行对照审核，及时发现生产问题，并予以解决，提高物料利用率，降低消耗。

（2）通风系统布置

当车间存放众多危废时，有许多恶臭物质、有机废气、苯系物、萘的衍生物产生，必须将此区域进行密闭，密闭后通过吸气管道引至处理系统进行处理。

废气收集管道均靠内墙布置，抽风口可调节大小，车间尽量做到整体密闭，整个空间可以保持微负压，引风口均衡、合理分布。废气收集后通过引风系统送至除臭装置，风机后置。

（3）管道布置原则

① 管道的布置关系到整个系统的整体布局，而且直接关系到设计和运转的经济合理性；

② 管道布置尽量顺直，平行敷设，减少阻力；

③ 管道布置合理，不得出现通风短路，避免死角及漏点，吸风口尽量靠近污染源；

④ 输送剧毒气体的管道不允许正压，此风管不允许穿过其他房间；

⑤ 水平管道应有坡度，以便排水、放气、防积尘等，一般坡度为 0.002～0.005；

⑥ 风管应设计必要的调节和测量装置（如风阀、流量计、压力表、风速测量孔和采样孔等）；

⑦ 管道系统设计要求漏损小，保证吸风口的风量；

⑧ 管道与墙、设备、梁及管道之间有一定距离，以满足施工、检修的要求，各管件避免直接连接；

⑨ 管道与阀门应设支架、吊架，不宜支撑在设备上，管道焊缝不得位于支架处，焊缝

与支架的距离不应小于管径，至少不得小于 200mm。

（4）管道布置优化方案

① 废气收集管道均靠内墙布置，吸风口可调节大小；

② 车间尽量做到整体密闭，整个空间可以保持微负压；

③ 吸风口均衡、合理分布；

④ 废气收集后通过引风系统送至除臭装置，风机后置；

⑤ 根据废气大致成分的分析，除了甲烷（CH$_4$）等少量气体密度比空气小，其他大部分恶臭、VOCs 废气均为大分子有机物，密度都比空气大；

⑥ 根据《工业建筑供暖通风与空气调节设计规范》（GB 50019—2015）设计风管及吸风口布置，总风量 2/3 均在下部抽风，1/3 风量在上部抽风。

（5）通风管道的设计

1）风管设计

① 按照《机械设备施工手册》中换气用风管的规定进行设计。

② 当风压和风速超出《机械设备施工手册》规定范围时，采用具有足够强度的板厚。

③ 风管拐弯部位的内侧半径必须超过其径向宽度，当无法避免建筑物阻碍时，将考虑采用导流叶片以减小阻力。

④ 尽量避免风管突然变大、突然变小或者偏流等情况，减少压力损失。

⑤ 充分考虑确保风管分叉处具有相同的风速，应确保管道内主风管风速≤12m/s，干支风管风速为 4～8m/s。

⑥ 为防止臭气中的水蒸气凝结成水珠并积聚在风管内，风管可保持适当的倾斜角度，并在必要部位设置冷凝水排水口。

⑦ 所有废气收集管道必须有可靠的防静电及接地措施。

⑧ 与设备连接的接口必须采用柔性接头连接。

⑨ 管道输送系统根据各个不同的臭气源，采用管道收集输送方式，汇总至集气总管送入废气处理设备，并达标排放。

⑩ 气体输送管道采用抗紫外线 PP 材质。

⑪ 所有废气处理单元分支管及支管布置科学合理，三个车间的一级支管设置电动开度调节阀，库房的一级支管设置手动开度调节阀，在风机和风阀的前方和后方分别设置风量测量口。主控室实时显示分支管风量数值，操作人员根据数值调节分支管风量分配。所有集风口要具有风量调节功能，避免气体走短路的现象发生。

⑫ 玻璃钢风管制作安装要求符合《通风与空调工程施工质量验收规范》（GB 50243—2016）。

2）风管规格

根据《通风与空调工程施工质量验收规范》（GB 50243—2016），抗紫外线 PP 风管厚度要求如表 9-8 所列。

表 9-8　抗紫外线 PP 风管厚度要求

PP 管道直径	厚度/mm	PP 管道直径	厚度/mm
$\phi 200$	4	$\phi 850$	8
$\phi 250$	4	$\phi 900$	8
$\phi 300$	4	$\phi 950$	8
$\phi 350$	4	$\phi 1000$	8
$\phi 400$	5	$\phi 1100$	10
$\phi 450$	5	$\phi 1200$	10
$\phi 500$	5	$\phi 1300$	10
$\phi 550$	5	$\phi 1400$	10
$\phi 600$	6	$\phi 1500$	12
$\phi 650$	6	$\phi 1600$	12
$\phi 700$	6	$\phi 1700$	12
$\phi 750$	6	$\phi 1800$	12
$\phi 800$	8		

3）通风管道的设计

执行《通风管道技术规程》（JGJ/T 141—2017）规范并结合多年相关工程经验，管道系统设计一般采用流速控制法，即比摩阻法。

① 选择合适的气体流速，使技术经济合理，使得系统造价和运行费用之和最小；

② 确定系统最不利环路，即最远或局部阻力最多的环路，也是压损最大的管道，计算该管段压损作为通风管道系统总压损；

③ 对并联管路进行压损衡算，两支管的压损差相对值小于 15%；

④ 管路串联，风压相加，风量不变；

⑤ 管路并联，风压相同，风量相加。

（6）吸风口的设计

吸风口的设计参照国标《工业建筑供暖通风与空气调节设计规范》（GB 50019—2015）关于通风第 8.4.13 项规定和其他相关资料中关于风口选用的规定：吸风口设置在房间上方，吸风口面风速控制在 3.0～4.0m/s。

吸风口布置间隔在 4m 左右一个，均匀合理布置，控制抽风空间的风量流动，保持整个空间的微负压。

吸风口前端设置调节风阀，控制抽风截面，确保每个吸风口的抽风风量。

吸风口的面风速一般按表 9-9 中推荐的风速选取，当房间内对噪声要求较高时，吸风口的风速可适当降低。

表 9-9　吸风口对应面风速要求

吸风口所在位置		吸风口面风速/（m/s）
房间上部		4.0～5.0
房间下部	不靠近座位	3.0～4.0
	靠近座位	1.5～2.0
	走廊吸风	1.0～1.5

（7）通风管道选型

参照《供暖通风空调设计手册》《简明通风设计手册》，执行《工业建筑供暖通风与空气调节设计规范》（GB 50019—2015）、《通风管道技术规程》（JGJ/T 141—2017），进行全面的技术经济比较，选择合理的空气流速，进而确定风管的尺寸。计算公式如下：

$$D = 2\sqrt{\frac{Q}{3600\pi v}}$$

式中　D——风管直径，m；

　　　Q——风量，m^3/h；

　　　v——风速，m/s。

对于通风管道的风速确定，可参照表9-10取值。

表9-10　一般通风系统风管内的风速　　　　　　单位：m/s

风管部位	生产厂房机械通风		民用及辅助建筑物	
	钢板及塑料风管	砖及混凝土风道	自然通风	机械通风
干管	6～14	4～12	0.5～1.0	5～8
支管	2～8	2～6	0.5～0.7	2～5

考虑到管道选型及经济性，设计干管风速控制在 12～15m/s 之间，支管风速控制在 7～11m/s 之间。

（8）通风系统压损计算

风管内空气流动的阻力有两种：一种是由空气本身的黏滞性及其与管壁间的摩擦而产生的沿程能量损失，称为摩擦阻力或沿程阻力；另一种是空气流经风管中的管件及设备时，流速的大小和方向变化以及产生涡流造成比较集中的能量损失，称为局部阻力。

摩擦阻力（沿程阻力）可按下式计算：

$$\Delta P_m = \lambda v^2 \rho L/(2D)$$

式中　ΔP_m——摩擦阻力（沿程阻力），Pa；

　　　λ——摩擦阻力系数（PP 管取值范围 0.010～0.025）。

局部阻力可按下式计算：

$$\Delta P'_m = \xi v^2 \rho / 2$$

式中　$\Delta P'_m$——局部阻力，Pa；

　　　ξ——局部阻力系数。

（9）通风管道安装

执行《工业建筑供暖通风与空气调节设计规范》（GB 50019—2015）及《通风与空调工程施工质量验收规范》（GB 50243—2016）等相关标准并结合多年相关工程经验进行安装。

危废行业（气体存在易燃易爆物质成分）通风管道的安装需要注意以下几点：

① 风管安装前对风管位置、标高、走向进行技术复核后满足设计要求才可以安装。

② 搬运风管防止碰、撬、摔等机械损伤，安装时严禁攀登倚靠。

③ 风管安装前应对其外观进行质量检查，并清除其内外表面粉尘及管内杂物。安装中途停顿时，应将风管端口封闭。

④ 风管接口不得安装在墙内或楼板内，风管沿墙体距墙面大于 150mm。

⑤ 风管内不得敷设各种管道、电线或电缆，室外立管的固定拉索严禁拉在避雷针或避雷网上。

⑥ 风管测定孔应设置在不产生涡流区的便于测量和观察的部位。

⑦ 风管安装偏差应符合以下规定：水平风管水平度偏差不得大于 3mm/m，总偏差不得大于 20mm；垂直风管垂直度偏差不得大于 2mm/m，总偏差不得大于 20mm。

⑧ 风管在最低段需要安装引流管，用于排放风管内积液。

⑨ 风管走的有机气体成分复杂，存在安全隐患，需做防静电装置，接地电阻检测，并定期检查。

⑩ 通风支吊架安装要求如下：

收集风管安装设支吊架，间距满足《通风与空调工程施工质量验收规范》（GB 50243—2016）及《通风管道技术规程》（JGJ/T 141—2017），安装管道所用支吊架做法参考标准图集 08K132《金属、非金属风管支吊架》。

风管支吊架结构形式、规格符合设计产品技术文件要求。

风管支吊架与管道连接处安装减震垫，防止管道拖箍损坏风管；圆形风管、U 形管卡圆弧均匀，与风管外径一致；支吊架距离风管末端不大于 1000mm，距水平弯头的起弯点间距不大于 500mm，设在支管上的支吊架与干风管距离不大于 1200mm。

吊杆与吊架根部连接牢固。吊杆采用螺纹连接时，拧入连接螺母的螺纹长度应大于吊杆直径，并有防松动措施；吊架安装水平风管时设防晃支撑，距离不大于 20m 一个。

⑪ 防静电设计：除臭系统管道为不锈钢材质，在布置管道的时候考虑防静电处理，减少由于静电集聚导致危险事故，其他除臭系统管道材质为 PP。

⑫ 防火阀设计要求如下：

根据相关资料及《建筑设计防火规范（2018 版）》（GB 50016—2014），危废行业通风管道输送有毒有害、易燃气体。废气处理系统不承担消防要求，但建议废气通风管道做防火阀设计，前后两端风管采用耐火管道。

根据规范，通风管道穿过防火隔离墙时，穿越处风管上的防火阀两侧 2.0m 范围内采用耐火风管或风管外壁采用防火措施。

如果出现焚烧情况，废气处理系统风机一直在往外抽风：设计 70℃防火阀，当环境温度超过 70℃，防火阀关闭，切断废气外泄，避免影响到废气处理装置和室外通风管道；防火阀前后设计不锈钢管道，支撑防火阀，避免高温后管道变形导致防火阀掉落、漏风等情况发生。

9.4.5 关键设备设计

（1）洗涤塔选型设计

1）喷淋塔性能描述

喷淋塔，也可称为吸收塔、填料塔、净化塔，是气液反应系统中的常用设备，废气与液体逆向接触，经过洗涤对气体达到净化、除尘、降温等作用，目前广泛应用于工业酸碱废气处理中。

洗涤塔吸收工艺流程：洗涤塔的塔内气体由风机送入，气体由下向上流动；吸收液由耐酸碱泵打入塔顶，通过布液装置均匀向下喷淋，形成逆流吸收；吸收中和后的气体经塔内除雾段后，进入下个工序或排放。

① 采用立式洗涤塔，由药液箱、反应室、接触室、喷淋室、干燥室、吸附室、排气室等部分组成；

② 自动检测水位高低，能够实现自动补水；

③ 水箱结构设排污口，方便检修；

④ 空塔气速≤2m/s，填料停留时间≥1s，塔内停留时间≥3s；

⑤ 主体材料为耐腐蚀玻璃钢，连接螺栓选用304不锈钢；

⑥ 设备阻力小，阻力≤700Pa；

⑦ 维护保养方便，内件装拆方便；

⑧ 设备末端必须考虑出口废气除湿，脱水率≥95%；

⑨ 处理效果好，排放达标，运行费用低，操作简单，安全可靠。

2）化学洗涤塔（含循环泵）设计

① 操作温度为常温。

② 安装地点为室外。

③ 参照《固体废物处理工程技术手册》（聂永丰 主编）对填料塔进行设计。

④ 塔型选择原则：a. 物料系统容易起泡沫，宜用填料塔，板式塔容易雾沫夹带、泛塔，影响效率；b. 腐蚀性物料宜选用填料塔，填料塔宜用耐腐蚀材质制作；c. 传质速率由气相控制，宜选用填料塔，因填料塔内气相属于湍流；d. 洗涤塔塔内含填料、除雾器及一体式循环水箱。

⑤ 填料塔的设计

a. 吸收剂用量的确定。吸收剂用量由需要处理的气体流量和气体的初、终浓度确定。

吸收剂的用量，从设备投资与运行费用两方面影响到处理过程的经济效果，应选择合适的液气比，使两种费用之和最小。根据生产经验，一般情况下取吸收剂用量为最小用量的1.1~2.0倍比较适宜。

$$\frac{L}{V} = (1.1\sim2.0)\left(\frac{L}{V}\right)_{min}$$

式中　$\dfrac{L}{V}$——吸收塔操作性的斜率，称为液气比；

$\left(\dfrac{L}{V}\right)_{\min}$——最小液气比。

假设液气平衡关系符合亨利定律，可用下式计算：

$$\left(\frac{L}{V}\right)_{\min}=\frac{Y_1-Y_2}{\dfrac{Y_1}{m}-X_2}$$

式中　Y_1——进塔前气体浓度；

　　　Y_2——出塔前气体浓度；

　　　X_2——塔顶液相浓度。

计算切线斜率，液气比取 1.8L/m³。

b．塔径的确定。吸收过程中，混合气体流量随塔减小（污染成分被吸收），因此计算塔径一般都按塔底风量为计算依据。计算塔径关键在于适宜的空塔流速，而为确定空塔流速需要知道液泛流速（由于气速增大，当填料层持液量无法下降时，导致液流充满填料空隙，气体被阻隔时的气速）。

填料塔的液泛气速与液气比、物系的物性及填料的特性等有关，目前工程设计广泛采用埃克特（Eckert）通用关联图来计算填料层的压降及泛点气速。

玻璃钢喷淋塔实物图如图 9-5 所示。PP 喷淋塔实物图如图 9-6 所示。

图 9-5　玻璃钢喷淋塔实物图

图 9-6　PP 喷淋塔实物图

3）多面空心球填料

填料层作为气液两相间接触构件的传质设备。

塔内装有填料支承板，填料以乱堆方式放置在支承板上，填料的上方安装填料压板，以防被上升气流吹动。

喷淋液经喷淋系统喷淋到填料上，并沿填料表面流下。气体从塔底送入，经气体分布装置分布后，与液体呈逆流连续通过填料层的空隙，在填料表面上，气液两相密切接触进行传质。

填料特点：

① 该填料具有表面积大、压降小、免维护等特点；

② 材质采用耐酸碱、价廉易得的 PP 材质；

③ 材质对人体无害，不会产生二次污染，使用寿命达 10 年以上；

④ 该填料空隙率 91%，比表面积 236m²/m³，堆积密度 105kg/m³；

⑤ 适用于一般液体流量的应用场合，如洗涤塔。

填料技术参数表如表 9-11 所列。PP 填料实物图如图 9-7 所示。

表 9-11　填料技术参数表

名称	规格	尺寸/mm	比表面积/(m²/m³)	空隙率/%	堆重/(kg/m³)	堆积个数	干填料因子
PP 多面空心球	φ25	25×25×1.2	236	91	85	48300	285
	φ38	38×38×1.24	151	91	85	15800	200
	φ50	50×50×1.5	100	92	60	6300	130
	φ65	65×65×2.6	72	92	62	1930	90

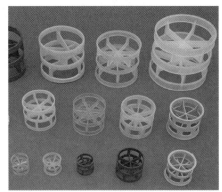

图 9-7　PP 填料实物图

4）高效脱水除雾装置优化设计

脱水除雾装置设置在塔体顶部位置，用于吸收塔中气体夹带的液滴，以保证传质效率，降低有价值物料的损失，降低气体含水量，延长后续处理装置及风机的寿命。

脱水除雾装置采用折流板+丝网结构。材料选用 PP，其光滑、耐腐蚀、吸收性好。经脱水除雾装置处理后，气体含水率降至 85%以下，同时还起到过滤吸附作用。

脱水除雾装置工作原理：当带有雾沫的气体以一定速度上升通过除雾层时，由于雾沫上升的惯性作用，雾沫与除雾层相碰撞而被附着在除雾材料表面上。除雾材料表面上雾沫的扩散、雾沫的重力沉降，使雾沫形成较大的液滴。除雾材料的可润湿性、液体的表面张力及毛细管作用，使液滴越来越大，直到聚集的液滴大到其自身产生的重力超过气体的上升力与液体表面张力的合力时，液滴就从除雾材料上分离下落。气体通过脱水除雾装置后，基本上不含雾沫。分离气体中的雾沫，以改善操作条件，优化工艺指标，减轻设备腐蚀，延长设备使用寿命，增加处理量及回收有价值的物料，保护环境，减少大气污染等。结构简单体积小，除沫效率高，阻力小，质量轻，安装、操作、维修方便，脱水除雾装置对粒径≥3～5μm 的雾沫捕集效率达 98%～99.8%，而气体通过脱水除雾装置的压力降却很小，只有 250～300Pa，有利于提高设备的生产效率。

折流板除雾器及丝网除雾器实物图分别如图 9-8、图 9-9 所示。

图 9-8　折流板除雾器实物图

图 9-9　丝网除雾器实物图

5）喷淋系统设计

塔内喷淋装置主要包括喷头、循环水泵、泵进口配滤网、法兰管、喷头组件等，塔带一体式循环水槽循环喷淋。

① 塔内喷淋装置：喷淋管道采用 PP 管道制作。

② 喷嘴型号：螺旋喷嘴，材质 PP。

③ 螺旋喷嘴：该喷嘴属于冲击式锥形喷嘴，是液体通过与连续变小的螺旋线体相切和碰撞后，变成小液滴喷出，进出喷嘴腔体，从进口至出口的通道畅通设计，无任何叶片和导流片阻碍，在同等流量的情况下，螺旋喷嘴的最大畅通直径是常规喷嘴的 2 倍以上，从而最大限度上减少了阻碍现象的发生，被称为"永不堵塞的喷嘴"。

6）塔循环泵介绍

循环泵采用 PP 材质专业制造，耐酸碱性、耐腐蚀性极强。每一个产品和配件都经过严格测试，实现不良品零流的原则。

选用 JKD/JKH 型，为可空转循环泵，干式密封，是高强度耐腐蚀泵。

① 泵体采用玻纤增强聚丙烯（FRPP）材质，具有耐高温、耐腐蚀之特性。

② 干式密封可确保防止马达及轴承被化学气体侵蚀，延长马达及泵的使用寿命。

③ 适用于酸洗、碱洗废气洗涤塔，冷却循环及搭配过滤器使用。

④ 泵可无水空运转使用，绝不会损坏。

⑤ 用于高腐蚀性药液及环境下，建议另选购钛金属螺丝，以及经环氧树脂涂装处理的马达，增强耐腐蚀性及延长使用寿命。

⑥ 创新采用 FRPP 材质的马达联结座，相较于传统 FC 马达，前托架能大大降低酸气腐蚀及机体重量。可配防爆电机。

⑦ 循环水泵电源 380V、50Hz；防护等级为 IP55；F 级绝缘；B 级温升；噪声＜65dB（A）；轴承温度＜70℃。

JKD 可空转直立式泵及 JKH 可空转直立式泵实物图分别如图 9-10、图 9-11 所示。

图 9-10　JKD 可空转直立式泵实物图

图 9-11　JKH 可空转直立式泵实物图

（2）活性炭装置选型设计

活性炭吸附塔是一种干式废气处理设备。由箱体和装填在箱体内的吸附单元组成。活性炭吸附装置材质为 Q235B。吸附剂采用颗粒状活性炭，滤床过滤风速 0.2～0.6m/s，吸附剂与气体接触时间 0.5～2s，设备外壳采用碳钢防腐，厚度≥2mm，带观察窗、检修口、装卸口等。活性炭的压损控制在 600～1000Pa。

1）活性炭吸附装置介绍

① 活性炭设备过滤风速<0.6m/s，活性炭与臭气有效接触时间≥0.5s（结合结构图提供计算书）。

② 塔体外壳全部采用有机玻璃钢材质，骨架采用不锈钢材质。设置压差变送器，用于实时监控活性炭压损，及时更换维护。

③ 报价文件设备注明活性炭填装量，要求使用周期不少于 3 个月。

④ 设备阻力小，阻力≤1200Pa。

⑤ 活性炭吸附采用的活性炭要求为煤质柱状炭，粒径为 4mm，活性炭技术指标如表 9-12 所列。

表 9-12　活性炭技术指标

粒径/mm	ϕ（4～8）×10
碘值/（mg/g）	≥850
比表面积/（m²/g）	≥1000
充填密度/（g/m³）	0.5～0.6
强度/%	≥90
四氯化碳吸附值/%	>60
苯吸附值/%	30
水分/%	≤5
灰分/%	≤12

⑥ 活性炭吸附装置为保证气体通过活性炭层时的稳定性和均匀性，防止气体偏流，活性炭装填采用"上填下出"。

2）活性炭吸附装置优点

① 活性炭吸附装置具有吸附效率高、适用面广、维护方便、能同时处理多种混合废气等优点；活性炭吸附装置可用不锈钢、碳钢、镀锌板、PP、FRPP 等材质制作，广泛应用于制药、冶炼、化工、机械、电子、电器、涂装、制鞋、橡胶、塑料、印刷及环保脱硫、除臭和各种工业生产车间产生的有害废气的净化处理。

② 大风量活性炭装置采取单侧进风、单侧出风、上部加料、下部卸料等结构，小风量活性炭装置采用抽屉式结构，克服了传统活性炭过滤器过滤阻力大、过滤面积小、占地面积大、设备投资高、更换活性炭困难等缺陷。

3）活性炭吸附装置的工作原理

活性炭吸附装置是利用活性炭的多孔性以及活性官能团。由于活性炭表面上存在着未平衡饱和的分子力或化学键力，因此当此活性炭表面与气体接触时，就能吸引气体分子，使其浓集并保持在活性炭表面，此现象称为吸附。本工艺所采用的活性炭吸附法就是利用固体表面的这种性质，当废气与大表面积的多孔性活性炭相接触，废气中的污染物被吸附在活性炭固体表面，从而与气体混合物分离，达到废气处理的目的。

活性炭吸附可分为物理吸附和化学吸附。物理吸附亦称范德华吸附，是由吸附剂与吸附质分子之间的静电力或范德华引力导致的吸附。当固体和气体之间的分子引力大于气体分子之间的引力时，即使气体的压力低于与操作温度相对应的饱和蒸气压，气体分子也会冷凝在固体表面上。物理吸附是一种吸热过程。

化学吸附亦称活性吸附，是由吸附剂表面与吸附质分子间的化学反应力导致的吸附。它涉及分子中化学键的破坏和重新结合，因此，化学吸附过程的吸附热较物理吸附过程大。

4）活性炭对废气吸附的特点

① 对于芳香族化合物的吸附优于对非芳香族化合物的吸附。

② 对带有支链的烃类物质的吸附优于对直链烃类物质的吸附。

③ 对有机物中含有无机基团物质的吸附总是低于不含无机基团物质的吸附。

④ 对沸点高的化合物的吸附总是优于小分子量和沸点低的化合物的吸附。

⑤ 吸附质浓度越高，吸附量越高。

⑥ 吸附剂内表面积越大，吸附量越高。

活性炭吸附装置照片如图 9-12 所示。

图 9-12　活性炭吸附装置照片

5）选用活性炭参数

活性炭吸附装置常规选用的活性炭参数如表 9-13 所列。

表 9-13　活性炭参数一览表

项目	指标
外观	黑色、柱形
直径/mm	4
含水量/%	≤5
堆积密度/（g/cm^3）	0.5～0.6
着火点/℃	420
比表面积/（m^2/g）	≥1000
总孔容积/（cm^3/g）	约 0.88
微孔容积/（cm^3/g）	约 0.40
碘吸附值/（mg/g）	≥900
苯酚吸附值/（mg/g）	140
四氯化碳吸附值/%	50～70

（3）风机设备选型设计

1）风机概况

① 引风机为侧吸式离心通风机，卧式安装，与电机置于同一机座。

② 风机压力应满足以下方面的压力损失：a. 考虑臭气收集风管的管道风压损失；b. 处理设备的自身风阻；c. 臭气排放管的风压损失。

③ 风机壳体和叶轮采用玻璃钢防腐材料。

④ 额定风量以 20℃、湿度 65%为准，总绝对效率应不低于 80%。并根据风量-压力曲线，确定适当的电机功率。轴与壳体贯通处无气体泄漏。

⑤ 外形尺寸设计：满足箱体内部设备的日常维护及检修的通道距离。

⑥ 功能性设计：风机必须设置防振垫，满足降噪之效果，振动速度有效值不超过 6.3mm/s。

⑦ 结构设计：箱体整体性好，强度优越，结构紧凑，有检修通道。

⑧ 设备正常满负荷运行时设备外 1m 处噪声要求≤60dB（A）。叶轮动平衡精度不低于 2.5 级，且能 24h 连续运转。设有防振垫，隔振效率≥80%。

⑨ 风机带变频控制，防护等级 IP55，电流 380V、50Hz，F 级绝缘。

⑩ 风机出入口设置软接头连接，相互之间有足够的距离，便于阀门之间的管道安装及设备的维修和装拆。

风机传动箱为油浴式，轴承油浴式联轴座设计，轴承采用日本进口 NSK 轴承，使用寿命 10000h 以上；动平衡校正等级 G2.5 级以上，达 ISO9140 要求；风机电机（优质产品）绝缘等级为 F 级，外壳防护等级为 IP55；风机振动速度≤4.5mm/s，无 SCC，达 ISO2372

要求；风机机架采用热镀锌材料制作，连接螺丝全部为标准 SUS304 不锈钢材料。风机减振器采用 I 型弹簧减振器。风机采用皮带传动，皮带采用高张力皮带，使用寿命 1 年，安全系数 150%。

风机进风口所用阀门为逆止阀+手动一体对开多页调节阀，严禁使用插板阀及单页阀，DN1000（含）以上规格调节阀叶片应不少于 4 个，每个叶片应加强处理，符合使用要求；叶片调节范围为 0～90°。

2）引风机性能参数及材料

引风机的选型主要根据风机所需的风量和风压确定。

3）引风机介绍

除臭系统排风机与对应除臭设备配套供应。风机额定风量以 20℃、湿度 65%为准，最高温度≤85℃，总绝对效率≥80%。

引风机压力满足以下几方面的压力损失：

① 考虑臭气收集风管的管道风压损失；

② 末端活性炭吸附设备的阻力；

③ 处理后尾气至排放筒排放口的风压损失。

风机采用侧吸式离心风机，以卧式安装，与电机置于同一机座，风机需适应于腐蚀性空气条件下的长期 24h 连续运行。

除臭净化装置配套除臭风机采用一对一变频控制，1～3 号除臭系统风机电机选用防爆型。风压在最大抽气量条件下，具有高于系统压力损失 10%的余量，并根据风量-压力曲线，确定适当的电机功率。风机外壳和叶轮材质为 FRP 制作；轴心材质为纤维增强复合材料（FRP）；传动组选用进口高张力皮带及美式免敲击拆卸式皮带轮；风机机组振动，符合 ISO2372 规范之 4.5mm/s 等级；轴心与轴承座均需加装 FRP 材质保护盖，以防腐蚀；风机基座必须经热浸镀锌后涂底漆并使用环氧树脂进行涂层；所有铁架结构均为 SS41 碳钢，并加环氧涂层。轴与壳体贯通处，不会泄漏气体。

振动速度有效值不得超过 6.3mm/s。排风机设置防振垫，隔振效率应≥80%。

风机配隔声箱（罩），以确保风机运行噪声（包括电动机在内）≤70dB（A）（在离风机 1m 地方度量）。隔声箱：FRP 面板+铝合金边框条+玻璃纤维消声棉+出入口软接。

叶轮的动平衡精度不低于 G2.5 级，且能 24h 连续运转。

防护等级 IP55，电流 380V、3 相、4P、50Hz，F 级绝缘，B 级升温。

排风机与进风阀应设置弹性接头（柔性连接），避免风机的正常振动影响风管及除臭设备。该进风阀的调节范围为 50%～100%。

（4）排气筒选型设计

1）排气筒系统采样

按照《固定源废气监测技术规范》（HJ/T 397—2007）、《固定污染源排气中颗粒物测定和气态污染物采样方法》（GB 16157—1996）及当地环保及验收部门的要求。

① 采样口优先选择垂直管段，即排气筒段；

② 采样口位置应设在距弯头、阀门、变径下游方向不小于 6 倍直径，且距上述部件不

小于 3 倍直径处；

③ 采样断面的气流速度最好在 5m/s 以上；

④ 采样平台面积 1.5m^2，并设有 1.1m 护栏及 10cm 的挡脚板；

⑤ 采样口直径 100mm，并配合阀门封闭。

2）排气筒系统介绍

排气筒为立式圆柱形，采用抗紫外线 FRP。

执行《工业建筑供暖通风与空气调节设计规范》（GB 50019—2015）设计风速 15～20m/s。

排气筒及支架实物图如图 9-13 所示。

图 9-13　排气筒及支架实物图

9.4.6　应急措施

（1）洗涤塔系统应急措施

臭气处理系统中洗涤塔系统常见故障及应急对策如表 9-14 所列。

表 9-14　洗涤塔系统常见故障及应急对策

常见故障	原因	解决方法
洗涤塔机内压降太低	风机皮带松弛打滑	拉紧皮带或更换皮带
	错误的皮带轮尺寸	装入正确的皮带轮
	不正确的马达电路	改正电路
	风机故障	检修风机
	马达故障	检修马达
	填充材高度下降	增加填充材

续表

常见故障	原因	解决方法
洗涤塔机内压降太高	填充材阻塞 除雾器阻塞 不正确的风机速度	清除阻塞物 清除阻塞物 调整至正确风机速度
化学剂浓度太低	溢流水量太高 加药量不够 加药桶内无药剂 加药机损坏 pH 值设定过低	调整溢流并检查排水 调整加药机冲程 添加药剂 检查加药机 调整 pH 值设定
化学剂浓度太高	加药量太高 药剂自然流入洗涤塔 pH 值设定过高	调整加药机冲程 检查注入阀 调整 pH 值设定
除雾效果不佳	气体流量太高 除雾层过低	调整气流至适当状态 检查如不够时增加层数

（2）活性炭吸附塔系统应急措施

臭气处理系统中活性炭吸附塔系统常见故障及应急对策如表 9-15 所列。

表 9-15　活性炭吸附塔系统常见故障及应急对策

常见故障	原因	解决方法
吸附塔机内压降太低 （需用差压表量测，差压表 为选用配备）	风机皮带松弛打滑 错误的皮带轮尺寸 不正确的马达电路 风机故障 马达故障 滤材损坏	拉紧皮带或更换皮带 装入正确的皮带轮 改正电路 检修风机 检修马达 更换滤材
吸附塔机内压降太高（需用差压表量 测，差压表为选用配备）	填充吸附滤材阻塞 填充吸附滤材饱和 除雾器阻塞 不正确的风机速度	清除阻塞物 更换滤材 清除阻塞物 调整至正确风机速度
吸附效果不佳	气体流量太高 填充吸附滤材饱和 过滤吸附面不足	调整气流至适当状态 更换滤材 增加或更换吸附过滤材料
除雾效果不佳	气体流量太高 除雾层过低	调整气流至适当状态 检查如不够时增加

（3）排风机应急措施

臭气处理系统中排风机常见故障及应急对策如表 9-16 所列。

表 9-16　排风机常见故障及应急对策

常见故障	原因	解决方法
风机平衡不佳，产生振动	叶轮叶片剥落破损 叶轮有粉尘或结晶物附着 叶轮变形产生不平衡振动 叶轮因异物吸入造成振动 轴心弯曲，腐蚀 轴承座螺丝松脱，轴承磨损滚珠脱落 避振器腐蚀，固定铁架腐蚀	更换叶轮 拆下叶轮清除粉尘或结晶物 叶轮重新做动平衡校正 取出被吸入异物 更换轴心 更换轴承 更换避振器，更换固定铁架
轴承异常发热及产生异音	轴承润滑黄油流失、脏污、生锈或磨损	重新打黄油，必要时更换轴承
皮带及皮带轮产生异音	皮带过松	调整皮带及皮带轮
马达异常发热及产生异音	马达轴承润滑黄油流失、脏污、生锈或磨损 马达负载过大 马达绝缘阻抗降低，马达线圈烧毁，导致欠相连转	更换马达轴承 检查马达负载过大之原因（如风量过大，上述风机故障情况未排除等） 重绕马达线圈，或更换马达

（4）循环泵系统应急措施

臭气处理系统中循环泵系统常见故障及应急对策如表 9-17 所列。

表 9-17　循环泵系统常见故障及应急对策

常见故障	原因	解决方法
运转中完全无水吐出，压力表无压力指示，运转中吐出压力不稳定	水位比吸入端低造成吸入空气，吸入端过滤装备阻塞	检查补水是否正常，清洗过滤设备将泵空气排出阀打开让空气排出
运转中压力缓慢上升	杂质阻塞喷嘴	检查并清洗过滤装备，清洗喷嘴
运转中低水位但不会停机	杂质阻塞液位计或液位计故障	检查并清洗液位计或更换液位计

9.5　危险废物的鉴别要点

9.5.1　鉴别依据

① 《危险废物鉴别标准　通则》（GB 5085.7—2019）；

② 《危险废物鉴别标准　腐蚀性鉴别》（GB 5085.1—2007）；

③ 《危险废物鉴别标准　急性毒性初筛》（GB 5085.2—2007）；

④ 《危险废物鉴别标准　浸出毒性鉴别》（GB 5085.3—2007）；
⑤ 《危险废物鉴别标准　易燃性鉴别》（GB 5085.4—2007）；
⑥ 《危险废物鉴别标准　反应性鉴别》（GB 5085.5—2007）；
⑦ 《危险废物鉴别标准　毒性物质含量鉴别》（GB 5085.6—2007）。

9.5.2　鉴别内容

危险废物分析鉴别包括以下内容：
① 物理性质，物理组成、容重、尺寸；
② 工业分析，固定碳、灰分、挥发分、水分、灰熔点、低位热值；
③ 元素分析和有害物质含量；
④ 特性鉴别（腐蚀性、浸出毒性、急性毒性、易燃易爆性）；
⑤ 反应性；
⑥ 相容性。

9.5.3　鉴别要求

进厂危险废物鉴别分析需严格按照《危险废物鉴别技术规范》（HJ 298—2019）和《危险废物鉴别标准　通则》（GB 5085.7—2019）要求进行；进厂的因突发事故所产生的未知危废，需严格遵照《危险废物鉴别标准　浸出毒性鉴别》（GB 5085.3—2007）、《危险废物鉴别标准　毒性物质含量鉴别》（GB 5085.6—2007）要求进行鉴别。

鉴别结果记入分析报告，并对危险废物进行标识，同时记录在危险废物管理软件中。根据危险废物的种类、数量、性质以及处理处置设施能力制订配伍计划。

实验室在危险废物综合处置项目中起着重要的作用。从危险废物进厂检验、预处理工艺确定的验质检测到全场的环境安全检测，都离不开实验室的分析鉴别，因此实验室的设置对全场的生产安全、环境安全起着控制作用。化验室内配备专职化验分析技术人员，并配备危险废物特性鉴别及污水、烟气和灰渣等常规指标监测和分析的仪器设备。

为了确保项目不因设备故障导致入场物料不能及时检测，项目化验室大部分设备均有备品；对于大型的原子吸收和电感耦合等离子体原子发射光谱（ICP-AES）等检测仪器，储备易损件，便于在出现故障后及时更换，尽快恢复；同时公司将与检测设备厂家签订协议，要求在无法自行修复故障时，厂家售后需在24h内达到现场解决故障，恢复检测分析。

危险废物进场均为白天，因此检测分析室采取白班+夜间和周末值班的工作方式，将检测分析技术人员安排在物料集中进场时间上班，确保每批次物料进厂都有检测分析人员及时进行取样；周末或节假日安排至少两人值班，保证来料的及时取样送检。针对物料来源的不确定性和复杂性，对进场每批物料都进行取样，送实验室分析检测。

9.5.4　鉴别程序

9.5.4.1　鉴别工作程序

目前国家尚未发布统一的工作程序，参照环保部发布的《危险废物鉴别工作指南（试行）（征求意见稿)》（环办土壤函〔2016〕2297 号）及《危险废物鉴别工作程序与管理规定（征求意见稿)》。委托方以书面形式委托鉴别单位开展鉴别工作，同时提供与待鉴别固体废物相关的原辅材料、工艺过程、理化特性及环评中涉及的相关内容等技术资料。危险废物鉴别工作程序可分为五个步骤。

（1）属性初筛

① 固体废物属性判定标准　根据《固体废物鉴别标准　通则》（GB 34330—2017）的规定，不属于固体废物的，则被鉴别物亦不属于危险废物；经判别属于固体废物的，需做进一步鉴别。

② 危险特性属性初筛　被鉴别物属于固体废物的，鉴别机构应确定被鉴别物是否列入《国家危险废物名录》（2021 年版）。根据废物的成分和来源、危险特性来进行分类。名录所列的危险废物主要是各行业不同生产工序产生的具有危险特性的各种废物，但废物中有害物质的成分、含量并不确定。由于名录中危险废物产生环节缺乏相应的补充说明，易造成危险废物产生源、工艺流程、有害成分不明确，经常出现废物类别、代码套用错误的情况。

经对照名录，被鉴别物列入名录的，则属于危险废物，不需要进行危险特性鉴别。

（2）鉴别方案编制和论证

鉴别单位根据待鉴别固体废物的产生特性和污染特性，依据《危险废物鉴别技术规范》（HJ 298—2019）编制鉴别工作方案。

工作方案包括以下主要内容：

① 待鉴别固体废物产生工艺流程、涉及原辅材料和产生情况描述。

② 与待鉴别固体废物有关的生产能力和生产现状。

③ 危险特性鉴别项目的识别。通常情况下，检测项目应当根据被鉴别废物的性质，结合其产生源特性，根据《危险废物鉴别标准》筛选确定，需逐项说明检测项目筛选和排除依据。

当无法确定固体废物是否存在《危险废物鉴别标准》规定的危险特性或毒性物质时，按照以下顺序进行检测：a. 反应性、易燃性、腐蚀性检测；b. 浸出毒性中无机物质项目的检测；c. 浸出毒性中有机物质项目的检测；d. 毒性物质含量鉴别项目中无机物质项目的检测；e. 毒性物质含量鉴别项目中有机物质项目的检测；f. 急性毒性鉴别项目的检测。如果确认其中某项特性不存在时，不进行该项目检测，按照上述顺序进行下一项特性检测。

④ 采样工作方案。包括采样技术方案和组织方案。

⑤ 检测工作方案。包括检测技术方案和组织方案。环境污染案件危险废物鉴别的检测工作应以溯源分析为重点，对样品的物理、化学性质等进行分析检测，以确定固体废物的名称、产生源和危险特性。

⑥ 方案专家论证。对鉴别工作方案进行技术论证，参与人员包括环境管理、分析测试和行业工艺等方面的专家和人员。根据论证意见，将完善后的方案作为最终鉴别工作方案。

（3）采样和检测

鉴别单位、检测单位按照鉴别工作方案，依据《工业固体废物采样制样技术规范》和

《危险废物鉴别标准》开展采样和检测工作，并出具检测报告。

① 环境污染案件危险废物鉴别的样品应是从导致污染的固体废物中提取并能代表全部固体废物特性的典型样品，每种典型样品的数量宜控制在 10 个以内；固体废物产生单位的危险废物鉴别的采样工作按《危险废物鉴别技术规范》要求执行，采样过程应记录和核实委托方生产情况，如发现委托方生产工艺发生重大变动，对鉴别结论可能产生重大影响的，应终止采样，视情况重新编制鉴别方案或重新采样。样品的采集、制样和封装至少由 2 名技术人员共同完成，并保留被鉴样品，以供发生异议、争议等情况时进行鉴别结论复核。

② 在进行浸出毒性和毒性物质含量的检测时，可根据固体废物的产生特性首先对可能的主要毒性成分进行相应项目的检测。在检测过程中，如果一项检测的结果超过标准限值，即可判定该固体废物为具有该种危险特性的危险废物。是否进行其他特性或其余成分的检测，应根据实际需要确定。如鉴别结果不足以判断危险废物代码，可进一步对其他危险特性进行检测。在进行毒性物质含量的检测时，当同一种毒性成分在一种以上毒性物质中存在时，以分子量最高的毒性物质进行计算和结果判断。

③ 如检测过程需采用非标准方法，需按检测单位质量认证文件相关程序开展非标准方法制定和验证。

④ 检测报告应按照中国计量认证的要求进行编写，至少包括任务范围、采样与检测时间、采样及检测使用的主要仪器、采样方法、采样工作情况、样品保存情况、样品预处理方法、检测分析方法、检测结果、质量控制等信息。

（4）属性判断

① 检测结果中超过 GB 5085.1—2007～GB 5085.6—2007 中相应标准限值的份样数大于或者等于《危险废物鉴别技术规范》（HJ 298—2019）中表 3（见表 9-18）中的超标份样下限，即可判定该固体废物具有该种危险特性 [第(3)条除外]。

表 9-18 超标份样下限值

份样数	超标份样数限值	份样数	超标份样数限值
5	2	32	8
8	3	50	11
13	4	80	15
20	6	≥100	22

② 如果采取的固体废物份样数与表 9-18 中的份样数不符，按照与实际份样数最接近的较小份样数进行结果的判断。

③ 如样品为含多种材料的报废产品类固体废物，检测结果需根据分解后各材料的比例和检测结果计算样品的危险特性，并按上述要求对固体废物是否属于危险废物做出判断。

④ 如样品为混合固体废物，检测结果需根据理论分析和物料平衡计算不同固体废物的危险特性，并按上述要求做出判断。如无法根据理论分析和物料平衡计算不同固体废物

的危险特性，可假设所有检出的危险特性来自其中一种固体废物，计算该固体废物的危险特性，并按上述要求做出判断。

⑤ 若鉴别属于危险废物，应根据《国家危险废物名录》（2021 年版）的有关规定给出其危险废物归类代码。

（5）出具鉴别报告

鉴别报告包含以下主要内容：

① 鉴别委托情况；

② 固体废物产生源的详细描述；

③ 待鉴别固体废物是否属于危险废物的结论及相关判断依据；

④ 开展采样检测的，还应包含鉴别方案、采样情况记录和检测报告等相关材料。

9.5.4.2　判定规则

（1）危险废物判定规则

① 具有毒性（包括浸出毒性、急性毒性及其他毒性）和感染性等一种或一种以上危险特性的危险废物与其他固体废物混合，混合后的废物属于危险废物。

② 仅具有腐蚀性、易燃性或反应性的危险废物与其他固体废物混合，混合后的废物经鉴别不再具有危险特性的，不属于危险废物。

③ 危险废物与放射性废物混合，混合后的废物应按照放射性废物管理。

（2）危险废物处理后判定规则

① 具有毒性（包括浸出毒性、急性毒性及其他毒性）和感染性等一种或一种以上危险特性的危险废物处理后的废物仍属于危险废物，国家有关法规、标准另有规定的除外。

② 仅具有腐蚀性、易燃性或反应性的危险废物处理后，经鉴别不再具有危险特性的，不属于危险废物。

（3）样品的检测

① 固体废物特性鉴别的检测项目应依据固体废物的产生源特性确定。根据固体废物的产生过程可以确定不存在的特性项目或者不存在、不产生的毒性物质，不进行检测。固体废物特性鉴别使用 GB 5085 规定的相应方法和指标限值。

② 无法确认固体废物是否存在 GB 5085 规定的危险特性或毒性物质时，按下列顺序进行检测：a. 反应性、易燃性、腐蚀性检测；b. 浸出毒性中无机物质项目的检测；c. 浸出毒性中有机物质项目的检测；d. 毒性物质含量鉴别项目中无机物质项目的检测；e. 毒性物质含量鉴别项目中有机物质项目的检测；f. 急性毒性鉴别项目的检测。在进行上述检测时，如果确认其中某项特性不存在时，不进行该项目的检测，按照上述顺序进行下一项特性的检测。

③ 在检测过程中，如果一项检测结果超过 GB 5085 相应标准值，即可判定该固体废物为具有该种危险特性的危险废物。是否进行其他特性或其余成分的检测，应根据实际需要确定。

④ 在进行浸出毒性和毒性物质含量的检测时，应根据固体废物的产生源特性，首先对可能的主要毒性成分进行相应项目的检测。

⑤ 在进行毒性物质含量的检测时，当同一种毒性成分在一种以上毒性物质中存在时，以分子量最高的毒性物质进行计算和结果判断。

⑥ 无法确认固体废物的产生源时，应首先对这种固体废物进行全成分元素分析和水分、有机分、灰分三成分分析，根据结果确定检测项目，并按照第②条规定进行检测。

⑦ 根据第①、④、⑥条规定确定固体废物特性鉴别检测项目时，应就固体废物的产生源特性向与该固体废物的鉴别工作无直接利害关系的行业专家咨询。

9.5.4.3 鉴别单位

依据《危险废物鉴别工作指南（试行）（征求意见稿)》（环办土壤函〔2016〕2297号），危险废物鉴别单位需具备以下条件：

① 具有法人资格，能够独立、客观、公正、科学地开展鉴别工作。对鉴别结论的科学性、准确性负责，并能够承担相应的法律责任。

② 具有8名以上环境工程、分析化学、环境监测、化学工程等相关专业中级以上技术职称，并有3年以上危险废物管理或研究经历的技术人员，其中技术负责人应具有高级技术职称。

③ 具有危险废物管理或研究经历和相应的技术基础，熟悉危险废物特性鉴别程序。

④ 具有健全的组织结构和完备的实验室质量管理体系，包括组织体系、工作程序、质量管理、操作规范等相关内容，并有效运行。

⑤ 具有良好的综合信用，能做到廉洁自律。

2008年，环保总局、海关总署、质检总局联合发布《关于发布固体废物属性鉴别机构名单及鉴别程序的通知》（环发〔2008〕18号），规范进口固体废物属性鉴别工作，明确鉴别机构和程序。鉴别机构为中国环境科学研究院固体废物污染控制技术研究所、中国海关化验室、深圳出入境检验检疫局工业品检测技术中心再生原料检验鉴定实验室。

2017年12月29日，为加强进口固体废物环境管理，规范固体废物属性鉴别工作，环境保护部、海关总署、质检总局联合印发《关于推荐固体废物属性鉴别机构的通知》（环土壤函〔2017〕287号），推荐了一批固体废物属性鉴别机构。

根据危险废物鉴别标准，凡经鉴别具有腐蚀性、反应性、毒性、易燃性等一种或一种以上危险特性的固体废物为危险废物，因此，鉴别固体废物属于危险废物是相对比较容易的，只需检测出其具有某种危险特性便可定性。但要判定固体废物不属于危险废物则很不容易，需按照鉴别标准逐项排除腐蚀性、反应性、毒性、易燃性，并且毒性物质含量不能超过标准的规定。

9.5.5 危险废物的鉴别方法

9.5.5.1 腐蚀性鉴别

符合下列条件之一的固体废物，属于危险废物。

按照 GB/T 15555.12—1995 的规定制备的浸出液，pH≥12.5，或者 pH≤2.0。

在 55℃条件下，对 GB/T 699—2015 中规定的 20 号钢材的腐蚀速率≥6.35mm/a。

对于不同形态的危险废物，应采取不同的处理方法。对于含水量高、呈流体状的稀泥或浆状物料、液体物质，可以采用直接电极测试的方法。对于黏稠度高的废料，可采用离心分离或过滤处理后，测试分离后液体 pH 值的方法。粉状、颗粒状或块状的固体废料，要先称取一定量的干基，按比例加入一定量的蒸馏水进行稀释，加盖密封后连续振荡 0.5h，再静置 0.5h，取上清液测 pH 值。每种废物的两个平行样结果相差不得大于 0.15，否则应重复取样测试，取中位值作为报告结果。对于 pH>10 或 pH<2 的样品，平行样之间的差值不得超过 0.2。

9.5.5.2　浸出毒性鉴别

危险废物遇水冲淋、浸泡，会使得其中有害物质迁移转化，污染水体和土壤，后果十分严重。浸出毒性鉴别采用规定方法浸出其水溶液，然后对浸出液进行分析。浸出方法如下：称取 100g（干基）危险废物样品（不能直接采用干基样品，应先测定样品中水分含量进行换算），置于容积为 2L 的具盖广口聚乙烯瓶中，先用氢氧化钠或盐酸调节 pH 值至 6.3～8.8，加水 1L，将瓶子垂直固定在水平往复振荡器上，调节振荡频率为（110±10）次/min，振幅为 40mm，室温下振荡 8h，静置 16h。采用孔径为 0.45μm 的滤膜过滤。滤液按要求进行测试，若要保存，则应按分析项目的要求在合适条件下保存。

浸出毒性鉴别的标准和方法见《危险废物鉴别标准　浸出毒性鉴别》（GB 5085.3—2007）。浸出液中任何一种危害成分的浓度超过标准所列浓度值，该废物即是具有浸出毒性的危险废物。

9.5.5.3　急性毒性初筛

危险废物中含有的有害成分往往比较复杂，很难一一鉴别清楚。急性毒性的初筛试验可以简便地鉴别并表达废物的综合急性毒性。按照《危险废物鉴别标准　急性毒性初筛》（GB 5085.2—2007）的试验方法，试验动物是体重 18～24g 的小白鼠，或体重 200～300g 的大白鼠，如果白鼠为外购鼠，必须在本单位饲养条件下饲养 7～10d，证明白鼠活泼健康方能使用。试验前 8～12h 为观察期，观察期内禁食。固体废物要取浸出液进行试验，浸出液的制备需常温下将固体废物静置浸泡 24h，然后用滤纸进行过滤，滤液用于白鼠灌胃试验。灌胃时采用 1mL 或 5mL 的注射器，注射器去针头后磨光，然后对 10 只小白鼠（或大白鼠）进行一次灌胃。小鼠的灌胃量不超过 0.4mL/20g（体重），大鼠的灌胃量不超过 1.0mL/100g（体重）。对灌胃后的小鼠（或大鼠）进行中毒症状观察，记录 48h 内试验动物的死亡数。根据试验结果，对该废物的综合毒性做出初步评价，如果出现半数以上的小鼠（或大鼠）死亡，则可以判定该废物是具有急性毒性的危险废物。

9.5.5.4　毒性物质含量鉴别

毒性物质含量鉴别是确定有毒性危险废物的重要环节。《危险废物鉴别标准　毒性物质含量鉴别》（GB 5085.6—2007）列举了下列 6 类毒性物质：

① 剧毒物质，指具有非常强烈毒性危害的化学物质，包括人工合成的化学品及其混合物和天然毒素。

② 有毒物质，指经吞食、吸入或皮肤接触后可能造成死亡或严重健康损害的物质。

③ 致癌性物质，指可诱发癌症或增加癌症发生率的物质。

④ 致突变性物质，指可引起人类的生殖细胞突变并能遗传给后代的物质。

⑤ 生殖毒性物质，指对成年男性或女性性功能和生育能力以及后代的发育具有有害影响的物质。

⑥ 持久性有机污染物，指具有毒性、难降解和生物蓄积等特性，可以通过空气、水和迁徙物种长距离迁移并沉积，在沉积地的陆地生态系统和水域生态系统中蓄积的有机化学物质。

这些物质的鉴定均按照《危险废物鉴别标准　毒性物质含量鉴别》规定的试验方法进行。

9.5.5.5　反应性鉴别

《危险废物鉴别标准　反应性鉴别》（GB 5085.5—2007）将反应性危险废物分为：具有爆炸性质、与水或酸接触产生易燃气体或有毒气体、废弃氧化剂或有机过氧化物 3 类。

符合下列任何条件之一的固体废物，属于反应性危险废物。

（1）具有爆炸性质

① 常温常压下不稳定，在无引爆条件下易发生剧烈变化。

② 标准温度和压力下（25℃，101.3kPa），易发生爆轰或爆炸性分解反应。

③ 受强起爆剂作用或在封闭条件下加热，能发生爆轰或爆炸反应。

（2）与水或酸接触产生易燃气体或有毒气体

① 与水混合发生剧烈化学反应，并放出大量易燃气体和热量。

② 与水混合能产生足以危害人体健康或环境的有毒气体、蒸气或烟雾。

③ 在酸性条件下，每千克含氰化物废物分解产生≥250mg 氰化氢气体，或者每千克含硫化物废物分解产生≥500mg 硫化氢气体。

（3）废气氧化剂或有机过氧化物

① 极易引起燃烧或爆炸的废弃氧化剂。

② 对热、震动或摩擦极为敏感的含过氧基的废弃有机过氧化物。

9.5.5.6　易燃性鉴别

鉴别废物的易燃性主要是测定废物的闪点。燃烧剧烈且持续的液态状废物和闪点较低的液态物质，由于摩擦、吸湿等自发的化学变化会发热、着火，对人类和环境造成危害。闪点是指材料或制品与外界空气形成混合气与火焰接触时发生闪火并立刻燃烧的最低温度。闪点的测定按照《闪点的测定　宾斯基-马丁闭口杯法》（GB/T 261—2021）进行，其主要步骤是：将样品倒入试验杯中，在规定的速率下连续搅拌，并以恒定速率将其加热。以规定的温度间隔，在中断搅拌的情况下，将火源引入试验杯开口处，使试样蒸气发生瞬间闪火，且蔓延至液体表面的最低温度，此温度为环境大气压下的观察闪点，再用公式修正到标准大气压下的闪点。

符合下列任何条件之一的固体废物，属于易燃性危险废物。

（1）液态易燃性危险废物

闪点温度低于 60℃（闭杯试验）的液体、液体混合物或含有固体物质的液体。

（2）固态易燃性危险废物

在标准温度和压力（25℃，101.3kPa）下因摩擦或自发性燃烧而起火，经点燃后能剧烈而持续地燃烧并产生危害的固态废物。

（3）气态易燃性危险废物

在 20℃、101.3kPa 状态下，在与空气的混合物中体积百分比≤13%时可点燃的气体，或者在该状态下，不论易燃下限如何，与空气混合，易燃范围的易燃上限与易燃下限之差大于或等于 12 个百分点的气体。

9.6 危险废物的配伍要点

回转窑焚烧对废料具有较广泛的适应性，但要保证回转窑正常、稳定地燃烧，必须保证入窑物料有相对稳定的热值和含水率；另外，相对稳定的入窑废料处理成分、处置规模亦是确保焚烧系统后段烟气稳定有效处置的关键。

各种物料的进料量、进料速度和进料间隔时间等均由控制室 DCS 控制或人工干预控制。根据其含水量及燃烧热值等将高热值废物与低热值废物按一定比例进炉，以确保入炉废物的热值和水分的相对稳定。入窑废物的低位热值控制在 3500kcal/kg（1kcal=4.186kJ），水分控制在 26%左右。

9.6.1 配伍前提

必须对物料的理化特性指标进行分析化验，在掌握一定的数据之后才能对物料进行搭配。保证配伍废物的相容性，以保证焚烧过程的安全性。危险废物混合防止发生以下情况：发热、着火、爆炸、产生易燃有毒气体、剧烈的聚合反应以及有毒物质的溶解。

9.6.2 废物的配伍原则

危险废物入炉前，需依其成分、热值等参数进行配伍，尽可能保障焚烧炉稳定运行，降低焚烧残渣的热灼减率。配伍过程要特别注意废物之间的相容性，以避免不相容的废物混合后产生的不良后果。由于进焚烧炉废物料量、废物的性质均为不定因素，具体的配比需视实际入厂废物量及实测热值，并结合运行经验来确定。其中高热值废液可作为辅助燃料注入二燃室。

（1）均衡废物的热值和水分

① 均衡废物的热值和水分，保证焚烧稳定，节省辅助燃料。配伍需按热值相对稳定的

原则进行。热值过低，增加辅助燃料消耗，加大运营成本；热值太高，窑炉温度难以控制，需加大二次助燃空气量，烟速过快，有害气体分解不彻底。

② 固体危废的热值相对较低。废溶剂特别是废水水分含量高，热值低，入窑后需要大量热量进行预热。按热值将废物预先进行配伍，可以节省辅助燃料的消耗。热值较高的废油或废有机溶剂，一般从二燃室喷入，当回转窑进料热值不足时，也需要适量从回转窑喷入。

（2）均衡入窑废物的成分

均衡入窑废物的成分，保证烟气排放达标。危险废物的焚烧特点是废物元素成分千差万别，各种有害成分波动大。配伍的目的之一是根据接收废物元素成分，尽量避免有害成分物质的集中焚烧。控制酸性污染物含量，保证焚烧系统正常运行和烟气达标排放。运行时应该对物料进行详细分析，对那些卤素含量高、数量大的危险废物应尽量均匀焚烧，且应控制整体数量。设计入窑酸性气体元素含量：Cl<2%、F<0.4%、S<4.4%。入窑酸性污染物元素最高含量：Cl<3%，F<0.5%，S<3%。

（3）控制重金属含量

控制重金属含量保证焚烧系统正常运行和烟气达标排放。对于剧毒危险废物，这些危险废物是有机重金属类物质，应控制整体数量均匀入炉焚烧。由于这些废物的毒性特性，一般采用桶装废物入炉的方式处理，可以在每次的含量及次数上进行控制。

（4）控制磷含量

危险废物中磷主要是有机磷化物，焚烧产生的 P_2O_5 在 400～700℃会对金属产生更大的腐蚀，设备使用寿命会大大缩短。设计入炉磷含量：P<0.5%。入炉磷最高含量：P<1.0%。

（5）废物进料要求

① 废物的热值和水分，保证焚烧炉的稳定，节省辅助燃料。废液特别是低热值的废液（废水）水分含量高，需要采用和水分含量相对较小的固体废物进行平衡。热值较高的废油或废有机溶剂一般从二燃室喷入，当回转窑进料热值不足时，也需要适量从回转窑喷入。

② 桶装废物与散装废物需轮换进炉焚烧，以保证工况的稳定。桶装废物进入焚烧炉时，可能在很短的时间内释放出所有的热能将其容器破坏。这会造成瞬间集中放热，导致焚烧短时期超出系统载荷并产生强烈的烟气流冲击。桶装废物和散装废物堆积密度也不一样，入窑的形态有差异。一般需要将桶装料和散装料进行搭配入窑，这样能更好地抑制焚烧工况的波动。

③ 避免碱性金属（主要是钠、钾）和卤素成分（主要是氯）同时集中入窑焚烧。碱性金属和卤素元素会生成低熔盐。过量低熔盐的生成会导致熔渣结焦，影响焚烧炉的正常运行和耐火材料的使用寿命。为有效地控制焚烧工况，需在焚烧炉进料时特别留意废物来源的特性。在焚烧处理生产安排时，尽量错开二者的入窑焚烧时间。

9.6.3 配伍方法

根据废物的形态、物性、相容性及热值，将其进行分类贮存和焚烧。要避免无法相容或混合后会产生化学反应的物质同时入窑处理。废物配伍按其性质、有害成分及处理处置方法不同分述如下：

（1）一般类固体、半固体危险废物

需焚烧一般类危险废物由专用容器和运输车辆运至场内后，经检测、验收、计量后分别进入固态和半固态区域内，进行接收、储送和预处理。

1）一般类需焚烧的半固态危险废物

半固态焚烧类大部分是污泥类，用车直接倒入此类危险废物的接收池上部的料槽内，与固体颗粒状废物按比例掺在一起搅拌均匀焚烧。对于含酸量较多的危险废物，按比例掺入石灰粉脱酸，然后焚烧。

2）固态焚烧类

固态焚烧类直接由运输车卸入储库。按比例与半固态搅拌后，进行上料焚烧。固体废物的配伍在散料坑内进行，由行车抓斗完成。散料坑内产生的废液由污水泵送至废液箱入窑焚烧。

3）桶装废物

少量桶装固体废物经人工破碎后，放入料坑与固体废物混合在一起上料。较稀的半固体采用桶装上料。桶装废物不需要预处理直接进料。

（2）高毒类需焚烧的危险废物

需处置的剧毒废物主要是含氰化物和有机磷的物质，采取焚烧后外委进行填埋的方法进行处理、处置。

① 高毒类液态危险废物。采用专用的包装桶进行收集及贮存，经过废液预处理系统筛分、破碎及混匀后，直接泵送至焚烧系统。

② 高毒类固体、半固体危险废物。将物料贮存在剧毒暂存库内，直接连带包装容器一起送入炉内焚烧。

（3）一般类需焚烧的液态危险废物

废液的配伍通过废液预处理系统的缓存废液罐完成。根据废物的形态、物性、相容性及热值，进行配伍。在废液管道上设置流量检测仪，以检测废液输送时堵塞或泄漏。

① 按相容性进行配伍。首先需要考虑废物的相容性，特别是废液。废液种类繁多，入窑前必须先了解废液的特性和性能。最主要的特性参数有黏度、热值、水分含量、卤素（氯、氟、溴、碘等）含量、金属盐类含量、硫化物含量、环形或多环有机化合物含量、固体悬浮物含量。配伍时，首先要考虑废液的相容性。避免发生化学反应，导致有毒有害气体的产生，甚至发生爆炸。

常见废物的兼容性见表 9-19。

表 9-19　常见废物的兼容性

废物类型	卤代烃废物	含硫废物	含汞废物	含氰化物废物	亚硝酸盐废液	氨水	含碘溴废物	含氯废液
卤代烃废物		+	×	×	×	×	—	×
含硫废物	—		×	—	—	—	—	—

废物类型	卤代烃废物	含硫废物	含汞废物	含氰化物废物	亚硝酸盐废液	氨水	含碘溴废物	含氯废液
含汞废物	×	×	—	—	—		×	—
含氰化物废物	×	—	—		0	0	×	0
亚硝酸盐废液	×	—	—	0		0	×	0
氨水	×	—	—	0	0		×	0
含碘溴废物	—	+	×	×	×	×		×
含氯废液	×	—	0	0	0	0	×	

注：+表示在一起焚烧效果更好；—表示可以在一起焚烧；×表示不能在一起焚烧；0表示之间没有影响。

② 按热值进行配伍。一般先按热值混合至 14650kJ/kg。没有可配废液时，低热值废液（<12000kJ/kg）雾化后喷入回转窑进行焚烧处理；高热值废液（>18000kJ/kg）由二燃室喷入燃烧。

9.6.4　典型废物的配伍

9.6.4.1　不同有害成分废物的配伍

（1）卤素成分

氯、氟化合物燃烧后会产生腐蚀性较强的氯化氢及氟化氢等气体，会加重烟气处理的负荷。氯化氢会破坏耐火砖的接合面。溴、碘化合物燃烧后产生有色的溴、碘气体，难以去除。在配伍时，需将其与其他可相容的废液进行混合，降低入窑焚烧时的含量。

（2）金属盐类

碱性金属（钠、钾）盐类容易和其他金属盐类形成低熔点物质，导致结渣和腐蚀，需要和其他种类的废物混合，降低其入窑浓度。

（3）环链或多链有机物

环链（含苯环物质）及多环（两个苯环以上）物质比非环链物质稳定，难以分解。如环状物质含量高，必须提高焚烧温度，延长停留时间。

9.6.4.2　不同状态废物的配伍

系统采用分系统进料方式，按固体废物、桶装废物、低热值废液、高热值废液、气体、辅助燃料分别进料设计。如液体废物需要过滤或者加热，固体、半固体一般需要混合后再入炉，桶装废物由于对桶大小、热容量有限制，如果超过需要分装才能入炉焚烧。根据配伍原则，每一次进料，都由在计算机自动配伍软件菜单中形成的废物清单作为进料指导方案进行。清单上明确了每次入炉废物的种类、各自重量、进料频率，另外结合 DCS 系统的应用，可以实现自动化控制或人工控制。

（1）单独处理固体、半固体

① 单独处理固体、半固体操作起来比较简单。按照前述的相容性、热值、酸性物质含量等配伍方案，固体与半固体废物在焚烧前需要在混料仓内混合，调整热值、含水量等参数，使其尽量均匀。

② 由于抓斗容积较大，并且每次抓的量也不相同，为控制进料量，抓斗先将物料放在回转窑前的料斗，料斗内设置料位监测仪，通过设定料位高度，反馈信号控制回转窑进料密封门的开、关，从而控制进料量，从而保持燃烧的稳定。

③ 根据回转窑及二燃室运行工况，自动进行控制和调整。通过上料系统与焚烧工况联锁，在炉膛温度过高或过低时都能控制进料状况。

（2）单独处理液体

① 按照前述的相容性、热值、酸性物质含量等配伍方案，将废液在预处理系统的缓存罐内各自混合，调整热值、含水量等参数，使其尽量均匀。配有废液雾化焚烧装置，根据焚烧废液的性质，可以在回转窑内焚烧，也可以在二燃室内焚烧。

② 液体废物热值较低，焚烧炉内需要液体废物、辅助燃料同时焚烧才能满足温度要求时，焚烧炉出口温度控制方式为：通过焚烧炉出口温度与辅助燃料燃烧器的辅助燃料流量联锁，通过设定温度反馈信号调节辅助燃料流量，自动调节焚烧炉出口温度，使其保持恒定。

（3）多种废物焚烧

按照前述的相容性、热值、酸性物质含量等配伍方案，将需处理的废物准备好。固体、液体废物热值较低时，回转窑内需要固体废物、液体废物、辅助燃料同时焚烧才能满足温度要求时，回转窑出口温度控制方式为：通过回转窑出口温度与辅助燃料燃烧器的辅助燃料流量联锁，通过调节辅助燃料流量，自动调节回转窑出口温度，使其保持恒定。

9.6.5 废物配伍计算机管理系统

① 采用人机界面进行查询、配伍处理。对于未知成分的物料，通过化验后，输入计算机内。

② 采用专用危险废物管理系统软件。该软件针对危险废物处置中心开发设计，对所有接收入厂废物的来源、运输单位、接收单位、废物数量、危险成分、形态、入库日期、配伍方案、处置方法及出库日期进行全程信息收集，建立数据库。对废物焚烧处理的配伍方案实行人机界面操作，指导配伍工作的完成。可随时了解处置中心的物料情况，提高了管理水平。

③ 本系统包括对废料合同进行管理的废料合同管理系统，对废料计量、入库、出库管理的废料仓库管理系统，以及待焚烧废料自动进行合理化配伍入炉的废料配伍系统。

第 10 章
危险废物管理与平台建设

危险废物环境管理是生态文明建设和生态环境保护的重要方面，是打好污染防治攻坚战的重要内容。建立健全"源头严防、过程严管、后果严惩"的危险废物环境监管体系，以改善环境质量为核心，以有效防范环境风险为目标，以疏堵结合、先行先试、分步实施、联防联控为原则，聚焦重点地区和重点行业，围绕打好污染防治攻坚战，着力提升危险废物环境监管能力、利用处置能力和环境风险防范能力，对于改善环境质量、防范环境风险、维护生态环境安全、保障人体健康具有重要意义。

10.1　危险废物管理要求

10.1.1　国际危险废物管理要求

与危险废物相关的国际公约主要是指 1989 年签订、1992 年正式生效的《控制危险废物越境转移及其处置巴塞尔公约》（简称《巴塞尔公约》），于 2004 年 2 月 24 日在国际上正式生效的《关于在国际贸易中对某些危险化学品和农药采用事先知情同意程序的鹿特丹公约》（简称《鹿特丹公约》），以及 2001 年签订、2004 年正式生效的《关于持久性有机污染物的斯德哥尔摩公约》（简称《POPs 公约》）。这三个公约是在全球范围内规范危险废物管理的核心文件，其中的相关要求和规定是世界各国危险废物全过程管理实践的指南和依据。

（1）《巴塞尔公约》中关于危险废物管理的规定

1989 年 3 月联合国环境规划署在瑞士巴塞尔通过了《控制危险废物越境转移及其处置巴塞尔公约》。我国政府于 1990 年 3 月 22 日签署了《巴塞尔公约》，并于 1992 年 5 月 5 日生效。《巴塞尔公约》的宗旨是减少危险废物的产生，提倡就地处理和处置；加强世界各国在危险废物控制越境转移及其处理处置方面的国家合作，防止危险废物的非法转移；促进危险废物对环境无害的方式处置，保护全球环境和人类健康。公约强调对危险废物的环境无害化管理，要求各缔约方采取适当措施，保证提供充分的处理处置设施从事危险废物和其他废物的环境无害化管理。

（2）《鹿特丹公约》中关于危险废物管理的规定

《鹿特丹公约》于 2005 年 6 月 20 日对中国生效，该公约是根据联合国《经修正的关于化学品国际贸易资料交流的伦敦准则》《农药的销售与使用国际行为守则》《国际化学品贸易道德守则》制定的，其宗旨是保护包括消费者和工人健康在内的人类健康和环境免受国际贸易中遭受某些危险化学品和农药的潜在影响。其核心是要求各缔约方对某些极危险的化学品和农药的进出口实行一套决策程序，即事先知情同意（PIC）程序。

（3）《POPs 公约》中关于危险废物管理的规定

鉴于持久性有机污染物（POPs）对人类健康和生态环境的巨大威胁，国际社会自 1995 年起开始筹备制订有法律约束力的国际文书以便采取国际行动，2001 年 5 月 23 日公约外交全权代表大会在斯德哥尔摩召开，该公约旨在通过全球努力共同淘汰和消除 POPs 污染，保护人类健康和环境免受 POPs 的危害。目前公约已于 2004 年 5 月 17 日正式生效，于

2004 年 11 月 11 日对中国正式生效。公约规定，各缔约方应采取必要的法律和行政措施，以禁止和消除有意生产的 POPs 的生产和使用，并严格管制其进出口；促进最佳实用技术和最佳环境实践的应用，以持续减少并最终消除无意排放的 POPs；查明并以安全、有效和对环境无害化的方式处置库存 POPs 废物。

10.1.2　国内危险废物管理要求

危险废物的管理原则是坚持减量化、资源化和无害化的原则。任何单位和个人都应当采取措施，减少危险废物的产生量，促进危险废物的综合利用，降低危险废物的危害性。

危险废物管理是国内环境保护工作的重要组成部分，对于防范环境风险，维护生态安全，改善水、大气和土壤环境质量，保障公众健康，推进生态文明建设，促进经济社会可持续发展具有重要意义。

国务院生态环境主管部门根据危险废物的危害特性和产生数量，科学评估其环境风险，实施分级分类管理，建立信息化监管体系，并通过信息化手段管理、共享危险废物转移数据和信息。

省、自治区、直辖市人民政府应当组织有关部门编制危险废物集中处置设施、场所的建设规划，科学评估危险废物处置需求，合理布局危险废物集中处置设施、场所，确保本行政区域的危险废物得到妥善处置。

地方各级人民政府对本行政区域危险废物污染环境防治负责。国家实行危险废物污染环境防治目标责任制和考核评价制度，将危险废物污染环境防治目标完成情况纳入考核评价的内容。

县级以上人民政府应当将危险废物污染环境防治工作纳入国民经济和社会发展规划、生态环境保护规划，并采取有效措施减少危险废物的产生量，促进危险废物的综合利用，降低危险废物的危害性，最大限度降低危险废物填埋量。县级以上人民政府应当将危险废物污染环境防治情况纳入环境状况和环境保护目标完成情况年度报告，向本级人民代表大会或者人民代表大会常务委员会报告。

生态环境主管部门及其环境执法机构和其他负有危险废物污染环境防治监督管理职责的部门，在各自职责范围内有权对从事产生、收集、贮存、运输、利用、处置危险废物等活动的单位和其他生产经营者进行现场检查。被检查者应当如实反映情况，并提供必要的资料。

产生危险废物的单位应当建立健全危险废物产生、收集、贮存、运输、利用、处置全过程的污染环境防治责任制度，建立危险废物管理台账，如实记录产生危险废物的种类、数量、流向、贮存、利用、处置等信息，实现危险废物可追溯、可查询，并采取防治危险废物污染环境的措施。

10.2　危险废物管理平台建设

危险废物处置行业结合了物理、化学、生物等科学技术，具有技术复合型的特点，行业技术门槛较高。目前我国处在危险废物处置技术的变革过程中，只有具备深厚技术基础和技术发展潜力的企业才具有较强的竞争力，才能获得长足发展。针对危险废物规范管理、增强管控能力、提升处理处置水平等方面，国家陆续出台政策，较好地促进了危废处置行业发展。

危险废物处置行业的竞争格局呈现出"小散乱"的状态。危险废物处置由于跨区域运输的难度较大，各区域间市场被割裂，加上又属于新兴产业，市场参与者多，且较为分散，整体规模和生产能力偏弱，核心竞争企业较少。

当前危险废物处理方式及技术改造升级速度加快，外资企业、上市公司、基金公司等社会资本密切关注，行业呈现明显的淘汰整合趋势，行业规范程度不断提升。总体而言，随着国家环保监管的收严，危险废物处理备受瞩目，且危险废物处置行业正向精细化、规范化转型升级，加上危废处理能力的提升空间较大，危废处理行业未来前景更加可观。

危险废物处置行业进入精品化、产业融合的新时代，行业的下半场真正开始了，未来考验的是用户运营能力和产业运营能力。企业之间竞争的不仅仅是产品能力而是更多地在于运营能力。而嗅觉灵敏的危险废物处置企业早已开始数字化转型，立足城市，不断提升其运营能力。

随着互联网技术的不断发展，危险废物管理平台技术逐步发展并大量投入应用，不仅为危险废物处置企业运营带来了极大的便利，更为政府监管危险废物的处置情况大大提高了效率。

10.2.1　危险废物管理平台基本技术要求

危险废物管理平台系统是基于在一种成熟的平台软件上来开发，平台软件能够满足以下基本的技术要求：

① 符合 J2EE 规范；

② 支持工作流技术；

③ 多层 B/S 体系结构；

④ WEB 端数据刷新时间不得大于 2s。

危险废物管理平台系统能满足的基本功能要求如下：

① 能够在任何有网络的地方远程登录系统，不同权限可访问数据范围受控；

② 建立与工艺系统的数据接口，对全厂 DCS、PLC 集中监视，通过数据接口，将危险废物处置技术等关键工艺流程图和生产数据在系统中重现；

③ 基于二维码或者其他技术为每批危险废物建立唯一 ID 标识，实现危险废物的可追溯性；

④ 具备流程管控、处置成本分析等运营管理功能，实现危险废物处置全过程的实时动态监管及风险预警。

10.2.2　危险废物管理平台功能要求

危险废物管理平台系统的功能包含了系统维护管理、用户与准入管理、危险废物运输管理、分析与库存管理、生产和配伍管理、运行管理、安全管理、环境监测与应急管理、报表管理等模块，功能上做到从危险废物产生源头到最终处置过程的全覆盖。

（1）系统维护管理

系统维护管理功能模块包括系统总体配置、各用户权限管理、系统备份和恢复策略等。

（2）用户与准入管理

用户与准入管理模块实现业务单生成流程、清运审批流程及危险废物准入单的会审和审批流程，并包括用户信息的管理及入库前的流程管理。

① 产废企业信息管理；

② 危险废物物料信息管理；

③ 产废企业合同管理；

④ 业务单位管理；

⑤ 产废单位和运输单位的结算管理、发票管理及合同预收款校核；

⑥ 合同、业务单可根据不同前置条件进行统计分析；

⑦ 业务样品数据对比及处置风险审批功能，并形成业务单流程；

⑧ 实现业务单与库存数据核对功能并实现清运计划审批流程；

⑨ 实现样品检测数据与业务单数据核对功能；

⑩ 实现准入会审和审批流程，最后生成准入单功能。

（3）运输管理

运输管理功能模块包括运输车辆信息、清运计划的管理，具体包含以下功能：

① 运输车辆的行驶证、载重量、驾驶员、押运员等信息的管理；

② 运输公司的相应资质、企业法人、地址、联系方式、运输车辆类型、运输车辆数量的管理；

③ 清运计划制订与审核；

④ 接运单、派车单管理。

（4）分析及库存管理

分析及库存管理模块具体包含以下功能：

① 危险废物物料入厂后取样、处置后的分析数据录入功能；

② 入库单信息管理，包含危险废物名称、来源、有害成分、库位等；

③ 出库单信息管理，包含库位、有害成分、热值、质量等；

④ 仓库容量管理，当库存量过高或过低时，系统自动预警；

⑤ 对于仓库内存放的危险废物进行台账管理，并提供一段时间内库存量、库位信息统计分析功能，实现入库单流程；

⑥ 根据配伍单生成出库单，并实现出库单流程；

⑦ 出入库扫码功能；

⑧ 具备危险废物信息追溯功能。

（5）生产和配伍管理

　　① 根据产量要求形成生产计划；

　　② 根据生成计划手动或自动生成配伍单；

　　③ 生产数据录入与汇总。

（6）设施安全管理

　　① 设备台账管理，对设备维护、检修等进行管理；

　　② 设备缺陷管理，对存在故障、缺陷的设备情况进行备案，提示进行消缺；

　　③ 设备检修管理，对设备消缺过程进行管控，包括备件使用、消缺费用等；

　　④ 设备故障统计，对一段时间内设备故障次数、消缺情况、消缺率等进行统计分析。

（7）环境监测与应急管理

　　① 烟气、地下水、排污水等环境检测数据的上传及查阅；

　　② 能够根据国标或厂标制定报警值，当环保指标出现异常时进行联动报警；

　　③ 生产异常等应急措施资料的上传及查阅；

　　④ 事故状况等应急措施资料的上传及查阅；

　　⑤ 应急预案、应急预案演练管理及相关文档资料的上传及查阅。

（8）统计报表

　　① 提供标准经营记录簿报表；

　　② 提供各个业务单元的统计报表；

　　③ 支持报表导出、打印功能；

　　④ 支持自定义报表，用户可自行创建编辑生成所需报表。

第 11 章

危险废物处理处置项目
应用案例及分析

△ 危险废物柔性填埋场工程项目案例分析

△ 危险废物刚性填埋场工程项目案例分析

△ 危险废物项目一般审批及建设流程

11.1　危险废物柔性填埋场工程项目案例分析

11.1.1　工程概况

随着社会经济的快速发展，工业废物特别是危险废物产生量和种类不断增多，作为环保基础设施配套的危险废物填埋场项目的重要性将越发突显，安徽省某市缺乏综合性危废处置企业，产废企业需将其产生的危险废物委外处置或厂区贮存，增加了环境风险，因此需实施本项目。

某项目工业废弃物填埋处置规模为40000t/a，本工程固化后危险废物总量约为57200t，日填埋危废处理规模为173t，整体设计库容为$1.0062×10^6m^3$，使用年限为26.5a，占地面积为96822m²，投资总额为32189万元。

11.1.2　选址要求

安徽省某市工业废弃物综合处置场地位于江淮丘陵与淮北平原的结合地带，场地内受矿山开采的影响，山体形成陡坎和宕口，地形较复杂。

根据项目前期资料，填埋场的选址要求如表11-1所列。

表11-1　填埋场的选址要求

标准	标准条款	要求
《危险废物填埋污染控制标准》（GB 18598—2019）	4.1 填埋场选址应符合环境保护法律法规及相关法定规划要求	项目用地性质为工业用地
	4.2 填埋场场址的位置及与周围人群的距离应依据环境影响评价结论确定	根据环境影响评价报告书，本次厂界设300m环境防护距离，300m防护距离内无居民、学校、医院等环境敏感目标
	4.3 填埋场场址不应选在国务院和国务院有关主管部门及省、自治区、直辖市人民政府划定的生态保护红线区域、永久基本农田和其他需要特别保护的区域内	项目用地不在生态保护红线、永久基本农田和其他需要特别保护的区域内
	4.4 填埋场场址不得选在以下区域：破坏性地震及活动构造区，海啸及涌浪影响区；湿地；地应力高度集中，地面抬升或沉降速率快的地区；石灰溶洞发育带；废弃矿区、塌陷区；崩塌、岩堆、滑坡区；山洪、泥石流影响地区；活动沙丘区；尚未稳定的冲积扇、冲沟地区及其他可能危及填埋场安全的区域	根据《中国地震动参数区划图》（GB 18306—2015）、建设单位提供的详勘报告和物探工作报告等：项目区域地震烈度7度，不涉及破坏性活动构造区；无海啸及涌浪影响；不在湿地和低洼水处；不属于地应力高度集中地面抬升或沉降速率快的地区；不属于石灰溶洞发育带；废弃矿区或塌陷区，崩塌、岩堆、滑坡区，山洪、泥石流地区，活动沙丘区，尚未稳定的冲积扇及冲沟地区
	4.5 填埋场选址的标高应位于重现期不小于百年一遇的洪水位之上，并在长远规划中的水库等人工蓄水设施淹没和保护区之外	项目地势较高，评价范围内无河流，项目附近无人工蓄水设施

标准	标准条款	要求
《危险废物填埋污染控制标准》（GB 18598—2019）	4.6 填埋场场址地质条件应符合下列要求，刚性填埋场除外： a）场区的区域稳定性和岩土体稳定性良好，渗透性低，没有泉水出露 b）填埋场防渗结构底部应与地下水有记录以来的最高水位保持 3m 以上的距离	天然地层多为上更新统黏性土和石炭纪泥岩、灰岩，岩性相对均匀、渗透率低；勘察期间在勘察深度范围内未见地下水，地下水水位满足"应在不透水层 3m 以下"
	4.7 填埋场场址不应选在高压缩性淤泥、泥炭及软土区域，刚性填埋场选址除外	项目岩性多为上更新统黏性土和石炭纪泥岩、灰岩，不涉及高压缩性淤泥、泥炭及软土区
	4.8 填埋场场址天然基础层的饱和渗透系数不应大于 1.0×10^{-5}cm/s，且其厚度不应小于 2m，刚性填埋场除外	设计库底坐落在第三层强风化泥岩上，根据工程地质勘察报告，天然基础层饱和渗透系数约为 1.2×10^{-6}cm/s，满足基础层的要求
	4.9 填埋场场址不能满足 4.6 条、4.7 条及 4.8 条的要求时，必须按照刚性填埋场要求建设	本项目满足填埋场选址要求，按照柔性填埋场进行设计

11.1.3　入场要求

本项目处理种类包括热处理含氰废物（HW07）、表面处理废物（HW17）、焚烧处置残渣（HW18）、含铍废物（HW20）、含铬废物（HW21）、含铜废物（HW22）、含锌废物（HW23）、含砷废物（HW24）、含硒废物（HW25）、含镉废物（HW26）、含锑废物（HW27）、含碲废物（HW28）、含汞废物（HW29）、含铊废物（HW30）、含铅废物（HW31）、无机氟化物废物（HW32）、无机氰化物废物（HW33）、石棉废物（HW36）、含镍废物（HW46）、含钡废物（HW47）、有色金属采选和冶炼废物（HW48）、其他废物（HW49）、废催化剂（HW50）等。

由于本填埋场为柔性安全填埋场，入场要求如下：

（1）禁止填埋的废物

① 医疗废物；

② 与衬层具有不相容性反应的废物；

③ 液态废物。

（2）需满足下列条件或预处理后满足条件进入场填埋的废物

① 根据 HJ/T 299—2007 制备的浸出液中有害成分浓度不超过 GB 18598—2019 表 1 中允许进入填埋区控制限值的废物；

② 根据 GB/T 15555.12—1995 测得浸出液 pH 值在 7.0～12.0 之间的废物；

③ 含水率低于 60%；

④ 填埋废物中水溶性物质含量小于 10%，测定方法按照 NY/T 1121.16—2006 执行，待国家发布固体废物中水溶性盐总量的测定方法后执行新的监测方法标准；

⑤ 填埋废物有机质含量小于 5%，测定方法依据 HJ 761—2015 执行；

⑥ 不再具有反应性、易燃性的废物。

11.1.4　项目建设内容

本项目主要由生产及辅助工程、公用工程等内容组成，包括新建危险废物接收、暂存、预处理工程、填埋场工程等。

预处理工程采用固化工艺，采用以水泥固化为主、药剂稳定化为辅的综合固化/稳定化处理方法，处理规模 40000t/a。

渗滤液建设规模按 70t/d 一次性建设到位，渗滤液处理采用"气浮+还原中和絮凝沉淀+DTRO"组合工艺。

初期雨水处理采用"物化（隔油+混凝沉淀）"工艺处理。

废气处理采用"卷帘过滤器+碱洗塔+活性炭吸附"净化工艺处理达标后，尾气通过 15m 高排气筒排放。

11.1.5　预处理工艺

目前，稳定化/固化处理技术，按所用固化剂、稳定剂的不同可分为水泥基稳定化/固化法、石灰基稳定化/固化法、沥青稳定化/固化法、药剂稳定化/固化法、热塑稳定化/固化法和玻璃稳定化/固化法等。固化/稳定化技术综合比较见表 11-2。

表 11-2　固化/稳定化技术综合比较

序号	水泥基稳定化/固化法	石灰基稳定化/固化法	沥青稳定化/固化法	药剂稳定化/固化法	热塑稳定化/固化法	玻璃稳定化/固化法
1	普通水泥价格低廉，单价 350～400 元/t。处理 100t 重金属类废物的材料费为 1.0 万～2.5 万元	石灰价格低廉，单价为 200 元/t。处理 100t 重金属类废物的材料费用为 0.5 万～2.0 万元	沥青价格中等，单价 400 元/t 左右。处理 100t 重金属类废物的材料费用为 1.8 万～2.2 万元	药剂价格较高，平均单价 5000～10000 元/t。处理 100t 重金属类废物的材料费用为 2.5 万～5.5 万元	聚乙烯、聚氯乙烯树脂价格较高，平均单价 500～1000 元/t。处理 100t 重金属类废物的材料费用为 5 万～10 万元	磷酸盐玻璃和硼硅酸盐玻璃价格较高，平均单价 500～800 元/t。处理 100t 重金属类废物的材料费用为 5 万～8 万元
2	处理 100t 重金属类废物用水泥 20～50t	处理 100t 重金属类废物用石灰 20～60t	处理 100t 重金属类废物用沥青 50t 左右	处理 100t 重金属类废物用药剂 2～10t（与药剂种类有关）	处理 100t 重金属类废物用聚乙烯 2～10t	处理 100t 重金属类废物用磷酸盐玻璃 5～15t
3	处理后的废物增容率达 30%～50%，增容率高	处理后的废物增容率达 30%～50%，增容率高	处理后的废物增容率达 30%～50%，增容率高	处理后的废物增容率达 0%～10%，增容率低	处理后的废物增容率达 0～10%，增容率低	处理后的废物增容率达 10%～20%，增容率低
4	对某些废物稳定化效果较好，但存在长期稳定性问题	对大多数废物稳定化效果不太好	固化效果较好	对不同种类废物的稳定化效果都较好	对不同种类废物的稳定化效果都较好	对不同种类废物的稳定化效果都较好

续表

序号	水泥基稳定化/固化法	石灰基稳定化/固化法	沥青稳定化/固化法	药剂稳定化/固化法	热塑稳定化/固化法	玻璃稳定化/固化法
5	机械设备费用低	机械设备费用低	机械设备费用高	机械设备费用较低	机械设备费用高	机械设备费用高
6	操作管理简单，安全性好	操作管理简单，安全性好	需要高温操作，管理较复杂，安全性好	操作管理简单，安全性好	需要高温操作，管理复杂	需要高温操作，管理复杂
7	投资低	投资低	投资较高	投资低	投资高	投资高
8	运行费用较低	运行费用较低	运行费用较高	运行费用较高	运行费用高	运行费用高

由表 11-2 可知，水泥和石灰固化技术较为成熟，在处理操作上无需特殊设备和专业技术，成本比较低。其中，石灰固化技术可利用工业废料粉煤灰，较水泥固化具有更低的成本，但其处理后的废物增容率高，废物长期稳定性不够好。药剂稳定化技术主要适用于处理重金属类废物，运行成本比水泥、石灰固化高，但其处理后的废物增容率低、长期稳定性好，某些情况下体积变化因数甚至小于 1.0，可降低填埋库的综合使用成本。沥青固化需要高温操作，设备的投资费用与运行费用也较水泥固化和石灰固化法高。

采用药剂稳定化工艺，虽然投资增大，运行费也会提高，但重金属废物经药剂稳定化处理后形成稀薄期稳定化产物，减少对环境的长期影响。采用该工艺可以降低废物处理的增容率，这样不但能大大降低由于使用水泥而增加的体积，能够节省大量库容，提高填埋场使用寿命，而且经药剂稳定化处理后的重金属类废物比较容易达到填埋污染控制标准，减少处理后废物二次污染的风险。

根据上述综合分析比较结果，同时结合本工程对需固化物料的分析，并考虑工艺设备及技术的安全性、经济性、适用范围的广泛性、成熟性等，最终确定以水泥固化为主、药剂稳定化为辅的综合固化/稳定化处理方法，整套工艺具有设备简单、操作方便、材料来源广泛、费用相对较低、产品机械强度较高及适用广泛等优点。

11.1.6 填埋场工程建设

填埋场工程主要包含库区平整、围堤及分区隔堤工程、边坡工程、作业道路、防渗系统、渗滤液收集导排系统、地下水导排系统、雨水导排系统等内容。下面对场地平整、防渗系统、渗滤液收集导排系统、雨水导排系统进行详细介绍。

11.1.6.1 场地平整

填埋库区内的场地应进行必要的处理，以为其上的防渗衬层提供良好的基础构建面，并为堆体提供足够的承载力。

填埋库区进行开挖形成初始池容；填埋库区中间设置分区坝，将库区分为三个区域。为做好雨污分流，中间锚固沟设置雨水排水沟。填埋库区边坡和底部，设置防渗系统。

围堤内侧采用高密度聚乙烯（HDPE）膜防渗，防止渗滤液外渗。围堤坝体就地取材用黏土夹碎石分层压实筑成，外侧进行植草护坡。

库区开挖时注意保护 3m 地下水距离，不过度开挖，同时设置地下水导排设施做好预防措施。

建设作业道路，起点连接场内道路，终点连接卸车平台。

11.1.6.2　防渗系统

本填埋场天然基础层饱和渗透系数约为 $1.0×10^{-6}$cm/s，满足天然基础层不应大于 $1.0×10^{-5}$cm/s 的要求。根据《危险废物填埋污染控制标准》（GB 18598—2019）关于柔性填埋场的规定：本项目填埋库区拟采用双层复合衬垫水平防渗系统。

水平防渗是指防渗层水平方向布置，防止渗滤液向周围渗透污染地下水，防止地下水进入填埋库区。水平防渗系统根据采用设计标准的高低所选用的等级是不同的，一般从上到下依次包括过滤层、导流排水层、保护层、防渗主体结构层，另外还有地下水导排系统等。

危险废物库区基底和边坡的防渗系统设计由下而上为：

（1）基底防渗系统

①　200g/m² 织质土工布一层；

②　300mm 厚卵石（粒径为 20～60mm）导流层；

③　6mm 土工复合排水网一层；

④　600g/m² 的无纺土工布一层；

⑤　2.0mm 厚 HDPE 膜（光面）一层

⑥　300mm 厚黏土保护层；

⑦　6mm 土工复合排水网一层；

⑧　400g/m² 无纺土工布一层（膜上保护层）；

⑨　2.0mm 厚 HDPE 膜（光面）一层；

⑩　500mm 厚黏土保护层；

⑪　6mm 土工复合排水网一层（地下水导排层）；

⑫　压实基础。

（2）边坡防渗系统

在边坡上由于坡度较大，渗滤液导排较快，且卵石层较难在边坡上固定，因此边坡上的衬层结构与基底略有差别。此外，为防止填埋作业机械作业时，对边坡的衬层材料产生破坏，设计对边坡采取一定的保护措施。目前常用的办法是使用袋装砂石。

本设计中考虑边坡衬层结构如下：

①　袋装粗砂保护层；

②　6mm 土工复合排水网一层；

③　600g/m² 的无纺土工布一层；

④　2.0mm 厚 HDPE 土工膜（糙面）一层；

⑤ 300mm 厚黏土保护层;

⑥ 6mm 土工复合排水网一层;

⑦ 400g/m² 的无纺土工布一层(膜上保护层);

⑧ 2.0mm 厚 HDPE 土工膜(糙面)一层;

⑨ 500mm 厚黏土保护层;

⑩ 6mm 土工复合排水网(地下水导排层);

⑪ 压实基础。

黏土衬层施工过程充分考虑压实度与含水率对其饱和渗透系数的影响,并满足下列条件: a. 1m² 黏土层高度差不得大于 2cm; b. 黏土的细粒含量(粒径<0.075mm)应大于 20%,塑性指数应大于 10%,不应含有粒径大于 5mm 的尖锐颗粒物。

图 11-1 为某填埋场项目防渗系统断面图。

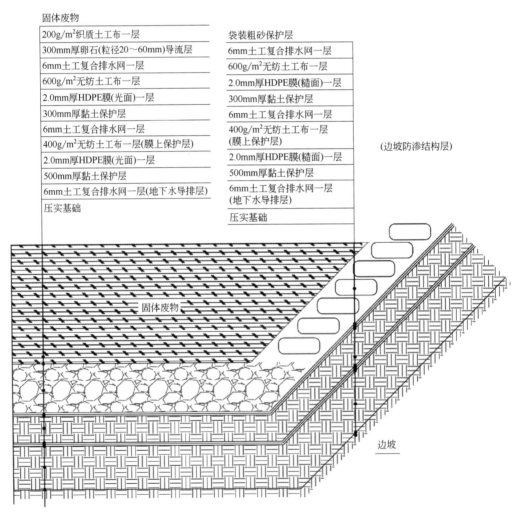

图 11-1 某填埋场项目防渗系统断面图

11.1.6.3　渗滤液收集导排系统

渗滤液导排工程指在场底铺设渗滤液碎石导排层及水平盲沟，从而设置渗滤液导排通道，通过斜管提升井导排入渗滤液调节池。

渗滤液导排系统根据所处防渗衬层系统中的位置不同，可分为初级收集导排系统和次级收集检测系统。

（1）初级收集导排系统

初级收集导排系统位于防渗系统上衬层表面和填埋废物之间，用于收集和导排初级防渗衬层上的渗滤液。

铺设在场底水平防渗隔离层之上，包括导流层、导流盲沟及导流管。随土方平整后的库底的底坡度铺设 300mm 厚卵石（粒径 20～60mm）作为导流层，将渗滤液尽快引入收集导排盲沟及导排管内，导流层的铺设范围与库底防渗层相同。卵石导排上设 200g/m² 有纺土工布作为反滤层，防止导流层堵塞。导排盲沟分主盲沟和支盲沟，主盲沟沿场底高程最低点进行布置，支盲沟沿主盲沟一定方向呈鱼翅状布置，盲沟断面为梯形，方便渗滤液的收集。初级收集导排系统渗滤液导排管的计算公式如下：

$$Q = \frac{1}{n} r^{2/3} i^{1/2} A$$

其中，

$$r = \frac{A}{P_w}$$

式中　Q——渗滤液导排管净流量，m³/d；

　　　n——管壁粗糙度（HDPE 管取 0.011）；

　　　A——过水断面面积，m²；

　　　i——管道坡度；

　　　r——水力半径，m；

　　　P_w——润湿周长，m。

设计管道充满度为 0.5，管道半径 R=82mm，因填埋规范要求渗滤液导排管道管径不得小于 200mm，因此本场的渗滤液导排主盲沟采用 DN315 HDPE 穿孔管，支盲沟采用 DN200 HDPE 穿孔管作为渗滤液导排管。

（2）次级收集检测系统

次级收集检测系统位于防渗系统主防渗膜与次防渗膜之间，用于收集和检测主防渗层渗滤液。在边坡和库底两防渗层之间铺设 6.3mm 土工复合排水网，若主防渗膜发生渗漏，可通过排水网收集至库底的盲沟内。在库底沿排水中线即与初级渗滤液导排主盲沟相同方向设次导排盲沟。次导排盲沟呈梯形，底宽 1000mm，顶宽 1800mm，高度 400mm，盲沟中心设置 DN160 HDPE 穿孔管，周围填充 20～60mm 粒径级配卵石，外部采用 200g/m² 聚丙烯过滤有纺土工布包裹。收集至次盲沟中渗滤液通过 DN160 HDPE 穿孔管排至渗滤液阀门井内进行检测。

图 11-2 为某填埋场项目渗滤液导排盲沟图。

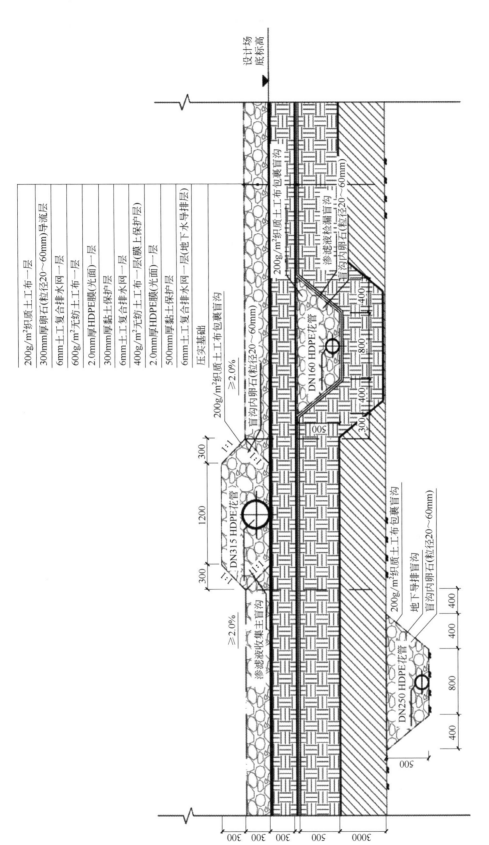

图 11-2　某填埋场项目渗滤液导排盲沟图

11.1.6.4　雨水导排系统

为了把渗滤液水量降到最小限度，填埋场必须设置独立的地表水导排系统，在填埋的过程中，应该分区填埋，设置临时的截洪沟、排水沟，把降到填埋区四周的雨水向填埋区外排放，避免流入填埋区增加渗滤液总量。填埋完毕后，进行最终覆土，将表面径流迅速集中排放，减少渗透量，并设置永久性的截洪沟，达到减少垃圾渗滤液流量的目的。

填埋场场区雨水则根据地形、地貌，通过环场截洪沟就近排出场外。在固废填埋过程中或填埋终场以后，截洪沟能拦截汇水流域坡面及填埋堆体坡面降雨的表面径流。

为导排填埋库区内外的雨水，特修建环场截洪沟。由于填埋库区东北低西南高，雨水最终导排至东北侧排水沟，然后排出场外。

图 11-3 为某填埋场项目截洪沟现场图，图 11-4 为某填埋场项目实景图。

图 11-3　某填埋场项目截洪沟现场图　　　　图 11-4　某填埋场项目实景图

11.2　危险废物刚性填埋场工程项目案例分析

11.2.1　工程概况

江苏省某市固体废物处置有限公司危险废物刚性填埋场项目，危险废物处理规模为 10000t/a；一期建设 128 个单元池，库容为 32000m³。江苏省某市固废处置有限公司建设有柔性填埋场（预处理+填埋）和危险废物焚烧厂，刚性填埋场位于柔性填埋场工程西南侧，占地面积 46.4 亩（1 亩=666.67m²），能通过预处理满足柔性填埋场入场标准的危险废物进入柔性填埋场填埋处理，能通过焚烧减量化的危险废物进入危险废物焚烧项目处理，本项目刚性填埋场处理对象为盐城地区废盐类危废。

根据《危险废物填埋污染控制标准》（GB 18598—2019）要求，本工程设计条件如下：

① 刚性安全填埋场填埋结构应设计成若干独立对称的填埋单元，每个填埋单元不得超过 50m² 或 250m³；

② 填埋结构设有雨棚，杜绝雨水进入；

③ 填埋结构的设计应能通过目视检测到填埋单元的破损情况，以方便进行修补。

采用地上式刚性填埋场，单元池防水等级为一级，单元池为方形池，边长为 7.05m，池高 5m。

工程总投资 9800 万元。

11.2.2　场址要求

拟建场地地势平坦，未见活动性大断裂及断裂破碎带通过，场地地貌区属于徐淮黄泛平原区，地貌单元为泛滥冲积平原，地层为粉质黏土层与淤泥质黏土层交叉分布，场地土层依次为素填土、粉质黏土、粉质黏土夹粉砂、粉土夹淤泥、粉土、粉土夹淤泥、淤泥质粉质黏土、粉土。场地各土层承载力较低，具有一定的压缩性，且场地范围内砂性土强度在水平与垂直方向上变化均较大，综合判定该场地地基属不均匀地基。

从选址角度，场址为高压缩性淤泥及软土区域，不满足柔性填埋场选址要求。另外，场址地下水位距离地面局部不足 1m，同样不满足柔性填埋场选址要求。从入场标准角度，园区内存在大量废盐类危险废物，由于其水溶性大，不能进入柔性填埋场。

因此采用新标准刚性填埋场的要求进行建设。

11.2.3　入场要求

由于本填埋场为刚性安全填埋场，除下列禁止入场的废物外，均可密闭包装后填埋。刚性填埋场禁止入场的危险废物如下：

① 医疗废物；

② 放射性类废物；

③ 挥发性有机物；

④ 与衬层具有不相容性反应的废物；

⑤ 废液；

⑥ 反应性、易燃性废物。

11.2.4　工艺流程

本工程填埋处理密闭包装的废盐类危废，对密闭包装不合格的废盐进入预处理车间处理，然后进行填埋。

刚性填埋场工艺流程如图 11-5 所示。

11.2.5　建设方案

（1）地上式与地下式的选择

主要从地下水位影响及工程造价角度进行比较：

1）地下水位影响

沿海地区地下水位高，虽然单元池采用地下形式方便作业，但需要降排水措施及抗浮考虑。另外未填埋时为空池，后期危险废物利用时需要开挖，因此地下式需自身满足抗浮需要，这样会增加建设成本。而且运营时存在地下水位入侵的风险，因此从地下水位角度，地上式优于地下式。

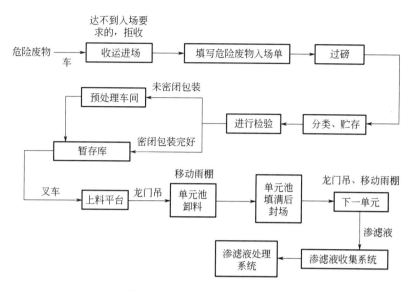

图 11-5　刚性填埋场工艺流程

2）工程造价

根据《危险废物填埋污染控制标准》（GB 18598—2019）引用的刚性填埋场结构，刚性填埋场如全埋地下，需要设置双层混凝土结构，埋深越大，建设投资越大。因此从造价角度，地上式优于地下式。

综上，结合环保风险及造价情况，目视检测区设置在地上为宜。

（2）雨棚形式选择

由于雨棚在填埋作业时使用，为临时性设施。每个单元池池容为 250m³，填埋作业时，完全可以在暂存库内存储 250m³ 危废，然后集中一天填埋完进行封场。如填埋完，未来得及封场时降雨，采用雨棚遮挡，这样雨棚覆盖范围仅仅是一个单元池的范围。

因此考虑采用移动式雨棚，每组雨棚覆盖面积为 1 个单元池，纵向移动。雨棚紧贴单元池，全密闭，防止降雨时雨水侧向进入。

（3）填埋方式确定

轨道高于刚性填埋场，会增加造价，因此考虑采用龙门吊，轨道直接安装到刚性填埋场池壁。经鉴别符合入场要求的填埋物由运输车辆运至刚性填埋场卸料平台，然后门式龙门吊将卸料平台的填埋物吊装运送至单元池填埋。

（4）渗滤液导排方式

新标准刚性填埋场由独立的封闭的运营单元组成，各独立单元池池容较小，刚性填埋场上方设置有雨棚，停止使用后进行封场，作业前后都能有效防止雨水进入，且危险废物品本身不产生渗滤液，因此渗滤液产生量有限。

由于渗滤液管穿墙时，HDPE 与混凝土连接位置易泄漏，且考虑到理论上刚性填埋场不应产生渗滤液，因此考虑采用竖向抽排方式导排渗滤液，并可兼作气体排放井。

（5）方案确定

经过以上比较，根据场地条件，本工程采用新标准刚性填埋场形式建设 128 个单元池，单元池边长 7.05m×7.05m，净高 5m，设计库容为 32000m³，占地面积为 7142m²。新标准刚性填埋场建设形式如表 11-3 所列，新标准刚性填埋场实景图如图 11-6 所示。

表 11-3 新标准刚性填埋场建设形式

项目	原因	确定形式
防渗措施	新标准刚性填埋场双重防渗需要	防渗方式采用"抗渗混凝土结构+2mm HDPE 膜"，采用的混凝土抗渗等级为 P8
目视检测区	由于场地限制条件，场地地下水位高，地下式采用双层混凝土结构，造价高	选用地上式刚性填埋场
雨棚形式	场地沿海，受台风影响，固定式雨棚投资大	采用移动式雨棚
吊装机械	受地上式单元池限制，可以与移动式雨棚轨道共用	采用龙门吊
渗滤液导排方式	本工程考虑在暂存库内暂存 250m³ 危险废物，然后集中一天填埋完，不会产生渗滤液；底部导排方式，HDPE 管与混凝土连接不好	采用竖向抽排方式导排渗滤液

图 11-6 新标准刚性填埋场实景图

11.3 危险废物项目一般审批及建设流程

危险废物项目一般审批及建设流程主要包括以下阶段：

（1）立项规划选址阶段

① 项目备案。如建设项目不使用政府性资金，则项目业主单位只需向发展改革委申请办理项目备案取得企业投资项目备案通知书，并附企业营业执照或者法人证书、组织机构代码证等文件复印件。备案后，再向国土、规划、建设、环保等部门申请办理项目建设审

批手续。

② 从规划部门取得建设项目选址意见书。项目业主单位向规划部门提交建设项目选址定点申请报告、建设项目选址方案文本及建设项目预可行性阶段资料等，由规划部门核发《项目选址意见书》。

③ 在国土部门办理建设项目用地预审手续。在建设项目审批、核准、备案阶段，建设项目办理备案手续后，由建设单位向国土管理部门提出用地预审申请，由国土部门对建设项目涉及的土地利用事项进行审查。

④ 环评审批。项目立项后，项目业主单位向环保部门提交具备环评资质的环评单位编制的环境影响报告书，申请办理环评并取得环保部门对项目环境影响报告书的批复。

（2）建设用地审批阶段

① 取得土地使用权证。项目立项后，项目业主单位通过公开土地出让程序依法取得项目用地的土地使用权证。

② 取得建设用地规划许可证。项目业主单位在项目立项后，并取得选址意见书、土地使用权证后，向规划部门提交经审定的修建性详细规划总平面设计方案等材料，办理建设用地规划许可证。

③ 办理建设用地批准书。项目业主取得建设用地规划许可证后，向国土部门办理建设用地批准书。

（3）项目规划设计审批阶段

① 设计方案审批。项目业主单位按照土地出让合同的要求，组织编制设计方案（依法需以招标方式确定设计、勘察单位的，应进行招标）并报送规划管理部门审批。规划管理部门在收到设计方案后，审核并出具意见。

② 施工图设计文件审查。项目业主单位按照批准的设计方案，组织编制设计文件，报送建设管理部门。建设管理部门委托有资质的审图单位进行审查，并组织相关部门进行会审，或者书面征求各相关部门意见。会审后的意见反馈审图单位，审图单位出具审图意见并报建设部门备案。

③ 由规划局核发建设工程规划许可证。项目建设单位取得建设管理部门出具的审图意见的备案文件、环保部门出具的环评批复文件后，向规划管理部门申请办理建设工程规划许可证。

（4）施工、监理招标阶段

（5）施工报建阶段

① 取得施工许可证。项目建设单位取得建设工程规划许可证后，向建设部门申请核发施工许可证。

② 建设工程质量、安全监督。质量（安全）监督站对施工安全进行审查监督，对相关文件进行备案。

（6）竣工验收阶段

建设工程竣工后，项目建设单位提出竣工验收报告，委托建设管理部门召集相关部门共同参与验收。具备条件的，项目建设单位可到有关部门办理规划、环保（试生产）、消防等验收审批意见，办理工程质量验收备案。

（7）办理经营许可证

危险废物处置项目一般审批及建设流程示意如图 11-7 所示。

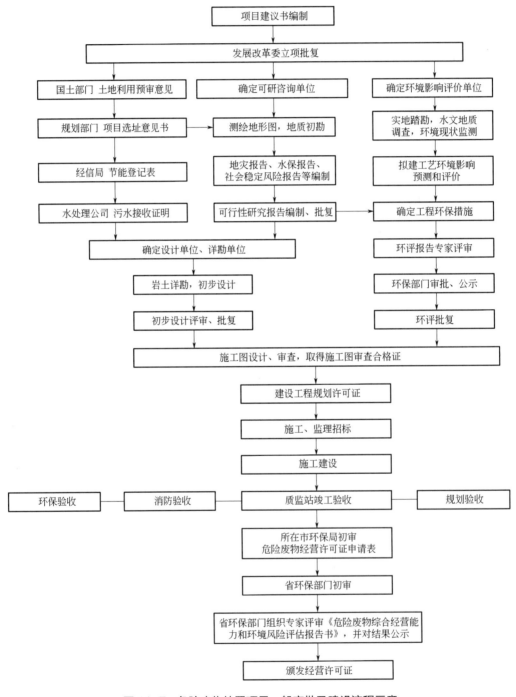

图 11-7　危险废物处置项目一般审批及建设流程示意

参考文献

[1] 李宝华. 危废活性炭热再生及其废气处理技术研究与应用——以福建某炭业公司废活性炭再生项目为例[J]. 海峡科学, 2019, 148(4): 15-18.

[2] Miguel G S, Lambert S D, Graham N J D. The regeneration of field-spent granular activated carbons[J]. Water Research, 2001, 35(11): 2740-2748.

[3] Urano K, Yamamoto E, Takeda H. Regeneration rates of granular activated carbons containing adsorbed organic matter[J]. Industrial & Engineering Chemistry Process Design and Development, 1982, 21(1): 180-185.

[4] Suzuki M, Misic D M, Koyama O, et al. Study of thermal regeneration of spent activated carbons: Thermogravimetric measurement of various single component organics loaded on activated carbons[J]. Chemical Engineering, 1978, 33(3): 271-279.

[5] Harriott P, Cheng T Y. Kinetics of spent activated carbon regeneration[J]. Aiche Journal, 1988, 34(10): 1656-1662.

[6] van Vliet B M, Venter L. Infrared thermal regeneration of spent activated carbon from water reclamation[J]. Water Science and Technology, 1985, 17(6-7): 1029-1042.

[7] Matatovmeytal Y I, Sheintuch M, Shter G E, et al. Optimal temperatures for catalytic regeneration of activated carbon[J]. Carbon, 1997, 35(10): 1527-1531.

[8] Shende R V, Mahajani V V. Wet oxidative regeneration of activated carbon loaded with reactive dye[J]. Waste Management, 2002, 22(1): 73-83.

[9] 陈玲, 熊飞, 张颖, 等. 非均相催化湿式氧化法再生活性炭实验[J]. 环境科学, 2003, 24(4): 150-153.

[10] 赵聪. 光催化二氧化钛(TiO$_2$)活性炭再生控制系统[J]. 计算机测量与控制, 2017, 25(12): 73-75, 94.

[11] Yap P S, Lim T T. Solar regeneration of powdered activated carbon impregnated with visible-light responsive photocatalyst: Factors affecting performances and predictive model [J]. Water Research, 2012, 46(9): 3054-3064.

[12] Park S J, Chin S S, Jia Y, et al. Regeneration of PAC saturated by bisphenol A in PAC/TiO$_2$ combined photocatalysis system[J]. Desalination, 2009, 250(3): 908-914.

[13] 李亚新, 陈文兵. 粒状活性炭厌氧生物再生初探[J]. 重庆环境科学, 1996, 18(2): 15-20.

[14] 张婷婷, 张爱丽, 周集体. 活性炭吸附分离: 生物再生法处理高盐苯胺废水[J]. 化工环保, 2006, 26(2): 107-110.

[15] 潘志彬, 何敏旋, 李绍秀. 水处理吸附剂再生技术的研究进展[J]. 能源与环境, 2016(1): 92-93, 95.

[16] Cooney D O, Nagerl A, Hines A L. Solvent regeneration of activated carbon[J]. Water Research, 1983, 17(4): 403-410.

[17] Tanthapanichakoon W, Ariyadejwanich P, Japthong P, et al. Adsorption-desorption characteristics of phenol and reactive dyes from aqueous solution on mesoporous activated carbon prepared from waste tires[J]. Water Research, 2005, 39(7): 1347-1353.

[18] Guo D, Shi Q, He B, et al. Different solvents for the regeneration of the exhausted activated carbon used in the treatment of coking wastewater[J]. Journal of Hazardous Materials , 2011, 186(2-3): 1788-1793.

[19] Han X, Wishart E, Zheng Y. A comparison of three methods to regenerate activated carbon saturated by diesel fuels[J]. The Canadian Journal of Chemical Engineering, 2014, 92(5): 884-891.

[20] 吴浪, 张永春, 费小猛, 等. 脱硫化氢活性炭的再生方法研究[J]. 广州化学, 1995, 30(4): 34-37.

[21] 温卓, 孙德福. 对氨基苯酚生产中活性炭重复利用的研究[J]. 内蒙古石油化工, 2009, 35(3): 8-10.

[22] Narbaitz R M, Karimi-Jashni A. Electrochemical reactivation of granular activated carbon: Impact of reactor configuration[J]. Chemical Engineering Journal, 2012, 197(14): 414-423.

[23] 黄视泉, 陈平钦, 崔雪潮, 等. 废旧线路板中非金属材料回收利用技术研究进展[J]. 再生资源与循环经济,

2016, 9(10): 33-36.

[24] 吴燕芳. 福建省废弃电器电子产品拆解处理现状和对策[J]. 再生资源与循环经济, 2020, 13(4): 18-21.

[25] 冷湘梓, 姚敏, 余辉, 等. 废弃电器电子产品中废线路板的 POPs 排放控制研究[J]. 污染防治技术, 2018, 31(1): 55-58.

[26] 洪大剑, 张德华, 邓杰, 等. 废印刷电路板的回收处理技术[J]. 云南化工, 2006, 33(1): 31-34.

[27] 王怀栋, 张书豪, 刘彬. 废线路板树脂粉末的无害化处理与资源化利用[J]. 资源再生, 2016(12): 48-51.

[28] 王捷. 废旧印刷线路板制备可塑化塑料粒子[D]. 上海: 上海大学, 2008.

[29] 刘鲁艳. 废弃线路板非金属部分制备复合材料研究[D]. 青岛: 青岛科技大学, 2014.

[30] 李兰芳, 王华, 贺文智, 等. 废弃印刷线路板非金属水热处理研究进展[J]. 现代化工, 2015, 35(11): 41-45.

[31] 李金惠. 废电池管理与回收[M]. 北京: 化学工业出版社, 2005.

[32] 周全法, 尚通明. 废电池与材料的回收利用 [M]. 北京: 化学工业出版社, 2004.

[33] 李东光. 废旧金属、电池、催化剂回收利用实例[M]. 北京: 中国纺织出版社, 2010.

[34] 张津, 张猛. 金属回收利用 500 问[M]. 北京: 化学工业出版社, 2008.